U0191682

家出版基金项目
JAL PUBLICATION FOUNDATION

"十三五"国家重点出版物出版规划项目

陈正洪 著

气象科学技术通史

（下册）

气象出版社
China Meteorological Press

内容简介

本书阐述了四千多年来中外气象科学技术发展历史，以时间为纵轴，以地域为横轴，展现出千姿万彩、波澜壮阔的气象科学技术历史画卷。

世界气象科学技术史包括古典—近代—现代—当代几个阶段，分别有不同的特色和发展重点，展现了从哲学思辨、到观测与大数据、再到综合系统的历史线索。气象科学不断吸收各门自然科学、社会科学的知识来壮大自身，气象从科学发展到当今社会体系中的重要构建，揭示出气象科学的准确定性本质，存在全球性和本土性的统一。中国气象科学技术史在世界背景下有自己的独特特点，比如中国古代气象学与中国传统文化密切相关，"天""气"同源，在中国传统天学、算学、农学、中医学之外存在中国传统气象学的第五大学科等。中国近现代大气科学融入世界大气科学洪流的同时，展现了良好的中国本土特色。

本书适用于气象科技工作者，也适用于物理史、地学史、特别是气象史学者。本书可以作为高校科学史和大气科学相关学科研究生的参考著作，也可以作为气象教育和干部培训的参考读本，或是对大气科学史、科学史及相关领域感兴趣的广大读者朋友阅读。

图书在版编目（CIP）数据

气象科学技术通史 / 陈正洪著 . —北京：气象出版社，2020.12

ISBN 978-7-5029-7369-8

Ⅰ. ①气… Ⅱ. ①陈… Ⅲ. ①气象学—历史 Ⅳ. ① P4-09

中国版本图书馆 CIP 数据核字（2020）第 262958 号

气象科学技术通史
Qixiang Kexue Jishu Tongshi

陈正洪　著

出版发行：气象出版社

地　　址：北京市海淀区中关村南大街 46 号　　　　邮　　编：100081

电　　话：010-68407112（总编室）　　010-68408042（发行部）

网　　址：http://www.qxcbs.com　　　　E-mail：qxcbs@cma.gov.cn

责任编辑：王元庆　　　　　　　　　　　　终　审：吴晓鹏

责任校对：张硕杰　　　　　　　　　　　　责任技编：赵相宁

封面设计：楠竹文化

印　　刷：北京中科印刷有限公司

开　　本：787mm×1092mm 1/16　　　　印　张：53

字　　数：832 千字

版　　次：2020 年 12 月第 1 版　　　　　印　次：2020 年 12 月第 1 次印刷

定　　价：426.00 元（上下册）

预祝中国气象史研究展
得成功

陶诗言

二〇〇九九四

———————
注：著名气象学家陶诗言院士（1919—2012 年）为气象史研究题词。

目录

下　册

第三篇
现代大气科学和技术

第四篇
走向大科学的当代大气科学

第三篇
现代大气科学和技术

　　在近代气象科学和技术积累基础上，真正科学意义上的现代大气科学逐渐建立，其主要标志就是数值天气预报的建立和发展。其中关键节点是1904年V.皮叶克尼斯关于数值预报思想的经典论文的发表。传统的气象学进入现代大气科学阶段，无论理论的深度和广度，还是观测的力度与范围，及其发挥的作用，都越来越深刻。

第十六章 科学和技术对现代气象的促进

气象科学是自然科学中古老的学科之一，在 20 世纪初形成独立的基本理论和研究体系。气象科学的发展离不开科学繁荣的 19 世纪哲学、数学、物理学、测量学等多学科的成果，以及 20 世纪初以高空探测为代表的探测技术和计算技术的发展。

前已述及，在借助于 19—20 世纪初各自然学科的巨大发展成果，并结合气象科学自身的特点，气象科学的发展逐渐从经验、局部、平面、定性、感性转向理论、全局、立体、定量、理性，成为完整的现代大气科学。

第一节　自然科学理论发展对现代气象学促进

人类文明史上，至今有数次科学技术革命。18 世纪末，蒸汽机的发明和使用引发第一次科技革命；19 世纪末电力的发现和使用引起了第二次科技革命。英国、法国、德国和美国相继完成了工业革命，资本主义的自由竞争和迅速发展大大促进了生产和科学技术飞速进步，对整个社会产生了巨大的影响。对现代大气科学产生预备了必要的社会环境和科学条件，数学、物理、化学等基础科学的发展对于现代气象科学起到直接的促进作用。

气象科学在近 200～300 年来取得了巨大进步，现代气象科学发展离不开自然科学大的发展背景，每次大气科学的突破都来自其他自然科学和技术进步的背景。

1. 数学和物理的支撑

数学在 18 世纪出现许多数学分支，包括微分方程、无穷级数、微分几何、变分法、复变函数等。微积分的发展是其自身数学理论领域的不断严密，另一方面作为分析工具应用到物理学理论中和大气科学中。比如大气动力学是现代大气科学的核心之一，大气运动受质量守恒、动量守恒和能量守恒等基本物理定律所支配，没有数学的发展，大气科学的很多方程无法建立。

物理学的发展为进一步科学解释气象现象奠定了理论基础，比如对热现象的研究，加深了对某些气象现象的理解。有个时期人们曾认为露是从星体中落下来的，或者无论如何它是从高空落下来的。伦敦医生韦尔斯（W. C. Wells，1757—1817 年）对于夜晚露水的研究，就运用了物理学的理论，如把草作为一种不良导体研究水汽在上面的凝结。19 世纪电磁学发展特别是电磁波的发现为 20 世纪气象观测提供了突破性的思路。气象学家利用电磁波可以进行高空大气科学探测，雷达、卫星等探测都是建立在电磁理论上的。

物理学中流体力学与大气科学有直接关系。前已经述及斯托克斯（George Gabriel Stokes，1819—1903 年）对流体力学的贡献，他的理论用于解释大气运动。莱昂哈德·欧拉（Leonhard Euler，1707—1783 年）和亥姆霍兹（Hermann Ludwig Ferdinand von Helmholtz，1821—1894年）进一步深化了流体力学理论体系。

欧拉是瑞士数学家和自然科学家，他在数学的多个方面做出重要的奠基性贡献。其中很多数学理论应用到大气科学中，他用数学方法来描述流体的运动。他认为质点动力学微分方程可以应用于液体。欧拉奠定了理想流体的理论基础，给出了反映质量守恒的连续方程和反映动量变化规律的流体动力学方程。

雷诺（O. Reynolds，1842—1912 年）通过实验发现了流体运动层流和湍流的两种运动状态。这些都为 20 世纪现代大气科学的建立准备了科学基础。

2. 化学与气体知识

19 世纪化学的发展促进了对气体的研究，理想气体状态方程是根据波义耳定律、查理定律、盖·吕萨克定律、阿伏伽德罗定律等推导出来的。这其中不少与气象发展有直接关系。

盖·吕萨克（Joseph Louis Gay-Lussac，1778—1850 年），法国著名物理学家和化学家，以发现和提出盖·吕萨克定律而闻名。盖·吕萨克还非常关注高层大气的化学和电学方面的研究。

1804 年，吕萨克和毕奥（Jean-Baptiste Biot）乘上热气球，使用气压计、温度计、湿度计、静电计，以及测量磁力和磁倾角的仪器，甚至还有伽伐尼实验中的青蛙、昆虫和鸟，升到 6500 英尺的高度上做实验，最高到达 13000 英尺的高度。他们验证了有关气体规律，并发现 6300 米高处的空气和近地球表面的空气有同样的组成。如图 16-1。

约翰·道尔顿（John Dalton，1766—1844 年，如图 16-2）是著名的英国化学家、物理学家，同时也是气象学家。他最主要的成就是将原子理论引入化学，以及他对色盲的研究。

道尔顿的早期生活受到著名的气象学家和仪器制造商 Elihu Robinson 的影响。[①] 从 1787 年，道尔顿 21 岁时开始

图 16-1　1804 年盖·吕萨克和毕奥乘坐热气球在 4000 米高空做实验

---

① 　Robinson D P. Elihu//Oxford Dictionary of National Biography[M]. Oxford: Oxford University Press, 2007.

写气象日记,在接下来的 57 年里从未间断,他记录了 20 多万个的观测数据。[①]他重新发现了乔治·哈德利的大气环流理论,这是很了不起的。

1793 年,道尔顿关于气象的第一本著作《气象观测和随笔》(*Meteorological Observations and Essays*)出版,书中包含他后来科学发现的一些苗头和很多新奇想法。道尔顿矢志从事科研工作,但他本人是色盲。他甚至将色盲症作为自己一个科研的课题。

图 16-2 约翰·道尔顿
(John Dalton,1766—1844 年)

对空气和大气的研究促使道尔顿对气体的特征发生了兴趣。通过无数科学实验,1801 年他提出道尔顿气体分压定律:在气体混合物中,气体的总压力等于各组成气体的分压力的总和。

总之,各门自然学科的发展有力地促进了现代大气科学的繁荣。比如流体力学方程成为大气动力学的重要基础,偏微分理论用于描述大气运动和变化,非线性理论使人们认识到随机性背后隐藏的有序性,数学概率论为气象的统计预报奠定理论基础等。

第二节 技术发展对现代气象学的支撑

除了科学,技术的发明对于现代气象科学的促进作用是非常重要的,技术发展为大气高空探空仪提供了强有力的技术,并为 20 世纪气象卫星和气象雷达的出现奠定了基础,加快了气象观测

---

① Angus S R. Memoir of John Dalton and History of the Atomic Theory[M]. London: H. Bailliere, 1856: 279.

向全局和立体化的发展。19—20世纪与卫星雷达发展有关的技术加快了气象科技发展走向立体化的道路，使得气象科学从局部、定性、平面走向全局、定量、立体的发展道路。

1. 气球探测技术的进步

近代气象科学的高空探测开始发展可能是自1783年法国人雅克·亚历山大·塞萨尔·查尔斯（Jacques Alexandre César Charles，1746—1823年）开始，他在巴黎上空用氢气球携带温度表及气压表探测高空大气状况。如图16-3。

此后不断有科学家和气象学家利用气球升空探测，也包括使用风筝、系留气球、飞机以及雏形的火箭携带气球和仪器升空进行高空大气探测。气象学家逐渐使用经纬仪观测高空各层的风向和风速。[1]

随着1919年法国人第一次试放无线电探空仪，高空大气探测获得新的手段。19世纪以前气象学家借助热气球进行高空探测，需要把数据即时传回，这使无线电技术迅速应用到气象学中。比如19世纪后半叶，莫尔斯电报很快用到气象上，使得各地气象观测资料迅速地集中到特定处成为可能，最重要的是绘制较大地域

图16-3　1783查尔斯等在巴黎上空首次探测高空大气的图像[2]

---

[1]　Rene Chaboud. 发现之旅11 气象学 [M]. 雷淑芬，译. 上海：上海教育出版社，2002.

[2]　维基百科，https://en.wikipedia.org/wiki/Jacques_Charles，2019年4月20日。

范围的天气图得以实现。

2. 云室的发明与运用

图 16-4　查尔斯·汤姆逊·里斯·
威尔逊
（Charles Thomson Rees Wilson,
1869—1959 年）

查尔斯·汤姆逊·里斯·威尔逊（Charles Thomson Rees Wilson，1869—1959 年，如图 16-4）是英国著名物理学家、威尔逊云雾室的发明者。

1895 年威尔逊的研究涉及大气电学问题和云，特别是下雨和下雪时的放射性现象，也涉及应用金箔静电计测量大气电学问题。为了复制某些云层对山顶的影响，他设计了威尔逊云雾室，一种在封闭容器中扩大潮湿空气的方法，膨胀使空气冷却，使其变得过饱和，水分凝结在尘埃颗粒上，云才形成。

1900 年，威尔逊担任剑桥大学物理学讲师，1913 年在气象台担任气象物理观测员，1916 年起研究闪电并成为大气电学的讲师。1927 年他与美国物理学家康普顿（Arthur H. Compton）分享诺贝尔物理学奖金。他发明的威尔逊云雾室，广泛地应用于放射线、X 射线、宇宙射线和其他核现象的研究。1925 年，他被任命为剑桥大学的杰克逊自然史教授。利用他对雷暴的研究，他设计了一种保护英国战时气球免受雷击的方法，并于 1956 年发表了雷暴电学理论。

威尔逊对自然现象的广泛解释，根植于实验室和现场实验，因此在理解基本大气过程方面仍然具有启发性。[1]威尔逊的粒子物理可视化技术涉及微观云过程，尽管实验室里不能完全模拟大

---

① Harrison G. The cloud chamber and CTR Wilson's legacy to atmospheric science[J]. Weather, 2011, 66（10）: 276-279.

自然中真实云的产生和变化，然而，他对大气电的合成在全球范围内揭示了看不见的大气特性。他的主要科学成就仍然影响着后世物理和大气电学研究。

这表明，进入现代大气科学后，气象学虽然继续与地理学有着密切联系，但与物理学、数学的关系逐渐加深，这反映了大气科学发展的历史趋势。

第三节　云物理学和人工影响天气技术的发展

人类对自然现象有天然的敬畏，希望在某种程度上影响风雨雷电的天气现象。从现代大气科学的视角来看，改变大气可以通过下述途径影响大气：包括改变下垫面的性质，因而改变地面辐射方式、乃至改变地面对风的摩擦阻力；人为能量作用于大气，特别是化石燃料的燃烧，加热了空气，改变空气组分等，这些都可能是人工影响天气的途径。

从古至今人类就企图影响天气以利于生产和生活。最近一个半世纪人工影响天气工作逐渐立足科学基础。20 世纪初欧洲科学家对防雹措施非常热衷。1902 年法国人尝试用防雹火箭射入云中消雹。

1. 理论的进展

人类历史发展进程中，面对大自然威力，梦想能够减少自然灾害，甚至"呼风唤雨"。古罗马时期，军人将箭射向风暴云中，企图防止雷雨的侵袭。在中世纪，欧洲人曾经使用教堂的钟声来防雹。

亚里士多德认为，冷空气被周围的热空气压缩到一起时，冷热空气相遇产生的水分就会结冰并形成冰雹。离地面越近，结冰越突然，雨和冰雹也就越大越猛烈，因为它们在很短的时间内即可落到地面上。[①] 这种解释虽然和今天的科学定义有较大差距，但在当时知识背景下，无疑是比较科学的解释。人工影响天气（简称人影）是气象科学技术发展中的一项重要内容，其英文定义为 weather modification，是指为避免或者减轻气象灾害，合理利用气候资源，在适当条件下通过科技手段对局部大气的物理、化学过程进行人工影响，实现增雨雪、防雹、消雨、消雾、防霜等目的的活动。

1841 年艾斯培（J. P. Espy）提出在潮湿大气条件下，点燃大火可能制造上升气流，形成降雨。1871 年爱德华（Edward Power）提出战火可能影响云形成降水。1890—1891 年美国国会拨款 10000 美元试验费开展试验。

约翰·艾肯（John Aitken，1839—1919 年）是苏格兰气象学家、物理学家和海洋工程师。他是云物理和气溶胶科学的奠基人之一，他发明了第一个测量大气中尘埃和雾粒子数量的仪器。他通过一系列实验和观察，使用自己设计的仪器，阐明了现在称为艾肯核（爱根核）的微观粒子在云和雾中的大气水汽凝结中的关键作用。

除了人工消雹、降雨等，利用飞机喷撒干冰消除冷雾、利用冰核降温、甚至减小台风风力等领域，各国都有实际案例。随着人类社会发展对气象要求的提升，人工影响天气业务也随之发展并需求增大。特别是中国，取得较大进展。人工影响天气还被应用于军事行动中，这些因素势必会促使人工影响天气技术在未来得到极大的发展。但是目前严谨的气象学家仍然对人影的科学基础存在争议，人影有多大真实效果，以及负面作用作何估计和克服，目前还有不确定因素。

20 世纪 40 年代，美国文森特·约瑟夫·谢弗（Vincent Joseph Schaefer，1906—1993年，如图16-5）在欧文·朗缪尔（Irving

---

① 刘昭民. 西洋气象学史 [M]. 台北：中国文化大学出版社，1981：39-40.

Langmuir，1881—1957 年，如图 16-6）的指导下从事过冷却水滴的冻结研究。朗缪尔最著名的出版物是 1919 年的《原子和分子中的电子安排》，他在物理和化学的几个领域作出重要贡献，发明了充满气体的白炽灯和氢焊接技术。1932 年因为表面化学的成就获得诺贝尔化学奖。①

朗缪尔引入了电子温度概念，1924 年发明朗缪尔探针量度温度和质量。第二次世界大战期间，郎缪尔与谢弗一起在新罕布什尔州华盛顿山顶的一个车站研究飞机除冰问题。他还研究了各种大小粒子的产生及其在大气和过滤器中的行为。这些研究导致他对用小粒子播种云层进行人工影响天气的兴趣。1948—1951 年期间，发表了"干冰在层状云中播撒效应的研究""控制积云降水的各种播云技术""卷云研究计划中人工影响云层工作的进展"等文章。

除了诺贝尔奖，郎缪尔还获得了许多奖项和十多个荣誉学位。他曾任美国化学学会（1929 年）和美国科学进步协会（1941 年）主席。

2. 人影技术与实践的迅速发展

1946 年谢弗从保温箱中取出一大团干冰投入充满过冷水滴的云室，立即在云室内形

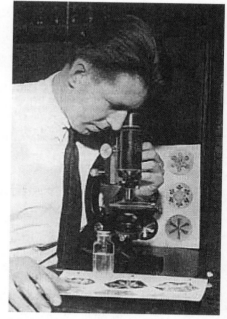

图 16-5　谢弗（Vincent Joseph Schaefer，1906—1993 年）

图 16-6　朗缪尔（Irving Langmuir，1881—1957 年）

---

① Taylor H. Irving Langmuir 1881-1957[J]. Biographical Memoirs of Fellows of the Royal Society, 1958, 4: 167–184.

成浓密的小冰晶云，这一偶然事例促使他发现干冰作为冷却剂可造成 -40℃的低温，促使直接形成大量冰晶。同年进行了首次野外试验，多次试验证实，这种方法有效。1946 年，美国科学家发现碘化银结晶可以产生冰晶核，从而达到人工造雨的目的。1950 年美国政府进行了较大规模的地面种云试验，证明有效果，开始了人类有计划的人工影响天气作业。

受谢弗实验的启示，伯纳德·冯内古特（Bernard Vonnegut，1914—1997 年）在朗缪尔指导下，从事成核过程的研究工作，开始注意冰的成核作用，找到了晶体结构与冰晶相近不溶于水的物质。1946 年，冯内古特发现纯度较高的碘化银作为成冰异质核的突出效应，可在过冷水滴云中产生大量冰晶。其后，他还在碘化银烟剂发生法研究方面起到了先导作用。冯内古特是美国大气科学家。他最初是一名化学家，但他的兴趣拓展到了气象学、云层物理、大气电学、气溶胶和许多其他领域。他的一生中发表超过 190 篇论文和报告，为世界气象事业发展做出了贡献。

1946 年 11 月，谢弗对马萨诸塞州西部山的上空过冷层云上部播撒了 3 磅①干冰，实施了人类首次对过冷云进行科学的催化试验。朗缪尔在地面上观看了催化效果，播撒干冰后 5 分钟内，几乎整个云都转化成雪，并形成雪幡降落约 2000 英尺后升华消失。

英国著名的云物理学家梅森（Sir Basil John Mason，1923–2015 年）在 1957 年出版《云物理学》（*The Physics of Clouds*）。书中阐释了大气物理学中的成核现象、晶体生长和气溶胶物理学领域的内容，也对人工影响天气的实验现状进行了批判评估。20 世纪 70 年代大气的微物理过程引起了气象学界的重视，特别是云雾降水物理过程。1974 年，Wilmot N. Hess 发表《天气和气候改造》（*Weather and Climate Modificating*）介绍了当时世界上大气科学的微物理研究。这些气象学家促进了 20 世纪后期的云物理研究。

---

① 1 磅 =0.4536 千克。

云物理研究的进展推动了人工影响天气作业的开展。各国竞相发展人影技术和装备。1948 年底，美国气象局进行"卷云计划"，从飞机上把成块灌注有碘化银的木炭，投入 –10 摄氏度的过冷层云中，证明碘化银烟可影响空中的过冷云。1950 年 6 月美国政府在华盛顿东部及亚利桑那州进行大规模地面种云试验，证明有效果。

20 世纪 60 年代中期开始，苏联在不同地区各加盟共和国建设准业务化防雹技术系统，实施防雹作业，取得一定的效果。到 70 年代初，苏联利用"过冷水累积带""竞争胚"等概念，使用火箭、高炮进行防雹。20 世纪 70 年代，瑞士和法国、意大利在瑞士开展了"巨大—Ⅳ"防雹试验计划。1970—1976 年，美国在佛罗里达州进行积云人工降水动力催化第一期计划（FACE-1）。该计划为探索阶段，得到了在目标区增加降雨的结果。1978—1980 年又进行了第二阶段的试验（FACE-2），结果未得到肯定第一期试验结果的结论。1972 年美国开始执行国家冰雹研究计划（NHRE），进行了多次穿测冰雹云观测雹云中的微物理结构的试验，观测到了在雷达回波中出现 2.5 厘米的雹块。

顾震潮在 1962 年 7 — 8 月组织了对泰山云雾宏微特征联合观测，应用雷达、探空对山区不同高度的云进行微物理观测，获得大量资料。并基于这些资料发表了有关我国云雾降水微物理特征的比较系统的研究成果。[1] 1964 年夏季，上海地区发生干旱，顾震潮带领课题组在上海地区实行人工降水飞机催化作业。

在顾震潮带领下，建立了湖南衡山高山云雾站。[2] 顾震潮指导许焕斌[3] 等很快研制出观测云雾的基本设备——三用滴谱仪，

---

[1] 中国科学院地球物理研究所集刊第 10 号，我国云雾降水微物理特征的研究 [M]. 北京：科学出版社，1965：1 — 98.

[2] 当时苏联请来了一位高山云雾实验专家苏拉克维里泽（Сулаквелидзе Г. К.），经过他在我国各地考察，选定了在湖南南岳衡山建立云雾实验站。

[3] 许焕斌，北京大学毕业，分配到中央气象局，后被保送到苏联进修云物理。回国后，以中央气象局的专家身份参加了中国科学院大气所建设高山云雾实验站的工作。当时他还兼做苏联专家苏拉克维里泽的翻译。

它既能观测云滴微结构，又能观测大气凝结核和云中含水量。研究成果 1965 年发表在《中国科学》（英文版）上。[1]

1975 年，世界气象组织发起开展一项国际合作的人工增加降水的试验计划。在世界范围内选择试验区。参加这个计划的国家包括美国、加拿大、保加利亚、法国、苏联、南斯拉夫、西班牙等。

20 世纪末 21 世纪初，随着全球变暖蔓延，一些科学家出现激进的想法：向大气中注入反射的纳米颗粒，将阳光反射回太空；发射镜子进入环绕地球的轨道；使云层更厚更亮；形成"行星恒温器"等。气象学史家詹姆斯·罗杰·弗莱明（James Rodger Fleming）指出，当修复天空成为一个危险的实验时可能发生的事情，他描绘了历史上的人影就像造雨者、气象战士和气候工程师，多数并不成功。[2]

随着云物理研究的深入，特别是人工影响天气的规模逐渐扩大，人影的综合效果和复杂性越来越引起气象学家的注意，对于人影是否有切实的改变天气状况的效果出现争议。

综上所述，有很多因素影响 20 世纪气象科学的飞跃和发展，甚至包括 20 世纪的两次世界大战大大刺激了现代气象科学的快速发展，所以气象科学的历史与社会发展有密切关系。

第四节　对气象学分支的促进

研究空中的气流与研究空中的飞行物有着天然的相关性。古代人们放飞风筝时，就需要根据风向、风速等气象因素调整风筝姿态等。20 世纪人类在空气中飞行，自然就会发展出航空气象学。

---

① 温景嵩. 创新话旧——谈科学研究中的思想方法问题 [M]. 北京：气象出版社，2005.

② Fleming J. Fixing the Sky: The Checkered History of Weather and Climate Control[M]. New York: Columbia University Press, 2012.

1. 航空气象学

1914 年，美国物理学家和气象学家威廉·杰克逊·汉弗莱斯（William Jackson Humphreys，1862—1949 年）利用风洞进行了阵风、上升气流等试验，为航空气象学做了带有开创性的工作。1905 年，他与美国气象局建立联系，一直持续到他去世。1920 年出版《空气物理学》（*Physics of the Air*），应用基本物理定律解释大气的光学、电学、声学和热性质及现象，使很多气象学家受益。

20 世纪 20—30 年代，罗斯贝在美国把气象学应用到航空飞行上，建立了世界第一条运用气象条件的飞行航线，推进了航空气象学发展。

1935 年，国际气象组织首次召开航空气象国际大会，会议通过国际航空气象合作办法和措施。20 世纪 30 年代末，英美等国根据国际航空气象合作原则，探索航空气象服务的合作和国际航空气象资料交换。1944 年，国际民航组织在美国芝加哥召开会议，54 个国家的航空气象学家参加，建立了全球航空气象预报和观测的一些法规和章程。第二次世界大战后，航空气象学成为航空飞行的重要保障。

2. 气旋与农业气象研究

由于台风、飓风等灾害性天气大多来自于海洋强烈热带气旋或亚热带气旋，因此，现代气象学界包括中国、美国等国家加强了对热带、亚热带气旋的研究。20 世纪 20 年代，欧洲国家探测了大西洋热带海面气象状况，取得热带地区丰富的观测成果。

1950 年，气象学家在太平洋赤道地区发现结赤道波（后称东风波）。1953 年，芬兰气象学家帕尔门（E.H.Erik Herbert Palmén）（1898—1985 年）首创气流线分析法及全球热带地区气象预报方法等，这有助于理解热带大气的机理。

农业与气象密切相关，很自然就会形成研究农业生产与气象条件相互关系的学科。这是当代应用气象学的重要分支之一。古代学者就开始重视天气对种植和农业的影响。20 世纪初，气象学家通过记录近地面气候的多变性，开展了温度、湿度、风的季节变化和日变化的观测。

美国在开展农业气象服务方面较有代表性的工作是果树霜冻害防御，弄清产生结冰温度的天气过程后，可以预报发生霜冻害的时间、地点，[①]减轻农业损失。未来先进的仪器设备和计算机会进一步改善作物、动物和植物研究模式，促进农业气象学的基础研究与应有发展。

3. 大陆漂移与气象学

阿尔弗雷德·洛萨·魏格纳（Alfred Lothar Wegener，1880—1930 年，图 16-7）是德国气象学家、地球物理学家。今天，他的大陆漂移理论为人们熟知，其实他在气象学领域也很有成就。他从小就喜欢幻想和冒险，为了给将来探险做准备，就攻读气象学。1905 年，25 岁的魏格纳获得了气象学博士学位，曾短暂担任柏林天文台的助理。1906 年，到格陵兰岛从事气象和冰川调查，他建立了一个研究站并进行气象观测。他前后四次进行了冰川调查。

魏格纳在 1910 年出版的《大气热力学》，成为一本重要的气象教科书。第一次世界大战期间被安置在陆军气象预报部门。1915 年，魏格纳发表了他最著名的著作《大陆和海洋的起源》。1924 年至 1930 年，魏格纳是奥地利格拉茨大学气象学和地球物理学教授。

1930 年，魏格纳参加了他最后一次到格陵兰岛的探险，建立了一个冬季气象站，监测北极上空高层大气中的急流。在返回大本营的途中，魏格纳不幸去世，终年 50 岁。魏格纳一生中的大部分时间都致力于他的大陆漂移和泛大陆理论，20 世纪 60 年代，科学家们开始研究海底扩张和板块构造，他的理论被更加广泛接受。这也表明，现代气象学与地理和物理有着密切关系。

---

① 马树庆. 农业气象学的发展历程 [J]. 气象科技 ,1996(3): 31-35.

图 16-7　魏格纳（Alfred Lothar Wegener，1880—1930 年）

4. 天气学的理论探索

德国气象学家海因里希·菲克（Heinrich Ficker，1881—1957 年，如图 16-8），被认为创建现代天气学的先驱之一。

菲克早年在维也纳中央气象研究所，师从埃克斯纳（Felix M. Von Exner）和马古勒斯（Max Margules）等著名气象学家。1923 年至 1937 年，他在柏林大学担任主席，并担任普鲁士气象局局长。1937 年，他回到奥地利，担任奥地利气象局局长。他发表了 140 多个研究成果，为天气学和气候学做出了大量杰出贡献。他对阿尔卑斯山上的焚风进行了深入的研究，并能够找到对这种现象不同阶段观测的理论解释。值得指出的是，1910 年，他对俄罗斯上空冷空气爆发的生命史进行了

图 16-8　海因里希·菲克（Heinrich Ficker，1881—1957 年）

完整的描述。在这篇论文中，他首次提出了"极地锋"（Polar-front）的概念。1928 年对德国大风暴的研究为实际天气预报做出

了重要贡献。1950 年，他被选为皇家气象学会名誉会员。

汉斯·埃尔特尔（Hans Ertel，1904—1971 年）是德国自然科学家，对地球物理学、气象学和流体力学做出贡献。

汉斯·埃尔特尔的科学生涯始于前普鲁士气象研究所和奥地利气象学院。埃尔特尔 1942 年提出著名的涡度方程，属于现代地球物理学和天体物理学的基础知识。1943 年，他被授予因斯布鲁克大学气象学和地球物理学教授的职位。1946 年被任命为柏林大学地球物理学教授，并成为该大学所属气象和地球物理学研究所的所长。研究所在他领导下开始的地球生态学研究，被认为是开创性工作。他担任研究所所长以来，研究的重点领域包括：物理水文、理论流体力学、湍流、制图等，有趣的是他还是欧洲气象史的专家。

吉尔伯特·沃克爵士（Sir Gilbert Thomas Walker，1868—1958 年，如图 16-9）在对印度季风年际变化的研究中，发现印度季风的变化和全球天气的关联。

1928 年，他向英国皇家气象学会提交一篇论文，沃克将跷跷板式的气压型定义为南方涛动（Southern Oscillation）。这实际上发现了热带太平洋存在一种大气环流型。为了纪念沃克爵士的开创性工作，J. 皮叶克尼斯把这个环流命名为"沃克环流"。

图 16-9　沃克（Sir Gilbert Thomas Walker，1868—1958 年）

19 世纪以前的气象科学技术发展的历史脉络表明，大自然中发生的气象现象的直观性使得气象科学的早期发展具有先天优势。人类对气象的认识经历了很漫长的探索进程。在现代大气科学建制化进程中，19 世纪末和 20 世纪初是大气科学发展的重要转折点。

20 世纪上半叶，现代气象科学在天气学理论、大气结构认识、大气环流理论、云物理和天气预报技术等许多方面取得了突破性的进展，奠定了现代气象学的基础。这显然与该时期对地面和高空等的气象观测发展有着密切的联系。

第一节　对大气结构的观测

1. 高空气球实验

德国气象学家莱茵哈德·苏林（Reinhard Suring，1866—1950 年，如图 17-1），对高空气象研究探测做出了贡献。

他于 1890 年获得博士学位，成为柏林普鲁士气象研究所的助理。苏林对德国的云进行了摄影观测，并整理了各种云的观测记录，显示了他的气象才能。1901 年，他被任命为普鲁士气象学院的"风暴部门"负责人，1909 年被任命为地磁气象台的气象部主任。随后他成为波茨坦天文台台长。

1893 年至 1921 年间，苏林进行了许多高空气球科学实

图 17-1　莱茵哈德·苏林
（Reinhard Suring，1866—1950年）

验。他进行高空探测总是与有影响力的科学家一起进行，其中包括生理学家赫尔曼·冯·施罗德（Hermann von Schrötter，1870—1928 年）、内森·宗茨（Nathan Zuntz，187—1920 年）和气象学家亚瑟·柏森（Arthur Berson，1859—1942年）等。1901 年 7 月一个高空实验，他和贝尔森（A.Berson）施放的气球升空达到 10800 米的高度。从这些高空探测中获得的科学数据有利于理查德·阿斯曼（Richard Assmann，1845—1918 年）和里昂·德·博尔特（Léon Teisserenc de Bort，1855—1913 年）在 1902 年前后发现平流层方面的研究工作。

理查德·阿斯曼是德国气象学家、医生，航空气象学的科学先驱。1887 年到 1892 年与飞艇设计师 Rudolf Hans Bartsch von Sigsfeld（1861—1902 年）开发了精确测量大气湿度和温度的湿度计。1905 年到 1914 年担任普鲁士皇家航空天文台主任。他还进行了大气压对生理影响的测试研究。他撰写的气象教科书被好几代气象学专业学生使用。

2. 发现臭氧层

在苏林工作基础上，1900—1902 年，法国气象学家里昂·德·博尔特（Léon Teisserenc de Bort）经过多年研究，将大气层在 11～12 千米处区分为平流层和对流层，这是高空大气结构的重要发现。

1908 年，英国著名气象学家威廉·纳皮尔·肖（Sir William Napier Shaw，1854—1945 年，如图 17-2）指出对流层顶可能存在显著的逆温现象。

纳皮尔·肖爵士创立了毫巴概念，还创立了温熵图（Tephigram）概念，这使得热力学第一定律可以用地球大气层的

图形表示，为现代气象学的发展做出了贡献。他
1891 年当选为英国皇家学会会士，1920 年至 1924
年，纳皮尔·肖爵士是伦敦帝国皇家科学院的第一
位气象学教授。1926—1931 年他撰写了著名的《气
象手册》(*Manual of Meteorology*)。

　　1913 年，法国物理学家查尔斯·法布里（Charles
Fabry，1867—1945 年）和亨利·布森（Henri Buisson,
1873—1944 年）发现臭氧层。1921 年查尔斯·法
布里测定臭氧的吸收光谱，确认臭氧层的存在。

　　法布里早期的研究集中在光干涉上，1896 年
他与阿尔弗雷德·佩罗特合作发明法布里－佩罗特
干涉仪，被广泛用于光波长的测量和相关研究。法
布里在应用它研究太阳和恒星的光谱时，证明了太

图 17-2　威廉·纳皮尔·肖
爵士（Sir William Napier Shaw,
1854—1945 年）

阳紫外线辐射是由高层大气中的臭氧层过滤掉的。他在高层大气
中发现了臭氧层，认为它起到了保护屏的作用，保护地球表面的
生命免受来自太阳的大部分紫外线辐射的影响。这是高空地球探
测的一个重要成就，人类对大气的认识上升到人类物种保护的高
度，也逐渐从一个角度证明高空气象探测的
重要性。

　　英国科学家戈登·米勒·伯恩·多布森
（Gordon Miller Bourne Dobson，1889—1976
年，图 17-3）一生的大部分时间都致力于大
气臭氧的观测和研究。这些研究结果对于当
时科学界了解平流层的结构和大气环流具有
重要意义。

　　多布森曾在第一次世界大战期间担任皇
家飞行军团的上尉和范伯勒皇家飞机机构实
验部主任。1920 年，他担任牛津大学气象学
讲师，他通过研究推断对流层上方的温度分

图 17-3　戈登·米勒·伯恩·多布森
（G. M. B. Dobson，1889—1976 年）

布并不稳定，可能存在一个温度大幅上升的空气区间。

多布森认为平流层增温的原因是臭氧吸收太阳紫外线辐射加热导致。第一台光谱仪 1924 年在多布森的实验室建造完成，从 1925 年到 1929 年，多布森进行了广泛的对臭氧的研究，包括确定了臭氧季节性变化的主要特征、臭氧随纬度变化、春季的最大值和秋季的最小值等。他扩展实验区域，从山区到伦敦，从英国到欧洲再到世界各地，大量的观测基本查清臭氧量随天气条件、纬度和季节的变化而变化的主要特征。

1926 年，多布森的讲座：关于"地球大气层最上部区域——包括各种高度气象现象的图解"，阐释了他的臭氧研究成果。1927 年，多布森当选英国皇家学会会士，1932 年至 1933 年在理事会皇家学会任职。他的研究后被其他科学家证实。多布森在 1968 年的一篇文章中回顾了高空大气探测和臭氧研究 40 年的历史。[①]

3. 空气分层的确定

1902 年大气平流层被发现。随着对地球大气垂直结构研究的逐渐细化以及空间探测技术的逐步发展，科学界根据各层大气差异将地球大气结构进行了科学分层。

地球大气按基本特性可分为若干层，常见的分层方法自下而上可分为对流层、平流层、中间层、热层和外层。人们逐渐明白多数大气运动发生的大气区域为对流层，但是大气动力学的研究必然涉及其他大气区域。

对大气垂直结构的认识是近现代大气科学的重要进展，是物理科学和大气科学的交叉领域。随着气候变化，今天大气探测和研究越来越重要，空间天气学在国际科学界日益被重视，成为大气科学与空间科学热门研究课题之一。

---

① Dobson G M B. Forty years' research on atmospheric ozone at Oxford: a history[J]. Applied Optics, 1968, 7(3): 387-405.

第二节　高空大气探测时代

乘气球进行高空气象观测，成本很大并且危险，渐渐被无人探空气球代替。无人探空气球后来又进一步被发展成为无线电探空仪，直到发明气象雷达。

1. 气象雷达的出现

由于高层大气探测需要比较精密的仪器并能顺利施放到高空，所以人们从事高空探测的历史并不久远。直到第二次世界大战时期，人们对高层大气及其探测仍是一无所知。由于战争刺激，当时为了在战争中夺得先机，各国气象学家想尽一切办法，比如利用风筝、气球、飞行器等去收集高层大气的状况，便于可能应对敌方的攻击。随着探测和研究的深入，人们逐渐发明了探测高层大气的气象仪器，包括航空气球和雷达等。

罗伯特·亚历山大·沃森-瓦特爵士（Sir Robert Alexander Watson-Watt，1892—1973 年，图 17-4），苏格兰物理学家，被认为是英格兰雷达发展的功臣。起初，他作为一名气象学家，研究雷暴定位装置。1935 年他在英国特丁顿国家物理实验室的无线电部门担任负责人，向英国政府建议如何利用无线电波探测飞机。他很快研究出了一系列海岸警戒雷达。第二次世界大战中英国皇家空军在多次战役中击退了德国空军，这使海岸警戒雷达获得了极大的赞誉。沃森-瓦特于 1942 年被封为爵士。

瓦特在气象学上的其他贡献包括发明用于研究大气现象的阴极射线管测向仪、电磁辐射研究等。

威廉·理查兹·布莱尔（William Richards Blair，1874—1962 年），是美国科学家和美国陆军军官，从 20 世纪

图 17-4　罗伯特·亚历山大·沃森-瓦特爵士（Sir Robert Alexander Watson-Watt, 1892—1973 年）

30 年代开始，他就在美国领导陆军信号军团实验室从事雷达的开发工作，经常被称为"美国雷达之父"。1906 年，他获得芝加哥大学物理学关于微波反射实验研究的博士学位。后在美国气象局担任大气科学专家。1917 年，美国陆军在新泽西州东部建立了信号军团无线电实验室。1926 年，布莱尔被任命为研究和工程主任，于 1929 年开发并施放了第一个无线电装备的气象气球。

1931 年，布莱尔发起了"用光定位和发现"研究项目，包括使用红外线和无线电波进行探测。1936 年开始了陆军第一个无线电定位系统（RPF）的开发，1940 年被命名为"雷达"（Radar）。被广泛用于科学研究，包括大气探测。雷达应用与气象观测具有重要的科学史意义，在某种程度上这是现代大气科学成为大科学的一种起源或标志。随后越来越多的最新科学仪器被用于大气探测。

航空气球可以用来探测高层大气的风向和风力大小，雷达超过它，可以用来探测高层大气云、雾、雨的状况。图 17-5 是利用

图 17-5　美国海军正准备施放用经纬仪追踪的气球[1]

①　Knight D C. The Science Book of Meteorology[M]. Franklin Watts, 1964. 美国海军收藏 .

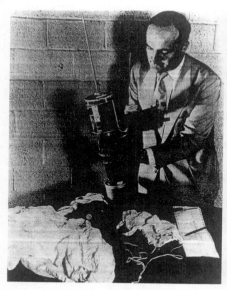 

图 17-6　一位工程师正在调试雷达　图 17-7　可以观测飓风、龙卷风和其他
仪器①　　　　　　　　　　　　　天气现象的雷达②

航空气球探测风向，图 17-6、图 17-7 都是第二次世界大战时期用来探测高层大气的雷达装置。

2. 火箭气象探测

第二次世界大战以后，利用火箭进行气象探测就多了起来。小型火箭发射高度可达到 60～80 千米，中大型火箭可以到 300 千米。这与国力相对应，有近 20 个国家进行火箭气象探测，主要包括美、苏、英、法、日等。

1946 年，美国以 V-2 火箭携带无线电遥测仪发射升空，观测超高层大气、宇宙射线和电离层情况，高度达 120 千米。到 20 世纪下半叶，气象火箭成为高空大气探测的中坚力量。探测方式包括把仪器装置在火箭上，直接进行测温、测压，或者火箭抵达

①　Knight D C. The Science Book of Meteorology[M]. Franklin Watts,1964. 美国海军收藏.
②　Knight D C. The Science Book of Meteorology[M]. Franklin Watts,1964. 美国海军收藏.

最大高度附近，自动分离或弹出仪器装置，然后利用其降落同时进行测量。由于气象火箭技术的出现，成为气球探空和卫星气象观测两者之者高层大气探测手段。自 1957 年国际地球物理年以来，美、苏、英、法、日等国先后设立了业务气象火箭探测站。

20 世纪 70 年代有 9 个国家的 43 个陆基火箭探测站向外界提供气象探空资料。火箭携带气象仪器可以对中高层大气进行探测，一般包括大气的温度、密度、气压、风向和风速等气象要素，以及大气成分和太阳紫外辐射等。气象火箭的探测资料可供研究中层大气以及宇航和导弹发射等方面使用，[①] 如图 17-8，图 17-9 所示。

随着现代大气科学快速发展，大气探测范围不断拓宽，使用的方法和设备类型愈加繁杂，涉及声、光、电、化学等科学领

图 17-8　这个火箭顶层携带有气象仪器，在 8000～20000 英尺高空的数据会被地面接收[②]

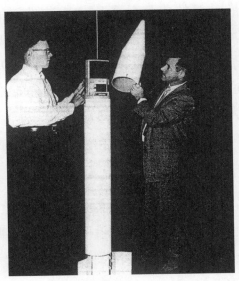

图 17-9　美国空军技术人员正演示雷达从火箭的分离技术[③]

---

① 陆龙骅，姚瑞新 . 国外气象火箭探测近况 [J]. 气象科技 ,1974(1): 8-12.

② Knight D C. The Science Book of Meteorology[M]. Franklin Watts,1964. 美国空军收藏 .

③ Knight D C. The Science Book of Meteorology[M]. Franklin Watts,1964. 美国空军收藏 .

域。大气探测本身成为一门气象科学的分支学科。

第二次世界大战大大刺激科学技术特别是技术应用的发展，各种军事武器相继而出，其中包括军用雷达。残酷的战争促使了一大批科学技术在气象科学中得到应用及发展。第二次世界大战期间，雷达技术得到了长足发展。在厘米波雷达出现后，发现云和降水对电磁波有强烈的散射作用，给气象人员提供了一种新的可采用的探测手段，来探测云、雨、降水的分布和移动。1941 年，一部英国制造的雷达显示出距离海岸外 7 英里（1 英里 =1.609 千米）的雷阵雨回波信号，这可能是英国最早的被雷达观测的降水回波。

在布莱尔之后，美国雷达气象学家李格达（Myron George Herbert Ligda，1920—1967 年）对雷达气象做出重要贡献。他最重要的成就是利用光学中的激光能量对大气进行探测的新技术——激光雷达。1943 年他在巴拿马任陆军空军气象官，在巴拿马设立了世界上最早使用的 CPS–9 型气象雷达。他是最早使用雷达探测风暴的气象学家之一，首次使用气象雷达来观测风暴，成为雷达气象学的开创人。他领导另外许多重要研究，可惜的是他47 岁时英年早逝。[1]

3. 雷达组网和进展

1944 年因战争需要，美国气象局在中、缅、印边界设立 6 座气象雷达站，观测雷雨等，这可能是世界最早的气象雷达观测网。1946 年，美国科学家吉尔曼（G.W.Gilman），考克斯黑德（H.B.Coxhead），威利斯（F.H.Williss）提出了 "Sodar" 概念，用扬声器传送音波向上进入大气，接收从大气中反射和折射回来的声波，经过过滤和侦测，回波显示并记录所接收到的信号。[2] 这

---

[1] Collis R T H. Myron George Herbert Ligda 1920-1967[J]. Bulletin American Meteorological Society，1967, 48(1): 883.

[2] Gilman G W, Coxhead H B and Willis F H. Reflection of sound signals in the troposphere[J]. The Journal of the Acoustical Society of America，1946, 18(2): 274-283.

为多普勒雷达的发展启发了思路。这表明现代大气科学的飞跃发展离不开大气探测、计算技术和信息传播技术的进步。

第二次世界大战后，大批军事雷达转为民用雷达，进行探测云和降水的形成和发展，为天气分析、临近预报和降水天气的研究提供了重要手段，促进了雷达气象学[1]和中尺度气象学[2]。美国第二次世界大战结束后气象部门大部分运用于气象探测的雷达都是由战时军用雷达改制而成，包括 WSR-1、WSR-3、WSR-4、SP-IM 雷达，在探测台风、龙卷、冰雹等强烈的灾害性天气中起了显著的作用。20 世纪 50 年代开始设计专门的气象雷达，美国空军于 1954 年制造了第一部 3 厘米波长气象雷达 CPS-9，主要用来探测局地的强烈天气，为机场和飞行服务使用。[3]20 世纪 90 年代多普勒雷达网可以得到高分辨率的云内降水强度和径向风速，大大提高了在恶劣天气条件下飞机起落时的安全度。[4]

图 17-10 是一位海军中士正在为雷达微型气压计测量气压变化做准备。

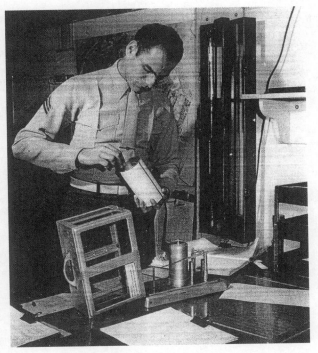

图 17-10　海军士兵正安装雷达微型气压计的记录纸[5]

① Doviak R J and Zrnici D S. Doppler Radar and Weather Observations[M]. Academic Press, 1993.

② AMS. Mesoscale Meteorology and Forecasting[M]. Edited by P.S. Ray. 1986: 703.

③ 葛润生 . 气象雷达发展概况及趋势 [J]. 气象科技 ,1974(4): 8-12.

④ Doviak R J and Zrnici D S. Doppler Radar and Weather Observations[M]. Academic Press, 1993.

⑤ 连续的气压记录可以用于更准确的天气预报（美国海军收藏）。

　　由于雷达在探测云、降水和灾害性天气中有着显著的作用，得到迅速发展。世界各国都普遍地建立了气象雷达站网，进行日常的天气监视和观测。雷达气象学的形成和发展是和气象雷达本身的发展分不开的。[①] 随着技术的发展，还出现了激光气象探测、声学探测等先进气象探测手段。限于篇幅，不再一一论述。

　　以上论述表明气象科学的发展离不开科学繁荣的 19 世纪哲学、数学、物理学、测量学等多学科的成果，以及 20 世纪初以雷达探测为代表的探测技术和借助于高速计算机展开的数值天气、气候模式以及预报技术的高速发展。立足于 19—20 世纪初自然学科的巨大发展成果，根据气象科学自身的特点，气象科学的发展逐渐从经验、局部、平面、定性、感性转向理论、全局、立体、定量、理性。[②]

　　① 葛润生 . 气象雷达发展概况及趋势 [J]. 气象科技 ,1974(4): 8-12.
　　② 谢志辉 , 丑纪范 . 大气科学思想史 [M].// 地学思想史 . 长沙：湖南教育出版社 ,2007.

19世纪前后，气象学界尝试用各种方法推测天气，这些方法基本建立在经验判断之上，多数情况效果并不理想。到20世纪初，有气象学家从天上的云和云系发展预报天气，还有从气压变化、气温变化等角度预测天气，并出现通过对不同气象因素进行统计来预报天气的技术。

必须指出，当时用气象要素和天气状况发展做天气预报，多是基于观察和预报经验，尽管气象统计有一定的平均意义和合理性，但当时条件的统计具有局部性和区域性，仅能作为当地趋势预报或一天左右预报，一日以上预报准确率很难得到令人满意的成果。从外在经验观察预报走向内部数学方程分析预报，是必然的学科发展趋势。

极锋学说是现代气象史最著名的理论之一，为科学的大气分析开创了新的思路，极大地促进了天气预报技术的发展，也为现代气象科学的建立做好了铺垫。

第一节 挪威气象学派的领军人物

前文述及，早在19世纪，许多气象学者研究了飓风和风暴的旋转特性，并纷纷提出各种的气旋模式。但离实际气象预报还有一些差距。第一次世界大战期间挪威政府自主设立了测候所作为气象研究和预报之需，并逐渐由不足十处增加到近百处，挪威地面气象观测站大为增加。由于航海和渔业需要，挪威沿海等地组建了比较稠密的地面气象观测网，由站网所提供的资料绘制而成的天气图已经比较常见，气象资料更加丰富。这为锋面理论的诞生提供了外在条件。

1. 莫恩的开拓

亨里克·莫恩（Henrik Mohn，1835—1916年，如图18-1）是挪威天文学家和气象学家。尽管他毕业后进入神学研究，但他被认为是挪威气象研究的开拓者，1866年至1913年任弗雷德里克皇家大学（Royal Frederick University）教授和挪威气象研究所（Norwegian Meteorological Institute）所长。

1861年他被任命为奥斯陆大学天文台的首席观察员，负责继续进行克里斯托弗·汉斯滕（Christopher Hansteen）于1837年开始的气象系列观测。1863年开始，莫恩发表了1837年至1863年克里斯蒂亚尼亚的风暴和云层及其周期性变化的论文。1865年秋，他作了一系列关于气象

图 18-1 亨里克·莫恩
（Henrik Mohn，1835—1916年）

学和天气预报的演讲。1870年，他在挪威气象研究所出版了风暴地图集，1872年出版了《天气和风——气象学的主要发现》的著作。这本书以气象图为基础分析气象观测数据，后被翻译成多种语言出版。

莫恩对气象学领域最重要的贡献是他和数学家卡托·M·古尔德伯格（Cato M. Guldberg）一起试图用物理定律解释气象现象。从1876年到1880年，莫恩撰写了他最重要的著作《大气运动研究》，其中气象学被视为一门基于流体力学和热力学方程的定量学科。他根据在北冰洋的一系列考察的观察，出版了关于北

海的深度、温度和洋流的著作。试图应用流体力学领域的定律和方程来解释海洋的观测结果，莫恩还在国际气象组织中发挥了重要作用并担任该组织理事会成员。

莫恩处于近代大气科学向现代大气科学的深化阶段，他很好地继承了来自笛卡尔、培根的试验传统，把气象科学的观测数据与物理结合起来，这为出现现代气象科学史上发挥奠基作用的挪威气象学派做好了铺垫。

上天似乎要把极锋学说的荣誉留给卑尔根（Bergen）这个美丽的城市，这是挪威霍达兰郡的首府，也是挪威第二大城市，还是挪威西海岸最大最美的港都。常年受墨西哥暖流影响而生成的暖风，使卑尔根成为多雨的地区。在当时气象学家眼中，卑尔根是欧洲具有最多强风暴的地方，可以观测风暴发展。这些都为后来卑尔根气象学派（the Bergen School of Meteorology）[①]和极锋学说的发现奠定了基础。[②]

2. 领军人物的生平

在论述这个重大成就之前，必须知道创造这个成就的领军人物，就是被称为现代天气学之父的 V. 皮叶克尼斯（Vilhelm F.K. Bjerknes，1862—1951 年，图 18-2），他是近现代著名气象学家和物理学家，曾任瑞典斯德哥尔摩大学力学和物理学教授，德国莱比锡大学地球物理研究所教授

图 18-2　V. 皮叶克尼斯
（Vilhelm F.K. Bjerknes，1862—1951 年）

---

① 也就是挪威气象学派，本书如无特别说明，这两个名称表示一个意思。

② Jewell R. The Bergen School of Meteorology—the Cradle of modern weather-forecasting[J]. Bulletin American Meteorological Society,1981,62(6):824-830.

及所长等职务。他用流体力学和热力学研究了大气的运动，提高了天气预报的精确度。后文将会详细论述其数值预报思想，这里叙述他的学术生平。

1862 年，V. 皮叶克尼斯出生在挪威，其父亲是卡尔·皮叶克尼斯（Carl A.Bjerknes），研究电磁学和流体中力传输的数学家和物理学家。他 1888 年获得理科硕士学位后，得到了巴黎提供的奖学金，学习了法国数学家庞加莱（Henry Poincaré，1854—1912 年）关于电力学的课程。之后，出任德国物理学家赫兹（Heinrich Hertz，1857—1894 年）的助手。1892 年，他获得了克里斯蒂安尼亚大学物理学博士学位。1895 年，他在斯德哥尔摩大学出任应用力学和数理物理学教职。

到达斯德哥尔摩后不久，V. 皮叶克尼斯就在父亲指导下把流体力学作为自己研究的中心。经过缜密的思索，V. 皮叶克尼斯认识到，经典理论用压力的不同造成的浓度分布的不同来解释流体动力可能不完全正确。实际上，温度和成分的不同也会影响不同种类流体的浓度分布。V. 皮叶克尼斯把数学方程应用到了世界上最大的流体系统领域——海洋和大气。在海洋中，温度和盐度会影响浓度；而在大气中，温度和湿度同样会影响浓度，从而产生运动。他提出的环流定理从数学角度解释了当温度变化时流体中的变化：空气受热时，会变轻上升；空气受冷时，会变重下沉。

1904 年，V. 皮叶克尼斯在斯德哥尔摩物理学会（Stockholm Physics Society）发表了名为"一种天气预报的理性方法"的演讲。他把数学方程式应用到原始大气数据信息中，提出开展数值天气预报的计划。这是现代气象科学成熟的标志，后文还要专门论述。他指出，把热力学知识和流体力学原理结合起来将使天气预报更加精确。把物理学原理应用到已知的原始大气状况上可以让人们准确地预报未来的大气状况。用这样的方法提高预报的精确度，使天气预报更加可信。

1905 年，他到美国为自己的气象计划寻求资金支持。华盛顿卡耐基研究院（Carnegie Institution in Washington）对他的计划很感兴趣，为他雄心勃勃、富有远见的计划提供了长达36年的资金支持（直到1941年）。这项资助在战争期间也没有中断过，使得V. 皮叶克尼斯以及后来他的继任者们能够吸引一流的科学家加入他们的研究队伍，在几次最困难的时候，能够把研究工作持续下去而不是半途而废，这也成为气象科技史上的佳话。

1907年，他致力于开发把物理力学应用到大气和海洋环流中的新方法，他与桑德斯特伦（Johann Wilhelm Sandstrom，1874—1947年）合作完成了《动力气象和水力学》（*Dynamic Meteorology and Hydrograhy*）（1910）系列丛书第一卷，解释了他的观点，描述了大气和海洋的静止状态。1911年，他和两个助手西奥多·海塞尔伯格（Theodor Hesselberg，1894—1964年）和戴维克（Olav M. Devik，1886—1987年）联合出版了第二卷《运动学》。1951年，他的合作者撰写的第三卷出版。多年来，人们对这套丛书评价很高。

1910年，他提出了气压等压线概念，后又提出了等风向线和等风压线，并对风的产生、运动做了详细阐述。与此同时，他又根据地温，做了等厚度线，能够反映出地温变化对大气运动的影响。1913年，V. 皮叶克尼斯出任德国莱比锡（Leipzig）大学地球物理学教授职务，并建立了地球物理研究所。由于第一次世界大战的破坏和莱比锡气象站数量的不足及分散，他最终没有达成目标。但是他已经提出了锋面的雏形。如图18-3。

1914年第一次世界大战的爆发打断了他的研究。挪威海洋学者和极地探险家南森（Fridtjof Nansen，1861—1930年）为他提供了在卑尔根建立新的地球物理研究所的机会。1917年V. 皮叶克尼斯创立了卑尔根地球物理研究所，带领和指导了一批优秀的气象科学家，包括西奥多·海塞尔伯格（Theodor Hesselberg）、哈拉尔德·乌尔里克·斯维德鲁普（Harald Ulrik Sverdrup，1888—1957年）、哈尔沃·索尔伯格（Halvor Solberg，1895—1974年）、

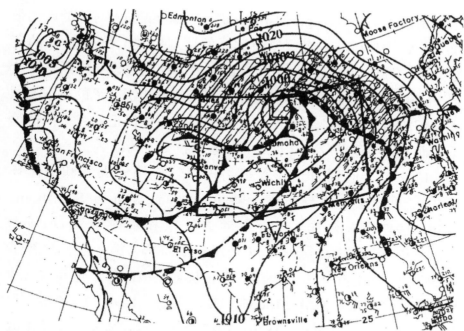

图 18-3　V. 皮叶克尼斯 1911 年文章关于锋面的预报图

J. 皮叶克尼斯（Jacob A.B. Bjerknes，1897—1975 年）等著名气象学家。在他的领导下，挪威的卑尔根（Bergen）成为了当时世界上极具影响的气象学研究中心和气旋研究的典范，最终创建了极锋学说。[①] 他的研究成果成为现代理论气象学和应用气象学的基础，为他赢得了"现代气象学之父"的赞誉。

1926 年，V. 皮叶克尼斯接受了奥斯陆大学的力学和数理物理学教授职位，一直工作到 1932 年退休。他一生坚持不懈地把气象学从相对随意的资料观察收集和偶然报准的预测转变成严谨的自然科学。

1932 年，他担任国际测地学、地球物理联合会的国际气象和大气科学协会会长（International Association of Meteorology

---

① 陶祖钰,熊秋芬,郑永光,等. 天气学的发展概要——关于锋面气旋学说的四个阶段 [J]. 气象学报, 2014, 72(5):940-947.

and Atmospheric Sciences of the International Union of Geodesy and Geophysics）。美国国家科学院和英国伦敦皇家学会授予他为外国院士称号。他还获得挪威奥斯陆科学院、华盛顿科学院、荷兰科学院、普鲁士科学院、爱丁堡皇家学会和罗马教皇学院等多个荣誉院士称号。许多大学授予他荣誉学位，他还获得了海洋学阿加西奖、气象学西蒙斯奖和气象学白贝罗（Buysballot）奖。

1951 年，V. 皮叶克尼斯在挪威奥斯陆因心力衰竭去世。为了纪念他，1995 年，欧洲地球物理学会海洋和大气部（Section on Oceans and Atmosphere of the European Geophysical Society）设立皮叶克尼斯奖（Vilhelm Bjerknes Medal），用以表彰每年为大气科学研究做出卓越贡献的科学家，如图 18-4。

图 18-4　皮叶克尼斯奖章
（Vilhelm Bjerknes Medal）

第二节　气旋理论的提出和完善

现代气象学的气旋锋面理论是卑尔根气象学派（Bergen School of Meteorology）的主要成果，完善了气象分析和天气预报，促进了现代大气科学理论的丰富与完善。V. 皮叶克尼斯早期对大气运动的研究为提出气旋模型奠定了基础。

1. 气旋理论的提出

V. 皮叶克尼斯十分热爱并且专注于气象学研究，他招募的气象助手，以及建立的地方气象站提供了丰富的气象数据资源。他们建立了涵盖挪威数百个地点的天气观测站，并且可以获得军方的有价值的气象数据。这些就为其儿子 J. 皮叶克尼斯提出锋面气旋模型和极锋理论做好了准备。

　　J. 皮叶克尼斯年轻时，随父工作地点的变更而辗转四方，1917 年开始在德国莱比锡大学帮助父亲工作，同年随父前往挪威南部海岸。1918 年，J. 皮叶克尼斯成为卑尔根气象局（Bergen weather service）的首席预报员（如图 18-5）。1931 之后接替其父亲担任卑尔根地球物理研究所教授。

图 18-5　J. 皮叶克尼斯
（Jacob A.B. Bjerknes，1897—1975 年）

　　尽管当时法国、英国及大西洋洋面上的观测数据无法利用，J. 皮叶克尼斯根据在其父亲指导下在莱比锡研究过的辐合线，确定大气波动发展过程中的两类主要辐合，认为这可能与高低压系统形成以及极地和热带的空气交换有关。经过长期对天气图分析，J. 皮叶克尼斯 1919 年发表了代表作之一"移动性气旋的结构"（On the structure of moving cyclones）。[1] J. 皮叶克尼斯早期的气旋模型有以下特点：一股螺旋状的气流流向气旋中心；两股别具特色的复合线，即引起形成暖锋和冷锋的转向线和飚线；气旋中心南部有不对称的暖气流等。如图 18-6 所示。

　　他首次提出了对锋面气旋结构的革命性认识。他分析了气旋的典型流场和"转向线"（Steering-line）、"飚线"（squall-line）空间界面，模型中包含了气旋区云系和降水区分布特征。暖

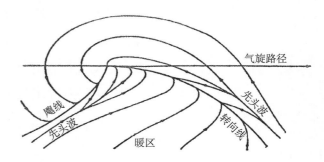

图 18-6　J. 皮叶克尼斯的理想气旋模型 [2]

　　[1]　Bjerknes J. On the structure of moving cyclones[J]. Monthly Weather Review,1919(2): 95-99.

　　[2]　Bjerknes J. On the structure of moving cyclones[J]. Monthly Weather Review,1919(2): 95-99.

空气沿倾斜的锋面抬升并产生云带和降水区、冷空气下沉并沿地面扩散，位能由于垂直运动而减小，这不仅可以解释气旋形成时的动能来源，还能够说明气旋为什么总生成于大气不连续面，还可以解释其移动路径与变化规律。文中指出气旋中的冷锋可以作为新气旋的暖锋进而形成"气旋串"，成为近极地和热带空气的交换媒介。概念模型中最重要要素"转向线"和"飑线"在1919年末更名为"暖锋"和"冷锋"。

1918年秋，J. 皮叶克尼斯邀请索尔伯格一道前往克里斯蒂安尼亚、斯德哥尔摩、哥本哈根搜集气旋观测记录并分析观测数据。此时，V. 皮叶克尼斯招募到一些拥有科学探索热情并乐于交流的新成员，包括贝吉隆（Tor Harold Percival Bergeron，1891—1977年）、罗斯贝（Carl-Gustaf Rossby，1898—1957年）等未来的著名气象学家均由此加入进来，在卑尔根构筑更加良好的学术氛围。

卑尔根气象学派根据此气旋模型绘制了很多天气图。其他气象学家进一步对此气旋概念进行解释和完善。在卑尔根气象学派的影响下，气象学越来越受到重视，欧洲逐渐出现有关气象服务的机构和团体。

2. 理论的完善

随后几年，J. 皮叶克尼斯、索尔伯格及贝吉隆逐渐掌握了更多观测事实，针对锋面气旋模型进行了专门研究，进一步揭示了对流层低层大气不连续的面，即是锋面结构和气旋形成过程。1921年J. 皮叶克尼斯和索尔伯格论述了降水形成条件，根据斯堪的纳维亚半岛的降水资料指出空气上升冷却凝结是形成降水的关键因素，而能够成雨的上升区多出现在地面气流辐合带、切变线附近且通常出现在冷暖空气交汇处，所以首次明确提出"冷锋"和"暖锋"的概念。

或许是受到战争的影响和启发，V. 皮叶克尼斯等挪威气象学家们用军事术语——"锋"（Front）来描述可以导致强烈天气变化的两种大型相异气团的碰撞。冷锋是冷空气向暖空气方向移动形成的锋，暖锋是暖空气向冷空气方向移动形成的锋。锋移动经过的位置会发生剧烈的天气变化，包括形成云和降雨。根据天气图分析，索尔伯格确定了"极锋"和锋上波动结构的存在并观察到"气旋族"的踪迹。贝吉隆则发现了气旋发展的另一过程，即由他命名的"锢囚"过程。

J. 皮叶克尼斯和索尔伯格以温带移动性气旋理想模型为基础，提出了包含初生、发展、锢囚各阶段的生命周期，并认为气旋形成关键是冷暖气团同时存在并维持性质上的差异。一般过程是当暖空气被冷空气抬升并在地转作用下导致气旋形成时，冷空气逐渐占据涡旋系统，当其变为冷性涡旋时能量迅速消耗，气旋填塞消亡。

这是非常重要的研究成果，在近现代气象科技史上占有重要地位。这个理论中的极锋是在高纬度地区形成的极地气团和中纬度地区形成的热带气团相遇而形成的半连续过渡区域。在这一发现基础上，卑尔根气象学派发展出了极锋理论（也称卑尔根气旋模型），叙述了中纬度气旋的形成、发展和消散过程。如图 18-7 所示。

至此卑尔根研究团队完整提出了锋面气旋模型，这在"气旋生命史和大气环流的极锋理论"（on Life Cycles of Cyclones and the Polar Front Theory of Atmospheric Circulation）一文中进行了系统论述。[①]

由于 J. 皮叶克尼斯和索尔伯格的天气图多来自北欧，观测到欧洲大陆的气旋大多处于北大西洋气旋的锢囚阶段，其得出的气象结构和生命史有欧洲气旋的特征，在世界其他地方的气旋也有不符合他们提出的概念模型。

---

① Henry A J. J. Bjerknes and H. Solberg on life cycles of cyclones and the polar front theory of atmospheric circulation[J]. Monthly Weather Review,1922 (9): 468-473.

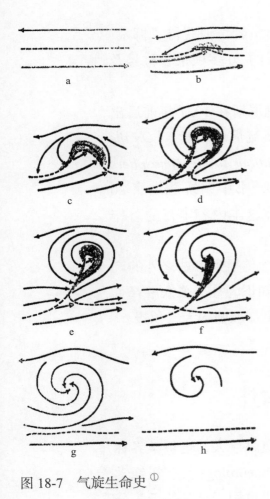

图 18-7　气旋生命史 [1]

3. 气旋理论的评价

极锋学说对于亚洲情况有些不一样，比如东亚大多是冷气流爆发侵入暖气流，再如欧洲西形成气旋时，极易成云致雨；而中国乃至东亚形成气旋时降雨不如欧洲明显。在美国，气象环境和西欧不同，所以极锋学说原理在欧洲应用时，效果完美，在东亚和北美洲则要根据下垫面情况具体分析。

这也说明大气科学与其他自然科学如物理化学不一样，与区域有关，全球普遍的气象理论和局地实际环境要结合起来。另外，地球自转在气旋中的作用没有明确，整个中纬度绕极波状环流圈上通常存在大约 4 个气旋以及 4 个反气旋，说明地球自转在环流圈形成中起作用。但总的来讲，他们挖掘了气旋和锋面的一般理论，具有基础性的认识，锋面气旋和极锋学说成为卑尔根学派的经典理论，在天气学方面研究成果具有开创性价值，直到今天对天气预报仍然有重大的业务指导作用。

J. 皮叶克尼斯在 20 世纪 20 年代末期到 30 年代发现中纬度西风带中的大尺度波动。20 世纪 50 年代研究海—气关系同气候变化的联系。20 世纪 60 年代末提出著名的赤道太平洋东部海面温度变化同中纬度大气环流之间存在着遥相关的论点。由于他对现

① Henry A J. J. Bjerknes and H. Solberg on life cycles of cyclones and the polar front theory of atmospheric circulation[J]. Monthly Weather Review,1922(9): 468-473.

代天气学、大气环流、大气动力学的突出贡献，他获得了挪威、美国、丹麦和英国等政府和学术团体授予的 20 多项荣誉称号及奖项。

卑尔根气象学派的领军人物 V. 皮叶克尼斯在 1921 年前后出版了《适用于大气、大气涡旋和波动的环流涡动力学》（*On the Dynamics of the Circular Vortex with Applications to the Atmosphere and to Atmospheric Votex and Wave Motion*），书中系统总结了 20 年来卑尔根气象学派大气研究的成果。在这本内容丰富的著作中，他解释了气旋的性质和有关概念。

这本经典著作把当时最新的气象学概念传播到挪威之外的广大地区。卑尔根气象学派关于气旋和锋的知识为社会公众解释了风、温度、云和降雨的物理信息，提供了更加准确的天气预报。

第三节　挪威气象学派的社会性

挪威气象学派因为地处挪威卑尔根、贡献巨大，也被学界称作卑尔根气象学派（The Bergen School of Meteorology）。[1]极锋学说反映了气旋的生命史，直到今天还被预报员用于日常的天气分析和天气预报。[2]

1. 学派诞生的社会条件

1917 年挪威粮食歉收导致粮食短缺，在大城市更为严重。挪威政府大力鼓励一切可以为农业增产做出贡献的努力。挪威沿海的渔业生产就更显重要。渔民出海，每天的天气预报非常重要。

---

[1]　Newton C, Newton H R. The Bergen School concepts come to America: the life cycles of extratropical cyclones[J]. Proceedings of an International Symposium, 1994, 1: 22.

[2]　汤懋苍，李栋梁，张拥军. 短期气候预测的出路在何方 [J]. 高原气象，2004(5): 714-717.

1918 年挪威的一家地方报纸刊发消息，报道了瑞典开始提供天气预报服务，农民可以通过电话得到天气预报。当时挪威气象局局长认为在挪威开展这样的气旋服务面临太多的困难，无能为力。V. 皮叶克尼斯对此感到震惊。他致信气象局长，表示有责任为国家作出气象方面的贡献。V. 皮叶克尼斯向挪威总理表达了这个决心，政府同意资助目的在于使农业受益的天气预报研究计划。[①] 挪威议会甚至同意拿出 10 万克朗建立整个挪威西部的预报服务系统。

1919 年 J. 皮叶克尼斯在其"移动性气旋的结构"（On the Structure of Moving Cyclones）论文中，提出了理想化的气旋模型概念，这为气象学理论和实践的发展提供了强大动力。从 1918 年，V. 皮叶克尼斯发现低气压冷锋和暖锋的区别，并确立了冷暖锋的观念，到 20 世纪中叶，极锋理论经历了数十年的发展完善。很多气象学家从不同方面对此做出贡献。在 1928 年前后贝吉隆据此发展了气团分析法并应用于天气预报。

卑尔根的地球物理所（图 18-8）给予挪威气象学派安心研究的科研环境，国家资助使得这些天才气象学家不用为经费而浪费时间，这是他们成功的重要物质条件。

2. 学派成长的主观努力

J. 皮叶克尼斯本人一生不断完善和发展自己的理论。随着高空气象观测站的增多及高空气象观测技术的进步，20 世纪 30 年代，J. 皮叶克尼斯首先研究了大规模波动中的三度空间结构，发现了中纬度西风带的存在，揭示出控制平流层波动与地面低压相关的物理机制。他进一步发展了关于气旋和反气旋活动的理论，把上层气流纳入了研究体系。他还在海—气相互作用和大气环流方面有较大贡献。1969 年，J. 皮叶克尼斯提出了海洋温度和

---

① 凯瑟林·库伦. 气象学——站在科学前沿的巨人 [M]. 刘彭，译. 上海：上海科学技术文献出版社，2011.

图 18-8　1928 年的卑尔根的地球物理所 [①]

大气之间存在正反馈的理论。

　　J. 皮叶克尼斯在气象教育方面也做出重要贡献，1940 年美国加州大学洛杉矶分校（UCLA）聘请他为气象学教授，同时担任物理系气象学组的组长。1945 年，他建立了气象学系并任系主任，为美国空军气象部建立气象培训班。该校气象学系发展迅速，后来成为世界一流的气象学教学和研究机构，是最有名的大学气象系之一。

　　挪威本是 1904 年才由瑞典王国独立出来的小国。因为航海和渔业的需要，增建了沿海的台站，由于 V. 皮叶克尼斯和挪威气象学派的努力，挪威的气象学研究达到当时世界一流的气象学水平。V. 皮叶克尼斯毫无保留地培养和发展他邀请来的青年气象学家，把他自己的家奉献出来。令人惊奇的是，当时的世界气象学殿堂

_____

① 卑尔根大学地球物理所网页。

图 18-9　1934 年挪威气象学派部分成员的合影（从左到右：T. 贝吉隆，
H. 索尔伯格，V. 皮叶克尼斯，H.U. 斯维德鲁普，J. 皮叶克尼斯，S. 皮特森，
戈茨克（C.L.Godske））①

就在 V. 皮叶克尼斯家的阁楼上。如图 18-9、图 18-10、图 18-11 所示。

　　V. 皮叶克尼斯带领年轻科学家在短短十几年时间内，利用欧
洲的地面台站网和少数探空资料，先后发表环流理论、气旋模
式、气旋生命史、气旋结构、气团和三维分析，以及降水的冰晶
学说等重要成果，成为世界公认的主流气象学派。

　　3. 学派开枝散叶的繁荣

　　卑尔根气象学派不仅取得彪炳史册的理论成果，而且培养出
几位著名的气象学家，每位都对现代气象学作出重要贡献。其中
特别杰出的有罗斯贝（Carl-Gustaf Rossby，1898—1957 年，后到
美国气象局工作）。由于罗斯贝的杰出才能，创立了芝加哥气象
学派。

① 卑尔根大学地球物理所网页。

图 18-10　大雪中的 V. 皮叶克尼斯家外景[①]

图 18-11　1919 年工作中的卑尔根气象学派。左边坐着者从左到右：T. 贝吉隆，C. 罗斯贝，S. 罗塞兰（Svein Rosseland），站立着是 J. 皮叶克尼斯。[②]

---

① 卑尔根大学地球物理所网页。

② 卑尔根大学地球物理所网页。

挪威气象学派在气象学上做出多方面的贡献，其成员多有成就。贝吉隆（1891—1977 年），少儿时举家迁往瑞典，他在那时对天气很感兴趣，可贵的是写天气日记，记下多变的天气和对云层观察。1916 年他获得斯德哥尔摩大学理学学士学位，1919—1922 年跟随皮叶克尼斯父子从事气象研究工作，成为挪威气象学派的重要成员。他 1928 年发表"分类性及系统化的物理过程对天气变化的巨大作用"（A Tremendous Effect to Classify and Systematize the Physical Processes lead to the Changing Weather），获得奥斯陆大学博士学位。他提出用气团概念分析天气的方法，系统研究各种气团的起源和变化，这种气团分析方法和挪威气象学派的锋面理论比较契合，一度成为日常的天气预报技术之一。

皮特森（Sverre Pettersen，1898—1974 年），是挪威气象学派的重要气象学家之一。皮特森出生于挪威北部北极圈的一个渔村。童年家境贫寒。少年时代他随着大人参加捕鱼。渔船出海一般要好几个星期，冬季和春季在挪威海上常有强烈的风暴。渔船必须事先得到气象预报回港。这种成长环境使得皮特森渴望学到更多气象知识。

1926 年皮特森进入挪威气象部门做气象预报员，1931 年担任区域气象台主任，1933 年发表"应用于气象预报之气压场的动力性质"（Kinematical and dynamical properties of the field of pressure with application to weather forecasting）获得奥斯陆大学博士学位。他提出了通过气压剖面图反映等压线的空气水平运动速率。

1935 年皮特森担任美国加利福尼亚州理工学院客座教授。1941 年出版了他的名著《天气分析和预报》（Weather Analysis and Forecasting）及《气象学介绍》（Introduction to Meteorology）两书。1942 年，他前往英国加入挪威空军，任挪威空军气象服务处主任，并协助盟军从事 D 日诺曼底登陆计划。盟军顺利登陆，他获得当时马歇尔和丘吉尔颁发的荣誉勋章。第二次世界大战胜利后的1945 年回到挪威，任挪威气象预报服务部门的主任。他推进了挪威的气象预报水平，并将气象预报技术应用到航空飞行上。1948年应美国军方邀请前往美国建设空军气象服务部，并任第一任主任，为美国空军气象的发展作出重要贡献。

挪威气象学派起源于海洋，也对后世海洋气象学发展有影响。瓦根·沃尔弗里德·埃克曼（Vagn Walfrid Ekman，1874—1954年，如图18-12），瑞典物理海洋学家。

埃克曼读书时在挪威北极考察期间，观察到浮冰不遵循风向，而是偏离20°～40°。埃克曼在1902年发表的报告中对此解释，考虑到了风与海面之间的摩擦平衡，以及由于地球自转产生的偏转力（科里奥利力）。他还导出了海水平均压缩率（压缩比除以压力）随压力和温度变化的经验公式。这个公式至今仍在使用，以确定被静水压力压缩的深层海水的密度。1902年大学毕业后，他进了奥斯陆国际海洋研究室，在挪威气象学家、物理学家V.皮叶克尼斯和挪威探险家、海洋学家F.南森的指导下工作。

图18-12　瓦根·沃尔弗里德·埃克曼
（Vagn Walfrid Ekman，1874—1954年）

从1910年到1939年，埃克曼是瑞典隆德大学的力学和数学物理学教授，他在那里主要研究海流动力学，是国际上发展物理海洋学的先驱。他发表了关于风驱动洋流的理论，包括海岸和海底地形的影响，以及湾流的动力学。他还努力解决复杂的海洋湍流问题，取得了部分成功。他设计制造了能同时测量流速和流向的埃克曼海流计，设计了埃克曼颠倒采水器，建立了海洋中的风生漂流和梯度流理论，阐明了流速（风速）矢量随深度（高度）偏转现象（即埃克曼螺线）的成因，还研究过融冰形成的死水现象、海水压缩率、坡度流、密度流、深层流、混浊流等方面的理论。

为纪念埃克曼的成就，以他名字命名的术语还有埃克曼层，表示出现在不同界面的某些海洋或大气层，埃克曼输运，表示风驱动的洋流，埃克曼漂流等。

再说托尔·贝吉隆（Tor Bergeron，1891—1977 年，如图 18-13 所示），瑞典气象学家，是卑尔根气象学派（Bergen School of Meteorology）的主要人物之一，是现代云物理学和降水物理理论创始人。

贝吉隆对天气现象和云层有浓厚的兴趣，并不间断地写天气日记，对多变的天气和云层有敏锐的观察，将资料进行系统化整理和分类。

贝吉隆提出气旋锢囚阶段的理论，充实了气旋生命史模式。在对云和降水物理学研究中，提出冷云降水的机制，为人工降水和消冷云提供了理论基础，因而也被誉为现代云物理学和降水物理理论创始人。贝吉隆善于从日常生活发现气象规律。他 1922 年在一个山上度假时，发现山上的雾气不会进入−5 到−10 摄氏度"道路通道"，相反会进入零摄氏度以上的通道（图 18-14）。

贝吉隆的降水理论思想受魏格纳（Wegener）兄弟的高空气

图 18-13　贝吉隆（Tor Bergeron，1891—1977 年）

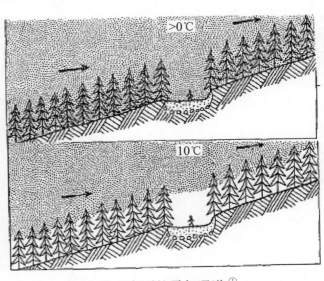

图 18-14　贝吉隆观察到的雾气通道 [1]

---

[1]　Weickmann H K. Tor Harold Percival Bergeron[J]. Bulletin of the American Meteorological Society, 1979, 60(5): 406-414.

象研究和降水理论启示，1933 年贝吉隆对其进行了细化，称为
Wegener—Bergeron 降水理论。1938 年，德国科学家 W. Findeisen
根据贝吉隆的学说加以试验，证明了贝吉隆降水理论的正确
性，并认为冰晶的形成乃由于升华核的存在。这些成果被称为
Wegener–Bergeron–Findeisen 学说。这个学说得到了国际云物理界
的承认。然而进一步的研究表明，欧洲的纬度太高。在欧洲以外
的中纬度和低纬度地区，降水云层常常整个云体温度均高于零摄
氏度，在这里，贝吉龙的冷云降水过程失效。[1]

　　1949 年，他被授予皇家气象学会西蒙斯金质奖章。1966 年，
他被世界气象组织授予著名的国际气象组织奖。

---

① 温景嵩. 创新话旧——谈科学研究中的思想方法问题 [M]. 北京：气象出版社，
2005.

当以皮叶克尼斯（Bjerkenes）父子为首的"挪威气象学派"（the Norwegian School of Meteorology 或者 the Bergen School of Meteorology）正处于鼎盛时期，其中衍生出来的以罗斯贝（Carl-Gustaf Rossby）为首的"芝加哥气象学派"（Chicago School of Meteorology）[①]悄然兴起。"芝加哥气象学派"在 20 世纪 30 年代开始酝酿，40 年代形成并达到高峰，50—70 年代持续繁荣。

从科学史角度讲，学派有些基本特征，诸如有相同或相近学术倾向，有学派领军人物和学术传承，有核心学术理论，得到学界的认可等等。前面叙述的挪威气象学派符合这些特征。

以罗斯贝为首的气象学派也符合这些特征，包括了一大批大气科学精英，夯实了现代气象学和大气动力学的基础。与挪威气象学派主要研究锋面和气旋不同，芝加哥气象学派的研究核心主要是急流和大气长波等。这与当时高空气象探测的大发展相关，加强了天气分析和预报的物理基础，并为研究大尺度的大气运动提供了理论依据，为数值天气预报的进一步发展创造了条件。

---

① 这个学派中罗斯贝作为领军人物的贡献很大，也称之为"罗斯贝气象学派"。

第一节 罗斯贝的学术成就

卡尔·古斯塔夫·阿维德·罗斯贝（Carl-Gustaf Arvid Rossby，1898—1957年，如图19-1）生于瑞典斯德哥尔摩的一个中产家庭，少年时就表现出杰出的才能。

1. 师从挪威气象学派

1919年，罗斯贝进入著名的挪威气象学派，开始跟随V.皮叶克尼斯学习气象学和海洋学。当时挪威气象学派正在构建极锋和气旋的基础概念，年轻的罗斯贝提出了一些很好的想法。比如建议暖锋和冷锋在天气图上分别用红色和蓝色代表。1921年他在莱比锡大学地球物理研究所学习流体力学，并在普鲁士航空天文台工作。同年，他返回斯德哥尔摩，进入瑞典气象和水文局。他参加了几次气象和海洋学考察。[①]1922年开始，他参与筹建瑞典的高空气球观测网，并作为天气预报员每天3次进行天气图分析，做出全国天气预报。这些预报经历使得他日后可以对大气运动的规律有更深刻、更直接的理解，从而发现和提出大气长波理论。

1926年，罗斯贝获得位于华盛顿的美国气象局为期一年的奖学金，除了做天气预报，还尝试通过转盘试验来模拟大气运动。他经常在美国著名的《每月天气评论》杂志上发表关于大气湍流和大气压力变化方面的论文。罗斯贝是个观点敏锐的青年才俊。起初，他引入挪威气象学派的极锋理论和气旋

图19-1　1956年《时代》刊物锋面人物罗斯贝

---

① Byers H B. Carl-Gustaf Rossby, 1898—1957, Biographical Memoir[M]. National Academy of Sciences, washington D.C., 1960.

理论并没有得到美国气象局的认可，当时的官僚作风使得罗斯贝处处受限。

1927年，罗斯贝接受了丹尼尔·古根海姆促进航空基金（Daniel Guggenheim Fund for Promotion of Aeronautics）的航空气象委员会主席的职务，并在该基金中建立了加利福尼亚州民航气象服务模式。1928年，他成为麻省理工学院气象副教授，继续研究大气和海洋湍流，并建立了混合长度、粗糙度参数等概念。他将热力学应用于气团分析，这是T.贝吉隆在1928年首次系统研究的课题。

罗斯贝1932年设计了一种图形方法，用于识别气团和导致其形成和修改的过程，被称为罗斯贝图（Rossby diagram）。[①]

在高校，罗斯贝逐渐显现出高超的学术研究能力，他强调重视大气科学问题的基本物理原理，揭示了对大气和海洋中发生的基本过程的深刻见解，同时很重视把气象学的基础研究和实际应用结合起来，他还重视天气预报实践的研讨，大胆地简化来处理复杂的问题，并积极投身于预报员培训工作。这几个方面的优良品质促使他很快成为杰出的气象学家，并成为罗斯贝气象学派的领军人物。

2. 从教芝加哥大学

罗斯贝在麻省理工学院（MIT）一直任教到1939年，十年中建立了美国第一个气象系。1941年他到芝加哥大学任教，成为芝加哥大学新成立的气象系的主任，在那里汇集了来自许多不同国家的杰出气象科学家。这期间他的研究成果达到学术高峰，并带领气象团队构建了庞大完整的现代气象学理论体系中非常重要的部分，形成著名的芝加哥气象学派。20世纪40年代初，当战争

---

① Rossby C-G. Thermodynamics applied to air mass analysis[J]. Physical Oceanography and Meteorology, 1932, 3(1).

的需要使气象学成为一门关键科学时，罗斯贝组织了非常有效的气象学军事教育项目，并致力于建立全球观测和预报服务。

在 1935 年他开始研究对流层西风中的长波环极系统，现在称为"罗斯贝波"。这些波对对流层下部的天气状况产生了控制作用。罗斯贝在绝对涡度守恒定理（1858 年由亥姆霍兹提出）的基础上发展了这些长波的动力学理论，并导出了一个简单的公式，现在称为罗斯贝方程。[①]这个公式成为现代气象文献中最著名的方程之一。

罗斯贝指出如果考虑理想的最简单的情况（无摩擦）均匀大气运动，不可压缩的大气有纯粹的水平运动。自由大气中实际观察到的维度的扰动，大的长波必须向西移动，而较短的波必须向东移动，存在中间长度波使相应的摄动保持平稳，如图 19-2。这两个效应的大小大致相同。[②]

20 世纪 40 年代末，罗斯贝越来越积极地促进国际合作。罗斯贝认识到热带气象学的重要性，他为波多黎各大学建立热带气象学研究所发挥了重要作用。罗斯贝具有深刻的物理学思想，他发现大气热力学中一些物理量具有守恒性质。他最早提出利用位势温度和比湿等物理量定义气团，他对锋面和气旋等天气现

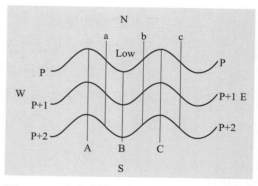

图 19-2　大气带状运动上的正弦摄动 [③]

① Rossby C-G. Planetary flow patterns in the atmosphere[J]. Quarterly Journal of the Royal Meteorological Society, 1940, 66: 68-87.

② Rossby C-G and Collaborators. Relation between variations in the intensity of the zonal circulation of the atmosphere and the displacements of the semi-permanent centers of action[J]. Journal of Marine Research, 1939, 2(1): 38–55.

③ Rossby C-G and Collaborators. Relation between variations in the intensity of the zonal circulation of the atmosphere and the displacements of the semi-permanent centers of action[J]. Journal of Marine Research, 1939, 2(1): 38–55.

象进行更为量化的诊断和描述，进行细致定量化研究也使他的老师 V. 皮叶克尼斯的学术思想进一步发扬。罗斯贝提出的基础理论大大促进了 20 世纪 30—40 年代数值天气预报的发展。

罗斯贝还进行大气和海洋中的湍流研究，[①]把大气和海洋纳入统一的思维框架和理论体系中。海洋水流运动由三种力控制，包括水平压力梯度力、偏转力、叠加地层相对运动所产生的摩擦

(a) 有小起伏的极地急流

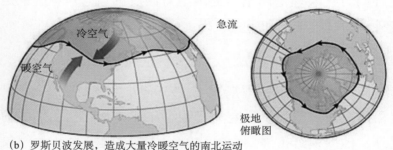

(b) 罗斯贝波发展，造成大量冷暖空气的南北运动

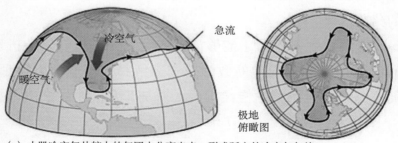

(c) 小股冷空气从较大的气团中分离出来，形成孤立的冷空气气旋

图 19-3　罗斯贝波的一种示意图[②]

① Rossby C-G. Dynamics of steady ocean currents in the light of experimental fluid mechanics[J]. Papers in Physical Oceanography and Meteorology, 1936, 1: 5-43.

② Coleen Paul，GEOG 1112: Weather and Climate.

力，这些与大气运动的动力分析有类似之处。罗斯贝波成为海洋－大气运动的基础形式，是现代气象科学理论的重要基础。如图 19-3。

在随后的几十年里，罗斯贝的理论分析对应用气象学和海洋学的发展都产生了深刻的影响。他的理论通过考虑水平速度场的调整，可以预测大气环流的主要变化，而不考虑垂直速度场变化大气的结构。

在罗斯贝的领导下，芝加哥气象学派开始对环流进行天气、理论和实验研究，提出了很多现代大气科学基本概念，比如喷射流（jet stream）[①]等等。曾经在芝加哥大学的网页上，喷射流也就是西风急流的发现和费米（Fermi）的核链式反应曾被并列为该校的两个重要发现，可见这是多么重要的成就。1947 年罗斯贝进一步完善动力气象理论体系，提出绝对涡度的概念。[②] 这也是现代大气科学的基础理论和重大成果。

3. 创建国际气象研究所

应瑞典政府的要求，罗斯贝于 1950 年返回瑞典，并组建了国际气象研究所。他继续研究大气和海洋环流及其相互作用的问题。此外，他的视野扩展到大气化学，认为这是一个扩大气象学研究范围的机会。他甚至组织了一个国际网络来调查大气中微量元素的分布情况。

罗斯贝的伟大不仅在于能够深入看到大气运动的复杂机理，而且总是倾向于利用简化的数学公式来解释大气运动的物理意义，而不是过于强调数学推导本身。这是非常高明的学术思想，

[①]　这个现象最早是在 19 世纪末通过观察卷云的漂移而揭示的，第二次世界大战期间建立了一个全球高空探测台网络，进行了系统地调查。

[②]　Rossby C-G. On the distribution of angular velocity in gaseous envelopes under the influence of large-scale horizontal mixing processes[J]. the Bulletin of the American Meteorological Society, 1947, 28: 53–68.

这其实也和大气科学的本质是非确定性学科有关。今天罗斯贝的理论应用已远远超出了地球流体（包括大气和海洋）的研究范围，被广泛运用于行星和太阳大气、磁流体和普通流体的研究。

现代大气科学中的许多术语都是用罗斯贝的名字命名的，比如罗斯贝波、混合罗斯贝重力波、罗斯贝数、罗斯贝变形半径等。这些或多或少都是和罗斯贝波动理论相关的。他创办了质量很高的地球物理学杂志（Tellus），至今仍是世界气象领域的最好学术期刊之一。

罗斯贝 1944 年到 1945 年担任美国气象学会（AMS）的主席。他一生获得多项荣誉，是美国科学院院士、美国哲学会院士，还是奥地利科学院、芬兰科学院、德国科学院、挪威科学院、瑞典科学院、斯德哥尔摩工程科学院、英国皇家气象学会等的荣誉院士。

1957 年 8 月 19 日，罗斯贝因突发心脏病，在斯德哥尔摩气象研究所离世，享年不到 60 岁。他的去世是世界大气科学界的巨大损失，众多气象学家，包括挪威气象学派和芝加哥气象学派的气象学家撰文纪念他，形成厚厚的一本纪念文集。[①]

由于罗斯贝一生对大气科学的巨大贡献，美国气象学会设立罗斯贝奖，是颁发给对大气的结构或运动作出了杰出贡献的大气科学家的最高奖项。美国气象学会其实有很多种类的奖项，但是卡尔·古斯塔夫·罗斯贝奖章（Carl-Gustaf Rossby Research Medal）是国际大气科学界的最高荣誉，每年（早期有间断）由美国气象学会授予一名气象学家。从 1951 年开始授奖，罗斯贝本人获得 1953 年的奖章，到 2018 年，有 64 位杰出气象学家获得这份殊荣，包括华人学者郭晓岚、王斌、廖国男[②]分别获得

① Bolin B. The Atmosphere and the Sea in Motion -Scientific Contributions to the Rossby Memorial Volume[M]. The Rockefeller Institute Press,1959.

② 林宜静. 廖国男院士获大气科学界最高荣誉"罗斯贝奖章"[N]. 中时电子报，2017-08-05.

1970年度、2015年度、2018年度的卡尔·古斯塔夫·罗斯贝奖章。本书附录了罗斯贝奖设立以来至今的获奖名单。

第二节　罗斯贝对气象人才的培养

罗斯贝的巨大影响和罗斯贝气象学派的得名还在于对气象人才的培养。经过罗斯贝培养的学生或学员多数成为美国乃至世界各地大气科学领域的重要和杰出人才，通过人才培养，把罗斯贝学派的理论和学术氛围传播到世界范围，影响了现代大气科学的发展进程，也包括对中国学生的培养促进了当代中国大气科学的发展。

1. 重视实际气象业务应用和培训

罗斯贝培养了众多学术界精英，并极大地推动了大气与海洋科学的发展。[1]罗斯贝很重视气象学基础研究和实际应用的结合。第二次世界大战期间，罗斯贝组织了军队中的气象学知识培训，以支持盟军的行动。战后，接受培训的许多人成为气象领域的专家。比如发现混沌现象的洛伦茨就是麻省理工学院20世纪40年代参加军事气象培训的毕业生。美国气象学会历届主席中，有十多位是来自芝加哥大学的教师和学生。接受罗斯贝培养和培训的学生很多后来成为美国大型气象研究项目的首席研究员和专家。罗斯贝使得美国成为挪威之后世界上气象科学研究水平最高的国家之一。[2]

罗斯贝当初在麻省理工学院建立的气象系最初目的之一是为

---

[1]　杨军，胡永云. 卡尔—古斯塔夫·罗斯贝 [J]. 物理，2017，46(01): 39-40.

[2]　Fleming J R. Atmospheric Science Bjerknes, Rossby, Wexler, and the Foundations of Modern Meteorology[M]. Cambridge: MIT Press, 2016.

美国军队培训气象预报员的。其后创立芝加哥大学气象系，因处于第二次世界大战时期，显然罗斯贝要为美国空军培训气象预报员和观测员。到了 20 世纪 40 年代，美国大学培训了数千名军事气象预报员，这些预报员将大气层视为由强大的高空风驱动的动态全球系统。在第二次世界大战期间，这种方法帮助确定了盟军关键行动的时间，特别是"D-DAY"的登陆时间。罗斯贝考虑到战时培训的特殊性，比如时间短、要求高等，他强调学生应参加每天的天气会商，看懂天气图，对于会商结果和典型天气个例要能够集成手册，便于日后查找。这些定期天气分析报告后来发展成为学术刊物《气象学杂志》（*Journal of Meteorology*），就是现在的《大气科学杂志》（*Journal of the Atmospheric Sciences*）。

由于第二次世界大战大大增加了对气象预报的需求。罗斯贝成为美国战争部长亨利·史汀森（Henry Stimson）的顾问，负责设计了气象学培训项目课程。超过 7000 名军人在麻省理工学院、纽约大学、芝加哥大学、加州大学洛杉矶分校、加州理工学院以及主要军事中心接受了气象方面的紧急培训。罗斯贝不断帮助英国和美国的军事预报员处理在陌生天空中遇到的特殊问题。当认识到对热带地区的热带风暴知之甚少时，罗斯贝帮助组建了波多黎各大学的热带气象学研究所。

罗斯贝重视实践的培训方法很有效果，到 1944 年，大约数千名军官完成了气象学的研究生培训，其中 994 名在麻省理工学院接受培训，还包括 25 名女性。罗斯贝于 1939 年正式离开麻省理工学院。挪威气象学家皮特森（Sverre Pettersen）是卑尔根气象学派成员之一，代替罗斯贝成为麻省理工学院的气象培训项目负责人，皮特森后来成为盟军诺曼底登陆的高级气象专家。

罗斯贝不仅考虑在美国东西海岸设立气象系，还有必要在美国中西部设立气象系，培训气象人才，因为许多大尺度风暴正是在美国中西部发展壮大的。在 1939 年底美国气象局扩大在职培训时，罗斯贝将位于芝加哥的区域预报中心作为培训基地。1941

年建立芝加哥大学物理系的气象研究所，1943 年转为独立的气象系并担任主任。罗斯贝为新成立的芝加哥大学气象系设定目标：包括促进对地球大气的了解，向学生讲授气象学基本原理；加强气象职业培训。1941 年有 36 名学员，生源单位包括海军和空军的气象部门。

由于在气象培训上的突出表现，美国总统罗斯福任命罗斯贝出任美国大学气象委员会的主席，加强对当时设在各个大学里的气象系的气象培训任务的管理，当时希望为军方培训 10 万气象人员。这是个庞大的培训计划。第二次世界大战期间他所在的芝加哥大学培训学员近 2000 人，培训周期因战争需要也从 24 个月缩减至 9 个月，采用大班授课，最多时一个班学员达到数百人。

罗斯贝的众多优秀学生中，也包括来自中国的学生，包括郭晓岚、叶笃正、谢义炳、顾震潮等。这使得罗斯贝气象学派传到中国，促进了现代中国大气科学的发展。叶笃正等人通过自身努力成功地将芝加哥学派中的相关理论应用要中国的实际情况中，同时也结合中国的特点提出了创新。在这过程中，涌现出一大批优秀的中国大气科学研究者，可以说中国的这一脉芝加哥学派发展很快。

罗斯贝在短期内，比如在 9 个月中培训和培养出众多的优秀气象人才，这与当时的战争环境紧迫、条件有限固然有关，但更重要的是与罗斯贝本人的学术造诣和思想境界有关，罗斯贝代表了当时世界气象学的最高水平。"名师出高徒"，他能够用最重要的知识并以容易理解的方式传授给学生。

罗斯贝不仅学术思想深邃，而且生活兴趣广泛，比如他非常热爱和关注兰花。罗斯贝甚至试图完整地收集北欧岛屿上的野生兰花，每次出行都喜欢用照相机拍摄下来。罗斯贝还对历史和宗教有浓厚兴趣，喜欢巡查历史古迹和著名古城堡。

罗斯贝曾概括自己的教学方法：要让学生们感觉受到挑战。如果直接给他们完整的建筑杰作，那么你就无法帮助他们成为自己作品的建造者。这说明罗斯贝希望训练学生独立地发现和解决问题的能力。罗斯贝指导学生自己选定的论文题目，研究题目来源可以从每天例行的天气会商中、教授们学术报告、学术研讨等上选择。

　　受到罗斯贝指导过的学生非常欢迎罗斯贝的教学和指导学生的风格，对其非常尊敬和怀念。罗斯贝挥洒自如、不拘一格的研究和教学方式使得他培训、培养出的气象人才也是各具特色、才能卓著，成为现代气象科学史靓丽的学术派别。

2. 对祖国的贡献

　　罗斯贝不仅是数值天气预报重要基础理论的开拓者，而且对数值预报在业务中早期应用做出了杰出贡献。他对气象理论在业务中实践的重视也体现在对待气象科学的实验研究上。他在 20世纪 20 年代就重视气象科学的实验研究，在美国气象局期间进

图 19-4　罗斯贝对旋转水箱中的流体动力学进行实验观察[①]

――――――――

① 引自 NOAA 的照片库，当时罗斯贝 1926—1927 年在美国气象局工作。

行了旋转水箱的流体力学实验（图 19-4），他的学生戴夫·富尔茨延伸他的实验思想，在转盘实验上取得很大成果。

最早成功的数值天气预报试验是 1950 年在美国取得，此后在瑞典较早实现数值预报业务应用。1954 年，瑞典气象局使用数值天气预报系统，制作出了 72 小时 500 百帕数值预报图，这比美国业务应用早半年时间。当时瑞典已经有世界上最强的计算机 BESK，特别是罗斯贝回到他的祖国，大大提高了瑞典气象的技术和数值模式层次。

虽然罗斯贝没有当上瑞典气象局新任局长，但是他对祖国的热爱和科学家的高度责任感，使他继续带领团队推进瑞典数值预报业务化的工作。瑞典 1954 年 12 月正式开始了数值预报业务。

第三节　罗斯贝气象学派若干重要学者

作为学派有个重要特征就是学派有学术传承。在罗斯贝学派中有很多重要学者，他们继承和拓展了罗斯贝的大气科学研究思想与研究范式，并加以拓展，使得罗斯贝气象学派成为近现代大气科学史上，继挪威气象学派之后又一个重要学派。这里记叙其中若干重要人物。

1. 查尼

朱尔·G·查尼（Jule G. Charney，1917—1981 年，如图 19-5 所示），罗斯贝气象学派的重要人物，可能是仅次于罗斯贝的代表人物。查尼多次开创性地解决了大气动力学的关键性问题。他的主要成就包括斜压不稳定、准地转运动、数值天气预报、地转湍流、CISK 机制、行星波垂直传播、大气环流的多平衡态等。

他在 20 世纪 30 年代受到罗斯贝影响，决定把气象学的斜压不稳定课题作为他的博士论文研究方向，涉及中纬度地区平均西向东气流不稳定的理论。罗斯贝对其倾注很大心血，多次和查

图 19-5　查尼（Jule G. Charney, 1917—1981 年）下面是其签名

尼讨论他的博士论文以及气象学的其他关键问题。从 1947—1957 年，罗斯贝写给查尼许多信件。[①] 在其中一封信中，罗斯贝描述了他自己的教学方法：让学生自己体验"战场上的战斗感"，而不是帮他们做出完美的建筑杰作。这对查尼的学术风格产生了永久的影响。"斜压不稳定"概念是查尼在一步步的思考中逐渐形成的。他花了三年的时间才搞清楚问题的所在，也就是斜压不稳定问题，然后解决这一问题。

查尼在 1946 年完成博士论文答辩之前的几个月，获得了国家研究委员会奖学金。他计划出国访问奥斯陆的 H. 索尔伯格和英国剑桥的 G.I. 泰勒，途中拜访了芝加哥大学的罗斯贝。此时罗斯贝处于人生的巅峰状态，在大气科学多方面做出重大成就。罗斯贝热情邀请查尼在芝加哥大学驻学将近一年。两人进行了多次讨论，查尼事后回忆这是他学术生涯定型的重要经历。[②] 1946 年 8 月罗斯贝安排查尼参加在普林斯顿高等研究所举行的数值预报早期会议，大约有十几位著名的动力气象学家参加了，包括罗斯贝。这次会议对查尼后半生影响巨大，冯·诺伊曼（J.von Neumann）认为，天气预报可以通过电子计算机进行制作。20 世纪 50 年代。查尼与冯·诺伊曼合作，利用新开发的电子计算机，通过对流体动力学运动方程的数值积分进行气象预报。

这个过程中，导师罗斯贝对他帮助很大。1947 年秋，罗斯贝已经回到了斯德哥尔摩大学。他不止一次地给查尼写信谈论数值

---

①　在麻省理工学院的查尼档案中有 42 封来自罗斯贝的信和 23 封查尼的信。

②　Norman A P. Jule Gregory Charney 1917–1981. Biographical Memoir[M]. Washington D.C.: National Academies Press, 1995.

天气预报的重要性，并介绍他给普林斯顿高级研究院的冯·诺伊曼，使得查尼遇到进行数值天气预报的历史机遇。在数值天气预报项目经费困难时，罗斯贝建议冯·诺伊曼向军方申请经费，这些都保证了查尼研究的顺利进行。

图19-6　查尼（Jule G. Charney, 1917—1981年）在演讲

　　他加入了普林斯顿的冯·诺伊曼队伍，担任气象小组的组长。数值预报研究取得了令人满意的成功。[①] 其他国家也很快开始了类似的研究。如图 19-6 所示。

　　在查尼倡议下，美国气象局、空军和海军于1954年在马里兰州的休特兰建立了联合数值天气预报中心，用于日常预报天气。美国气象局也在查尼指导下成立地球物理流体动力学实验室，使用计算机进行基本的大气和海洋研究。这一成功也使其他类型的气象研究发生了革命性的变化，强调了有关大气的假设结果需要两地检验的可能性。对于气象学家来说，计算机在很大程度上相当于物理学家和化学家的实验室。

　　1956 年，查尼成为麻省理工学院的气象学教授。在随后的 25 年里，他在气象学和海洋学方面做出了一系列重要贡献。20 世纪 60 年代中期，他向美国国家科学院提交报告，提出了把全球大气作为统一物理系统的清晰看法，这导致了 1979 年国际社会做出了全球天气实验的努力。[②] 这也进一步推动现代大气科学成为类似物理化学那样的大科学。

　　① Charney J G, Fjörtoft R, and Neumann J. Numerical integration of the barotropic vorticity equation[J]. Tellus, 1950, 2: 237-254.

　　② Charney J R, Fleagle V L, Riehl H, et al. The feasibility of a global observation and analysis experiment[J].//report to the Committee on Atmospheric Science, Washington, National Research Council. Tellus, 1966, 2: 237-254.

　　查尼对气象学、大气动力学和物理海洋学的贡献还包括行星波垂直传播。[1]1961 年，查尼把其他领域的知识和气象学问题结合在一起，撰写著名论文"从大气低层到高层的行星尺度扰动传播"。查尼与罗斯贝在讨论中产生这个想法，他认为大气对流层罗斯贝波动有可能会向上传播，但是地球大气不会出现类似太阳的日冕现象。他的研究表明，在夏季平流层盛行东风，行星波动无法进入平流层；在冬季行星波动也不可能穿越位于中间层低层的强西风急流。这就解释了对流层大气波动是不可能传播到大气层顶的，所以不会出现类似日冕的现象。

　　1957 年查尼指出，要高度关注卫星、机载观测和雷达可能给气象发展带来的新变化。他的报告为后来全球大气研究计划（GARP）的出现做了铺垫。他在 1966—1971 年出任 GARP 的负责人，促成了美国大学大气研究协会（UCAR）的成立。20 世纪 70 年代，查尼对大尺度准地转运动谱、阻塞动力学等多个天气、气候领域开展研究。

　　1981 年，查尼去世，他的朋友与学生为他出版一本纪念文集，[2]集中收录了他一生对现代气象学发展的重要贡献。

2. 富尔茨

　　戴夫·富尔茨（Dave Fultz，1921—2002 年，如图 19-7），是罗斯贝的学生，重视对大气科学实验的实验设计。他的转盘实验很好地帮助气象学家理解全球大气环流、急流和波动的基本原

图 19-7　戴夫·富尔茨
（Dave Fultz，1921—2002 年）[3]

---

① Charney J G, Drazin P G. Propagation of planetary scale disturbances from the lower into the upper atmosphere[J]. Journal of Geophysical Research, 1961: 83-109.

② Lindzen R S, Lorenz E, Platzman G W. The Atmosphere - A Challenge the Science of Jule Gregory Charney[M]. American Meteorological Society, 1990.

③ 芝加哥大学：http://www-news.uchicago.edu.

理，1947 年获得博士学位，毕业后一直在芝加哥大学气象系工作，1967 年获得罗斯贝奖，1975 年当选美国科学院院士。

富尔茨最著名的研究工作是转盘（dishpan）实验。富尔茨设计实验，研究旋转流体对各种机械力和热力的响应模式，如图 19-8。这些模式被用来模拟发生在地球大气和海洋中的各种大规模的可变循环。富尔茨的一个实验装置类似一个在水中旋转的洗碗盘，但却能显示空气中 10 千米高的气流是如何移动时改变天气。

图 19-8　实验室中的富尔茨[①]

富尔茨在职业生涯早期就对流体力学产生了浓厚而持久的兴趣。他认为理解流体力学中的一些现象是理解大气现象的基础。他发挥丰富的想象力，在复杂的数值天气模拟出现之前，巧妙地设计并系统地利用了许多类似实验，以直观展现许多复杂的大气过程，特别是大气环流。转盘实验提供了对环流物理过程形象理解的例子。

3. 普拉兹曼

乔治·W·普拉兹曼（George W. Platzman，1920—2008 年，如图 19-9）是罗斯贝的学生，有多方面的学术贡献，早年跟随罗斯贝从事动力气象学方面的研究，后来协助查尼进行数值天气预报的研究，他的学术领域还涉及物理海洋学。

1920 年 4 月 19 日普拉兹曼出生于芝加哥。他于 1940 年获得芝加哥大学的数学和

图 19-9　乔治·普拉兹曼
（George W.Platzman，1920—2008 年）

---

① 芝加哥大学：http://www-news.uchicago.edu

物理学士学位，随后他在芝加哥大学学习气象学，师从罗斯贝并于1947年获得了气象学博士学位。翌年，他工作于该大学气象学系。普拉兹曼在1971年至1974年在芝加哥大学担任地球物理科学部的主任。

普拉兹曼专攻动力气象学和海洋学，包括对数值天气预报和风暴潮的研究，他对罗斯贝波进行了深入阐释和拓展，[①]在天气动力学至关重要的领域行星尺度大气振荡方面做出重要贡献。

普拉兹曼对数值天气预报有重要贡献，参与了第一个由计算机（ENIAC）进行的天气预报研发工作。1950年他在美国新泽西州普林斯顿高级研究所担任电子计算机项目的气象学组顾问。[②]普拉兹曼甚至利用计算机研究了1961年9月袭击得克萨斯海岸的卡拉飓风造成的风暴潮。1963年前后芝加哥大学建造了自己的大型计算机，他用此计算机进行气象科学研究，包括对海洋和大气潮汐的计算机模拟研究。

普拉兹曼不仅是个严谨的科学家，还对音乐有强烈兴趣，他对肖邦的作品很感兴趣，并且搜集了很多肖邦的唱片。或许科学和艺术在普拉兹曼身上结合得很好。

4. 郭晓岚

郭晓岚（Hsiao-Lan Kuo，1915—2006年，如图19-10），出生于河北省满城县，1937年在清华大学获得学士学位，1942年在竺可桢指导下获得浙江大学硕士学位，1945年赴美留学师从罗斯

图 19-10 郭晓岚（Hsiao-Lan Kuo，1915—2006）

① Platzman G W. The Rossby wave[J]. Quarterly Journal of the Royal Meteorological Society, 1968, 94(401): 225-248.

② Platzman G W. The ENIAC computations of 1950—gateway to numerical weather prediction[J]. Bull. Amer. Meteorol. Soc., 1979, 60: 302-312.

贝，1948 年获得芝加哥大学博士学位。从 1949 年到 1961 年，郭晓岚在麻省理工学院担任研究助理直到成为高级专家，任麻省理工学院飓风项目的主管。

到 1962 年回到芝加哥大学任教，1970 年获得罗斯贝奖，1988 年当选为台湾"中央研究院"数理科学组院士。郭晓岚有两项最重要的成就。一是关于正压大气不稳定性的研究，开发了重要的数学工具来描述大气活动的复杂循环模式，以他的名字命名的"瑞利－郭定理"或"瑞利－郭准则"（Rayleigh-Kuo Theorem or Rayleigh-Kuo Criterion）是斜压不稳定流体的一个必要条件。另一个是他在 20 世纪 60 年代提出的积云对流参数化方案。他发现对流云群释放的能量对飓风的加剧起着重要作用。这导致了积云参数化，研究包括天气预报和气候模型中对流云的影响。

郭晓岚是国际著名的气象学者，他对中国气象事业的发展十分关注，曾四次访问中国，并为中国培养了气象人才。他是"文革"后第一批积极与中国交流的美国科学家之一。

5. 叶笃正

叶笃正（Tu-Cheng Yeh，1916—2013 年），出生于天津，中国现代气象学主要奠基人之一，对于中国现代大气科学发展和全球气候变化研究做出重要贡献。叶笃正 1940 年毕业于西南联合大学，1943年在浙江大学获硕士学位，1945 年赴美留学，师从罗斯贝，1948 年11 月获得美国芝加哥大学的博士学位。如图 19-11。1950 年 10 月，在导师罗斯贝的帮助下，叶笃正与妻子冯慧辗转回到了中国。[①]

1957 年，叶笃正和同事开创性地研究了东亚环流的季节变化，在国际气象学界引起极大关注。1980 年，任中国科学院大气物理研究所所长，并当选中国科学院学部委员（院士）；1981 年

① 周家斌，浦一芬 . 求真求实登高峰——叶笃正 [M]. 北京：新华出版社，2008.

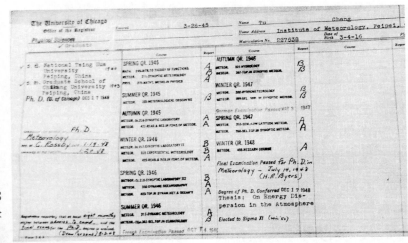

图 19-11 1945—1948 年叶笃正在芝加哥大学攻读博士期间成绩单[1]

图 19-12 叶笃正被授予中国国家最高科学技术奖[2]

至 1985 年，任中国科学院副院长；1979 年至 1987 年，任中国气象学会理事长；2006 年，获 2005 年度中国国家最高科学技术奖。如图 19-12 所示。

叶笃正在大气科学多个方面取得重要进展，包括早期从事的大气环流和长波动力学研究，提出长波能量频散理论。20 世纪 50 年代，提出青藏高原在夏季是热源的见解，由此开拓了大地形热力作用研究和青藏高原气象学，指出北半球大气环流季节性突变；20 世纪 60 年代对大气风场和气压场的适应理论做出重要贡献；20 世纪 70 年代后期，在中国倡议全球变化研究。作为中国科协"老科学家采集工程"第一批采集的著名气象学家，

① 摄于中国科协"老科学家采集工程"馆藏基地。
② 图片来自于《中国气象报》。

其一生学术成长史料被收入馆藏基地。[1]

6. 谢义炳

图 19-13　谢义炳（1917—1995 年）

谢义炳（Y.P.Hsieh，1917—1995 年，如图 19-13），出生于湖南省新田县，1943 年获浙江大学硕士学位，1945 年赴美留学，先后师从帕尔曼和罗斯贝，1949 年获美国芝加哥大学博士学位。1950 年 9 月，回祖国后任清华大学气象系副教授。1952 年转入北京大学物理系任教授，并主持气象专业的工作。1980 年，当选为中国科学院地学部学部委员（院士）。

谢义炳的主要成就包括对大尺度环流系统进行了基础理论研究，20 世纪 50 年代，他发现了东亚锋区与急流的多重结构。1954 年，长江流域遭受特大洪水后，谢义炳响应国家号召研究"中国夏季降水问题"。1975 年，河南发生特大暴雨。他组织了北方十三省（直辖市、自治区）气象局开展了大规模的暴雨天气预报的研究，使 20 世纪 80 年代的中国北方夏季降水预报准确率有了显著提高。在研究中国降水问题时，谢义炳特别强调热带环流的重要性。他还丰富了台风形成的动力学理论。

谢义炳对中国大气科学教育做出了重要贡献，培养了很多中国当代气象科学领域的优秀人才。[2] 他有强烈的学者责任感，提

① 第一批被采集的著名气象学家还有陶诗言院士。中国科学家博物馆，网络版。http://www.mmcs.org.cn/GZNEW/index.shtml.

② 北京大学物理学院大气科学系 . 江河万古流：谢义炳院士纪念文集 [M]. 北京：北京大学出版社，2007.

倡大气科学的"东方学派"，^①也就是有中国本土色彩的中国气象学派。本书阐述的中国本土气象学派正在形成，或未来可期：出现与挪威气象学派和罗斯贝气象学派同等地位的中国本土气象学派。

7. 顾震潮

顾震潮（C.C.Koo，1920—1976 年，如图 19-14），1942 年毕业于中央大学地理系，1947 年考入瑞典斯德哥尔摩大学气象系作研究生，师从罗斯贝，1950 年放弃即将获得的博士学位，在罗斯贝帮助下回国，任中国科学院与中央军事委员会气象局联合天气分析预报中心主任，1973 年出任中国科学院大气物理研究所所长。

他推进了中国数值天气预报工作。20 世纪 60 年代为原子弹和导弹试验的气象保证做出贡献，曾立一等功。他开创了中国大气物理学的研究领域，先后建立了云物理学、大气湍流等分支学科。

图 19-14　顾震潮（1920—1976 年）

罗斯贝对中国学生的关怀和培养，使得罗斯贝气象学派在中国获得较大发展，促进了中国现代大气科学的发展。另一位著名气象学家陶诗言院士自称属于罗斯贝学派，可以看见罗斯贝对于中国大气科学发展的巨大影响力。^②

---

① 陶祖钰，张春喜，闻新宇，等.北方暴雨协作研究和谢义炳的学术思想 [M].// 许小峰，主编.气象科学技术的历史探索——第二届气象科技史学术研讨会论文集.北京：气象出版社，2017.

② 陈正洪，杨桂芳.胸怀大气陶诗言传 [M].北京：中国科学技术出版社，2014.

现代大气科学成熟的标志

数值天气预报是大气科学发展的里程碑，被看作现代大气科学建制化的一个重要标志和现代大气科学的基础与核心之一。这个重要过程主要发生在 20 世纪。数值天气预报发展至今，已经形成很大一个研究领域，而且成为一个国家科技实力的标志之一，所以本书对这个领域用较多篇幅，并加以详细阐述。

19 世纪工业革命已经取得很大成就，人们在世界范围内的活动轨迹大大延长。航海对于洋流知识和天气预报的需要使得人们更加关注天气变化。人类积累了 2000 多年的气象知识，逐渐从感性上升到理性，杂乱的地方性知识和观测经验逐渐汇总成为系统性的气象学知识。

第一节　20 世纪初的数值天气预报思想

现代大气科学建制化以前，人类对天气现象进行了长期的观测和记录，包括对物候的观测与记录，在此基础上，尝试做出天气预报，尽管这些预报有时能够报准天气，但是据此制作出的天气预报，也只是诸如"朝霞不出门，晚霞行千里"之类的纯经验性预测。

当时天气预报比较简单，非常不准确，也不可靠。天气学方法是最先发展起来的，被认为是最传统的一种方法。在 19

世纪到 20 世纪，天气图是气象学家必不可少的工具，画天气图是气象的基本工作之一。天气变化图有很多种类，在计算机辅助绘制之前，基本需要人工的观测和收集数据，然后整理绘制而成天气变化图。基本做法就是将同一时刻同一层次的天气数据绘制在一张图上，形成天气图，通过对天气图上各种气象要素的综合判断与分析，进而了解天气变化状况并做出天气预报。

19 世纪中叶天气学方法虽然以天气图云图和观测为基础（图 20-1），但是当时观测站点非常稀少也不规则，特别是高空观测和海洋观测几乎空白，所以预报员主观性很强。物理学基本原理在天气预报中较少体现，做预报的工作人员使用粗糙的外推技术、局地物候经验和感官直觉来做天气预报，这个时期的预报与今天相比，与其说是科学，不如说是艺术。[1]

20 世纪初最盛行的天气预报技术是沿袭卑尔根学派使用过的运动学方法或外推法。1920 年英国《伦敦日报》就开始有了天气

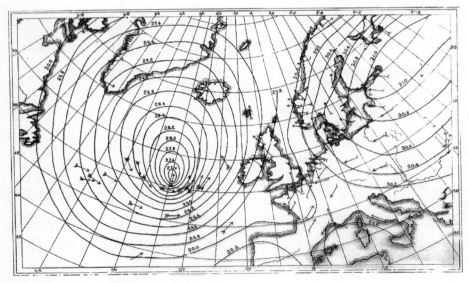

图 20-1　19 世纪欧洲的一副天气图

① Peter L. The origins of computer weather prediction and climate modeling[J]. Journal of Computational Physics, 2008, 227:3431–3444.

预报。要想科学地预报天气，显然要用现代科学的思维，就是用数学和物理方法来描述空气运动。

1. 早期的数值预报思想探索

图 20-2　V. 皮叶克尼斯油画
(Vilhelm Bjerknes)

在 V. 皮叶克尼斯（Vilhelm Frimann Koren Bjerknes，1862—1951，图 20-2）提出数值预报思想之前，有一些科学家已经有类似想法。1890 年左右，著名的美国气象学家克利夫兰·阿贝（Cleveland Abbe）就提出"气象学本质上是应用流体力学和热力学规律的科学"，[①]他希望未来气象学家可以把图形法、解析法和数学方法用到这些方程中，以便可以进行天气预报，自然界一定有数学方程控制着大气运动。[②]

在数值天气预报早期积累过程中，德国科学家做出许多重要贡献。1858 年，德国著名物理学家亥姆霍兹（Hermann Ludwig Ferdinand von Helmholtz，1821—1894 年）首创电磁波的椭圆偏微分方程：

$$(\nabla^2 + k^2)A = 0$$

为后世数值天气预报展现一丝曙光。

德国著名物理学家海因里希·鲁道夫·赫兹（Heinrich Rudolf Hertz，1857—1894 年），以研究电磁闻名，是 V. 皮叶克尼斯的老师，发展了气象温度图（Emagram），用以确定湿空气状态的绝

① Willis E P, Hooke W H. Cleveland Abbe and American meteorology, 1871–1901[J]. Bull. Am. Met. Soc. 2006, 87:315–326.

② Abbe C. The physical basis of long-range weather forecasts[J]. Monthly Weather Review, 1901, 29: 551–561.

热变化。[①] 德国著名气象学家约翰·弗里德里希·威廉·冯·贝佐德（Johann Friedrich Wilhelm Von Bezold，1837—1907年），曾在1885—1907年担任普鲁士气象研究所柏林大学分所所长，提出位温（Potential temperature）、等效温度（Equivalent temperature）和假绝热线（Pseudo-adiabatic processes）[②] 等概念。18世纪70年代，古尔德伯格（Guldberg）和莫恩（Mohn）开始用不同方法探索大气的准平衡。1904年，马克斯·马古勒斯（Max Margules）指出水平风速度的微小改变，空气表面压力会很灵敏变化，1914年，迪内斯（Dines）研究了空气辐合辐散的补偿问题。[③] 这些气象学家的成果为20世纪提出科学的数值天气预报概念奠定了理论基础。

2. V. 皮叶克尼斯的数值天气预报思想

亥姆霍兹（Hermann von Helmholtz）发展了涡旋运动定律，开尔文（Kelvin）发展了环流运动的数学方程。但是亥姆霍兹和开尔文的理论是假定空气无摩擦，而且涡旋和环流无始无终，这和实际大气运动相差甚远。

1862年3月14日，V. 皮叶克尼斯出生在挪威的克里斯蒂安尼亚（Christiania），1925年更名为奥斯陆（Oslo）。他的父亲是卡尔·皮叶克尼斯（Carl A.Bjerknes），母亲是科兰（Koren）。老皮叶克尼斯是以电磁学和流体中力传输为研究方向的数学家和物理学家。这样的家庭熏陶，使得V. 皮叶克尼斯有深厚的数理功底，V. 皮叶克尼斯1900年指出，流体动力学方程虽然可以解释

① Hertz H. Graphische Methode zur Bestimmung der adiabatischen Zustandsänderungen feuchter Luft[J]. Meteorol. Z. 1884, 1: 421–431.

② Von Bezold W. Zur Thermodynamik der Atmosph äre. Zweite Mittheilung. Zusammengesetze Convection[C]. Sitzungsberichte der Königlich Preussischen Akademie der Wissenschaften zu Berlin.Jahrgang, 1888: 1189–1206.

③ Platzman G W. The ENIAC computations of 1950—Gateway to numerical weather prediction[J]. Bulletin of the American Meteorological Society, 1979, 60(4):302-312.

大气运动，但是最大困难是无法对这些方程进行完整的积分。[①]
他认为解决办法是利用这些方程中的"动力原则"描述大气运
动，以避免对所有方程积分，找到比亥姆霍兹的涡旋运动定律和
开尔文的环流运动数学方程更好的方法。[②]

　　V. 皮叶克尼斯从亥姆霍兹的流体力学理论中得到启示。亥姆
霍兹认为，海洋中的分层波动和大气中的波状云是切变运动不稳
定性的结果。V. 皮叶克尼斯认为大气中大规模扰动也是从轻微不
稳定扰动开始，并用线性运动方程来研究。

　　1904 年 V. 皮叶克尼斯阐述了数值预报的中心问题，[③] 从原则
上说，大气未来的状态完全是由其初始状态和已知边界条件加牛
顿运动方程、气体状态方程、质量守恒方程、热力学方程等所决
定。V. 皮叶克尼斯不愧为科学大家。他认为，各种气象理论的好
坏主要看其预报能力如何，动力气象就是用来预报大气未来状态。
他当时认为，天气预报可以当作数学问题来解决，第一步把大气
真实状态尽可能完整地表现出来，即分析问题；第二步是用流体
力学和热力学的各种方程进行积分，把大气未来状态计算出来。[④]

　　为得到更合适描述大气运动的方法，在 1904 年 V. 皮叶克尼
斯重要论文"从流体力学和物理学角度看天气预报问题"（Das
Problem der Wttervorhersage，betrachtet vom Stanpunkte der Mechanik
und der Physik）中提出了数值天气预报的早期思想。这篇文献有

　　① Bjerknes V. The dynamic principle of the circulatory movements in the
atmosphere[J]. Monthly Weather Review, 1900, 28(10): 434-443.
　　② Bjerknes V. The dynamic principle of the circulatory movements in the
atmosphere[J]. Monthly Weather Review, 1900, 28(10): 434-443.
　　③ Bjerknes V. Das Problem der Wettervorhersage, betrachtet vom Standpunkte der
Mechanik und der Physik[J]. Meteor.Zeits, 1904, 21: 1-7. (The problem of weather prediction,
considered from the viewpoints of mechanics and physics, translated and edited by Volken E.
and S. Brönnimann. – Meteorol. Z. 2009.18:663–667).
　　④ Charney J G. Dynamical Forecasting by Numerical Process. Compendium of
Meteorology[M]. Boston, MA: Merican Meteorological Society, 1951.

好几个英文译本。这是一篇气象科学历史的经典文献，是现代大气科学真正建立成熟的标志。

在这篇文献中，V. 皮叶克尼斯一开始就指出，如果可以根据物理定律推断空气运动，必须有两个必要并且充分条件：

（1）必须知道空气准确的初始状态；

（2）必须知道空气从一个状态到另一个状态的准确规律。[①]

当时，由于科学技术发展限制，缺少海洋上大气的资料和陆地上高层大气的资料，不过 V. 皮叶克尼斯对此很有远见，认为随着科学技术发展，这两个鸿沟（gap）都将会被解决。

为获得大气方程，V. 皮叶克尼斯假定采取如下步骤：

第一，从无摩擦流体方程开始，同时不对流体密度进行假定。

第二，从内部存在摩擦的黏性流体运动方程开始发展相应理论。

第三，建立自转地球上适合环流和涡旋运动的旋转坐标轴，以此建立理论体系。

V. 皮叶克尼斯这个理论方案的优点是考虑了流体密度取决于温度，同时考虑了地转偏向力的作用，由于地球自转，这显得很重要。

随后他根据自己提出的方案进行了研究，首先研究了环流，提出公式：

$$C = \int U_t \mathrm{d}s$$

式中：C 表示曲线环，U_t 表示曲线运动分速度，s 表示曲线距离。在这篇文献中，V. 皮叶克尼斯还提出"力管"（solenoid）概念，认为这种现象对环流运动存在重要影响。

在当时，并不知道对大气规律了解到什么程度才可用于预报。V. 皮叶克尼斯在文中指出，大气过程包含物理和机械特征，

① Bjerknes V. Das Problem der Wettervorhersage, betrachtet vom Standpunkte der Mechanik und der Physik[J]. Meteor.Zeits.1904, 21,1-7. (The problem of weather prediction, considered from the viewpoints of mechanics and physics, translated and edited by Volken E. and S. Brönnimann. – Meteorol. Z. 2009.18:663–667).

对于一个单一过程，我们可以假定从物理和机械定律得出一个或几个数学方程来描述。[1] 他乐观地认为，将来可以得到充分多的知识，写出许多相互之间独立的方程，方程个数与未知数相同。这已经展现了数值天气预报的一些思想。只要我们能够计算大气的速度、密度、压力、温度和湿度，就可以知道大气在特定时间的状态。其中速度是个矢量，有三个分速度组成，需要计算 7 个未知参数。为计算这些方程，需要有四个假定：

第一，三个流体动力学方程，在它们的三个速度分量、密度和空气压力之间有微分关系。

第二，连续方程，表明了空气运动中的质量守恒规律，也是速度分量和密度之间的微分关系。

第三，空气状态方程表明了特定空气微团的密度、压力、温度和湿度之间的有限联系。

第四，热力学的两个基本规律，使人们可以认识到空气微团的能量和熵如何从一种状态变成另一种状态。[2]

此外，还需要假定空气中的水蒸气没有变化，是个常量。通过这几个假定，V. 皮叶克尼斯指出，可以算出这 7 个相互独立的方程，从而计算出 7 个未知参数（包括气压、密度、比湿等），来推断空气运动。不过，他也担心宇宙中还有很多未知变化影响大气运动，比如彩虹可能会影响空气的辐射和电量。这在当时无法证明这是否可能。不管如何，他都从思想观念上找出一个简单而又科学的方法来研究空气运动。

---

[1]　Bjerknes V. Das Problem der Wettervorhersage, betrachtet vom Standpunkte der Mechanik und der Physik[J]. Meteor.Zeits.1904, 21:1-7. (The problem of weather prediction, considered from the viewpoints of mechanics and physics, translated and edited by Volken E. and S. Brönnimann. – Meteorol. Z. 2009.18:663–667).

[2]　Bjerknes V. Das Problem der Wettervorhersage, betrachtet vom Standpunkte der Mechanik und der Physik[J]. Meteor.Zeits.1904, 21:1-7. (The problem of weather prediction, considered from the viewpoints of mechanics and physics, translated and edited by Volken E. and S. Brönnimann. – Meteorol. Z. 2009.18:663–667).

有了方程，如何计算减少误差，V. 皮叶克尼斯知道当时的数学水平和科学水平还无法满意地解出他所列的方程，因此注重从观测出发，从最初观测状态的数据出发，得到后一个小时的天气图，以此类推，逐步一个小时一个小时前进。

V. 皮叶克尼斯把流体动力学的思想用到天气预报中，使数值预报成为重要的大气科学分支。[①] V. 皮叶克尼斯的理论首次把气象问题与物理学、流体力学、数学等学科联系了起来。因此，这不仅是为数值预报，也为现代气象学、动力气象学等的研究开辟了新的方法。过去的一个世纪，大气科学从艺术变成科学很大程度依赖数值预报的出现。[②]

V. 皮叶克尼斯和其他气象学家桑德斯特伦、海塞尔伯格、戴维克等继续沿着他的数值预报思想研究，1910 年和 1911 年出版了两本著作分别是《静力学》和《运动学》，书中用图解法来处理各种大气运动的问题。

一战前，V. 皮叶克尼斯一个学生佩措尔德（M.H.Petzold）在其指导下开始研究辐合线，起初把辐合线作为天气图上的几何线条。一战中，佩措尔德被德军征召而后战死。V. 皮叶克尼斯回到中立的挪威，建议政府设立稠密的地面气象网做观测，弥补由于战争导致无法获得国外气象数据。靠着这些观测数据，V. 皮叶克尼斯和其子 J. 皮叶克尼斯证明辐合线是分开两个不同气团的斜的不连续面在地面上的交线，后命名为锋。他和 H. 索尔伯格在锋上果然找到新生气旋，这样可以用数学方法来求解这些波动性质相同却不稳定的波动。这对于数值天气预报的意义在于，预报问题可以转化为求解以锋面为界的各种气团移动和移动气团新位置的物理状态问题。

①　Golding B, Mylne K, Clark P. The history and future of numerical weather prediction in the Met Office[J]. Weather, 2004, 59(11): 299-306.

②　Wallace J M, Hobbs P V. Atmospheric Science: an Introductory Survey[M]. Academic Press, 2006.

第一次世界大战，交战国比过去更加需要气象学家的天气预报，特别是海军和空军，这大大刺激了观测的累积和气象知识的进步。促进了现代大气科学的发展，V. 皮叶克尼斯继续研究大气运动，20 世纪 30 年代他对大气环流的对称性进行研究，认为对称性的大气环流会逐渐发展成非对称性的。[①]

3. 对早期思想的不同意见

V. 皮叶克尼斯提出数值预报思想之后，费利克斯·M·冯·埃克斯纳（Felix M. Von Exner，1876—1930 年，如图 20-3）成为第一个尝试进行天气预报计算的人。埃克斯纳是奥地利气象学家，在大气物理学、气象学和天气预报上做出贡献。埃克斯纳被认为是将理论力学引入气象学的先驱之一，其目的是根据测量得到的初始条件计算未来的大气状态。

埃克斯纳没有直接使用连续方程，而是使用了相当简化的模式。他假设大气运动符合地转平衡，在一段时间内热强迫是常数，从温度观测结果推断出平均纬向风，

图 20-3　费利克斯·M·冯·埃克斯纳
（Felix M. Von Exner，1876—1930 年）

然后通过修改了非绝热加热方程，推导出一个预报方程代替恒定西风流速下的气压对流模式，这个方程对于气压变化预报有一些效果（图 20-4），当然也不见得合理。

从预报和实况对比来看，埃克斯纳的方法有一定可取之处，不过后来似乎没有继承下来。但他是受到了 V. 皮叶克尼斯关于数值预报思想的启发，数值预报的曙光逐渐展现。

---

① Bjerknes V. Application of line integral theorems to the hydrodynamics of terrestrial and cosmic vortices[J]. Astrophys. Norv., 1937, 2: 263-339.

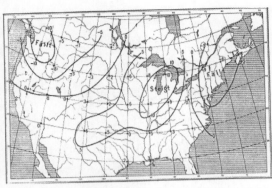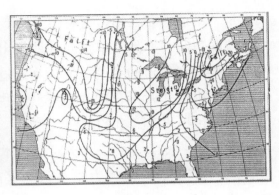

图 20-4　埃克斯纳用其自己预报方法对 1895 年 1 月 3 日下午 8 时到 12 时的气压变化做出预报。左图为预报，右图为实况

　　在大气科学发展历史上，对天气预报存在不同意见，有人还反对进行天气预报。比较典型的就是马克斯·马古勒斯（Max Margules，1856—1920 年，图 20-5）。马古勒斯 1856 年生于乌克兰西部，他在维也纳大学学习数学和物理，1882 年进入气象研究所工作了 24 年。马古勒斯研究了 24 小时和 12 小时由于日照导致的气压变化，他用两种方式解决拉普拉斯潮汐方程，分别称之为惯性重力波（inertia-gravity waves）和旋转波（rotational waves）。1919 年，奥地利气象学会授予他汉恩银奖（Silver Hann Medal）。当 1904 年 V. 皮叶克尼斯发表数值天气预报经典文献之际，马古勒斯在纪念他老师著名的物理学家玻尔兹曼（Ludwig Boltzmann）60 寿辰纪念文集中发表一篇短文。[①] 马古勒斯认为，任何试图预报天气变化的努力都会失败，任何试图预报

图 20-5　马克斯·马古勒斯（Max Margules，1856—1920 年）

---

　　① Margules M. Über die Beziehung zwischen Barometerschwankungen und Kontinuitätsgleichung[M]. Ludwig Boltzmann Festschrift, Leipzig, J A Barth, 1904: 930.

天气是"不道德并且损害气象学家的形象"。[①]

马古勒斯并不是单单猜测性地提出不可预报，似乎还经过一些数学推理得出他的结论。他认为通过质量守恒原理预测气压变化，可能出现非常不合理的结果。这些不可预报的地方正是后面数值天气预报将要遇到的难题。

纵观科学技术发展，人类对自然本质的认识遵循螺旋上升的规律。19世纪前，牛顿力学被认为是高度确定性的，宇宙都处于一个机械力学控制的框架下，这种框架下，物体运动是可预测的。不过从实践来看，科学家逐渐发现一些不可预测的运动。1903年前后法国数学家庞加莱（Jules Henri Poincaré，又译作彭加勒，1854—1912年）对三体问题的研究中，第一个发现混沌并为现代的混沌理论打下了基础。他研究了牛顿动力学下物体运动的近似解，发现一些解并不收敛。他认识到，在这些情况下，实际解一定是高度依赖于初条件。这为科学界摆脱牛顿确定论思想束缚打开了一个缺口。19世纪末到20世纪初，大气科学发展就是处于从牛顿确定论到逐渐摆脱确定论影响的阶段。

经过19世纪末的知识积累，大气科学在20世纪初到了一个质变和理论飞跃的阶段。V. 皮叶克尼斯继承前辈把数学和物理思想引入气象的做法，开创了气体运动方程，并且科学地预见未来可能出现的一些问题，以及如何发展，20世纪数值预报大体上按照皮叶克尼斯的最初设想在发展。

V. 皮叶克尼斯的创新还在于改变当时学界对天气变化的看法。当时比较流行的看法是气团理论，认为天气活动主要是发生在气团里面，冷气团带来干冷，暖气团带来暖湿，天气变化主要等待气团移动，据此做出天气预报。这个是不完整的天气学理论。V. 皮叶克尼斯提出锋面理论，认为真正的天气变化是在气团

---

① Margules M. Über die Beziehung zwischen Barometerschwankungen und Kontinuitätsgleichung[M]. Ludwig Boltzmann Festschrift. Leipzig, J A Barth. 1904: 930.

的交接面上。冷暖气团交接面的变化产生气旋，从而影响天气过程，这改变了整个天气预报的思想。在此基础上，V. 皮叶克尼斯把大气运动纳入物理规律构建的数学方程中，深刻地改变了人们对天气预报的看法。

相比 20 世纪初带有艺术性的天气图预报方法，显然气体运动方程的预报方法科学得多，然而数值预报这时还处于"怀胎十月"之中，其复杂性也不是当初就能预料到的，所以还出现反对天气可以预报的意见。这暗示数值预报的发展将不会一帆风顺，作为一门实践性很强的学科，只有在大气科学的实践中发展形成理论体系。

第二节　数值天气预报思想的具体化

尽管 V. 皮叶克尼斯提出超越时代的数值天气预报思想和实现办法，但由于受到科学发展水平和技术发展水平，特别是计算能力的限制，他的论文还是隐藏在文献中无法在实践中进行检验，需要更多的历史条件和杰出人物促成其变为现实。火炬的下一棒将传到刘易斯·弗赖伊·理查森（Lewis Fry Richardson，1881—1953 年，如图 20-6）手中。数值天气预报作为一门学科开始持续酝酿。

20 世纪 20 年代，社会发展特别是战争的需要，刺激了气象学的发展，一战中已经出现利用气象条件赢得战争的事件。比如大雨使得道路泥泞，从而大炮难以前行，进攻延迟。这就需要计算雨季和冬季的日期等。从科学技术发展来讲，20 世纪初物理学"两朵乌云"导致相对论和量子力学的出现，人类对身处所在的宇宙和地球环境有了全新的认识，非确定论思想开始打破牛顿力学建立的经典世界观。在这样的思想背景下，海洋科学和大气科学等研究非线性的学科获得挣脱经典机械论思想束缚的动力。

用数值预报来作为描述地球非线性大气运动的主要方式，需要大胆的开拓者，理查森就是这样一个开拓者。

1. 开拓者——理查森

理查森是数值天气预报史上一个里程碑式人物。理查森1881年10月11日生于英国纽卡斯尔的泰恩河畔，家庭为教友派信徒，是7个孩子中最小的一个。1900—1903在剑桥国王学院学习。理查森在进入英国气象局之前，当过物理教师，掌握了数学统计技术，在工业研究实验室工作过，尝试微分方程的数值化近似解法。1909年，理查森担任埃斯克达勒廖尔（Eskdalemuir）天文台台长。这个天文台也是一个气象观测站。

他1913—1916年任英国国家气象办公室（the Met Office，相当于英国气象局）气象台的负责人，开始探索天气预报的问题。第一次世界大战中，辞职加盟朋友开办的救护队，当了两年司机后开始考虑用计算机解决天气预报问题。1919年重新回到气象办公室，由于不久气象办公室划归空军管辖，他感到思想和工作比较拘谨，随后再次辞职，开始数值天气预报研究。他尝试使用

（a）　　　　　　　　　　　　　　　（b）

图 20-6　理查森肖像（a）和（b）

有限差分方法（finite-difference methods）解决流体问题。他还研究空气湍流，今天关于湍流起始的标准数被称为"理查森数"。一战结束后，理查森前往本森（Benson）气象观测所随迪内斯（William H. Dines）研究高空气象和天气预报。后来他进入威斯敏斯特培训学院（Westminster Training College）执教，后又任佩斯里技术学院（Paisley Technical College）院长。他在 1926 年获得理学博士后，又进修了心理学。

理查森是很有人文精神的人。1926 年他为自己关于湍流研究被用于军事目的感到心痛，从 1935 年到去世的 1953 年一直研究世界和平运动，用数学理论研究人类冲突和战争原因，甚至研究海岸线，发现缩放比例的特征，导致后人发展到分形理论。他于 1953 年去世。他天才地用数学方法解决大气问题，对后世产生深远影响。

2.《用数值方法预报天气》（Weather Prediction by Numerical Process）文本分析

理查森是有着特殊才能的大气科学家。比如，他曾经把过去的天气形势分门别类建立天气图索引，这种索引可以发现过去天气演变的某些规律，并为当前预报作参考。他认为"天气预报建立在假定知道过去大气运动和未来如何运动……过去气象学历史可在某种程度上说是其自身全方位的工作模型"。[1] 但是理查森并不看好这种方法，V. 皮叶克尼斯曾经比较过天文学和天气学预报方法的巨大差异。"航海日历上令人惊讶的准确预报，不是建立在历史天文现象重复基础上，几乎可以说，某些恒星、行星和天体的位置从没出现过两次，那么我们为什么要期待目前天气图和过去天气目录上一模一样？"理查森也有同样观点，这表明理查

---

① Richardson L F. Weather Prediction by Numerical Process[M]. Cambridge: Cambridge University Press, 1922, Reprinted by Dover Publications, New York, 1965.

森对大气的非线性特征有独特而深刻的理解。

理查森在 1911 年开始思考有限差分方法，一战中，理查森研究出中欧地区气压变化计算手册。[1] 他开始的数据来自 V. 皮叶克尼斯在莱比锡发表的天气图。他从中抽取离散的格点算出德国西部某地区气压变率。他使用的差分方法是把全区划分成格点（图 20-7），就像国际象棋棋盘，用有限差分代替空间微商。

1913 年理查森在英国气象办公室主任威廉·纳皮尔·肖（Sir William Napier Shaw）爵士的鼓励下，开始深入研究数值天气预报。其研究成果《用数值方法预报天气》（*Weather Prediction by Numerical Process*）这本书 1922 年由剑桥大学出版社出版。理查森在前言中说，他认真阅读了 V. 皮叶克尼斯和他的挪威学派（也叫卑尔根学派，Bergen School）关于差分方程的论述，认为有限差分方法不能很好地解决不连续导致的问题，计算机可以解决这方面困难。不过，他当时自己也认为计算机速度太慢，相信也许将来计算机的运算速度可以超过天气变化的速度，并且获取信息的成本低于人力成本。[2]

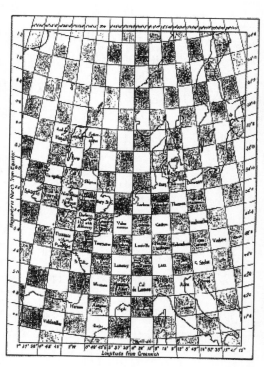

图 20-7　理查森著作扉页上的数值预报方格图[3]

①　Richardson L F. Weather Prediction by Numerical Process[M]. Cambridge: Cambridge University Press, 1922, Reprinted by Dover Publications, New York, 1965.

②　Richardson L F. Weather Prediction by Numerical Process, Second edition[M]. Cambridge: Cambridge Press, 2007.

③　此图把欧洲根据经纬度划分若干方格，根据时间步长分别计算每个方格中的气压、温度等气象要素，综合计算考虑全局情况，就可以进行天气预报。

理查森的这部文献是数值天气预报历史上带有奠基性的重要文献。文中详细叙述了动力学模式、物理过程和数值分析以及计算的实例。这本书内容丰富，包括差数方程式的选择、热动量以及水汽的乱流输送作用、平流层的影响，等等。这本书出版后，威廉·纳皮尔·肖（Sir William Napier Shaw）爵士大加赞赏，在《自然》（*Nature*）杂志上写了书评，并写信给理查森，认为该书是"关于气象预报方面的巨著（magnum opus）"。

对这样的经典文献进行分析有很多方法，比如对比著作出版前后对预报效果的影响等，或是对于社会其他技术的推动效应等。但是这些方法很难获得可靠数据和原始材料。因此立足于文献本身，采用文本研究是可靠的手段。

理查森在第一章概括了全书的主要思想。当时，他自己的思想也有个发展过程，1910年左右他就认为可用简单的方法处理复杂的差分方程（differential equation），其思想就是大气压、温度等因素可以用数字表示，写在特定经纬度和高度的方格中，通过观测，在某一个起始状态，假定可以给出大气总状况，[①]用数学方法获得下一个时刻的空气状态，以此类推。这些思想具体在第一章做出具体阐述。第一章作为全书的摘要，理查森提出一些新的思想观念，如格子复制法（lattice-reproducing）和"陪审团问题"（Jury problem）等。

第二章一开始，理查森从最简化的思想出发，假设地面上没有降雨、云、水蒸气、光照和辐射，没有涡旋，没有山川和陆地，大气在覆盖全球的海面上空一定高度移动。这种情况下，将会得到拉普拉斯讨论旋转星球上潮汐方程的近似方程组：

---

① Richardson L F. The Approximate Arithmetical Solution by Finite Difference of Physical Problems[M]. Phil.Trans.A. 1910, 210: 312-313.

$$\frac{\partial M_E}{\partial t} = -H'\frac{\partial P_G}{\partial e} + 2\omega\sin\phi . \, M_N, \cdots$$

$$\frac{\partial M_N}{\partial t} = -H'\frac{\partial P_G}{\partial n} - 2\omega\sin\phi . \, M_E, \cdots$$

$$\frac{\partial M_G}{\partial t} = -g\left\{\frac{\partial M_E}{\partial e} + \frac{\partial M_N}{\partial n} - \frac{M_N\tan\phi}{a}\right\}$$

他从这个方程出发，进行推演。从理想状态开始思考问题，比如从较远地方开始考虑气压初始状态，为得到从南到北的等压线，假定 $P_G = \sin\lambda$，为避免极点附近气压不连续，乘上 $\cos\phi$，为避免过赤道地转风，乘上 $(\sin\phi)^2$，最后得到

$$\Delta P_G = \sin\lambda\cos\phi\,(\sin\phi)^2 \times 10^5 \text{dynes cm}^{-2}$$

据此画出如图 20-8。

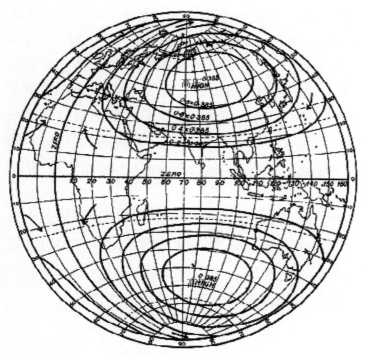

图 20-8　理查森书中等压线图 [1]

①　Richardson L F. Weather Prediction by Numerical Process, Second edition[M]. Cambridge: Cambridge Press, 2007.

这里低压在高压点的对面，高压和低压值与平均值相差 38.5 百帕。尽管这与实际情况差异很大，但理查森从这个理想推演过程为其数值天气预报思想做出铺垫。

分析这章有很多原始创新，比如对大气状况的假定，从而推导出方程，表明他把物理学的研究理念和方法应用到了大气运动中，从理想状态出发，先考虑最简单的情形，逐步加入其他因素，得到与真实大气一致的方程。这个做法对今天数值预报也还有很多启示。

在第三章中，阐述了坐标差（coordinate difference）的改进问题。一开始提出四种考虑：一是考虑大气扰动变化的尺度，二是考虑有限差取代无穷小量出现的错误，三是满足公众需求需要达到的精确度，四是时空格点增加时必须考虑的成本问题。为获得比较理想便于计算的方格，理查森对地球表面情况进行了分析。先考虑地球表面的对流层，从 2-4-6-8 等分法（即 200-400-600-800 百帕）把对流层分成几层。这是纵向分层，然后是横向分割。考虑依据纬度和子午线进行分割的差异和注意问题。当时依据观测台站之间距离和气象预报实践，方格切割选择和范围大小需要综合考虑陆地和海洋之间的协调，因为陆地丰富的观测数据并不能填补巨大海洋观测空白。[1] 这样综合考虑，在北纬 50° 格子大小为 200 千米 ×200 千米。预报时间间隔（也就是计时步长）采取 6 小时。

第四章是整本书的主体章节之一。在这章中，理查森提出了基本方程的思想。一开始指出四个独立变量时间 t、高度 h、经度 λ 和纬度 ϕ，还有 7 个有相互关系的变量，分别是速度的三个分量 v_E、v_N、v_H，密度 ρ，水汽 μ，温度 θ，压强 p。对这几个变量

---

① Richardson L F. Weather Prediction by Numerical Process, Second edition[M]. Cambridge: Cambridge Press, 2007.

进行推演。第一节讨论连续大气方程，从干空气开始进行计算，逐渐加上湿空气。第二节讨论质量不灭规律的应用。这节中推出方程：

$$-\frac{\partial \rho}{\partial t} = \frac{\partial m_E}{\partial e} + \frac{\partial m_N}{\partial n} - \frac{m_N \tan\phi}{a} + \frac{\partial m_H}{\partial h} + \frac{2m_H}{a}$$

$$10^{-9} \quad 10^{-7} \quad 10^{-7} \quad 10^{-8}\tan\phi \quad <10^{-7} \quad 10^{-10}$$

理查森在方程对应项下标出量级，并且有意省略右边最后小项，即 $\frac{2m_H}{a}$。可以见到当时理查森已经有简化方程的思想，并不是现在有些文献所述，理查森只在原始方程上打转。理查森还指出，如果把固定点的空气密度看作常量，那么这比 V. 皮叶克尼斯和海塞尔伯格指出的还要更接近真实状况。

第三节研究了水汽输送如何引入到方程中。第四节更加细致地推导了基本方程中的某几项。理查森当时认为平流层中没有太多水汽，所以不用专门考虑。第五节理查森引入"熵函数（ENTROPY）"的概念。首先给出连续能量的定义，对于一群运动的气体分子可以看成四种能量：重力能、分子的内能、分子间的能量、动能。这里不考虑压力，如果进一步把气团缩小到看不见的地步，那只剩下重力能。这时运动的能量分成两部分：平均动能和偏离平均的能量（deviations from the mean），这些偏离能量在分子中集合起来，成为内能（intrinsic energy）。

理查森先没有考虑气体压力，单元体积内能量增长的速度表示为：

$$\frac{\partial}{\partial t}\left(p\psi + \frac{1}{2}pv^2 + pv\right)$$

为表示能量传播的速率，理查森设定了一个理想实验，从一个很大尺度上观看，可以看见一群分子以平均动能穿过飞机两翼，也就是说气流平均穿过两翼并左右相反。分子会传递飞机一个速度，单位体积内所有分子的能量流动可以表示为：

$$\frac{1}{2} m \sum \dot{x}' \{ (\bar{\dot{x}})^2 + (\bar{\dot{y}})^2 + (\bar{\dot{z}})^2 + 2\bar{\dot{x}}\dot{x}' + 2\bar{\dot{y}}\dot{y}' + 2\bar{\dot{z}}\dot{z}' + \dot{x}'^2 + \dot{y}'^2 + \dot{z}'^2 \}$$

由于分子内部不同方向的力相互抵消，只留下 $m\bar{\dot{x}} \sum \dot{x}'^2$，在理想气体中就是压力。理查森用此解释能量流动中会产生压力，而单位体积里的（静态）能量可以看成没有压力。这个推导过程中，理查森也使用了忽略某些小数量级的思想，只抓住大的量级数，可能他已经有初步的"舍弃"理念。

对于熵，理查森指出：气团运动中获得辐射能，可以写成公式：

$$\frac{1}{\theta}\frac{D\in}{Dt} = \frac{1}{\theta}\frac{D\upsilon}{Dt} + \frac{p}{\theta}\frac{D}{Dt}\left(\frac{1}{\rho}\right)$$

方程左右两端可以看成单位气团的熵（entropy-per-mass）增加值。第七节论述了太阳辐射的影响，根据当时对波长和辐射能量的最新研究成果，加速干空气辐射吸收不依赖波长和无云空气没有散射。第八节分析涡流运动。这节中理查森指出，考虑到计算成本问题，选取离地面 2 千米的气层来做数值实验，如果不成功，就进一步降低气层厚度。第九节阐述了空气的不均匀性（heterogeneity）。第十节阐述了基本方程的一些思想。假定：一是长波辐射被吸收；二是太阳辐射力比较强；三是海洋湍流受到海水密度变化的影响，理查森同时指出这个问题很复杂；四是大气中的湍流和温度将会传递热到气团表面或从表面传进去；五是洋流通过动力传递热。这五个假定就是这本书进行天气预测的框架。

第六章，阐述了对平流层的特殊处理。理查森根据 1912 年国际探空气球数据给出对平流层风的分速度观测图（图 20-9）。

理查森在书中引用了当时最新的气象学知识，比如关于气柱垂直温度变化的问题，引用威廉·纳皮尔·肖（Sir William Napier Shaw）爵士的观点：垂直气柱温度变化所有点上是一样

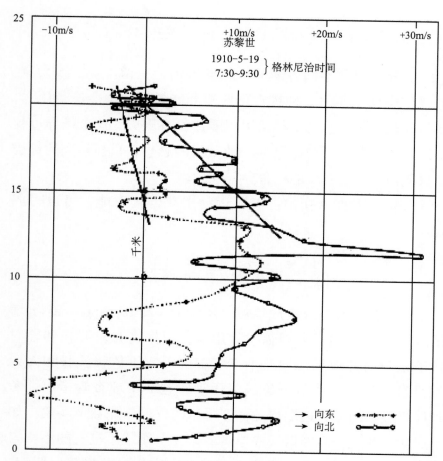

图 20-9　对平流层风的分速度观测（使用 1912 年国际探空气球数据）[①]

的，也引用了 V. 皮叶克尼斯的许多结论。

　　还引用了当时欧洲各国最新的气球探空观测资料，如表 20-1。

————————
　　① Richardson L F. Weather Prediction by Numerical Process, Second edition[M]. Cambridge: Cambridge Press, 2007.

表 20-1　1910 年欧洲部分国家探空资料[①]

地点	格林尼治时间 1910 年	$\dfrac{\partial \theta}{\partial h}$	$0.288\theta \cdot \dfrac{\partial v_N}{\partial h} \cdot \dfrac{(\tan\phi + \cot\phi)}{a}$	$\dfrac{\partial^2 \theta}{\partial h \partial t}$
		$\dfrac{°C}{千米}$	$\dfrac{°C}{千米·天}$	$\dfrac{°C}{千米·天}$
苏黎世上空 12～14 千米 斯特拉斯堡上空 12～14 千米	2 月 3^d 9^b 2^d 8^h to 3^d 8^h	0.0	−2.3	−4.0
苏黎世 ⎰上空 10～20 斯特拉斯堡 ⎱千米 斯特拉斯堡上空 12～15.5 千米	5 月 ⎰19^d 8^h ⎱20^d 8^h 19^d 8^h to 20^d 8^h	+1.6	−2.7	0.0
林登堡上空 12～14 千米	5 月 19^d 4^h 18^d 8^h to 19^d 4^h	+0.6	+0.9	+1.7
维也纳上空 14～18 千米	5 月 19^d 8^h 19^d 4^h to 8^h	+0.6	−0.9	−2.6
温度是由两支模式相同的温度计所测得，拒绝使用不同模式的温度计测量				
于克勒区上空 14～20 千米 14～16.5 千米	8 月 10^d 8^h 9^d 8^h to 11^d 8^h	+0.6	+0.3	−0.2
汉堡上空 12～14 千米	8 月 9^d 8^h 8^d 4^h to 11^d 8^h	0.0	+0.4	+0.2
林登堡上空 10～15 千米	8 月 9^d 8^h 8^d 8^h to 9^d 8^h	0.1	+1.4	0.0

本表采用同一模式的温度测量方式得出的数值。

　　同时，理查森对这个表格中一些数据表示了怀疑。理查森把 11.8 千米以上的大气作为独立一层来考虑其动力、气压、密度等，这样做所有数据都依赖高度，进一步研究就把平流层分为几层空

　　① Richardson L F. Weather Prediction by Numerical Process, Second edition[M]. Cambridge: Cambridge Press, 2007.

气。为避免难题引入地转相似方法，可以较好地解决动力方程的转化问题。这些都是超越当时时代的想法，理查森似乎已经把未来几十年数值天气预报发展道路谋划好。

　　第七章，阐述对点与瞬时的气象要素的考虑和处理。经过前面几章的论述和准备，理查森在第八章阐述了数值方程的做法，提出数值方程就是"方格复制过程"（lattice-reproducing-process）。理查森对观测气团的起始状态的数据做了一些假定，特别是气压 P，把海平面以上空气分成 2 千米、4.2 千米、7.2 千米和 11.8 千米的四层。他还假设地球上空气热到从无冷凝现象，就可以完全忽略水汽蒸发的潜热甚至可以忽略氧气和氮气的影响，这就是说必须注意空气由于水汽蒸发带走热量或凝聚释放热量对温度变化的影响，等等。

　　第九章理查森运用本书前面建立的理论体系和对数值方法的阐述，进行一项数值实验。结果令人沮丧，错误源于某些非自然的起始分布。难能可贵的是，理查森并不回避错误，而是做了详细分析，对这些错误进行了推测，通过计算机获得最大错误在预报部分，可以追溯到风的辐合，是开始气球观测数据有误，还是有限水平差分被扩大，还是对风的计算起始点安排有误。为检验错误，通过三个观测点组成的三角形来检验。三个观测站分别是汉堡（Hamburg）、斯特拉斯堡（Strasburg）、维也纳（Vienna）三座城市，这三角地区风的辐合根据观测得出表 20-2。

表 20-2　三角形城市间风的辐合表（1917 年 5 月 20 日 7 时）

	汉堡	维也纳	斯特拉斯堡
辐合线长度 辐合线方位	5.7×10^7 厘米 S(exactly)	6.1×10^7 厘米 W19°N	4.8×10^7 厘米 N50°E

　　理查森进行解释，认为低层辐合可能被高层（平流层）大的辐合所平衡。大概 4.2 千米高处的中层气体中上升气流可以在 6 小时内上升 700 米，这么大上升速度可能会产生云，反之天空晴

朗。观测站点之间如果超过 700 千米，数据就不能充分代表其间低层空气，测风三角站之间相距 400 千米，这些测站数据也许可用。7.2 千米高处的辐合很小，其数据是可靠的，这样高度上气流平缓并且缺少观测数据，不过不会有什么大的错误。

第十章，理查森根据自己的数值预报实验分析认为初始场很重要，所以在这章论述对初始数据的检查和提高质量问题。他指出，当时还不知道每个空气分子的运动轨迹，当时电报报的风速是观测站十分钟的平均风速。从较大范围来讲，风的旋转是二级气旋（secondary cyclones），为使旋转的起始数据更为合理，需要引入涡流扩散系数（eddies-diffusivities）。当时气象学界还没有注意到这种涡旋扩散系数，但这本书中理查森已经多次做过论述，包括第九章三个观测站得到空气变化累积速率数据，从挪威预报天气图上可以看出许多明显由于山脉影响的不规则的风向，从英国每日气象预报上关于附近气球观测站的不寻常之处，等等。为消除这些预报错误，采用一些方法：空间平均，取各个方格空间观测的平均值作为计算机起始值比较合适；时间平均，假设每个方格只有一个观测站，把不同时间的观测数据加以平均作为计算机计算起始数据；位函数（potential function），对于不规则的观测数据可能影响观测值，构造这样的位函数 f_1，用

$$m_E + \frac{\partial f_1}{\partial e}, \ m_N + \frac{\partial f_1}{\partial n}$$

代替某些观测值；流量函数，可以减少不规则曲线的影响；在预报中减少错误，消除空气的假定的黏性对运动的影响，提高预报效果。

第十一章，理查森提出一些未来需要进一步研究的问题。理查森认为，数值天气预报最大的困难就是解决充分的起始观测数据和其后精心设计的计算过程，另外就是计算成本，对此他很乐观。当时全世界农作物价值十亿英镑，与此相比较，用于数值预报的计算成本非常微小。这章第一部分论述起始观测数据有可能

出现问题的地方：观测站由于不是按照格点布局，其中间的数据靠着插值得来，这往往有问题并且不精确；另外台站不统一造成观测模式不一样，以英国为例，观测台站各种各样。第二个问题是温度，当时空中温度是用气球，但是一般是一个多星期甚至更长时间后才回收到气球，其上面温度显然不确切。第三个问题是云中水量，无法准确知晓云中含水量，试图使用测光学方法测算云中含水量，如果知道云中微粒数量也许可以进行计算，但实际上并没有对微粒大小进行定义。

　　本章第二部分阐述计算机速度和组织。理查森认为，按照当时的计算机水平，需要有一个中心工厂来收集和发出指令。以时间步长 3 小时为例，计算全球格点至少需要 64000 个计算机同时进行计算（图 20-10），这就需要一个中央预报工场（central forecast-factory）。为此理查森还设想了一副巨大的计算画面：一

图 20-10　理查森的计算机工厂，64000 人同时计算 [1]

---

　　[1]　Lynch P. The origins of computer weather prediction and climate modeling[J]. Journal of Computational Physics. 2008, 227:3431–3444.

个巨大的戏场中，成千上万计算机同时计算，按照某种规则，前面算好交给后面，中间有一个柱子作为指挥台，四个资深员工进行预报，并有专人把预报结果用电报传输出去。

这座计算工作大楼外，有研究大楼，另有大楼负责金融、通信、管理办公室，此外甚至还有体育场、住宿房间等。这些描述大概是他心中的"气象局"。

第三部分是数值预报方程的转换分析。对于方程的繁简，主要根据方程在任何层次都是表达真实情况。这章还阐述了对大型涡旋造成的水平扩散的解释等。作为一本学术著作，理查森在最后一章对于全书中的概念和名词进行了解释，希望形成统一的含义。

从对这本书的分析来看，总的来讲，理查森对数值天气预报有全面深刻系统而且长远的想法，对所有环节和计算流程有着详细论述，既有对当时最新文献和观测数据的深刻把握，也有对未来技术发展和学术思想延展的合理外推，更有许多原创性思想。有很多超越同时代的学术思想，作为一个伟大的气象学家撰写的重要历史文献，这本书以及理查森本人都是数值天气预报的学术宝库，值得进一步深入研究。今天很多做数值预报研究的学者知道理查森，但不见得知道他的这本光辉著作和著作中重要的创新方法，研究一下这些方法或许有助于今天的数值预报创新。

3. 首次实验与失败分析

1913 年理查森被任命为埃斯克达勒缪尔（Eskdalemuir）气象台台长，这个气象台坐落在苏格兰的乌普兰的南部（图 20-11），他再次进一步认真研究气象预报的问题。

理查森在 1916—1918 年设计了以德国为中心，水平网格距为 200 千米，垂直网格距约为 200 百帕的四层，范围包括全德国的数值预报实验方案，利用 1910 年 5 月 20 日 07 时的观测资料，计算了德国中部 04-10 时的地面气压变化（图 20-12）。

计算规则是所有计算过程算两次用于比较和纠正，最后一

图 20-11　埃斯克达勒缪尔（Eskdalemuir）气象台 1911 年的理查森办公室

位数虽不可靠但是保留，以免计算错误累加上去。主要计算图 20-12 中气压（P）和动量（M），其中 P 为东经 11°和北纬距赤道 5400 千米处的格子，M 为其北方 200 千米的格子。随后这本著作使用大量篇幅来描述计算表格，包括 24 张计算出来的表格，起始时间是格林尼治时间 1910 年 5 月 20 日 7 时，分别计算气压、密度、温度、水和云量、气体常数、热容量、函数导数、稳定度、湍流、异质性、分散云量、太阳辐射（间隔 6 小时）、界面蒸发、界面的热流量、辐射面温度、边缘扩散、单位面积动量的水平辐散、平流层（垂直速度）、水量输送和其增加、土壤中的水、土壤温度、边缘黏滞性产生的压力、平流层（水平速度和动力方程中的特殊项）、动力方程中朝东成分项和朝北成分项的值等，计算一般间隔 6 小时。这些计算和使用公式大多在前面章节详细阐述过，可见理查森当时已经对于数值计算天气预报的各个方面考虑得非常详细，具有超越时代的前瞻思想。

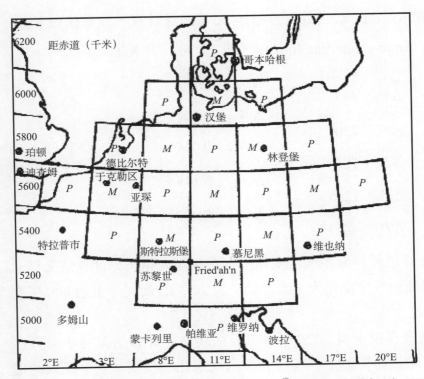

图 20-12 理查森关于数值预报实验的图,[1] 其中 P 表示气压,M 表示动量,每个格子大小经度是 3°,纬度是 200 千米

然而这次数值预报实验是不成功的,实际上是计算不成功,在东经 11°,北纬距赤道 5600 千米处计算 M 点数值如下:

From computing forms M Ⅲ and M Ⅳ

$10^3\times$	$10^3\times$
$\Delta M_{E20}-730$	$\Delta M_{N20}-337$
$\Delta M_{E42}-196$	$\Delta M_{N42}+238$
$\Delta M_{E64}-89$	$\Delta M_{N64}+138$
$\Delta M_{E86}-153$	$\Delta M_{N86}-43$
$\Delta M_{EG8}-179$	$\Delta M_{NG8}+63$

① Richardson L F. Weather Prediction by Numerical Process[M]. Cambridge: Cambridge University Press, 1922, Reprinted by Dover Publications, New York, 1965.

在东经 11°，北纬距赤道 5400 千米处计算 P 点数值如下：

From computing forms $P\ \mathrm{XIII}$，$P\ \mathrm{XIV}$，$P\ \mathrm{XVII}$

$100\times$			
ΔP_2	483	$\Delta\theta_1$	19°.6
ΔP_4	770	ΔW_{42}	0.007
ΔP_6	1032	ΔW_{64}	0.024
ΔP_8	1265	ΔW_{86}	0.149
ΔP_{G}	1451	ΔW_{G8}	0.402

计算结果显然在气压变化上存在相当大错误，计算结果显示 6 小时地面气压变化为 145 百帕（表 20-3），而实际上地面气压变化不大。[①]

理查森很沮丧，"地面气压根据表格中计算结果是小时升压 145 百帕，而实际上，气压计显示气压几乎没变。这个巨大的错误来源于细节问题，追踪到代表起始风的错误"。[②]

理查森的思想是开创性的，但第一次有历史意义的实验却失败了，从今天眼光来看，主要还是一些科学问题没有解决。

第一，方案过于普遍化，对大气波动和数值计算中的一些基本理论问题认识不够。描述了所有可能的运动，就会造成较大干扰，主要是重力波没有进行滤波，造成较大的计算误差。

第二，数据缺乏，尤其观测网的极端稀缺导致面上数据缺失。平面上的数据有限，立体数据即高空探测数据更少，更不要说在海洋和沙漠地区以及两极地区的探测数据。

第三，计算量的巨大也是阻碍理查森成功的重要因素。计算

---

① 朱抱真，陈嘉滨. 数值天气预报概论 [M]. 北京：气象出版社 ,1986.

② Lynch P. The origins of computer weather prediction and climate modeling[J]. Journal of Computational Physics. 2008, 227:3431–3444.

表20-3　理查森第一次试验的计算总表，表格右下角显示 6 小时气压变化 145 百帕

REF	$\dfrac{\partial M_N}{\delta e}$	$\dfrac{\partial M_N}{\delta_n}$	$-\dfrac{M_N \tan\phi}{\alpha}$	$\mathrm{div}'_{EN}M$ 前3列相加	计算值 $-g\delta t\ \mathrm{div}'_{EN}M$	Form Px01 m_n	Form PXVI $\dfrac{2.11_U}{\alpha}$	方程计算 $-\dfrac{\partial R}{\partial}$	计算值 $+\dfrac{\partial R}{\partial}$ &	计算值 $g\dfrac{\partial R}{\partial}$ &	计算值 $\dfrac{\partial_P}{\partial}$ &
h	$10^{-5}\times$	$10^{-5}\times$	$10^{-5}\times$	$10^{-5}\times$	$100\times$	$10^{-5}\times$	$10^{-5}\times$	$10^{-5}\times$		$100\times$	$100\times$
h_0	-61	-245	-6	-312	656	0		-229	49.5	488	0
h_2	367	-257	2	112	-236	-83	0.06	-136	29.4	287	488
h_4	93	-303	-16	-226	478	165	0.11	-124	26.8	262	770
h_6	32	-55	-12	-35	74	63	0.07	-110	23.8	233	1032
h_8	-256	38	-8	-226	479	138	0.03	-88	19.0	186	1265
h_{10}											1451

东经 11°　&=441×10⁴　北纬距赤道 5400 千米　$\delta_n=400\times10^4$

在表 P_{XVI} 上计算垂直速度后，按序列填写

格林尼治时间 1910-5-20 7 时　α^{-1}, $\tan\phi=1.78\times10^{-9}$

间隔，&6 小时　$\alpha=6.36\times10^8$

SUM=1451　$-\dfrac{\partial_{pa}}{\partial}$ &

用 $X-g$& $\mathrm{div}'_{EN}M$ 来检验

注：$\mathrm{div}'_{EN}M$ 是一个算子

$$\frac{\partial M_N}{\delta e} + \frac{\partial M_N}{\delta_n} - M_N\frac{\tan\phi}{\alpha}$$

方法也有缺陷。在当时的计算技术下，这是一个不可逾越的障碍。

第四，通信不发达，各地标准不一，导致数据不统一，而且很多数据不能及时送达，计算失去意义。各地观测站观测时刻也不统一，观测员对数据理解也是五花八门。

第五，对于大气运动的复杂性认识不足，对于大气科学和物理化学的本质区别（准确定性学科）认识不足。物理和化学是确定性学科，也就是可以比较准确地预测物体特别是刚体的运动轨迹，大气科学是准确定性学科，经典力学平衡思想在大气科学中需要有选择地运用。比如大气方程中考虑滤波以后结果和实际相符：表 20-4 中，可以看见在每层模型中 6 小时内气压变化，LFR 一列是理查森的计算结果，MOD 是计算机计算结果，这两列数据非常接近。DFI 是使用 Dolph–Chebyshev 滤波进行数据初始化后预报结果，从不切实际的 6 小时变压 145 百帕变为 6 小时不到 1 帕的可靠结果，这表明初始数据的不匹配和没有考虑滤波导致理查森巨大的失误。[①]

表 20-4　6 小时气压变化比较

水平	LFR	MOD	DFI
1	48.3	48.5	−0.2
2	77.0	76.7	−2.6
3	103.2	102.1	−3.0
4	126.5	124.5	−3.1
地表	145.1	145.4	−0.9

LFR：代表 Richardson 计算结果；MOD 代表 Model；DFI 代表 Filtered

第六，今天看来，理查森的失败除了以上原因，还有一个重要原因就是大气运动存在不同尺度的运动形式，包括空间尺度和时间尺度，各种尺度之间处于相互影响相互作用之中，没有从特

---

① Lynch P. The Emergence of Numerical Weather Prediction: Richardson's Dream[M]. Cambridge: Cambridge University Press, 2006.

定尺度出发，如中尺度计算，也会出现巨大误差。

前英国气象局长 B. J. 梅森 1970 年指出，大气过程的数值模拟根本问题是总结出真实大气的物理—数学模式，不仅完整地表示物理和动力过程，而且这些过程在响应的时空尺度内可以控制过程的发展。模式要体现出主要尺度的运动和各因素非线性相互作用，小尺度运动直接参与模式中的能量输出和转换，就容易造成"系统噪音"，需要用统计平均方法加以平滑或者淘汰。因为用模式来表达最小系统的尺度范围要受初始观测的空间密度大小和可利用的计算机能力限制，[①] 许多较小尺度现象需要参数化才不致影响最后预报结果。

由于天气运动的复杂性和当时计算机能力限制，需要考虑天气运动的主要矛盾，进行原始方程的简化，理查森的理想才有可能实现。大尺度天气运动有几个主要特征：第一是准静力特征。据此得出准静力关系：

$$\frac{\partial p}{\partial z} = -\rho g$$

第二个主要特征准水平运动。以此简化原始方程的垂直项。第三个主要特征是准无辐散。可以得出绝对涡度守恒原则：

$$\frac{\mathrm{d}}{\mathrm{d}t}(f+\zeta) = 0$$

第四个主要特征是准地转性，得出简化的正压地转模式。至此，可以进行业务预报了。

从尺度来讲，大尺度现象的观测和模拟都比较容易做到，其次是中尺度，最难的是中小尺度和微尺度的数值模拟。理查森所处时代，人类对大气运动知识的积累还处于粗线条的阶段，计算机能力也很有限，观测资料和观测能力也很有限，所以如果一开

---

① 梅森 B. J. 气象学的未来发展——到公元 2000 年展望 [J]. 纪乃晋，译. 气象科技，1973（2）：1-10.

始什么都去模拟，失败是必然的，可以选择从天气运动的大尺度现象出发，就能取得成功。之所以后面出现过滤模式，再到原始方程，这个历史的 S 曲线发展与人类对大气尺度运动的理解历史相一致。

理查森的思想具有超越时代的重要意义，在于他把大气科学从描述性和经验性向着定量化发展，大气科学只有建立在实验物理学和流体力学的基础上，强调其中各种物理过程和动力过程及其相互作用，才能使大气科学向物理化学等其他科学一样，成为真正意义的科学。[1] 也许理查森的理想超出时代太多，他的这本杰出文献出版后的几十年并没有受到太多重视。理查森的实验正是人类探索非确定性世界观的努力表现，其学术意义对大气科学未来发展有深远影响。所以理查森被说成"数值天气预报之父"。[2]

理查森是一个带有理想主义色彩并充满正义和仁慈的学者，一生过着平凡的生活，却给这个世界带来不平凡的思想遗产。他在超越时代的数值预报著作中详细阐述了他对大气运动方程的理解，用数值方法进行预报的全方位思考和设计，包括提出原始方程、流体方程、高空观测、水汽输送、计算技巧、数据观测标准等等，甚至天才地设计出"中心计算机"。理查森的某些计算原理虽然简单化，但是和今天超级计算机仍有相似之处。难能可贵之处是他把自己首次计算的数值预报结果放在书中，尽管失败，但认真分析了原因，乐观地相信未来一定能够解决这些问题。

理查森对于数值预报的理解许多超越了时代，比如他已经使用"舍弃"方法，表明他虽然知道要用物理和数学方程描述大气运动，但还要顾及大气非确定性的特点。理查森还有滤波思想，

① 梅森 B J. 气象学的未来发展——到公元 2000 年展望 [J]. 纪乃晋，译. 气象科技，1973（2）：1-10.

② Warner T T. Numerical Weather and Climate Prediction[M]. Cambridge: Cambridge University Press, 2011.

这对后世创新是个启发。

理查森的巨作对于当时的天气预报准确率提高还没有直接的作用，但是一场"气象学的革命"已经展开。大气科学建制化过程中吸收各门科学和技术最新知识的时代也到来了。理查森之后气象学家们兵分两路解决他遇到的问题，一路是解决观察数据不一致的问题，经过检验达到同一化，也就是数值初始化（initialization）；另一路致力于高频虚假波的消解，也就是过滤（filtering）。两路大军将在查尼（Charney）处成功会师，促进数值天气预报最终取得成功。

第三节　外在条件的逐步具备

从科学技术发展历史来看，理查森确实有些超越他所处的时代了，当时气象学整个理论体系还不是很完备，美国 1919—1923年只有 2 个气象学博士毕业，同期有 600 多个化学博士、近 200个物理博士毕业。[①] 可见大气科学相比物理化学还是一门小学科，还需要在积累一段时期。此后几十年，数值天气预报实际发展正是在不断改进理查森所遇到问题的基础上成长的。

理查森的巨著面世之后，世界又发生了翻天覆地的变化，经济发展、军事斗争、农业生产等都进一步刺激了包括大气科学在内的所有自然科学的巨大发展。第二次世界大战中，气象学家为

---

① Harper K C.Weather by the Numbers: The Genesis of Modern Meteorology[M]. Baltimore: The MIT Press, 2008.

赢得战争立下汗马功劳。比如罗斯贝发现西风急流 [1][2][3] 对于提高美国轰炸机的投弹效果起了很大作用。军队和地方及很多业余爱好者进行较长时间尺度和较大范围空间尺度的气象观测，大量的数据、包括高空气球探空数据大大推进大气科学和数值预报的发展。气象学的基本理论和技术不断完善也为数值预报做好了铺垫。

1. CFL 判据

理查森的失败很大程度上归咎于计算技术，当物理的基础问题有所解决，特别是动力学模式的控制方程解决后，接着的问题是如何在数学上求解以及如何能使计算的速度大大超过天气变化的速度。

1928 年，R. Courant，K. Friederichs 和 H. Lewy 三位气象学家提出了对于线性方程初值问题不稳定的解决办法。[4] 这篇文章也是数值预报历史上比较重要的文献，在 1967 年翻译成英文，[5] 引用率有 1000 多次。这篇文章以椭圆方程和双曲线方程为例，讨论了边界值问题的计算技巧。值得注意作者提到正六面体的格点方程（图 20-13）：

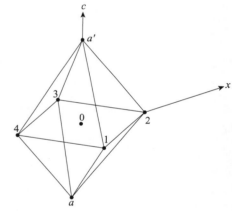

图 20-13　正六面体格点问题

①　Bates C C, Fuller J. America's Weather Warriors 1814-1985[M]. College Station: Texas A&M University Press, 1986.

②　Namias J. The history of polar front and air mass concepts in the United States: an eyewitness account[J]. Bull. Amer. Meteor. Soc., 1983, 64: 734-755.

③　Newton C, Newton H R. The Bergen School concepts come to America: the life cycles of extratropical cyclones[J]. Proceedings of an International Symposium, 1994, 1: 22.

④　Courant R, Friederichs K and Lewy H. Uber die particllen Differentialgleichungen der inathcmatischcn Physik[J]. 2fnfh. AWL, 1928, 100: 32-74.

⑤　Courant R, Friederichs K, Lewy H. On the partial difference equations of mathematical physics[J]. IBM Journal of Research and Development, 1967, 11(2): 215-234.

$$L(u) = \frac{2}{h^2}(u'_a - 2u_0 + u_a) - \frac{1}{h^2}(u_1 - 2u_0 + u_3) -$$

$$\frac{1}{h^2}(u_2 - 2u_0 + u_4)$$

相比矩形格点，要进行多重求和

$$h^2 \Sigma\Sigma\Sigma 2 \frac{u'_a - u_a}{h} L(u) = 0$$

作者指出，在进行数值计算时，水平网格距与时间步长不能相互无关联地任意取值，而是应满足一定的相互依赖关系，这就解决了理查森碰到的计算不稳定问题。即，当线性计算满足以下条件时，计算可以保持稳定。

$$|\lambda| = \left|\frac{c\Delta t}{\Delta x}\right| \leqslant 1 \text{ 或 } \Delta t \leqslant \left|\frac{\Delta x}{c}\right|$$

这就是 CFL 条件（三位气象学家姓氏第一个字母的缩写）。这表明，在进行线性计算时，为使计算稳定，作差分计算时，外推的时间步长必须小于波动通过空间格距所需要的时间。打个比喻，量尺必须小于被测量物体的长度。

对于慢波，如大气长波、超长波等，波速较小，因此，时间步长可以取得大一些；而对于快波，如声波、重力波，波速快，则时间步长只能取的很短，因此要完成一个预报，要做更多步的计算。

只要时间步长和空间步长满足一定的限制，构造的方程格式计算就是稳定的，这个思想对原先理查森的数值预报有重要改进和重要现实意义。一方面，可以明确动力方程修改的方向，而不是在所有项上进行修改，可以提高预报精度和准确性。另一方面，可以有选择地对某些项进行计算，减少计算量，从而更有可能在实际业务中得到应用。

2. 罗斯贝长波理论

J.皮叶克尼斯（Jacob Aall Bonnevie Bjerknes，1897—1975年）在 1937—1939 年研究发现，与地面有锋的低压相伴的高空波动。

他认为，地面上低压加深是低压中心上高空低压槽后退引起的。罗斯贝对他的工作做了重要的推进，把高空波动和地面锋面扰动完全分开并分别研究它们的运动。[①]

1939 年，罗斯贝等在高空天气图上发现了北半球中纬度高空西风带中存在有长达数千千米的波动，[②] 这些波动除有自身的结构和运动规律外，还与地面上的锋面气旋存在内在的联系。罗斯贝在论文中指出自己的成果是建立在前几年工作基础上，并受到埃克曼（Ekman）洋流理论的启发，也受到 J. 皮叶克尼斯 1937 年大气环流扰动理论的启发。他从二维无辐散的涡度方程出发求出了长波公式，求得了与实际吻合的长波移速和发展率。这种长波是与地面天气图所看到的高、低压相对应。罗斯贝在静力近似和水平无辐散的假定下，用小扰动法对涡度方程线性化，推出了著名的罗斯贝长波公式。

罗斯贝假定科氏力参数和涡度垂直分量之和是个常数，即符合如下公式：

$$f + \xi = \text{constant}$$

这个方程中

$$\xi = \frac{\partial v}{\partial x} - \frac{\partial u}{\partial y}$$

因为科氏力不随经度和时间变化，所以：

$$\frac{\mathrm{d}f}{\mathrm{d}t} = v \frac{\partial f}{\partial y} = \beta v \left(\beta = \frac{\partial f}{\partial y} \right)$$

式中：β 表示科氏力参数随着纬度增加的变率。罗斯贝在文章中给出这个变化表（表 20-5）：

---

①　查尼 . 动力气象的进步 [J]. 罗济欧，译 . 气象学报，1951,22（1）：65-72.

②　Rossby C G. Relation between variations in the intensity of the zonal circulation of the atmosphere and the displacements of the semi - permanent centers of action[J]. J Mar Res, 1939, 2:38-55.

表 20-5　β 随着纬度增加的变率　单位：厘米$^{-1}$秒$^{-1}$

φ	$10^{13} \cdot \beta = \dfrac{2\Omega\cos\varphi}{R} \cdot 10^{13}$
90°	0.0
75°	0.593
60°	1.145
45°	1.619
30°	1.983
15°	2.212
0°	2.290

经过推算，罗斯贝得出长波相速度公式：

$$c = U - \frac{\beta L^2}{4\pi^2}$$

罗斯贝根据这个公式分析指出，当波长小于一定阈值的时候，罗斯贝波是相对地面向东传播的，而大于这个阈值时罗斯贝波相对地面向西移动。

尽管推导过程进行了大量的简化，但罗斯贝长波公式还是很好地解释了中纬度西风带波动的变化特征。这是一次动力气象学研究与实际预报完美的结合。

罗斯贝长波公式的导出，就是通过各种近似假设把其他波动滤去，而得到了一个具有天气意义的长波公式。罗斯贝的滤波方法对查尼发展滤波模式是一个重要的激励。

罗斯贝不仅是个学术大家，而且是很有魅力的学术团队领导人，他希望建立一个国际气象研究所。他希望能像他的老师 V. 皮叶克尼斯在一战后成为国际上重要角色那样（图 20-14），在第二次世界大战后建立自己在国际政治体系中的重要角色。

罗斯贝大气长波理论提出后，他的学生和同事继续深化这个理论。赵九章在 1946 年、查尼在 1947 年和伊迪（Eady）在 1949

年提出了斜压不稳定理论，郭晓岚 1949 年提出正压不稳定理论，叶笃正 1949 年求出了长波的频散公式，这些理论丰富和发展了罗斯贝的长波理论，形成大气波动力学理论体系。[①]

图 20-14　罗斯贝和同事交流（右 3 是罗斯贝）

　　长波理论，这是气象学史上第一个成功的大气动力学模式。长波理论使气象学家理解了空气运动在全球范围内的联系，某一系统的变化不仅仅是这个系统本身的运动，必须注意到周边或是遥远地方的运动。而且这大大促进了查尼过滤方程的建立。[②]

　　罗斯贝所创立的大气长波理论不仅为天气预报提供了理论依据，而且使得后来的数值天气预报和大气环流数值试验成为可能，奠定了现代大气环流与大气动力学的基础。这个理论使得人们对大气环流的看法有了一个根本性改变。以罗斯贝为首的芝加哥学派提出：大气环流是复杂的，是非对称的，它的变化是基本

　　① 黄荣辉 .20 世纪大气环流与大尺度动力学研究进展回顾与展望 [M]. // 第三次全国大气科学前沿学科研讨会论文集 . 北京：气象出版社，2000：84-92.

　　② Phillips N A. Carl-Gustav Rossby: His times, personality and actions[J]. Bull. Amer. Meteor. Soc. 1998. 79: 1079-1112.

气流与扰动相互作用的结果，扰动通过角动量和热量输送滋养着基本气流，而基本气流又为扰动发展提供能量。[①]

这个理论成功地解释了大尺度大气运动，即抓住了复杂的大气运动的主要物理机制。它符合客观大气的实际变化。因此这个理论具有指导实践的重大意义。

长波理论不但为传统的天气图预报方法提供了许多理论知识的应用，也为数值预报方程打下了坚实的物理基础。这个理论体系表明大气环流是非对称的，比 20 世纪之前提出大气环流轴对称模式更加科学，成为数值天气预报的基本理论依据。

3. 观测数据数量和质量进展

1928 年发明了无线电探空仪，使得对 20 多千米以下的大气各层温度、湿度、压力探测成为可能。20 世纪 30 年代初期，大气探测技术有了很大的进展。利用无线电探空仪，可以观测到地面各层的气压、温度、湿度和风。无线电技术比人眼观测有许多好处，得到数据面积更广、更有代表性，可以得到许多无法直接观测的数据，对于数值预报方程提供的数据更加可靠。

高空观测站网的建立使人们可以绘制高空天气图。绘制的高空天气图可以扩大到洲际范围，从而发现在大气的 500 百帕高度上，盛行偏西风的基本气流，这为罗斯贝发现在它的上面叠加着一些波长为 4000～5000 千米的大型波动——长波提供客观的数据支撑。高空图的绘制使得人们掌握了三度空间大范围的大气观测资料，并使人们的眼界扩展到半球范围内大尺度大气运动。

20 世纪 40—50 年代大气分子光谱的精细研究，使得利用高空传感器对地球大气遥感成为可能。仪器位于大气层外，或用电磁信号反演气象参数的方法，如卫星和雷达观测。1960 年美国成功发射了泰罗斯 1 号气象卫星，这为空基遥感大气开辟了新途径。

[①]　黄荣辉. 大气科学发展的回顾与展望 [J]. 地球科学进展. 2001，16（5）：643-657.

由气象卫星提供的全球可见光和红外云图从 20 世纪 60 年代起到现在一直是全球天气预报不可缺少的数据来源之一。

实践表明，即使只作一个点的预报，也应尽可能地多收集较大范围的观测数据才能做出好的预报。第二次世界大战后，随着无线电通信等其他相关技术的发展，可以及时获取大量的在世界各地的观测数据。这是开展数值天气预报业务所应有的一个必要条件。单站数据只能表明一个点的变化情况，多站数据才能展现一个区域的天气要素变化，这也表明大规模的地面观测成为可能。

4. 苏联基别尔的贡献

在西方世界以罗斯贝为代表大力发展现代气象科学的同时，苏联气象学者也在做出自己的贡献。由于 20 世纪上半叶，西方和苏联处于对峙状态，双方气象学家的交流受限，特别是语言问题，一些俄语学者不见得能阅读英语论文，英语学者也不见得去读俄语论文。所以，苏联学者在某些方面独立地发展了自己的气象学理论，诸如平流动力理论。

苏联气象学家基别尔对数值预报做出重要贡献。基别尔（И.А. Кибелъ，1904—1970 年）是苏联数学、流体力学、气象学家，1940 年首次成功得出大气热力和动力学方程组的解，提出"准地转模式"（quasigeostrophic model），并研究了涡旋运动。[1] 基别尔利用手摇计算机大约半天完成了苏联和欧洲部分国家的 24 小时天气预报图，结果比较接近实况。[2] 随后他在求解大气动力

[1]　Кибелъ И А. Приложение к метеорологии уравнений меха-ники баро-клинной жидкости. - Изв[J]. АН СССР, сер. геогр. игеофиз.1940, M 5: 627-638.

[2]　曾庆存. 天气预报——由经验到物理数学理论和超级计算 [J]. 物理，2013，42（5）：300-314.

学诸多问题上做出了重要贡献，如地转适应、中尺度气象学等。[①]
在理查森 1922 出版数值预报 30 多年后，基别尔于 1957 年写出
了第二本关于数值天气预报著作：《短期天气预报的流体力学方
法引论》。[②] 这本书反映了当时苏联动力气象学方面的一些成果，
内容包括三个方面，一是对大气运动基本性质的认识，二是通过
各种具体预报问题提出预报方法模式，三是在计算机高速发展情
况下，各种模式实现途径等。值得注意的是，基别尔在书中把流
体力学方程组和热力学方程组改成直角坐标。他把当时西方发达
国家的数值预报进展进行了综合论述，同时详细阐述了他自己一
些成果，比如介绍了 1940 年多元的两层模式预报地面温压场变
化的方法。[③] 动力气象学中非常重要的一个无量纲数——罗斯贝
数，有人认为此数实际上是基别尔最先引入，故又称罗斯贝—基
别尔数。

　　基别尔是曾庆存的老师，几乎跟罗斯贝同时独立提出了类似
的理论。早在 1940 年基别尔已经运用尺度理论和小参数展开方
法建立了完整的准地转系统，并用此作出了数值预报。

　　基别尔提出对流层内自由大气大规模运动的数值预报方法，
与皮叶克尼斯等西方学者有些不同。他采用地面气压、地面气
温、气温直减率非线性偏差作为基本变量，获得其他变量，建立
预报方程。这些方程对处于中高纬度的苏联大片国土的预报还是
有些科学性，但总体来看，需要与西方罗斯贝理论等接轨。[④] 此
外，罗斯贝最早提出地转实验，但罗斯贝只做了线性的工作，基

　　① Кибель И А. Введение в гидродинамические методы краткосрочно- го прогноза
погоды[M]. Гос. изд-во технико-теор. лит-ры, 1957，（中译本：基别尔. 短期天气预报
的流体力学方法引论. 北京：科学出版社，1959)。

　　② 这本书 1957 年由莫斯科国家技术理论文献出版社出版。

　　③ 顾震潮. "短期天气预报的流体力学方法引论" 书评[J]. 气象学报，1958，29（3）:
221-223.

　　④ 徐尔灏. 基别尔预报方程的物理导法及一些解释[J]. 气象学报，1954,25(4):253-277.

别尔跟曾庆存发展到非线性，主要是曾庆存后来做的，曾庆存主要研究了非线性的模式里的地转适应过程。[①] 还原历史，基别尔等对大气科学发展做出了自己的贡献。对苏联学者的贡献需要给予正确认识和客观评价。

另外，值得一提的是中国物理学家束星北对气象科学和数值预报的贡献。1952 年，面对国民经济发展的需要，束星北放弃相对论研究，转入气象研究，1953—1954 年写出气象研究论文近 10 篇，从物理学角度对大气动力学作了理论探讨。束星北得出决定温度直减率 γ 变化的因素有：空气压力变化、水平辐合和冷暖平流切变等三种。他还从大气扰动导出温压结构的槽脊方位和倾度关系，提出倾向与强度相互消长变化等结论，有助于对西风波的认识。对于基别尔学说，束星北曾发表两篇文章，[②] 为基别尔的假设提供了理论依据，并从基本假设出发导出预报方程，避免了基别尔学说中不合理的设想和简化。[③]

从上面阐述，可以明白，理查森的失败在于当时计算技术和理论储备还不充分。随着其他门类科学技术的发展，特别是计算技术的发展使得数值预报的实用性大大增加。本章阐述了这个准备过程中几个主要的条件。

理查森之所以失败与其当时运算方法中的计算不稳定有很大关系，CFL 条件就是解决在进行线性计算时的稳定问题，为使计算稳定，作差分计算时，外推的时间步长必须小于波动通过空间格距所需要的时间。这个时期对于方程的处理偏向于按线性来处理。到 20 世纪 60 年代左右，进行长期积分又会遇到非线性计算不稳定的问题，也就是 NCI，表示非线性计算不稳定的问题，后

① 来自于采访丑纪范院士。2013 年，北京。

② 束星北 . 根据基培尔基本假设的天气预报新法 [J]. 气象学报，1954,25(4):295-298.

③ 山东物理学会网站：http://www.wlxh.sdu.edu.cn/index-9/index-9-2.htm.

文还将述及。这表明计算稳定性始终是数值天气预报的一个重要前提，如果不稳定，将会导致虚假信息的出现，掩盖真实积分信息，做出错误的预报。

另外一个重要前提就是对大气运动基本规律的认识，大气是非线性运动，但也有类似流体的大范围运动规律，长波运动就是控制大范围运动的一个基本规律。所以罗斯贝提出长波理论是20世纪大气科学的重要里程碑，也是一个重大原始创新。滤波思想被带入大气运动方程，使得数值预报有可能抓住大气运动的主要矛盾从而做出比较可靠的预报。

除此之外，大量数据得以汇聚、观测质量与数量的增加等也是数值预报取得成功的重要条件。数值天气预报离开海量的观测数据，就不可能反映真实的大范围空气运动实际状况。海量的数据需要标准化和数据传输技术，这些都离不开大气科学之外的其他科学技术的发展，这些表明数值预报就是一门多学科汇集的学科。在这个阶段，中国学者也作出了自己的贡献。

第二十一章　数值天气预报的实践与发展

经过 20 多年的沉寂，数值预报接力赛的大棒将传到另一位天才人物——查尼手中。这个时期，计算机的数值方程计算技术还没有赶上并超过天气变化的速度。当时的人们似乎认为，计算或许是一个不可逾越的障碍。这种情况下，简化和过滤就成为一种选择。然而这与追求精确性和一致性的科学范式背道而驰，许多科学家和气象学家不能打破这种思维定式，需要一个创造性的突破，真正的数值天气预报学科才能逐渐建立起来。大气科学将逐渐走入大科学阶段。

第一节　查尼的创造性工作

理查森失败之后，大气科学经过近 20～30 年的知识积累，又到了一个新的发展节点。查尼为此做出了杰出的创造性工作。

在数值天气预报方面，查尼（Jule Gregory Charney，1917—1981 年）是气象领域做出最直接和最重要贡献的代表。1946年 8 月，当罗斯贝协助冯·诺伊曼在普林斯顿大学高级研究院召开具有历史意义的讨论数值天气预报的"气象会议"时，特意安排了查尼一同前往。

查尼没有走理查森的老路——用大气运动的原始方程进行天气预报，而是抓住大尺度大气运动的关键建立了准地转预报方程，进行 24 小时预报。

1. 过滤正压模式

1948 年至 1950 年，查尼等人的工作导致了"数值预报的复兴"。[①②③④]查尼在1948 年开始使用正压方程，在他的论文中用相似方法保证数学计算的稳定性，对于位置较高的空气运动有一定预报效果，但是忽视了斜压不稳定的影响。查尼在 1949 年用数值方法尝试处理中纬度西风带的扰动问题，使用了地转近似[⑤]理论。1949 年他还指出，小尺度的"噪音"会影响数值预报方程效果，滤波方法是用地转方程结合流体静力学方程代替原始方程。[⑥]

查尼吸取了理查森的失败经验，在库兰特（Courant）和罗斯贝等人工作影响下，证明了在准地转或准无辐散并且满足静力平衡的条件下，可以从大气运动方程中滤除声波、惯性重力外波和内波，之后推导建立了"过滤"模式。

查尼在寻找过滤模式时遇到难题，可以有几种选择：第一种选择走原始方程之路，就会遇到理查森的同样问题；第二种是使用斜压准地转方法，但是计算量太大；第三种是使用正压涡度方程。查尼最后选择第三种方案，因为"准地转和过滤方程，没有高频振荡，将会消除计算不确定性的灾难。"

查尼在 1948 年运用流体力学的尺度分析方法，[⑦] 按大气运动

① Charney J G. On the scale of atmospheric motions[J]. Geofys. Publikasjoner. 1948, 17: 1-17.

② Charney J G and Eliassen A. A numerical method for predicting the perturbations of the middle latitude westerlies[J]. Tellus, 1949, 2(1): 38–54.

③ Eliassen A. The quasi-static equations of motion with pressure as independent variable[J]. Geofys. Publikasjoner.1949, 17: No. 3.

④ Charney J G, Fjörtoft R and Von Neumann J. Numerical integration of the barotropic vorticity equation[J]. Tellus,1950,2: 237–254.

⑤ Charney J G and Eliassen A. A numerical method for predicting the perturbations of the middle latitude westerlies[J]. Tellus, 1949, 2(1): 38–54.

⑥ Charney J G. On a physical basis for numerical prediction of large-scale motions in the atmosphere[J]. Journal of Meteorology, 1949,6(6):372-385.

⑦ Charney J G. On the scale of atmospheric motions[J]. Geofys. Publikasjoner. 1948, 17: 1-17.

的时间尺度和空间尺度，将决定天气变化的"长波"和高频的重力波区分开来，建立了适于刻画天气演变的准地转方程组（准地转系统）。在这个系统中，滤去了重力波，使对长波的计算和预报不受这些"气象噪音"的干扰。

他大胆地提出以一层空气简要代表整层大气运动的构思，建立了正压模式。正压原始方程模式是最简单的原始方程模式。两个假定：

（1）假设大气是均匀不可压缩的流体，密度为一常数。流体的上界面为一自由表面。

（2）大气是正压的，即初始时刻风不随高度变化。

据此，查尼推出了正压原始模式方程组：

$$\begin{cases} \dfrac{\partial u}{\partial t} + u\dfrac{\partial u}{\partial x} + v\dfrac{\partial u}{\partial y} = -\left(\dfrac{\partial \phi}{\partial x}\right)_p + fv \\[3mm] \dfrac{\partial v}{\partial t} + u\dfrac{\partial v}{\partial x} + v\dfrac{\partial v}{\partial y} = -\left(\dfrac{\partial \phi}{\partial y}\right)_p - fu \\[3mm] \dfrac{\partial \phi}{\partial t} + u\dfrac{\partial \phi}{\partial x} + v\dfrac{\partial \phi}{\partial y} + \phi\left(\dfrac{\partial u}{\partial x} + \dfrac{\partial v}{\partial y}\right) = 0 \end{cases}$$

初始条件按查尼设计的理想场给出。[①] 查尼提出的准地转模式过滤了短期的重力波和声波，减少了计算量，同时需要两个历史条件得到满足，一是高性能计算机的出现，二是相当完善的高空台站网，这个站网在第二次世界大战结束后不久就建立起来。

查尼等人的研究表明，气象学家可以不再试图去处理大气所有的复杂性，而满足于较好地近似于实际大气运动的简化模式。他们通过仅仅一些被认为对大气运动最有影响力的因子所构成的模式开始，再逐步增加其他的因子，这样不断吸纳新因子就可以将此项工作开展下去，避免由于同时将大量的不甚了解的因子引

---

① Charney J G. The use of the primitive equations of motion in numerical prediction[J]. Tellus, 1955,7(1):22-26.

进而不可避免地要遭遇的计算陷阱。查尼认为计算机的引入会在心理上极大地激励气象学家。[①] 他的理论在控制大气运动的方程中规定大气运动的大尺度运动特征量，并引入准地转近似，突出方程中重要项，而略去次要项，从而建立准地转模型。

查尼、菲约托夫特（Fjörtoft）和冯·诺伊曼（图 21-1）等于1950 年利用这个模型在 ENIAC 计算机运算，终于成功地做出第一张数值天气预图。这个研究的成功不仅说明天气预报能够从经验估计变成客观的、定量的预报，并且为以后数值天气预报和大气环流数值试验奠定基础。

另外，非常重要的一点，在 1950 年的论文中，查尼研究了有限差分方程中的计算稳定性问题。如果有限差分方程有连续解，Δs 和 Δt 必须小于时间和空间尺度。但小尺度运动在计算过程中必然被放大以至于到影响大尺度运动准确性的地步，为解决这个问题，在 1928 年提出的 CFL 条件基础上，找出解决方法。对于小尺度高频扰动，把涡度方程线性化：

$$\frac{\partial}{\partial t}(\Delta z') = J(n, z') + hJ(\Delta z', z) + J(h, z)\Delta z'$$

图 21-1 查尼（Charney）（左），R. 菲约托夫特（R. Fjörtoft）（中）和冯·诺伊曼（von Neumann）（右）

① Frederik N. Calculating the Weather: Meteorology in the 20th Century[M]. San Diego, CA: Academic Press.1995.

在 z' 中系数看常数。矩形格点的边界扰动可以看成展开的有限傅里叶级数，经过变化，得到计算稳定性条件：

$$|a| = |\sin\theta| \leqslant 1$$

当 $|a| \geqslant 1$ 时，稳定性标准为：

$$\frac{\Delta s}{\Delta t} \geqslant \sqrt{2}(\max|mv| + \frac{L\Delta s}{2\pi}\max|\nabla n|)$$

这个标准使得累积的错误不会被放大。

据此查尼等人在北美地区进行试验，时间步长是开始 1 小时，逐渐增大到 2 小时和 3 小时，没有发现计算不稳定情况。空间间隔Δs 是 736 千米或者是北纬 45 度处的八个经度，矩形格子设置成 15×18，如图 21-2 所示。这个格点很大，大型气流运动可以被检查到并计算出来。要缩小间隔，就会超过当时 ENIAC 计算机的内存。当时计算条件下，预报 24 小时天气的计算机计算时间是 24 小时，刚刚赶上天气自身变化时间。Charney 设想，如果有 100000 个标准的 IBM 计算机，1000000 个计算点进行运算，这样计算速度会加快一倍，实现 1922 年理查森的计算速度超过天气变化速度的理想。查尼估计 ENIAC 计算机可以达到提前 12 小时预报 24 小时天

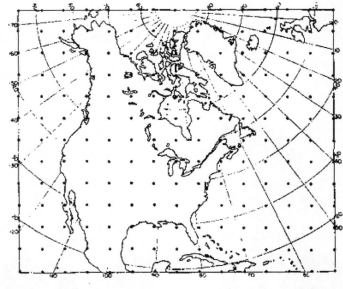

图 21-2　1950 年典型北美地区计算机差分格式图[1]上部和周围是 2 个间距，底部是一个间距（二维模式）

① Lindzen R S, Lorenz E, Platzman G W. The Atmosphere- A Challenge The Science of Jule Gregory Charney[M]. American Meteorological Society, 1990.

气。同时指出，北美和欧洲因为观测数据较多，预报效果较好，大西洋和太平洋数据较少。他选取 1949 年北美地区 1—2 月某几天 500 百帕进行数值实验，基本上体现出了较好的预报效果，但有些数值图上存在误差。正压模式和斜压模式效果不一样，查尼最后提出一个简单的斜压模式：

$$\frac{\partial \ln\theta}{\partial t} = -V \cdot \nabla\ln\theta - \frac{w}{gQ}\frac{\partial\ln\theta}{\partial p'}$$

由于过滤等因素，当时的斜压模式实际还没有正压模式预报效果好。在后来计算机技术发展后，斜压才逐渐代替正压成为主流模式。

2. 第一张数值预报天气图

1950 年，查尼、R. 菲约托夫特和冯·诺伊曼发表了利用正压一层的过滤模式计算出了历史上第一张数值预报天气图（图 21-3），其预报 36 小时 500 百帕高度场与实际情况相符，相关系数 0.75。[1] 这一结果的公布被认为是数值预报发展的第二个里程碑。

当时社会对此反映较好，《纽约时报》曾做了专门报道，"天气预报可以通过电子管计算得到"。[2] 1951 年查尼用数值预报又成功复现了 1949 年 1 月 30 日天气实况。[3] 不过这种正压模式本质上不能描述空气的三维结构和垂直结构。查尼很快就发展了多层过滤模式。查尼在数值预报研究过程中，逐渐感到数值预报必然存在一个可以预报的上限，不可能无限延长下去。而且初始值的不可避免的错误，也会影响可预报时效。

① 索耶 J S. 数值天气预报的回顾与展望 [J]. 殷显曦，译. 气象科技，1974（2）：50-52.

② Weather Forecasting by Calculator Run by Electronics is Predicted[N]. New York Times, 11 January 1946, 12.

③ Charney J G. Dynamical forecasting by numerical process[J]. Compendium of meteorology. American Meteorological Society, Boston, MA. 1951.

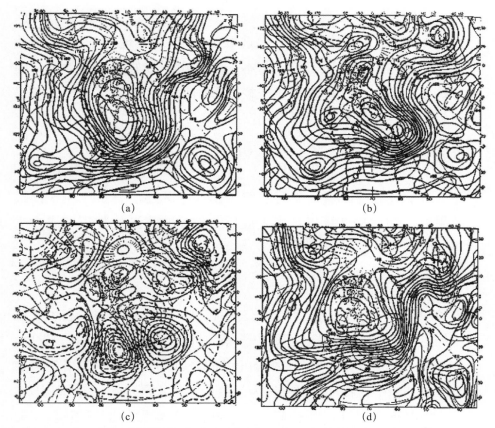

(a)　　　　　　　　　　　(b)

(c)　　　　　　　　　　　(d)

图 21-3　查尼等用数值预报成功实现历史上第一张数值预报天气图 [1]

　　查尼、菲约托夫特和冯·诺伊曼 1950 年用一层正压过滤模式虽然成功进行了 24 小时天气预报，但是当时初始值的给出靠人工将资料数字化，这需要很长时间准备。[2] 1951 年查尼提出数值预报需要"客观分析"（objective analysis），[3] 顺着这个思

　　[1]　Charney J G. Fjörtoft R and Von Neumann J. Numerical integration of the barotropic vorticity equation[J]. Tellus,1950,2: 237–254.

　　[2]　Kalnay E. Atmospheric Modeling, Data Assimilation and Predictability[M]. Cambridge: Cambridge University Press, 2003.

　　[3]　Charney J G. Dynamical forecasting by numerical process[J]. Compendium of meteorology. American Meteorological Society, Boston, MA. 1951.

路，插值方法得到发展。[1][2][3] 模式初值问题一直是数值预报一个重点，其本身后来也发展成为一门科学，[4] 很长一段时间初始化（initialization）问题被当作"非线性固有模式初始化"问题，[5][6] 后发展到使用数据过滤进行初始化。[7]

第二节 冯·诺伊曼和计算机的"鼎力相助"

数值天气预报最终取得成功经历了长时间科学探索的积累，它建立在将流体力学、应用数学、理论物理和计算机技术等多个学科引入到大气科学领域，并结合了天气学理论的基础之上。它是许多优秀科学家智慧和共同努力的结晶。20 世纪 40 年代，随着计算机技术的突破，人们终于实现了天气的数值试验，而在完成这历史性冲刺的道路上，有两个人的工作起到了决定性的作用，他们分别是冯·诺伊曼和查尼（Charney）。

1. 计算机天才的贡献

冯·诺伊曼（John von Neumann，1903—1957 年，如图

① Panofsky H. Objective weather-map analysis[J]. J. Appl. Meteor.1949, 6: 386-392.

② Gilchrist B and Cressman G. An experiment in objective analysis[J]. Tellus. 1954,6:309-18.

③ Barnes S. A techniques for maximizing details in numerical map analysis[J]. J. Appl. Meteor. 1964,3:395-409.

④ Daley R. Atmospheric Data Analysis[M]. Cambridge: Cambridge University Press, 1991.

⑤ Baer F and Tribbia J. On complete filtering of gravity modes through non-linear initialization[J]. Mon. Wea. Rev. 1977, 105:1536-1539.

⑥ Machenhauer B. On the dynamics of gravity oscillations in a shallow water model with applications to normal mode initialization[J]. Contrib. Atmos. Phys. 1977, 50: 253-271.

⑦ Lynch P and Huang X-Y. Initialization of the HIRLAM model using, a digital filter[J]. Mon. Wea. Rev. 1992, 120:1019-1034.

21-4），20 世纪最重要的数学家之一，在现代计算机、博弈论等诸多领域内有杰出建树。

1903 年 12 月 28 日，冯·诺伊曼原名叫诺伊曼·亚诺什（Neumann Janos），出生于匈牙利的首都布达佩斯，后更名为约翰·冯·诺伊曼（John von Neumann）。冯·诺伊曼从小就表现出数学天赋。据说 8 岁时还迷上了历史。1921 年冯·诺伊曼 18 岁时，他的第一篇数学研究论文在德国数学学会杂志上发表。1926 年，冯·诺伊曼同时获得了化学工程学学

图 21-4　冯·诺伊曼（John von Neumann，1903—1957 年）

士和数学博士学位。获得学位后，冯·诺伊曼来到哥廷根大学，成为著名数学家希尔伯特的助手，在此期间，他致力于研究数理逻辑、集合代数和集合论等。1927—1929 年，冯·诺伊曼几乎以每个月发表 1 篇论文的速度发表了 32 篇，是个地地道道的天才。

1929 年末，冯·诺伊曼得到美国普林斯顿大学的邀请，1933 年，30 岁的冯·诺伊曼成为普林斯顿高级研究院聘任的包括爱因斯坦在内的 6 位教授之一，而且是其中最年轻的一位。从 1933 年任普林斯顿大学教授开始，冯·诺伊曼研究领域逐渐向应用数学转换，1937 年冯·诺伊曼意识到可以通过构建计算机代替人类完成科学计算。

20 世纪 40 年代后期，冯·诺伊曼在计算机领域做出许多杰出贡献。他认为，天气预报是可以用大型计算机完成的重要科学问题，通过使用电子管计算机模拟计算大气动力从而进行预报。1944 年，冯·诺伊曼正式成为美国第一台通用电子计算机 ENIAC（电子数字积分器和计算器）研制项目的顾问。1946 年 5 月，他向美国海军提出建议，在项目内成立气象组，1946 年 7 月海军开始支持 ENIAC 项目的数值天气预报计划。为获得计算结果他列出三个前提：

第一，全新的天气预报计算方法；

第二，物理测量和新观测的基础是可靠的；

第三，影响天气模式计算的第一步是可以做到的。

这三个前提在当时基本上都已达到。在 20 世纪 40 年代虽然数值预报实验很多，但是当时数值预报进展不大。1946 年 8 月 29—30 日，美国新泽西普林斯顿高级研究院召开一次特殊的"气象学研讨会"，这或许是世界上第一次数值预报业务运行的会议。参加人员包括罗斯贝、冯·诺伊曼、美国气象局哈里·韦克斯勒（Harry Wexler）、乔治·普拉兹曼（George W. Platzman）等 20 余人，会议目的是继续推进研究院已经进行的一项工程，把动力气象方程可以高速的、电子的、数字化的通过计算机自动化计算出来。会后在美国普林斯顿高级研究院，开始实施天气预报的计算机辅助计划，也即是数值预报业务化的工程。[①] 此时所用的计算工具是一台可编程序式的电子数字积分计算机（Electronic Numerical Integrator and Computer，ENIAC），这台庞然大物为数值预报成功奠定了基础。

冯·诺伊曼坚定地推动这项工作。ENIAC 是美国一些主要科研单位的合作成果，这其中冯·诺伊曼发挥了关键的指导作用，1946 年，他就向美国海军提出建议，海军很有前瞻性地支持了这项计划，ENIAC 当时有大约 18000 个真空管、70000 个电阻器、10000 个电容、6000 个开关[②]（图 21-5）。计算机的速度不断加快，1952 年夏，科研人员做了一次检验，取得了巨大的成功。数值天气预报工作于 1955 年 5 月 15 日正式开始了，并一直持续下去。当时冯·诺伊曼乐观地认为，对大气环流的研究可以拓展成"无

① Duncan T P. A history of numerical weather prediction in the United States[J]. Bulletin American Meteorological Society, 1983, 64(7):755-769.

② Platzman G W. The ENIAC computations of 1950—gateway to numerical weather prediction[J]. Bulletin of the American Meteorological Society, 1979, 60(4):302-312.

限预报"。他认为，除非发生特殊干扰，数值模式会以通常的状况发展下去。但是后来大气科学研究表明无限预报是不可能的。

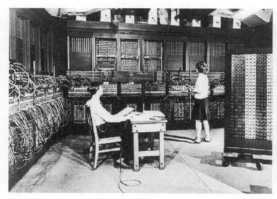

图 21-5　1948 年的 ENIAC，左为工作场景，右为操作员正在换插头 [1]

　　冯·诺伊曼的研究也不是一帆风顺，曾经想放弃天气预报，好在查尼的加入使得工作继续下去，查尼建议邀请一些有实际预报经验的人加入。所以查尼到任后，及时邀请了来自挪威的埃利亚森（Eliassen）和菲约托夫特（Fjörtoft）等既有很好的数理基础，又熟知大气运行规律的一流气象学家加入气象小组的工作。1950 年，冯·诺伊曼、查尼、菲约托夫特、弗里曼（John Freeman）、斯马格林斯基（Joseph Smagorinsky）和普拉兹曼（George W. Platzman）开始依靠 ENIAC 进行数值预报实验（图 21-6）。期间工作小组与罗斯贝有多次通讯，讨论相关难题。ENIAC 运算速度似乎比预想的要慢，当时内存有限，只有 600 个单词的容量，所以需要插上穿孔卡片（Punch-card）环节，每个时间步长中有 14 个分开插卡过程。研究小组通过拉普拉斯算子解决有限差分导致的不连续问题。图 21-7 为当时计算机计算步骤。

　　① Platzman G W. The ENIAC computations of 1950—gateway to numerical weather prediction[J]. Bulletin of the American Meteorological Society, 1979, 60(4):302-312.

图 21-6　1950 年，参与研究 ENIAC 的气象学家
从左至右：H. 韦克斯勒（H.Wexler）、冯·诺伊曼（J.Von Neumann）、
M.H. 弗兰克尔（M.H.Frankel）、J. 纳米亚斯（J.Namias）、J.C. 弗
里曼（J.C.Freeman）、菲约托夫特（R.Fjörtoft）、F.W. 赖克尔德弗
（F.W.Reichelderfer）和查尼（J.G.Charney）[①]

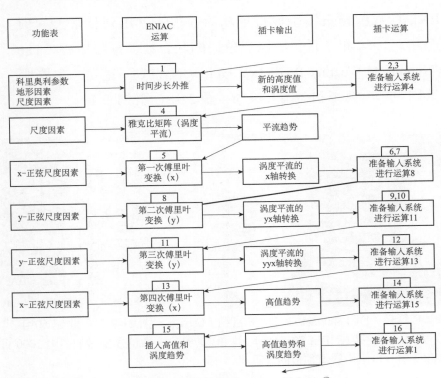

图 21-7　ENIAC 计算每个时间步长需要 16 个步骤[②]

①　Duncan T P. A history of numerical weather prediction in the United States[J].
Bulletin American Meteorological Society, 1983, 64(7):755-769.

②　Platzman G W. The ENIAC computations of 1950—gateway to numerical weather
prediction[J]. Bulletin of the American Meteorological Society, 1979, 60(4):302-312.

从图 21-7 可以看出，当时计算机的计算能力还是受到限制，不过好在计算机工业发展很快，到 1952 年 Sawyer 和 Bushby 用一组方程进行数值预报，格点为 12×8，格距为 260 千米，步长（step）为 1 小时，已经可以用 4 小时计算未来 24 小时天气。[①]

也许是"天妒英才"，1957 年不到 55 岁冯·诺伊曼去世。冯·诺伊曼无疑是 20 世纪最伟大的科学全才之一，他短暂的一生留给世人很多成果，深刻地改变了世界，改变了人类的生活、工作，甚至思维方式。难能可贵的是他选择将计算机首先应用于大气科学，极大地促进了气象学的进步和发展。而且这不仅仅是在气象科学领域，在应用数学领域甚至在整个自然科学领域都具有划时代的意义和成果。

2. 早期的业务化

ENIAC 数值预报实验取得成功后，很快就用到日常天气预报业务中。1954 年 7 月，美国气象局的联合数值预报中心（The Joint Numerical Weather Prediction Unit，JNWPU）建立，主要服务于美国空军、海军和美国气象局（图 21-8，图 21-9）。

图 21-8 F. 舒曼（Fred Shuman）（左）和富勒（Otha Fuller）大约 1955 年在 IBM 701 前研讨。IBM701 是 JNWPU 第一台用于数值预报的计算机[②]

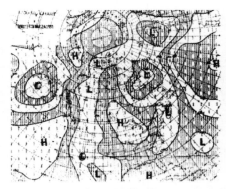

图 21-9 20 世纪 50 年代 (JNWPU) 用数值预报做的美国 1000 百帕等压线图

① Bushby F H, Mavis K H. The computation of forecast charts by application of the Sawyer-Bushby two-parameter model[J]. Q. J. R. Meteorol. Soc.,1954, 80: 165–173.

② Harper K, Uccellini L W, Morone L, et al. 50th anniversary of operational numerical weather prediction[J]. Bull. Amer. Meteor. Soc., 2007, 88:639–650.

图 21-10　1956 年伯特·博林（Bert Bolin）、菲约托夫特（Ragnar Fjörtoft）和乔治·科尔比（George Corby）讨论 500 百帕数值预报图

1947 年后，罗斯贝回到他的祖国瑞典。1954 年初，罗斯贝在瑞典的团队用二进制电子管计算机建立第一个实时正压模式，比美国气象部门开展数值预报早了 6 个月，[1][2] 这或许算是罗斯贝作为世界闻名的大气象学家对于他的祖国一点回报。

从数值预报发展历史来看，计算机的支撑起到决定性作用（图 21-10），理查森之所以失败，查尼等之所以成功，与计算机发展密不可分。直到今天，在美国主要气象业务单位，计算机仍然发挥基础性作用（图 21-11）。

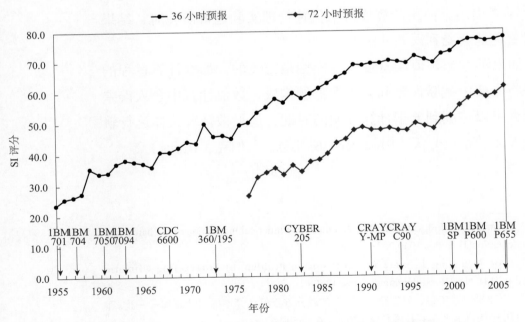

图 21-11　NCEP36 小时和 72 小时预报技巧的增加，计算机起到作用巨大[3]

①　Döös B and Eaton M. Upper air analysis over ocean areas[J]. Tellus, 1957, 9: 184-194.

②　Bolin B. Carl-Gustaf Rossby—The Stockholm period 1947–1957[J]. Tellus, 1999. 51:4-12.

③　Harper K, Uccellini L W, Morone L, et al. 50th anniversary of operational numerical weather prediction[J]. Bull. Amer. Meteor. Soc., 2007, 88:639–650.

从图 21-11 可以看出，预报技巧的增加与横坐标的计算机运算能力增加有密切关系。

3. 对误差的认识

数值预报中存在误差是必然的，查尼等 1950 年指出几种可能的误差。一是截断误差（Truncotiorr errors），二是对垂直风变量假定的不能实现导致的误差，三是空气的斜压性带来的误差。[①]萨顿（Sutton）在 1954 年指出大气的无序本质可能会导致流体方程在最初 24 小时因为初始条件无法觉察的波动产生不可预知的结果。气象学者一直试图减少甚至避免误差的影响。冯·诺伊曼曾经指出，通常有 4 种误差来源会对数值模拟结果有影响，这 4 种误差分别为：数学模型的误差，初值的误差，差分格式带来的截断误差（也称为离散化误差）和计算机的舍入误差。[②]李建平等[③]学者提出，使用计算模拟来代替物理实验进行研究时，结果不可避免地会受到误差的影响。

如果不考虑初值误差且假定模型是完美的，那么计算过程的误差将主要由截断误差和舍入误差所构成，数值计算中舍入误差的研究可以追溯到电子计算发明的时期，最早被计算天体运行轨道的天文学家布劳沃（Brouwer）所注意。[④]伯克（Burks）等、[⑤]

[①]　Charney J G, Fjörtoft R and Von Neumann J. Numerical integration of the barotropic vorticity equation[J]. Tellus,1950,2: 237–254.

[②]　Von Neumann J. Some Remarks on the Problem of Forecasting Climatic Fluctuations[M]. New York: pergaman Press, 1960.

[③]　李建平，曾庆存，丑纪范 . 非线性常微分方程的计算不确定性原理——Ⅱ . 理论分析 [J]. 中国科学 E 辑：技术科学 . 2000，6：550-567.

[④]　Brouwer D. On the accumulation of errors in numerical integration[P]. 1937 doi:10.1086/105423.

[⑤]　Burks W, Goldstine H H,Von Neumann J. Preliminary discussion of the logical design of an electronic computer instrument, for Advanced Study, 2 Sept. 1947, Papers of John von Neumann on Computing and Computer Theory[M]. W. Aspray, and A. Burks eds. MIT Press, 1987, 97-142.

图林（Turing）对舍入误差的积累进行了最初的研究。[1]拉德马赫（Rademacher）在 1948 年首先研究了数值积分过程中的舍入误差，威利金森（Wilikinson）在 1963 年详细地讨论了算术过程中的舍入误差问题，其思想和方法对以后的研究者产生了重要的影响。享里奇（Henrici）的研究表明，[2][3]微分方程的计算结果受舍入误差的影响可能比一般的代数过程更为严重。而且他引入的一些统计假设成为研究舍入误差影响的强有力工具。

4. 大气环流的数值模拟

计算机在数值预报发展中有不可替代的作用。电子计算机投入业务使用，数值天气预报取得成功，气象学家开始在电子计算机上来模拟大气环流的实际情况，因此，在 20 世纪 50 年代后半期大气环流的数值模拟研究就开始了。1956 年菲利普斯（Philips）用二层准地转模式第一次成功地模拟了大气环流。他不仅成功地模拟了大气环流的变化，还成功地模拟出急流，并且模式输出的物理量也与实际比较一致。大气环流数值试验的成功不仅形象地证明了罗斯贝所提出的环流的物理图像是正确的，而且为 20 世纪 60—70 年代数值试验的大发展奠定了基础。菲利普斯于 1957 年利用斜压准地转大气环流模型成功地进行了大气环流数值试验。

从两层大气环流模型成功地进行大气环流数值试验以后，人们认识到大气环流数值试验具有许多用解析解无法达到的优点：包括可以同时处理大气环流中的动力过程、热力过程、初始条件

---

①　Turing A M. Rounding-off errors in matrix processes[P]. 1948 doi:10.1093/qjmam/1.1.287.

②　Henrici P. Discrete Variable Methods in Ordinary Differential Equations[M]. John Wiley, New York,1962: 187.

③　Henrici P. Error Propagation for Difference Methods[M]. John Wiley, New York, 1963: 73.

及边界条件等等；可以克服非线性数学上处理的困难；可以定量地讨论大气环流；可以通过改变某种条件来讨论各种动力、热力过程在大气环流中的重要性；可以计算出不能观测到（如涡度与散度）或暂时无法观测的物理量（如垂直运动）等。由于大气环流数值试验具有上述优点，因此，国际上许多研究小组开始研究如何改进大气环流的数值模式。研究表明，只要在数值模式中保证地转调整，使用理查森所用过的流体动力学方程组（后人又称原始方程组）可以更好地进行大气环流的数值试验。[①]

1960 年在东京召开了国际数值预报讨论会，提出了只要格式构造合理，就可以抑制快波的发展，利用原始方程模式来进行大气环流的数值试验要比应用滤波模式好。曾庆存 1963 年首先设计出原始方程模式并进行数值预报。与此同时，世界上许多研究小组利用原始方程模式来模拟大气环流，如美国的地球流体动力学实验室（GFDL）的斯马格林斯基（Smagorinsky）和真锅淑郎（Manabe）在 1965 年、加利福尼亚大学洛杉矶分校（UCLA）的明茨（Mintz）在 1964 年、美国国家大气研究中心（NCAR）的利思（Leith）在 1965 年都分别进行了比较成功的模拟实验。笠原（Kasahara）与华盛顿（Washington）1967 年都先后构造原始方程模式对大气环流进行了数值模拟，他们成功地用原始方程模式模拟了大气环流的变化，[②] 证明了使用原始方程模式模拟的结果要比准地转模式好得多。

20 世纪 40—50 年代是世界科学技术史上一个重要转折期，曼哈顿等科学工程的成功实施使得现代科学进入大科学阶段，科学除了满足科学家对自然界好奇心之外，还附带有社会功效，而且科学家承担的社会责任也愈来愈多。在这个背景下，大气科学逐渐进入成熟期。

---

① 黄荣辉.大气科学发展的回顾与展望 [J].地球科学进展，2001，16（5）：643-657.
② 黄荣辉.20 世纪大气环流与大尺度动力学研究进展回顾与展望 [C]// 第三次全国大气科学前沿学术研讨会论文集.北京：气象出版社，2000: 84-92.

查尼对数值预报的研究做出过杰出贡献。他吸收了罗斯贝的滤波思想，把地球表面看作一层大气，而且是正压大气，过滤了可能造成计算不稳定和误差超越计算速度的因素。这些做法使得数值预报有了一半成功的可能。第二次世界大战的刺激使得军用计算机得到迅速发展，军事方面的计算机工程却最早让给气象部门使用，一方面体现了冯·诺伊曼等人的高瞻远瞩，另一方面说明社会越来越重视天气预报的重要作用。数值天气预报的成功因此或许与第二次世界大战中气象因素和罗斯贝等气象学家的影响有关。数值天气预报的成功，表明人类对大气运动本质有了比较深刻的理解和把握。

查尼和冯·诺伊曼等人的成功，标志着数值天气预报作为气象科学的一门分支学科已经建立起来，尽管有些不完善，但由于预报实际业务的需要，一经建立马上投入业务运行。美国和英国的数值预报业务走在世界前列。

罗斯贝对祖国瑞典的数值预报业务有很大贡献，但是后续工作没有继续走在前沿而被其他发达国家赶上，这表明数值预报发展好坏或许和政府是否重视、经济是否承受得起有关。

随着数值天气预报建立和业务化，误差的不可避免和无处不在是气象学家和预报员必须面对的现实问题。误差的不断发展，将会导致方程不可控制，从而影响预报效果，最终进入不可预报的境地，后面还将论述这点。

第三节　数值天气预报学科的发展

从查尼过滤模式成功开始，查尼就已预见到理查森所用的原始方程模式将来也会成功。随着对大气现象的进一步深入观测和大气科学理论的不断完善，从20世纪60年代开始，数值预报又回到原始方程模式。作为一门学科，这个阶段，数值天气预报处于快速发展中。气象科学逐渐进入有大科学特点的当代大气科学阶段。

这主要是因为计算机技术获得很大发展，内存能力不断增强，体积不断缩小，计算速度飞跃发展，使得理查森时代的计算困难不复存在。更重要的是过滤模式有些简单，与实际大气运动不完全符合，使用原始方程更能反映真实情况，并提高天气预报的准确性。不过这时候的原始方程组的方程个数更多，计算更加复杂。

数值预报的发展转了一大圈好像又回到了起点，但这不是一次简单的回归，是基于对大气运动、计算理论深入发展后的进步。

1. 回归原始方程

过滤模式由于消除了高频波，其实也就影响了真实的大气动力性质。随着计算机计算能力增长，回归原始方程是历史必然。因为滤波模式把重力波滤去只是反映了大气大尺度的规律，对于中小尺度强对流天气，要把中小尺度天气过程预报出来，还必须回到原始方程。实际上，在准地转模式占主导地位期间，对原始方程模式的研究和使用并未中止，包括查尼本人。索耶（Sawyer）指出，准地转模式主要缺点就是仅能描述大尺度天气系统，1000 千米是其描述的最低尺度，而很多重要天气系统与天气扰动处于 1000 千米以下，这使得人们重新回到原始方程。[①] 准地转模式滤去了重力波，而原始方程则包含了长波和重力波（快波），为使计算稳定，更好地刻画大尺度运动的变化，回归原始方程的要点在于避免重力波的虚假产生和增长。

回归原始方程要考虑对于理想气体几个空气守恒的性质，包括动力守恒、能量守恒、干空气质量守恒、湿度守恒等。第一要对初值场进行处理，必须抑制初值中重力波的能量及其在初始时段的增长。第二，一般情况下积分的时间步长 Δt 可以取足够小，

① 索耶 J S. 数值天气预报的回顾与展望 [J]. 殷显曦，译. 气象科技，1974（2）：50-52.

以满足 CFL 条件。

　　观测表明大气大尺度运动是一个最基本的特征，是风场和气压场的准平衡关系。而大气中地转偏差又经常存在，因为完全地转平衡后将很快没有天气变化。实际天气变化就是地转平衡不断地被破坏，又不断地重建。原始方程模式积分的时间步长问题成为制约其实际应用的瓶颈。大气适应过程研究，为解决这个问题提供了思路。

　　大气适应理论研究，将这对同时发生的矛盾过程分离开来，模型化为两个相互衔接的阶段：演变过程和适应过程。曾庆存、[①]叶笃正和李麦村 1965 年利用尺度分析证明大尺度运动中适应过程和天气系统演变过程物理本质上不一样。[②] 这两个阶段在时间尺度上有明显区别，前者是慢过程，后者是快过程。其物理特性也有区别，而且可以由运动方程的不同项来刻画。曾庆存最先研究了非线性问题，理论分析表明："适应过程"的物理机理是局地源区产生的波动通过快速的能量频散（dispersion）弥散到广大空间，从而保留下涡旋运动，且在科里奥利力作用下趋于准地转风平衡状态。[③] "演变过程"的物理机理则主要是涡旋通过较慢的能量频散过程而变形，并以质点自身速度传播所致。这需要突破一个模式只能采用同一格式和同一时间步长传统做法。有三种方法：一是时间步长取的很小；二是对不同类型的运动（尤其是波）采取不同的时间步长，三是半隐式差分格式（semi-implicit scheme），对涡旋运动来说，能满足计算稳定性判据，[④] 对激发快波的项和快

　　① 曾庆存.大气中的适应过程和发展过程（一）——物理分析和线性理论 [J].气象学报，1963,33(2):163-174.
　　② 叶笃正，李麦村.大气运动中的适应过程 [M].北京：科学出版社，1965.
　　③ 曾庆存.天气预报——由经验到物理数学理论和超级计算 [J].物理，2013，42（5）：300-314.
　　④ 曾庆存.天气预报——由经验到物理数学理论和超级计算 [J].物理，2013，42（5）：300-314.

波随时间变化的项则采取隐式时间差分格式。

　　20世纪50年代，原始方程虽然建立，但是如何求解仍然十分困难，在苏联留学的曾庆存在导师基别尔指导下，提出了一个求解原始方程的办法，就是"半隐式差分"方案，成为世界上最早成功运用原始方程进行数值预报的研究者之一。曾庆存（ЦЗЭН ЦИН-ЦУНЬ）在1961年[①]和罗伯特（Robert）在1969年先后提出"半隐式（或称半显式）格式"，[②]对制约慢过程的非线性平流项取显式和较大时间步长，而对制约快过程的气压梯度力项和柯氏力项取隐式格式，从而可以取相同的时间步长。这就大大减少了计算量，并很快得到广泛应用。曾庆存1961年第一次用原始方程模式在莫斯科做出实际天气预报图（图21-12），这是中国人对数值天气预报做出的一个重要贡献，比西方同样成果要早若干年。至今国际上一些著名的业务模式仍然采用半隐式格式。

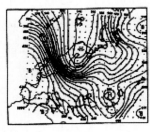 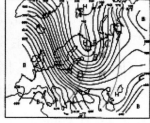 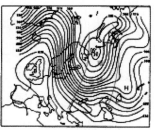

初始场　　　　　　　　　24小时预报　　　　　　　　　24小时实况

图21-12　曾庆存用原始方程做出的预报[③]

　　① ЦЗЭН ЦИН-ЦУНЬ. Применение Полной Системы Уравнений Термогидродинамики К Краткосрочному Прогнозу Погоды В Двухуровенной Модели[J]. ДАН СССР, 1961, Т.137, No.1.（后发表在 Scientia Sinica, Vol. XII, No.3, 1963）

　　② Robert A. The integration of a spectral model of the atmosphere by the implicit method[J]. Proc. WMO/IUGG Symposium on NWP. Tokyo, Japan Meteor. Soc.,1969：19-24.

　　③ 曾庆存. 天气预报——由经验到物理数学理论和超级计算 [J]. 物理，2013，42（5）：300-314.

原始方程预报取得进展后，很快就被应用到天气预报的业务中。1966 年，美国气象局将原始方程的数值预报进入业务化，使用 6 层模式。[1]

20 世纪上半叶出现的挪威气象学派（卑尔根学派）对美国气象产生了重大影响，让美国政府和民众了解到气象科学及其应用的意义。V. 皮叶克尼斯倡导的天气预报引起了美国人兴趣。因为美国一直备受飓风的困扰，给国家造成了很大的经济损失。社会各界更加重视气象和天气预报。如图 21-13 所示。

图 21-13　20 世纪 60—70 年代美国天气预报会商[2]

2. NCI 的发现与解决

对于线性方程，前已述及，其计算稳定性判据是 CFL 条件。而原始方程是非线性方程，对计算稳定性十分敏感，它得以在数值预报中顺利应用的另一个重要保证，是非线性计算不稳定

---

① Shuman F G and Hovermale J B. An operational six-layer primitive equation model[J]. J. Appl. Meteor.,1968.7:525-547.

② Shuman F G and Hovermale J B. An operational six-layer primitive equation model[J]. J. Appl. Meteor.,1968.7:525-547.

（Nonlinear Computational Instabillty，NCI）的发现及其对策——
"物理守恒格式"的构建和应用。

　　NCI 的发现始于菲利普斯（Phllips）的工作。[①] 他在 1956 年
前后，用数值试验方法研究大气环流，并发表了他的著名论文。
在其研究过程中发现，尽管积分所取时间和空间步长满足线性
CFL 判据，但模式长期积分有时仍会出现不稳定。对此，他深入
探究。这最终导致"非线性计算不稳定"概念及其机理的提出，
而其论文的发表，已是 1959 年了。[②]

　　大量数值实验表明，对于非线性方程，无论是用有限差分
法、有限元法、还是谱展开法进行数值求解，都可能出现非线性
计算不稳定现象。这种不稳定不能用缩小时间步长 Δt 来克服，
这种不稳定是非线性方程所特有的。[③]

　　曾庆存对此做过很好研究。他从物理观点出发，计算不稳定
表现为小尺度的大幅振动，并且振动随时间增长很快。原始方程
对误差的敏感性主要来自短波部分，引起虚假的快波，掩盖真正
的长波。计算不稳定主要是破坏了能量关系，有三种机理造成：
频散效应、能谱非线性转移效应及能量增长效应。[④] 为此需要设
计能量守恒的计算格式，对于正压大气、斜压大气、地转模式和
原始方程组都适用，为此构建了"物理守恒格式"。除了曾庆存
在这方面的贡献，中国学者还用谱方法尝试解决 NCI 问题，[⑤] 取

　　① 　Phillips N A. An example of nonlinear computational instability[M]. //The Rossby
Memorial Volume. NewYork: The Rockefeller Institute Press, 1959: 501-504.

　　② 　纪立人. 数值天气预报发展进程中若干亮点的回顾及其启迪 [J]. 气象科技进展，
2011，1（1）：40-43.

　　③ 　杨晓忠，彭武安，赵振文，等. 发展方程的非线性计算不稳定问题 [J]. 现代电
力，2000，17（2）：31-37.

　　④ 　曾庆存. 计算稳定性的若干问题 [J]. 大气科学，1978，2（3）：181-191.

　　⑤ 　Ji C Z, Zhen Q C. Some examples of nonlinear computational instability for spectral
methods[J]. Chinese Science Bulletin, 1983, 28 (12): 1643-1643.

得某些积极进展。

NCI 问题及"物理守恒格式"的构建,成为数值天气预报(NWP)以至计算流体力学的一个重要研究方向。对原先数值预报具有重要的改进意义。此后用数学物理方法制作短期气候数值模拟获得很大发展。

3. 四维同化

数值模式的发展,对于资料的需求不断发展。资料进入模式的资料同化工作一直是数值预报发展的一个重要领域。资料同化一般有几种方法,一是曲面拟合法,用数学曲面拟合空间分布不规则的观测值,二是把观测值经验线性地差值到网格点上,三是统计客观分析,四是变分技术。[1]

查尼等于 1969 年发表一篇题为"应用不完全的历史资料推断大气当前状态"的论文,[2] 顾震潮在 1959 年有类似论文发表。[3]这些文章的中心思想是利用历史资料和模式积分相结合,实现气象要素场的时空转换,以及不同要素观测的相互补充。其方法一般应用数值模式向前积分,每隔若干小时,不断插入更新温度资料。结果表明由温度场的变化可以降低分析的误差,由多时次高层温度场可以推出当前低层的温度分布,比如每隔 12 小时更新温度资料 1 度或者 0.5 度,就会使减少风和压强在第一二天过快变小带来的错误,从而延长数值预报的时效。

查尼等所展示的可能只是四维同化的一个雏形,所发表的文

---

① Schlatter T W. 临近预报和数值预报中气象资料客观分析方法的过去和现在 [J]. 刘晓东,译. 气象科技,1990(2):11-19.

② Charney J G, Halem M, Jastrow R. Use of incomplete data to infer the present state of the atmosphere[J]. J Atmos. Sci., 1969, 26:1160-1163.

③ Koo C C. On the equivalency of formulation of weather forecasting as an initial value problem and as an "evolution" problem[M].//The Rossby Memorial Volume. New York: The Rockefeller Institute Press, 1959.

章不过是 4 页纸的短论，而且当时还是很初步的结果，结论也有些不完善，但推动了"四维同化"的快速发展和应用。这也说明了历史资料在数值预报中的重要作用。在 20 世纪 50 年代末，美国气象学者克莱因提出用历史资料与预报对象同时间的实际气象参量作预报因子，建立统计关系，[①] 实际应用时，假定数值预报的结果是完全正确的，用数值预报产品代入到上述统计关系中，就可得到与预报相应时刻的预报值，这种称为完全预报法（PP 法）。它的长处是可利用大量的历史资料进行统计，因此得出的统计规律一般比较稳定可靠，但是该方法除含有统计关系造成的误差外，主要是无法考虑数值模式的预报误差，因而使预报精度受到一定影响，格拉森（Glathn）和劳里（Lowry）提出了模式输出统计，简称 MOS 法，[②] 它的预报精度比 PP 法要高。[③]

　　中国学者在历史资料对数值预报作用的研究中做出了自己的重要贡献。顾震潮在预报实践中提出：日常的天气预报需要考虑"历史演变"，特别是最近一段时间中的天气变化情况。[④] 在顾震潮的引导下，丑纪范将微分方程的定解问题变为等价的泛函极值问题——变分问题，引进"广义解"的概念，并推导出使用多时刻观测资料的预报方程式。[⑤] 这为提高数值预报方程的稳定性和

①　Klein W H, Lewis F. Computer forecasts of maximum and minimum temperatures[J]. J Appl Meteor., 1970,9:350-359.

②　Glahn H R and Lowry D A. The use of model output statistics(MOS) in objective weather forecasting[J]. J. Appl. Meteor, 1972, 16:672-682.

③　刘还珠，赵声蓉，陆志善，等 . 国家气象中心气象要素的客观预报——MOS 系统 [J]. 应用气象学报 ,2004,15(2): 181-191.

④　Koo C C. On the equivalence of formulation of weather forecasting as an initial value problem and as an "evolution" problem[M].//The Rossby Memorial Volume. New York: The Rockefeller Institute Press, 1959.

⑤　丑纪范 . 天气数值预报中使用过去资料的问题 [J]. 中国科学 (A), 1974，17(6): 635-644.

预报效果做出重要贡献。

今天四维同化已成为一门独立的学科分支，不仅提高了 NWP 的时效和准确率，在大气，海洋多个学科分支中都得到广泛应用。例如在天气气候研究中使用最多、最广泛的"再分析资料"，正是"四维同化"方法的产品。

4. 螺旋式发展路径

20 世纪后半叶计算机按照 18 个月即提升一倍计算能力的速度发展，这使得数值预报方程中因计算能力限制被过滤的一些因素可以重新考虑回到方程组中。经过螺旋发展，数值预报又回归到原始方程，这次重新以原始方程的观点看待大气运动，表明数值预报学科获得很大发展，理查森时代的原始方程处理大气运动还带有一些简化的思想，这次的原始方程计算，就更多考虑了大气中各种可能的因素。

首先，大气科学理论继续得到完善。为了解决大气运动中风场和气压场之间的平衡关系，气象学家提出大气适应理论，这里产生一个重要的原创性思想，就是分成演变和适应过程两个阶段，这个重要意义就在于可以据此构造不同的计算格式，避免计算量过大增加成本或者保持计算稳定而丧失准确性二者带来的矛盾，导致"隐式"格式的出现。

其次，计算不稳定一直是数值天气预报不可回避的一个重要问题，不仅是计算技术的难题，也是数值预报方程是否科学合理的一个重要问题。前文曾经阐述的对于线性方程，计算稳定性是满足 CFL 条件。但是对于非线性方程，要复杂得多，NCI 的发现和解决表明气象学家对于计算稳定性有了更深的理解和更好的解决办法。今天虽然计算机能力和运算计算与当年有天壤之别，但是曾经使用过的计算稳定性思想还很有启发。

第三，回归原始方程后，遇到更多的问题和难点，其中随着模式分析大气运动能力的增长，资料的有效输入就成为越来越重要的问题，历史资料如何有效运用，不同标准的资料如何同一化，这些问题伴随四维同化的迅速发展，表明数值预报进入新的发展阶段。这个过程中中国学者也作出了重要贡献。

　　牛顿的力学体系对刚体世界给出了比较完整的理论体系，确定论一度成为科学界的主流思想。然而，随着科学发展，人们发现可以确定的物理现象和规律在宇宙中是少数，更多是非确定性。比如气体中分子运动的轨迹、宇宙中星团的运动等，即便在确定性的世界中，比如受牛顿定律支配的弹球游戏中也充满不确定性，虽然弹球精确地受引力滚动和弹性碰撞规律的支配，但放在一堆弹球中，其连续的精确运动轨迹仍然是不可预测的。

　　大气科学正是不确定性现象最为典型的领域。尽管在皮叶克尼斯、理查森和查尼等大气象学家的努力下，数值预报把不确定的空气运动朝着确定性方向大大推进一步。气象界似乎有了更多的信心，只要一直努力下去，借助无限增长的计算机速度，数值预报可以预报未来任意时刻的天气。然而事实并非如此。洛伦茨及其混沌理论的提出，宣告数值天气预报存在极限。数值天气预报学科遇到建立以来最严重的危机。数值预报是现代大气科学的核心和基础，这也导致现代大气科学遇到了危机。现代大气科学的成熟后的转向表明进入具有大科学特征的当代大气科学阶段，为和前面几章数值预报阐述的完整和连续，本章放在第三篇中。

　　本章也进一步阐明笔者的观点，就是大气科学不同于物理、数学等自然科学，在于不是100%的必然性，称之为准确定性。这使得现当代大气科学与物理、化学、数学、天文等自然科学有不完全一样的研究范式和研究思维及路径。

第一节　数值预报的危机

1. 危机产生的背景

洛伦茨（E.N.Lorenz），1917 年 5 月 23 日出生在美国康涅狄格州。他从小就表现出了惊人的数学天分。1938 年秋，洛伦茨进入哈佛大学研究生院，师从美国一流数学家乔治·伯克霍夫（George Birkhoff）。二次大战的爆发使洛伦茨不得不暂停学业。洛伦茨在麻省理工学院先参加以训练军队天气预报员为目的的气象培训课程，并在 1942 年 3—12 月完成培训后给新接受培训的学员讲课，1944 年加入美国空军，成为天气预报员，为美国军用飞机来往日本及邻近地区提供气象情报。1946 年回到麻省理工学院继续学业

图 22-1　洛伦茨（Edward N. Lorenz）

时，从数学专业转到了气象专业。博士学位的论文中，洛伦茨创造性地将天气变量先用它们的谱表示，然后用手工计算的办法进行最早期的数值天气预报研究。通过计算方程发现前 6 小时数值预报与天气分析结果相似，但时间再长则数值方法给出的结果变差。这或许为洛伦茨今后的混沌理论研究埋下伏笔。1969 年洛伦茨获美国气象学会罗斯贝研究奖章，1983 年获瑞典皇家科学院克拉福德奖。2008 年去世（图 22-1）。

20 世纪 60 年代，世界科学技术发展已经进入大科学阶段，曼哈顿工程和卫星上天等重大科学项目的成功实施，使得人类对于自然界事物之间联系的认识深度达到一个前所未有的高度，不过这些大科学项目中，经常会遇到大范围不确定性事件的发生。

系统论、信息论和控制论逐渐走向成熟并在社会上得到广泛应用。这三论中都有对不确定性信息和事物的认识。在数学上，模糊数学和概率论等学科的最新发展为混沌理论做好铺垫。也就是说，对

于 20 世纪 60 年代的整个科学技术知识体系和人类经验来说，混沌理论的出现并不是惊世骇俗的事。但是对于刚刚摆脱"艺术标签"的大气科学来说，建制化过程中，不确定性的本质又一次把数值预报推向不可预测的边缘，这对于数值预报学科来说确实是个很大危机。

2. 确定性非周期流分析

关于洛伦茨如何发现和提出混沌现象与理论，有很多科学趣闻和故事。他有着特殊的数学才能并且善于把这种才能应用到气象学研究中。1963 年洛伦兹用计算机模拟大气湍流，在长期试验中被其他气象学家忽视的误差被细心的洛伦茨发现，从而提出确定性非周期流（deterministic nonperiodic flow）的概念。

洛伦茨经过认真研究，提出数值天气预报对于初值的极端敏感性。[1] 他用简化为 3 个自由度的确定论方程来模拟天气变化：

$$\dot{x} = -\sigma x + \sigma y$$
$$\dot{y} = -xz + rx$$
$$\dot{z} = +xy - bz$$

进行数值实验的结果，即使最初两个数值无限接近，发现在一定条件下，积分到一定时间阶段，会进入一种区域（被称为奇异吸引子）。最初接近的初始值会得出两个毫不相干的积分值。这表明气象非周期性变化的轨道十分不稳定，大气状况"初始值"的细微变化，都足以使其轨道全然改观（图 22-2）。

根据洛伦茨对流方程中的数值实验，图 22-2 中最上面图表示时间函数在第 1000 个循环时图形，中间是第 2000 个，图 22-2 最下面的是第 3000 个。[2] 从中可以看出，随着时间流逝，非周期性

---

① Lorenz E N. Deterministic nonperiodic flow[J]. Journal of the Atmospheric Science, 1963,Vol(20):130-141.

② Lorenz E N. Deterministic nonperiodic flow[J]. Journal of the Atmospheric Science, 1963,Vol(20):130-141.

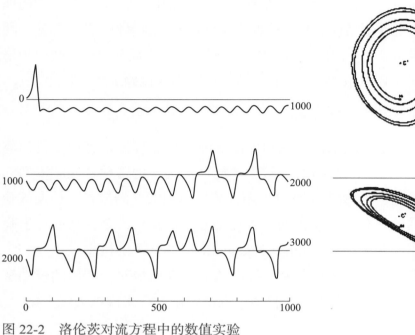

图 22-2　洛伦茨对流方程中的数值实验

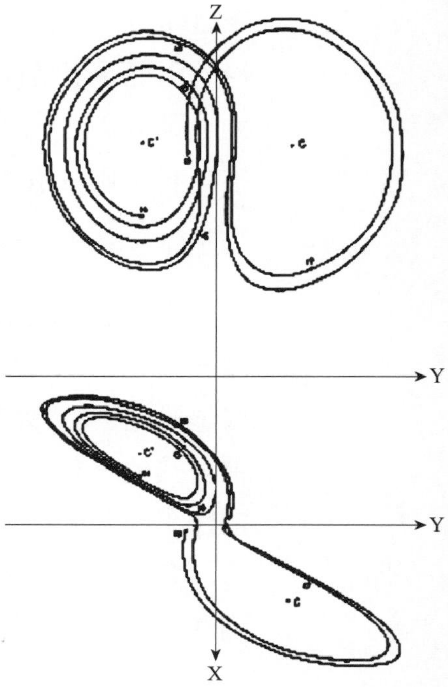

图 22-3　洛伦茨论文中轨迹变化，已经出现"吸引子"[1]

逐渐增强。从确定性的波动变成不可预测的非周期流。

洛伦茨进一步的研究发现，这一奇异吸引子是三维双螺旋曲线，呈现出具有一定的界限，具有无穷嵌套的自相似特征，外在大轮廓相当稳定，但在奇异吸引子上的运动轨道对初始条件的细小变化极其敏感，运动具有非周期性和局部的不稳定性（图 22-3）。可见混沌是产生于确定性方程中的随机性。运动轨迹既在一定范围内有所限制，又不可预测具体怎么发展。

为了描述混沌的这种奇异特性，洛伦茨引进了"奇异吸引子"的概念。奇异吸引子是相对于稳定的不动点、极限环和环面这种平庸吸引子而言的。当系统演化到足够复杂时，就能够进入一种特殊的稳定态——奇异吸引子。对于奇异吸引子，一切吸引

① Lorenz E N. Deterministic nonperiodic flow[J]. Journal of the Atmospheric Science, 1963,Vol(20):130-141.

子之外的运动都向它靠拢因而呈现一种稳定的整体序。但同时，一切到达吸引范围内的运动都对初值敏感并相互排斥，表现出高度的不稳定性，[①] 即系统进入奇异吸引子的部位稍有差异，其状态在相空间的位置和填充过程便截然不同。

洛伦茨认识到混沌是大气特性，不管预报模式如何完美，终究因为混沌特性而达到预报极限。[②] 这对于数值天气预报来说是种重大挑战。经过几十年的辛苦探索，气象学界终于可以对复杂的空气运动进行有限预测，但是混沌现象的发现表明，无论如何努力，大气预测无法达到绝对精确，长期预报无法准确。这是数值天气预报学科建立以来最严重的一次危机。

3. 混沌理论对数值预报的重要意义

混沌理论也被看成是在 20 世纪发生的第三次科学革命，它同相对论和量子力学这两次革命一样，彻底颠覆了牛顿经典物理观。混沌理论不仅使大气动力学大大发展，而且使得数学、物理学，甚至生物学、工程技术也得到非常大的发展，并产生很大的突破。洛伦茨所提出的这些理论对于现代科学的各个领域所取得的突破性进展有很大贡献。在洛伦茨提出非线性理论系统之前，解决科学问题要么是确定论，要么是随机论，然而洛伦茨提出确定论与随机论不能截然分开，它们之间是有联系的，这无疑是科学认识的一次重大突破。气象学家把洛伦茨所提出非线性动力学系统的概念应用到大气环流的研究中，利用截谱模式研究了大气运动存在的多平衡态，即在一定外界条件下大气可能出现高指数环流，在另外一些外界条件下，大气可能出现低指数环流，而状态的跃迁产生突变。这个多平衡态的概念为中长期天气动力过程

①　刘金玉，黄理稳. 科学技术发展简史 [M]. 华南理工大学出版社，2006.

②　Lorenz E N. A study of the predictability of a 28-variable atmospheric model[J]. Tellus.1965,17:321-333.

研究开辟了道路。[①]洛伦茨的论文重要意义还在于表明长期天气预报不可能准确，可预报时限是 2 周左右。[②]洛伦茨方程是确定论方程，其中不含任何随机项，方程的系数、初始条件等都是确定的，然而确定的原因却引出来随机的结果。混沌系统的这种所谓"内在随机性"，是相对于外在随机性而言的。外在随机性是指以前人们在概率论里熟悉的那种随机性，是量子涨落和统计涨落的结果。外在随机性有以下两个特点：第一，可能出现随机性的初值区域在相空间的测度（体积）为零；第二，为了计入随机性，必须在原有方程中外加随机项（随机的系数、初始条件或外源）。

　　然而，外在随机性是否可以断定世界本源也是随机的，不同科学家有不同看法。对于这种外在随机性，爱因斯坦坚信一个"不掷骰子的上帝"，坚定地认为那样的随机性只是表面的，在更深层次上隐藏着确定论。这也就是说，外在随机性的存在并未给决定论带来真正的困难和冲击。有学者认为世界是确定的、必然的、有序的，但同时又是随机的、偶然的、无序的，有序的运动会产生无序，无序的运动又包含着更高层次的有序。因此，混沌所描绘的是一个确定性和随机性、必然性和偶然性、有序和无序辩证统一的世界图景。对这方面的讨论涉及科学哲学的一些概念。未来可以继续进行研究。

　　洛伦茨根据混沌理论研究了大气科学其他领域，包括大气环流。在其后续研究的一篇论文中，他把人类对大气环流的认识分成几个阶段，按他的观点，21 世纪也许会进入第五阶段。[③]

　　由于数值预报的成功，特别是计算机能力和计算技术的不断

①　黄荣辉.大气科学发展的回顾与展望[J].地球科学进展，2001，16（5）：643-657.

②　Lorenz E N. A study of the predictability of a 28-variable atmospheric model[J]. Tellus.1965,17:321-333.

③　Lorenz E N. A history of prevailing ideas about the general circulation of the atmosphere[J]. Bulletin American Meteorological Society,1983, 64(7):730-734.

发展，人们似乎有信心认为，数值预报可以把天气预报做到无穷远。但是洛伦茨发现并提出混沌理论，宣告非线性运动与刚体运动的本质差异，也就是未来永不可知。混沌现象和混沌理论对大气科学有很大影响，有科学家甚至怀疑大气科学是否还有可能成为物理化学那样的确定性学科。这次发现对于数值天气预报学科是个危机。科学哲学中把一门学科遇到严重危机称为"前科学革命"，意味着这门学科可能会产生革命性的变革，新的理论代替原先理论。比如化学中的"氧化学说"代替"燃素说"，物理学中的相对论代替高速运动时的牛顿力学等。这次危机是否会引起数值预报乃至大气科学的革命呢？

目前来讲，数值预报和大气科学并没有真正意义上的"科学革命"一说，因为革命最重要的是有其他理论代替前面理论。原始方程的回归大大促进了数值预报效果，但后面并没有更好方法代替原始方程的思想，即便出现集合预报，也是承认原始方程的基础上进一步发展。这如同数学学科发展，历史上多次出现危机，如"无理数危机""虚数危机"等，但并没有产生革命。因为数学是一门累积性的学科，或许数值预报和大气科学也是一门累积性的学科。

洛伦茨的理论超出大气科学，混沌理论影响了其他自然科学乃至社会科学和哲学，甚至人文学科，人类不得不面对永远不可能完全把握的世界。这表明大气科学和其他科学的相互融合，也带来了对数值预报的哲学反思，数值预报未来发展可能除了气象学家、计算机专家，还需要哲学家的加盟。

第二节　数值天气预报的业务化

数值天气预报不是象牙塔内的学科，而是时刻需要与天气预报实践相结合的学科。理论或者模式再完善漂亮，但是不解决实践问题，肯定不行。反过来，天气预报实践中碰到的很多问题，如数值同化、初始场、数据等问题需要带回到理论研究中，会促使科学家进行研究。

数值天气预报由于需要大量的数据和运算资源，不是一般个人做业余研究可以承担得起或做出重大成果的。这需要国家出面进行业务运行，这也是大科学时代数值天气预报的一个特点。

1. 数值天气预报的业务模式

数值预报完全进行业务化运行的主要理论在 1957 年已经齐备。[①] 当时业务模式有三种，一种是准地转正压模式，一种准地转斜压模式，第三是原始方程模式。[②] 这三种模式在欧洲国家使用情况随时间变化如图 22-4。[③]

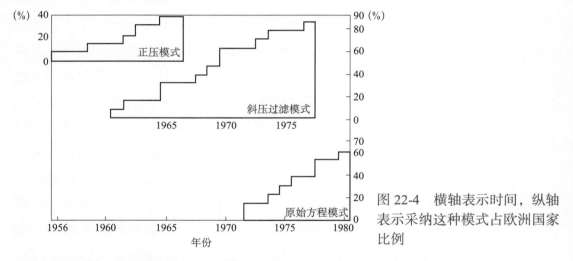

图 22-4　横轴表示时间，纵轴表示采纳这种模式占欧洲国家比例

从图 22-4 中可以看出，很多国家走过正压模式—过滤模式—原始方程模式，这与数值预报发展的顺序一致，反映了各国对数值预报认识的规律基本一致。各国业务模式不尽相同，1956 年，

①　Wiin N A. 天气和气候的预报及其可预报性 [J]. 张拔群，译. 气象科技，1982（5）：27-32.

②　中央气象局研究所二室. 数值天气预报概况 [J]. 气象科技资料，1973（2）：25-28.

③　Wiin N A. 天气和气候的预报及其可预报性 [J]. 张拔群，译. 气象科技，1982（5）：27-32.

冯·诺伊曼指出短期和中期预报模式主要区别在于对非绝热增温和实际耗散机制的处理上。20世纪60年代中期，由于数值天气预报大量使用原始方程模式，数值预报业务化在许多国家得以推广。

　　从20世纪70年代起，由于大型计算机迅猛发展以及计算数学的发展，大气环流数值试验相当活跃，世界上许多国家都先后发展了大气环流数值模拟。美国的GFDL模式、NCAR模式等成为国际上代表性的数值模式。这时期大气环流模式与20世纪60年代相比要完善得多，积分的水平区域从北半球扩展到全球，大气的垂直范围从对流层扩展到平流层；特别是在模式中以参数化形式考虑了小尺度现象，开始将大气环流模式与海洋环流模式耦合，并向季度、年际和年代际环流变化的模拟发展。美籍华裔学者郭晓岚对于物理过程参数化方案、特别是积云对流方面的参数化方案做出重要贡献，[1][2] 被称为郭氏方案，在国际气象学界有很大影响。1979年实施了全球大气研究计划，科学家对数值天气预报中有关的理论和方法进行了多项试验和研究，使得数值天气预报在20世纪80年代有了突破性进展。到了20世纪90年代，由于数值天气预报模式的分辨率提高以及气象卫星遥感资料的大量应用，使得数值天气预报时效达到10天左右，并开始试验月和季的数值气候预报。

　　大气各种数值模式的出现和发展是理论发展到相当高阶段的标志，而模式的发展反过来又可以大大推动大气科学的发展和进步。[3] 从20世纪70年代开始由于大气环流和气候的数值模拟迅速发展，使得大气科学有可能像物理学、化学、生物学在实验室

---

　　① Kuo H L. On formation and intensification of tropical cyclones through latent heat release by cumulus convection[J]. Journal of the Atmospheric Sciences,1965,22(1):40-63.

　　② Kuo H L. Further studies of the parameterization of the influence of cumulus convection on large-scale flow[J]. Journal of the Atmospheric Sciences,1974,31(5): 1232-1240.

　　③ 王会军，徐永福，周天军，等.大气科学：一个充满活力的前沿科学 [J]. 地球科学进展，2004, 19(4):525-532.

做试验一样，可以在高速超大型计算机上进行大气环流演变以及大气科学其他分支学科的各种数值试验，比如斯马格林斯基等人成功地提出了当时较高分辨率的，包含有较完善物理过程参数化方案的九层大气环流模式。数值试验结果表明该模式的设计构造是成功的。这表明数值预报发展进入新的历史阶段。天气预报从主观估计变成客观定量的数值天气预报，可以说是 20 世纪大气科学最重要的一个发展特点。

现在数值预报在天气预报中发挥着越来越重要的作用。世界上主要发达的数值预报中心包括英国、法国、德国、日本、澳大利亚等。由于数值预报需要资料的数量和种类以及时空范围都很大，对于那些国土范围较小的国家，不可能获得非常全面的世界范围内的气象资料，因此，世界气象组织（WMO）联合世界各国的力量，制定统一的规则，各成员国及时和全面地共享观测和有关数据资料。20 世纪 60 年代末国际联合研究计划"GARP"旨在探索中长期数值预报的可行性。其中的一个重要组成部分，就是全球资料的获取按统一标准执行。

2. 英国数值预报业务

在各国数值预报业务化的竞赛中，英国开始处于领先位置（图 22-5a，b）。1960 年初，英国使用改善的布什比-怀特勒姆（Bushby-Whitelam）三层模式[1] 进行业务预报。这个模式从 0 时开始，通过每 6 个小时的再分析可以预报 24 小时的天气状况。[2]

英国数值预报系统最开始主要用于预报员预报 24 小时地面气压和为飞行计划服务（图 22-6）。从 1966 年秋天开始，系统一周

[1]　Bushby F H and Whitelam C J. A three-parameter model of the atmosphere suitable for numerical integration[J]. Quarterly Journal of the Royal Meteorological Society, 1961, 87(373): 374–392.

[2]　Knighting E, Corby G A, Rowntree P R. An experiment in operational numerical weather prediction[J]. Sci. Pap. Met. Office, 1962, No. 16.

图 22-5a　1959 年英国大气计算机（Meteor）　图 22-5b　1965 年英国彗星计算机（Comet）

7 天 24 小时运行。希斯罗机场高空预报员和其他办公室人员的人工预报工作被计算机代替。这里的数值天气预报结果也被转送到西欧各国的国家气象服务部门和英国皇家空军各单位。1968 年为协和飞机提供了专门服务，预报结果直接输入英国海外飞行公司实施飞行计划的电脑中。

英国国家气象办公室在数值预报实验领域一直处于世界领先地位，1967 年，布什比（Bushby）和廷普森（Timpson）进行了中尺度数值实验，在 1000 到 100 百帕范围内，分成 10 层，格点为 95 × 63，格距 40 千米，并且可以展现锋面结构。随后三年里，这个模式考虑了地形影响、地面摩擦、空气对流和大尺度扩散，后来还加上辐射平衡。实验开始在曼彻斯特大学 ICL 地图计算机上运行，后转到希尔顿的科学研究委员会的计算机上运行，运转

图 22-6　1965 年 11 月 2 日，英国气象局长梅森博士（Dr B. J. Mason），检查第一次业务数值预报

8 小时可以预报 24 小时天气。

1967 年，英国国家气象办公室还瞄准锋面降水的预报，J. S. 索耶（J. S. Sawyer）建立了 10 层模式，综合使用了流体运动的 Navier－Stokes 方程、热力学方程、连续方程，并消除地转假定。进入 20 世纪 70 年代，气象办公室对数值预报模式进行了多项改进，效果较好。

3. 美国联合数值预报研究中心

1954 年美国联合数值预报研究中心（JNWPU）成立，成员来自美国气象局、美国空军气象局、海军气象部（图 22-7，图 22-8），有点类似于在新中国成立后 20 世纪 50 年代建立的"联合天气预报中心"，不过中国的"联心"更多是做天气预报，美国"联心"更多是做数值预报研究和数值预报，当时双方水平就可能相

图 22-7　美国前气象局长 F.W. 赖克尔德弗（F.W.Reichelderfer）（左）与大气环流实验室主任斯马格林斯基（Smagorinsky）讨论机器完成的数值预报天气图[1]

图 22-8　20 世纪上半叶气象工作人员正在绘制 850 百帕、700 百帕、500 百帕、300 百帕天气图[2]

① Namias J. The history of polar front and air mass concepts in the United States: an eyewitness account[J]. Bull. Amer. Meteor. Soc., 1983,64(7):734-755.

② Knight D C. The Science Book of Meteorology[M]. Franklin Watts,1964. 美国气象局网站上也有此历史图片。

差 30 年。美国"联心"在各方面取得很多成绩，也培养了很多人才。1960 年，JNWPU 解散，员工重新分回到原先三个单位。[1][2]

美国联合数值预报中心在美国气象科学史上占有重要地位，不仅促进了美国数值预报业务开展，而且培养了一批优秀人才。2004 年 6 月 14 日至 17 日，在美国马里兰大学召开了美国数值预报应用 50 周年学术纪念会议。许多学者和当年专家撰写和报告了 50 年的发展历程和未来展望。

美国联合数值预报中心最初发展也不是一帆风顺的，开始建立的过滤模式存在严重缺陷，到 1958 年覆盖北半球大部分区域的一层正压模式建立。[3] 这是第一个业务模式，美国第一个成功的业务数值天气预报终于在 1959 年产生了。NECP 进行数值预报，从 1955 年到 1973 年只预报北半球。1962 年美国又建立了第一个业务的斜压准地转模式。1966 年，美国气象局第一个原始方程六层模式业务在美国国家气象中心运行。[4]

20 世纪 70 年代数值预报业务发展很快，数值预报数据交换剧增，这对计算机提出更高要求。1971 年 IBM 360/195 计算机用于数值预报，仍然使用穿孔卡片输入，不过可以在线打印并用数控绘图机绘制。1972 年对于北纬 60 度地区使用"八角模式"，格距 300 千米。1973 年，第一次在业务上使用初始方程对飓风进行预报，[5] 1973 年后开始进行全球预报。到 1976 年，半球预报可以

① Shuman F G. History of numerical weather prediction at the National Meteorological Center[J]. Wea. Forecasting, 1989, 4: 286-296.

② Kalnay E, Lord S and McPherson R. Maturity of operational numerical weather prediction: the medium range[J]. Bull. Amer. Meteor. Soc., 1998. 79:2753-2769.

③ Shuman F G. History of numerical weather prediction at the National Meteorological Center[J]. Wea. Forecasting, 1989, 4: 286-296.

④ Shuman F G and Hovermale J B. An operational six-layer primitive equation model[J]. J. Appl. Meteor., 1968.7:525-547.

⑤ 辛普森 R H. 飓风预报的进展及其有关的问题 [J]. 钱增进，译. 气象科技，1974（2）：21-26.

到 6 天，尽管超过三天后准确率下降很快，但对于一些重大事件，提前 5 天的预报还是很有预警价值。

　　美国比较注重发挥数值预报的客观作用和预报员的主观作用，数值预报始终和预报员人工订正结合起来，使得预报更准，其 S1 评分（预报不准确性）也在不断减少（图 22-9）。

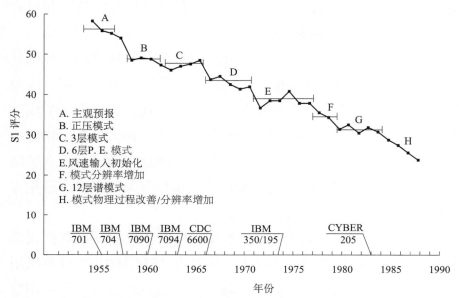

图 22-9　美国 1955—1990 年数值预报进展和 S1 评分
（注：本图 S1 评分大于 70 表示没有预报价值，小于 20 是完美的）[①]

　　4. 罗斯贝领导下的瑞典数值预报

　　20 世纪 40 年代，罗斯贝回到了他的故乡瑞典，在斯德哥尔摩建立国际气象研究所，其中一个数值预报的专家小组进行数值预报业务化的研究。1951 年这个研究所用瑞典 BESK 计算机算出了正压模式的数值预报结果。BESK 计算机是瑞典制造的当时世界上最强大的计算机（图 22-10）。

　　1954 年瑞典军事气象局与研究所合作，用正压模式做出了世

　　① Shuman F G. History of numerical weather prediction at the National Meteorological Center[J]. Wea. Forecasting, 1989, 4: 286-296.

第二十二章　现代大气科学的转向 | 487

界上第一个业务数值预报。[1] 虽然第一次数值预报成功的计算出现在美国，但世界上第一次的数值预报业务是 1954 年 9 月，在瑞典首先进行的，比美国早若干年。为什么瑞典在美国前做出数值预报业务？一方面瑞典拥有当时世界上最好的计算机和技术，另一方面，尽管瑞典气象局不支持罗斯贝，但是罗斯贝获得军方支持，特别是罗斯贝在世界气象界的地位，使得全世界许多优秀学子和学者投奔他，可以获得最好的智力支持。

图 22-10　BESK（Binary Electronic Sequence Calculator）计算机
（1953 年世界上最好的计算机）

这表明从 1954 年开始，数值天气预报从纯研究探索走向了实际业务应用，同时也意味着大气科学开始在定量研究上取得长足进展。

第三节　数值天气预报历史对大气科学的启示

回顾历史，可以得到启发，借鉴过去，可以看清未来。20 世纪数值预报学科发展演进研究正是希望可以对当下数值预报和未

---

① 古斯塔松 N. 瑞典的数值天气预报 [J]. 赵其庚，译. 气象科技，1983（1）：45-48.

来大气科学发展提供一些历史视角和有益启示。

基于物理规律的数值预报理论的发展，使人类可以利用计算机重现或预测发生在自然界的天气变化过程。这是地球科学由"定性"走向"定量"的重大进步。2004 年，时任 WMO 主席雅罗（Michel Jarraud）指出"数值天气预报质量和准确性的大大提高，是 20 世纪下半叶所有科学分支中主要成就之一"。[①] 正如全球大气研究计划中的 THORPEX 科学计划的报告中一句令人印象深刻的话"数值预报的成功是 20 世纪最重大的科技和社会进步之一"。[②] 回顾数值预报短短的不足百年发展历史，其中对其发展作用最大的包括：探空技术及先进的探测技术的发展——为预报提供了必要食粮；通信技术的发展——为业务预报资料的收集提供了必要的手段；动力气象和天气学的发展——为各种模式的发展提供了理论；计算机和计算技术的发展——是数值天气预报实现的必备工具等。

目前和未来，数值天气预报理论和技术水平越来越高，应用领域越来越广泛，数值天气预报技术已被认为是未来解决天气预报、气候预测等问题的根本科学途径。数值天气预报理论和应用是过去一个多世纪以来地球科学的最重大进步和成就之一。

目前以数值模式为核心的数值预报整体水平是国家气象综合科技水平的集中体现和一个标志，在某种程度上也是国家科技实力的一个标志。数值预报发展中的一些问题，需要站在更高角度进行回顾和反思，数值预报乃至大气科学的原始创新必须认识到大气科学本质是非确定性学科这样的特点。通过 20 世纪数值预报学科演进研究，可以得出如下几个观点和结论。未来要进行数

---

① 雅罗 M. 信息时代的天气、气候和水——2004 年世界气象日致辞 [J]. 气象知识，2004（1）：4-5.

② Shapiro M A, Thorpe A J.THORPEX International Science Plan (Version 3)[R]. WMO/TD No.1246, WWRP/THORPEX No.2, 2004.

值天气预报创新，也需要把握这些结论中提到的几个难点和关键点。

1. 数值预报仍然普遍存在不同程度误差

数值天气预报通过物理方程和数学计算刻画大气状况，误差成为不可避免的难题。也许可以说数值预报全体系都存在不同程度误差。洛伦茨 1969 年曾经认为，大气可以从两种相似状态中做出预测，不过要注意其间的误差可能会很快放大。[①] 使用数值模拟来代替物理实验进行研究时，结果不可避免地会受到误差的影响，通常有 4 种误差来源会对模拟结果有影响：数学模型的误差、初值的误差、差分格式带来的截断误差（也称为离散化误差）、计算机的舍入误差。斯马格林斯基指出九层原始方程模式的试验表明前 7 天误差随时间指数增长。[②] 当初始误差较大时，整个运算中误差增长也较快。[③] 大气模式是一个离散化的数值模型，存在物理意义和数学意义上的近似，数值预报模式所描述的大气过程并非真实的大气过程，模式大气与真实大气存在误差。而这种数值模式的预报误差随着模式积分时间的延长而增加。[④]

如果从系统性角度看，数值预报存在系统性误差和非系统性误差，数值模式中总是存在系统性误差，[⑤] 截断误差导致系统性误差。20 世纪 60 年代估计槽脊移动时普遍出现估计过低的倾向，

① Lorenz E N. Atmospheric predictability as revealed by naturally occurring analogues[J]. Journal of the Atmospheric Science, 1969, July, 26: 636-646.

② Smagorinsky J. Problems and promises of deterministic extend range forecasting[J]. Bull.Amer.Meteor.Soc.1969, 50: 286-311.

③ 陈明行，纪立人.数值天气预报中的误差增长及大气的可预报性 [J]. 气象学报，1989,47（2）：147-155.

④ 李泽椿,陈德辉.国家气象中心集合数值预报业务系统的发展及应用 [J]. 应用气象学报，2002,13(1):1-15.

⑤ Wiin N A.天气和气候的预报及其可预报性[J].张拔群，译.气象科技，1982（5）：27-32.

这是截断误差造成。[①] 误差还会在模式间被传递,[②] 系统性误差主要来自模式本身,包括模拟能力、分辨率、方程构造格式等。系统误差偏离实际大气状况,偏离速率也不一样。[③]

非系统性误差来自系统以外原因,如观测误差和初值误差等。这说明数值预报全过程存在误差。比如初值对于数值预报重要性不言而喻,$T=0$ 时刻的初始值并不完全代表大气真实值,所以初值总是存在误差。第一,温压风湿等测量是某个点的瞬间值,不能完全代表平均值;第二,仪器误差不可避免,这包括仪器使用后产生的机械误差,任何精密仪器都会老化走样导致误差,另一方面是读数误差,不同观测者有不同读数结果,"观察渗透理论",特别是精密数字的读取误差更多;第三,卫星资料取决于卫星的运动轨迹,有时不能反映指定时间的真实情况;第四,遥测等带有先验假设。也就是说,希望以确定的初始值来减少模式后续误差,但实际上初始值本身就存在一定误差。这些误差客观存在,这表明模式无论如何精细,都不是真实的物理过程。此外,模式网格点尽管已经很小,但仍会有更小系统的天气现象无法表现。初始值的误差无法避免或许也是导致模式后续不稳定的一个因素。

数值预报全体系和全过程的误差普遍存在,而且不可避免,这还在于在数值预报领域中常说的模式初值指的是离散化大气模式三维空间规则分布格点上的气象要素值,它主要是利用非均匀分布的稀疏观测网点的气象观测值,通过近似的客观插值分析方法而获取,由此获得的模式初始场仅仅是真实大气状态的一个近似,因此实际大气的真正初始状态永远也不可能被精确地分析估计出来。所以这种初始场作为初值的数值模式解仅仅是实际情况

① 索耶 J S. 数值天气预报的回顾与展望 [J]. 殷显曦,译. 气象科技,1974(2):50-52.

② 黄荣辉. 与数值预报模式中系统误差有关的几个行星波动力学问题 [J]. 气象科技,1987(2):6-13.

③ Bengtsson L. 欧洲中期天气预报中心 (ECMWF) 的中期天气预报业务 [J]. 高良诚,译. 气象科技,1985(6):16-24.

的一个可能解。

2. 大气可预报性存在极限

大气不同于刚体，非线性系统总是存在规律约束范围。大气运动状态不可一直预报下去，这将导致从确定性预报走向概率预报。G. D. 罗宾逊（G. D. Robinson）把大气作为一个三度空间各向同性的湍流系统，并用涡旋的生命期来确定可预报性，做了理论探讨认为，行星尺度预报时效最多 5 天。洛伦茨认为时效可以超过 5 天，但不管模式如何完善和观测如何精确，混沌本性使得大气预报极限是 2 周左右。[1][2][3][4] 有学者认为，大气可预报性的固有期限是几周。[5] 斯马格林斯基（Smagorinsky）认为初始误差增长速度不至于使得 2～3 周后预报完全失效。索耶认为，从大气本身性质来说，预报时效最终可以达到 2～3 周，对模式不断改进，对中高纬度甚至有可能描述 15～60 天的气压振荡。[6]

欧洲中期天气预报中心在 20 世纪 80 年代的一些实践，通过大量个例预报或至少一个月时段预报进行平均就可以发现误差，经过努力初始误差可以减少一半。在发现预报中明显的系统性误差特性并改善后，大尺度的中期预报可以得到改进。

集合预报的出现有可能延伸洛伦茨所说 2 周预报极限，特别是对热带海洋和陆地影响的预报。一个例子是对 ENSO 预报，承

---

① Lorenz E N. Deterministic nonperiodic flow[J]. Journal of the Atmospheric Science, 1963, 20:130-141.

② Lorenz E N. The predictability of hydrodynamic flow[J]. Trans. NY Acad. Sci.,Series Ⅱ 1963, 25: 409-432.

③ Lorenz E N. A study of the predictability of a 28-variable atmospheric model[J]. Tellus.1965,17:321-333.

④ Lorenz E N. The predictability of a flow which possesses many scales of motion[J]. Tellus, 1968, 21:289-307.

⑤ Bengtsson L. 欧洲中期天气预报中心 (ECMWF) 的中期天气预报业务 [J]. 高良诚，译. 气象科技，1985（6）：16-24.

⑥ 索耶 J S. 数值天气预报的回顾与展望 [J]. 殷显曦，译. 气象科技，1974（2）：50-52.

认混沌情况下，仍然可以提前一年甚至更长时间进行较准确预报，1986 年用一组"大气—海洋"模式预报 ENSO 取得成功。[①] 因为通过集合预报持续剔除了影响 EL Nino 预报的"气象噪音"。从集合预报的发散度来说，如果集合成员离散度较高，说明这次集合预报结果的可靠度较低，相反说明可信度较高。

尽管大气运动具有无限复杂性，但是不少气象学家坚信可预报性是必然存在的，尽管有学者认为这个问题没有意义，[②] 但是却是数值预报未来发展不可避免的问题。也有学者认为可预报性是大气运动多大程度上具有统计规律性。[③]

先建立对比预报，然后改变初值一点点得到一个结果，这二者很接近，继续推进初值，随后二者差异拉大，根据这种实验判断，可预报性的理论限度是 3～4 周。[④] 有学者认为可预报性与天气系统的尺度相关，一般来说，对于 10～100 千米尺度的天气系统可预报性小于几小时，1000 千米尺度可预报性是 1～2 天，行星波尺度可预报性可以达到 1～2 周。[⑤] 对于预报尺度也有不一样观点。在罗宾逊 1967 年和洛伦茨 1969 年的工作中，把大气当作一个正在减弱中的各向同性的扰动闭合系统，其预报范围和尺度有关：雷暴 1 小时，5000 英里气旋是 3～6 天，行星波可以达到 3 星期。不过前英国气象局长 B.J. 梅森 1970 年认为这样估计有些保守，因为实际大气准两维空间的涡动能够向较大尺度的运动输送能量，并且通过小尺度的涡动来消耗能量，比起把大气当作各向同性的扰动来处理，实际大气能够以更长时间维持波长更长

① Cane M A, Zebiak S E and Dolan S C. Experimental forecasts of El Niño[J]. Nature.1986, 321:827-832.

② 郭秉荣，丑纪范. 论数值预报发展的途径 [J]. 气象科技资料，1977（8）：9-12.

③ 李麦村. 现代统计预报的进展 [J]. 气象科技，1973（2）：29-34.

④ Wiin N A. 天气和气候的预报及其可预报性 [J]. 张拔群，译. 气象科技，1982（5）：27-32.

⑤ Newson R. 欧洲中期天气预报中心的业务系统 [J]. 王诗文，译. 气象科技，1982，（5）：33-38.

的波动形势，从而增加大尺度运动的可预报性。[①] "大网捕到大鱼，小网拿小鱼"，分层次的预报有不同时间尺度。越往刚体性预报越长，比如大地形预报、洋流运动预报等可以适当延长。

尽管预报可以有时延长并不断改善，但是洛伦茨认为，完美预报不可能。因为大气控制定律只是近似，对其规律还不完全理解，方程也不确定，初始值也不完美。他认为大气的周期性振荡是可以预报出的，但是具体细节不可能报得完美。[②]

对于可预报性，中国学者做出了自己的贡献。吴国雄 1986 年认为，[③] 如果把当下可预报技巧作为可预报性下界，大气动力不稳定性就是上界，完美的数值模式应该接近上界。对于延伸到月的预报，吴国雄认为，大气可预报性除了受动力不稳定性影响外，还受边界强迫作用的影响，如海水温度、雪盖等以月的尺度影响大气环流，许多在中期时间尺度运动中存在的确定的特征距平流型，比如阻塞形势，半永久性活动中心等，即使超过动力可预报性 2 周的限制，仍有可能对行星尺度做出时间平均预报。

丁一汇指出，数值预报模式的预报结果对初始场很敏感，即初始场的微小误差可导致完全不同的预报结果，同时模式中物理过程描述的真实程度也影响预报的结论，大气的这种混沌性质限制了天气的可预报性。研究还表明多模式的集成方法有一定的优越性。[④]

综合分析，数值预报必然存在预报极限。笔者提出一个理想假设实验来证明，宇宙中所有分子都是计算机，随时发出自身基本运动信息和状态信息到中央处理器，中央处理器有能力即刻处

① 梅森 B J. 气象学的未来发展——到公元 2000 年展望 [J]. 纪乃晋，译. 气象科技，1973（2）：1-10.

② 史久恩，李麦村. 概率统计天气预报的现状及其重点进展 [J]. 气象科技，1978（2）：5-10.

③ 吴国雄. 中期数值预报的现状和展望 [J]. 气象，1986（3）：2-7.

④ 丁一汇，柳艳菊. 南海夏季风爆发的数值模拟 [J]. 应用气象学报，2006,17(5):526-537.

理所有问题，这样看似乎可以做到预报任何时刻天气。然而这样计算量将是无限多，但是实际上宇宙所有分子总数是 10^{80}，全部用来做计算机都不够进行计算。也就是说，预报是不可能永远延长下去，即便概率预报也有限度，都是在一定时间后其概率降低到没有价值。所有模式无论如何完善，积分到一定程度必将发散，导致预报结果没有价值。

人类似乎将永远生活在不确定的预报环境中。这也就是为什么笔者把现当代大气科学称之为"准确定性学科"。

3. 预报员主观能动性不可或缺

虽然数值天气预报取得很大进展，但是预报员的主观作用不可替代，对于无限复杂的天气状况，预报员的悟性和经验是数值天气预报的有益补充。这点可以从美国数值预报客观分析与预报员主观判断相互促进看出来（图 22-11）。

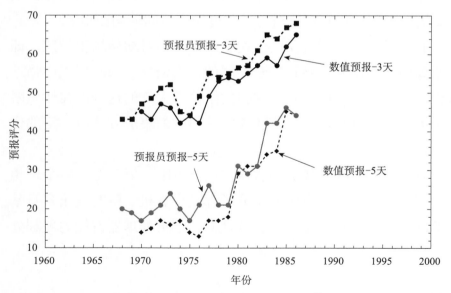

图 22-11　预报员主观努力促进数值预报效果提高 [1]

[1]　Hughes F D. Skill of medium-range forecast group[R]. Office Note #326. National Meteorological Center, NWS, NOAA, US Dept of Commerce.1987.

从牛顿力学至今，天气预报可以分成四个阶段。第一个阶段决定论阶段。牛顿力学对天上和地上运动规律给出了当时超越时代的完美解答，人们根据牛顿力学可以预测出很多年后、很远距离的物体运动，甚至发现当时观测还没有发现的天王星和海王星。人类对宇宙有了一种信心，哲学的最后基石就是一种信念，认为世界是机械的，是可以确定的。1812 年拉帕拉斯曾经写过《决定论》，这篇文章继承了牛顿力学的遗产：可以用完美的动力学和物理学的方程及热力学的方程，预报地球和宇宙的一切东西，完全可以预报一切运动。这种决定论思想统治科学界大概 100 多年的时间。受此影响，卑尔根学派有学者认为，可以用物理和数学方程把大气运动表示并且计算出来，从而可以进行未来任意时刻的预报。第二阶段怀疑论的引入。1903 年，法国数学家庞加莱，提出了初值的敏感性，就是方程求解初值不同，以后增长的速度就不一样，没有人很好地发展他的思想。但这并没有撼动决定论的主流思想地位。第三阶段，非确定论的确立。1920 年量子力学出现后，海森堡提出测不准原理，不确定性是世界本质之一。这个思想实际上已经证明引进了确定性论，就可能存在预报误差，误差已经隐含在确定性里面了。果然，洛伦茨发现非确定周期流，在大气科学和数值预报领域表明，理论上存在预报极限。第四阶段，提出了集合预报和它的不确定性分析，提出无缝隙的预报系统，建立在一个统一的天气和气候模式之上，欧洲中心和英国有学者提出用一个模式统一的预报天气和气候，进行海气耦合的初始化。前十天用海气耦合的模式，包括各种物理过程、高分辨率的模式预报天气。到了十天以后，就逐步地减少分辨率，接着延伸预报，并继续延伸到月度预报和季度预报，甚至可以延伸预报更长时间，从而真正实现了无缝隙天气气候一体化，最有效地预报天气。这样预报产品必然是概率的，既是风险的预报，不确定性意味着风险，所以是不确定性预报、概率的预报，实际上包含着确定性加风险预报。

　　未来数值天气预报将从定量预报走向概率预报或者说随机预报（stochastic forecasts）。[1][2] 这更加需要发挥预报员的主观能动性，或说是"软实力"。气候预测是多初值与多模式集合预报系统，从本质上看，它就是一种概率预报。从集合预报走向超级集合预报也是未来一个发展方向。由于目前各国气候预报中心使用的模式并不完全相同，各具特点，因而也可以采用数学方法对各种模式的预报结果进行集合，这种超级集合方法有一个前提，就是参加模式超级集合的各气候模式一般要有较好的预报性能。为了给公众和用户一个确定性的预报结果，目前是对各个预报成员简单地用算术平均得到预报结果，也可根据各成员过去的预报能力和表现，采用不同的权重进行加权平均得到预报结果。这在某种程度上是解决作为混沌现象的气候变化的一个很好的途径。超级集合并不能让预报员"置身事外"，而是要在更高层面发挥主观能动性。

4. 数值天气预报仍是 21 世纪大气科学业务和研究的核心

　　众所周知，大气科学发展经历了漫长的历史过程，2000 多年前亚里士多德就已经有专著《气象通典》。两千多年的知识积累，使气象学逐渐获得从地学中分离出来的资本，但是真正成为近代大气科学，主要是 19—20 世纪的事。20 世纪初，科学界特别是物理和数学界许多学者并不认同气象预报，认为是不可靠的。"可以重复出现的才是规律"，显然气象现象永远不可能重现，规律似乎也永远不可能被反复出现的事实所证明。

　　有着物理和数学背景的气象学先驱，为大气科学发展奠定了理论基础。一门科学要被社会接受，必须逐步建制化。所谓建制化，就是学科发展成为社会机制的一部分，有被社会认可的理论

①　Leith C E. Theoretical skill of monte carlo forecasts[J]. Mon. Wea.Rew.,1974,102(6):409-418.

②　Epstein E S. Stochastic dynamic prediction[J]. Tellus,1969,21(6):739-759.

体系、专门的研究队伍、成为高校固定学科并可以招生、有自己的学术刊物和学术团体等等。大气科学的建制化从 20 世纪初到中叶，这个过程中，数值天气预报的出现和成熟是其核心（图 22-12），因为数值预报把非线性的空气运动建立在可以定量测量和预测的物理与数学方程上，天气预报不再是预报员手中的艺术，而是借助于科学手段的特定对象。

回顾 20 世纪数值天气预报发展，有个很清晰的主轴脉络，从图 22-12 可以看出几个重要发展阶段（圆圈所示），1904 年 V. 皮叶克尼斯提出数值预报方程的思想到理查森 1922 年提出原始方程是第一个重要阶段，查尼 1948—1950 年提出过滤方程并取得首次预报成功是第二个阶段，20 世纪 60 年代回归原始方程是第三个阶段，各国普遍开始业务化为第四个阶段。与此阶段并行还有一个重要事件就是 1963 年洛伦茨提出混沌理论导致集合预报并一直到概率预报的提出也算一个发展阶段。

20 世纪数值天气预报发展和当时的科学技术背景是分不开的。从图 22-12 中下三分之一可以看出，数值预报的发展阶段受到科学技术和政治社会的影响，反过来对其他科学技术和社会发

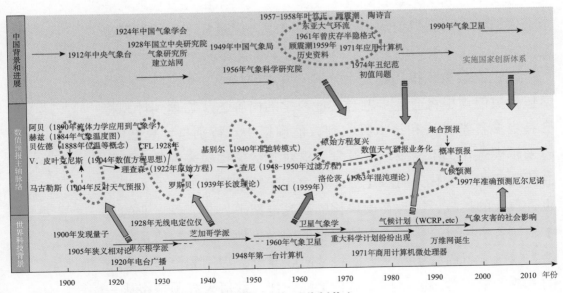

图 22-12　20 世纪数值天气预报发展脉络（陈正洪制作）

展也有促进作用。中国对于 20 世纪数值天气预报的贡献主要体现在 20 世纪 60—70 年代，如图 22-12 中上三分之一中圆圈所示。中国的贡献更多受到世界范围数值预报发展的影响，反过来对世界数值预报发展也做出重要贡献。

今天大气科学发展成一级学科，有着完善的学科群，分支学科和交叉学科不断涌现，但是数值预报依然是这门学科的基础和核心，代表了一个国家的科技实力，体现了科学共同体的学术水准。数值预报建立了大气科学主流的研究范式。20 世纪数值预报学科演进研究表明，每次里程碑的改进都促进了天气预报发展和预报准确率的提高。

数值预报的学科发展表明，单纯进行理论研究或单纯发展预报业务，都不利于学科发展。数值预报非常重视在天气实践中提炼创新思想。无论是理查森还是查尼都有很强的实践和理论相结合的精神。今天数值预报发展研究和业务的分离现象比较严重，甚至不知道对方最新进展。从 20 世纪数值预报演进来看，理论和实践、研究和业务相结合是提高预报效果的很重要途径。另一方面，从科学学的角度看，学科发展是时间的函数，随着时间发展，分支学科和交叉学科会越来越多，大气科学已经发展成为一个庞大的学科群。数值预报作为学科来说，经过几十年的发展也趋向成熟，这个学科的分支学科和交叉学科会逐渐增多。

21 世纪数值预报仍将是大气科学发展的核心。将来的大气科学包括数值预报将会逐步融合其他科学的内容，从物理到计算将会有更多科学方法和技术吸收到数值预报中。特别是计算数学，越来越模式化，不需要从头开发，这对于数值预报来说是个重大的研究范式的变化，可以把更多精力用于物理规律的研究，同时也是重大的挑战，因为在模块化的研究框架下，非气象专业的科学工作者也可以直接进入数值预报的前沿阵地。因此数值预报包括大气科学就需要不断从外围科学吸收养分，占用的资源和参与的人数会愈来愈多。就像曼哈顿工程一样，数值天气预报将从一门小科学变成大科学。此外，数值预报方法应用到气候预测上，更能体现作为大科学的特征。因为整个气候系统模式的耦合和运行十分复杂，需要巨大的计算机资源，同时需要很多人力和物力，不是某一个国家或一个部门单独能做得到的。只有各国通力合作才有可能取得最佳效果。

5. 数值预报演进反映了创新的驱动和学科交叉的驱动

国际上有学者以气象科学为例、包括以数值预报为例进行科学哲学性质的反思，如有学者认为在社会主义国家，气象是一种统治力量之一；[①] 气象是全球主义（Globalism）的重要基础等。[②] 这些论文中对气象的哲学反思把大气科学当作一个哲学分析的对象，这种方式也可借鉴到对数值预报的哲学反思中。

20 世纪中叶，查尼等人的工作导致了"数值天气预报的复兴"。要报准实况天气不是增加对大气所有现象的刻画，而是如何"精简"和"过滤"，这就是新的发展模式。这一阶段与数学家求精求准的理念背道而驰，气象学家把天气方程的右边不断抛弃若干项，不管方程左右是否平衡，只管计算出影响天气的主要矛盾，数值天气预报反而可以从纸面走向实际应用了。查尼和另外两位科学家运用这种简化范式计算出了历史上第一张数值预报天气图，成为里程碑式贡献。之后气象学家们运用这种简化范式不断取得更大成功。

人们似乎有了信心，认为只要不断认真计算和刻画大气，就可以知道任意时长的天气状况，然而事实并非如此。超过若干天的预报和掷骰子没有区别。1963 年，洛伦茨发现了确定性非周期流，提出了数值天气预报对于初值的极端敏感性，也就是初始计

---

① Jankovic V. Science migrations: Mesoscale weather prediction from Belgrade to Washington, 1970–2000[J]. Social Studies of Science. 2004, 34(1):45–75.

② Edwards P N. Meteorology as infrastructural globalism[J]. Osiris, 2006, 21: 229–250.

算哪怕无限小的差异都会导致一定时段后巨大差距，这表明长期数值天气预报不可能准确。人类的理性遇到不可逾越的疆界。这就提出数值天气预报的可预报性及其哲学问题。"蝴蝶效应"显示了大气科学对确定性范式和人类可知论信念的挑战。

作为非线性系统，大气运动永远不可能高度精确预测，可预报的时效成为人类揭示自然面纱的障碍。长期天气现象不可预报不仅在于物理规律的不可逾越，而且在于计算机技术的限制。那么可以预报的极限是多少呢？各国学者意见不一。显然这种可预报性的哲学研究必然和尺度概念联系在一起。不同尺度的预报时效不一，尺度越长预报时效相应延长，但其可靠性也在不断下降，最终都将会进入无法准确预报的范围。

随着技术发展特别是计算机技术发展，数值天气预报的发展范式进入另一个阶段。主方程组之外，附加各种天气方程和小项越来越多，参数化的做法似乎又要把尽可能多的因素考虑到整体计算中，计算机能力发展也使截断误差的影响不断变小。这与数值天气预报处于原始方程阶段相似但处于不同范式，既有全面又有简化。各国科学家努力发展包括全球模式和区域模式在内的各种数值模式，注重解决越来越多的细节问题。不过预报时效有限已经成为共识，科学家们只是努力延长大自然赋予人类"视力"可以看见的距离，再往前仍然处于"黑暗"中。

数值天气预报发展至今已有百年，它是大气科学知识体系得以建制化和"贴上科学标签"的里程碑，其重要性随时间流逝而增加。回顾数值天气预报的发展历史也带给学界无尽的哲学反思。比如集合数值天气预报的出现表明"科学真理可能掌握在多数人手里"；百年数值天气预报的范式更替表明大气科学并没有产生科学革命，人类理性屈从于技术限制等。

尽管今天科学技术日新月异，但是预报精度和时效的提高越来越难，几乎每十年才能提高一天时效。数值天气预报的发展历史和洛伦茨的混沌理论表明，在大气科学领域，创新的驱动和科学与技术结合的驱动对于学科发展至关重要。未来数值预报乃至大气科学发展必须更加依赖创新，特别是原始创新。这种创新经常来自于科学和技术的交叉融合。

6.科学知识图谱的创新分析

本节借助科普图谱分析方法，[①]分析最近几十年来数值天气预报发展中的若干规律，因为可以在线查询的文献目前多数以20世纪80年代为上限，所以选取20世纪80年代以后30多年的时间来分析，从中可以看出一些创新特点和发展规律。

通过绘制科学图谱来展示数值天气预报的研究热点与前沿趋势。研究采用基于Java语言研发的Citespace软件作为知识图谱可视化工具。通过分析Citespace绘制的聚类视图和时间线视图，能够看出一个学科或知识域在一定时期发展的趋势与动向以及若干研究前沿领域的演进历程。

以科学引文数据库WOS（Web of Science）为数据源，构建检索方式共检索到3232条题录数据。每条题录中包含的信息包含题目、摘要和被引文献等。

对研究数值天气预报的国家（地区）和机构分别进行可视化分析，可以帮助明确该学科的研究力量分布以及现状。在利用Citespace软件，时间确定为1983—2014年，设置的时间跨度为1年，得到数值天气预报领域研究的国家（地区）和机构科学知识图谱。如图22-13所示，美国和英国是该领域论文发表数量最多的两个国家。

结合表22-1，从发文频次、中心性以及发文突增性三个方面对结果进行分析。从发文频次看，美国的发文数量是最多的，为1146篇；第二

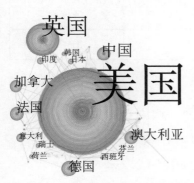

图 22-13　数值天气预报研究的国家图谱

① 中国地质大学（北京）研究生桑萌参与此节研究，对此节有贡献。

表 22-1　数值天气预报国家分布的相关信息统计

国家	频次	突增性	中心度
美国	1146	3.55	0.63
英国	435	4.45	0.19
法国	184		0.1
德国	181		0.18
澳大利亚	161	7.6	0.27
中国	161	10.58	0.14
加拿大	151	4.69	0.2
意大利	100	4.26	0.29
印度	82		0
日本	69		0.13
荷兰	68		0.52
瑞士	67		0.28
西班牙	50		0.1
韩国	50		0
芬兰	38		0.19

位是英国，其发文数量远远少于美国，为 435 篇，法国、德国、澳大利亚、中国、加拿大、意大利数量分别是 184、181、161、161、151、100，发文量均在 100 以上。由此可知，20 世纪 80 年代以来的 30 年美国的文献贡献率最大，并远高于其他国家和地区。

从中心度来看，在整个网络中，美国和荷兰的节点中心性都较其他国家很大，分别为 0.63 和 0.52，且由图 22-13 中可见绝大多数国家（地区）节点与美国节点之间都有连线，上述现象表明在整个贡献网络中绝大部分的国家（地区）都与美国都有直接或间接地合作关系。某个国家（地区）的网络中心性越高，说明这个国家（地区）的研究越重要，由此可知，美国在 20 世纪 80 年代以来 30 年的数值天气预报的研究领域占据非常重要的地位。

从突增性看，中国的发文突增性为 10.58，是网络中最大的一个节点，其次是澳大利亚、加拿大分别为 7.6、4.69。发文突增性是反映发文量增长的指标，文献增长的越多，发文突增性越大。由此可知，中国在数值天气预报领域的研究论文数量具有突破性发展。美国加利福尼亚州的发文量的突增值很高，这说明其发文增长速度很快。

通过对数值天气预报领域研究的国家分析可知，美国是该领域研究的大国，在近 30 年内，不仅发文量大，且与其他国家（地区）都有密切的合作关系，是全球的研究中心；中国近年来发文数量突增，是在该领域研究发展最迅速的国家。

选择机构（institution）为网络节点，设定适当阈值，生成研究机构科学知识图谱，共出现 88 个节点和 71 条连线，如图 22-14 所示。节点分布密集，连线多，说明各国研究机构间合作密切。其中美国国家海洋大气局（NOAA）以 208 篇优势远远高于其他机构，英国气象局（Met off）、美国国家大气研究中心（Natl Ctr Atmospher Res）和欧洲中期天气预报中心（European Ctr Medium Range Weather Forecasts），发文数量分别是 128、124、120，俄克拉何马大学（Univ Oklahoma）和雷丁大学（Univ Reading）为 96 和 91 篇。

图 22-14　数值天气预报研究的机构图谱

　　将网络节点选为学科（Category），运行得到数值天气预报领域研究的学科分布网络图谱。表明气象学和大气科学出现频次最高，因为数值天气预报是气象学和大气科学（Meteorology & Atmospheric Sciences）内的研究方法。数值天气预报也涉及海洋学（Oceanography）、地学（Geosciences）、地质学（Geology）、水资源学（Water Resources）、工程学（Engineering）、地球化学与地球物理学（Geochemistry & Geophysics）、环境科学与生态学（Environmental Sciences & Ecology）、天文学与天体物理学（Astronomy & Astrophysics）等学科。

　　在共被引网络中，不同聚类之间通过关键节点相连接。关键节点时图谱中连接两个以上不同聚类，且相对中心度和被引频次较高的节点，这些节点可能成为网络中由一个时间段向另一个时间段过渡的关键点。由软件导出的统计数据可知，图中有三个关键节点分别为地学、环境与生态学、海洋学，这3个关键节点具有较大的中心性，在整个网络中发挥着桥梁作用。

　　出现频次较高的关键词可以用于确定数值天气预报研究的热点领域和重点主题。将网络节点设为关键词（keywords），选择适合的阈值，得到数值天气预报文献的关键词贡献图谱。如图22-15，共出现 449 个节点和 683 条连线。图 22-15 中的每个圆形节点代表关键词节点，节点的大小代表关键词出现的频次，节点

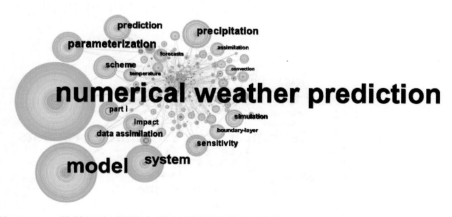

图 22-15　数值天气预报文献的关键词共现图谱

越大表明这个关键词出现的频次越多，节点间的连线代表两个关键词共现的次数，连线越粗表明贡献次数越多。

从图22-15中可以看出，数值天气预报（numerical weather prediction）是在WOS中的检索词，因而出现的频次最高，其他排名前十的节点分别是：模式（model）、系统（systerm）、参数化（parameterization）、降雨（precipitation）、预报（prediction）、框架（scheme）、数据同化（data assimilation）、敏感度（sensitivity）、影响（impact）。根据关键词频次变化率，软件从主题词中探测到研究前沿的3个突显词分别是：预报（forecasting）、集合模式（ensemble）、WRF模式（WRF model）。将被引文献按时间顺序排列形成是被引文献的时间序列图谱，且从不同大小的圆圈可以判断出被引频次较高的文献分布在哪一时间段内。

从数值天气预报的文献时间序列来看，在20世纪60年代文献有个突然增加的过程，进入20世纪末和21世纪初，数值预报文献爆发式增长。这可能和文献的电子化也有关系。最近30年，数值预报研究呈现多元化发展趋势，通过分析可以看出一些重要人物的作用（图22-16）。

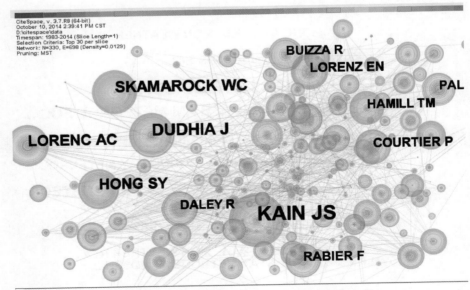

图22-16　20世纪80年代以来30年数值天气预报权威人物

　　图 22-16 以被引用的作者为节点，搜索整理了几十年来的数值天气预报的比较权威的关键人物，图里文字越大的，说明此作者被别人引用的次数越多，越具有权威性。图形上方的颜色条框对应图中的图形间连线，表示此人被引用的时间。颜色条框上的小矩形从左向右依次为 1985 年，1990 年，1995 年，2000 年，2005 年，2010 年。黑色字体为关键人物姓名。这些关键人物分别是 Kain J S，Dudhia J，Skamarock W C，Rabier F，Daley R，Hong S Y，Courtier P，Lorenc A C，Hamill T M，Pal，Lorenz E N，Buizza R.。

　　设定网络节点为共被引文献（cited reference），剪切连线（pruning）方法选择寻径（pathfinder）和修剪切片图（pruning sliced networks），其他阈值设置默认，运行后得到文献共被引合并网络（图 22-17），获得 517 个节点和 1603 条连线。同时将数据导出，统计 1982—2014 年来的共引频次（表 22-2）。图 22-17 中的圆圈代表文献的被引频次，圆圈越大，被引频次越多，圆圈之间的连线代表共被引，连线的颜色表示第一次共被引的时间，共被引次数越多连线越粗。

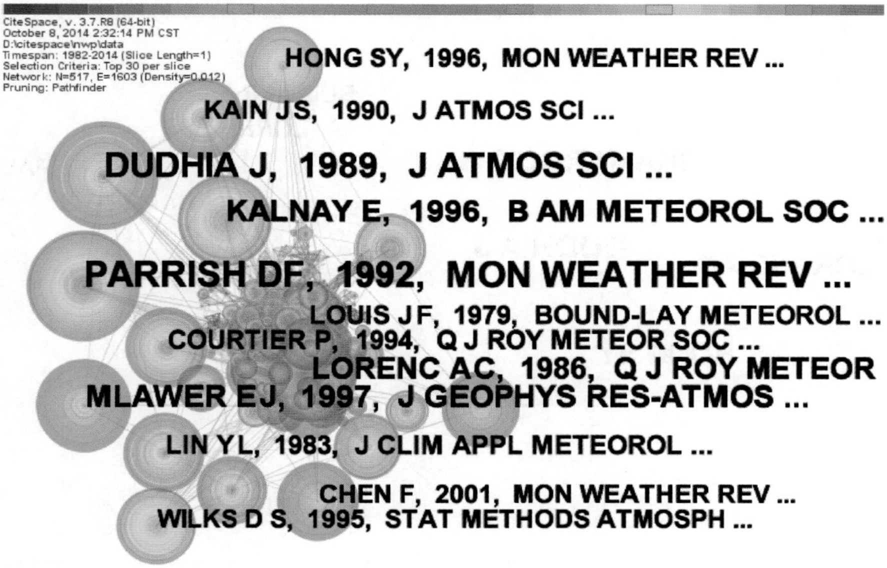

图 22-17　数值天气预报的文献共被引图谱

结合表 22-2 可发现，被引频次最多的文献是 Parrish D F 在
1992 年发表的一文，被引次数达 175 次，第二位是 Dudhia J 在
1989 年发表的文章，被引次数 171 次，与上文相差无几；Mlawer
E J，1997、Kalnay E，1996、Lorenc A C，1986 等人发表的文献
分别以 146、145、144 次的被引频次位列前五。从图 22-17 可以
判断，被引次数较高的文献主要出现在 2000 年以前。我们将领

表 22-2　数值天气预报文献共被引的相关信息统计

作者	频次	突增率	年份
Parrish D F	175		1992
Dudhia J	171	15.56	1989
Mlawer E J	146	24.03	1997
Kalnay E	145	10.68	1996
Lorenc A C	144		1986
Kain J S	129	3.97	1990
Lin Y L	127	3.54	1983
Louis J F	125	6.83	1979
Courtier P	125		1994
Chen F	122	21.33	2001
Wilks D S	122	9.85	1995
Hong S Y	121	7.21	1996
Molteni F	119	5.71	1996
Kain J S	119	20.25	2004
Toth Z	117	6.08	1993
Daley R	113	5.84	1991
Tiedtke M	113		1989
Mellor G L	112	6.18	1982
Dudhia J	108		1993
Janjic Z I	108		1994
Mass C F	104	8.16	2002

域内的奠基性文献以及共被引和中心性都比较高的关键文献称为该领域的知识基础。从 Citesapce 的时间序列图谱可以清楚地发现数值天气预报领域的发展脉络，并看出这个领域的奠基性文献。这前十篇文献，发表时间较早，都在 2000 年以前，且被引次数都很高，说明了它们在之后的研究领域起到了极大的引导作用。

根据知识图谱分析，基本上可以看出 20 世纪 80 年代以来近 30 年数值天气预报一些发展趋势和各国竞争情况。一是，美国等西方发达国家仍然是世界最前沿，英国和瑞典已经没有 20 世纪中叶时期的鼎盛现象。二是，中国作为后发国家在 20 世纪 80 年代以来近 30 年论文数量上有巨大飞跃，但是论文质量仍然有待大大提高，高被引论文数量较少。三是，研究热点集中在框架、模式、同化、参数化、预报性等方面，这表明 20 世纪中期作为一个重点的过滤模式已经不再是数值预报研究的核心。四是，无论是研究机构、研究期刊，还是主要研究人员，都出现较强的集中度，大体上集中在若干机构、期刊和若干主要人物上。这说明一方面数值天气预报已经形成一些比较稳定的研究中心，另一方面也说明走向大科学阶段的数值预报研究需要集中资源和人才力量来做研究，需要"马太效应"吸引优秀人员加入。21 世纪的数值天气预报研究可能不适合"全民战争"和"大兵团作战"，而用"精锐部队"可能会取得更好成绩，这对于当下中国的数值预报研究是个重要启发。

7. 未来发展可能趋势与启示

纵观 20 世纪 90 年代以来 20 多年数值预报发展，有三个最引人瞩目也是影响最深远的变化，首先是资料变分同化方案的发展，使大量遥感资料被同化到数值预报模式，基本解决了数值预报缺乏观测资料的问题。第二是数值预报模式包含的动力与物理过程不断向真实大气逼近。由于分辨率的提高与计算方法的改进使模式对大气的动力学简化大大减小，因而描写中小尺度动力过程的误差减小，模式包含的物理、化学过程也越来越丰富，特别是云内的微物理过程被引入到数值预报模式，大气与地球其他圈层模式的耦合，提高了模式对复杂物理过程描述的能力。第三，充分利用计算机技术发展所提供的机遇，集约化地发展数值预报系统，大大缩短了系统的升级周期。[1]

数值预报未来发展中，对于观测事实和模式发展以及预报理论的发展应该是同等重要的位置。[2] 如图 22-18 处于平衡关系。

图 22-18 理论、观测、模式三平衡

未来数值预报可能的几种发展趋势：一是向更小尺度发展；二是用更加高超的方法从观测数据中提取有用信息、特别是从卫星和雷达的数据上；三是采取适应性的观测系统，也就是加密观测并不是平均用力，而是根据数值预报错误急剧上升的区域进行加密观测，通过集合预报加强中期预报能力，使用"大气—流体力学"系统，降水预报延伸到河流水量预报；四是更加关注政府公众需求的预报，比如空气污染、紫外线、污染传输与人体健康等，数值预报商业应用的爆炸性增长等。[3] 五是数值模式的业务化加快与时间比赛，为了更加精细刻画某个天气现象，如飑线、局地微尺度运动等，模式需要加上很多项，使得计算量指数增长。所以在领先时间和预报精度上需要作出平衡。全球模式为减少计算量，其格点尺度下降就要受到限制。从向量机发展到并行计算机，今后并行计算仍将是一种主要计算策略。[4] 六是数值天气预报学科将会得到更多投入和加强，更多的优秀人才加入这门学科建设，并对气象以外的学科起到更大推动作用。

---

① 薛纪善.新世纪初我国数值天气预报的科技创新研究 [J].应用气象学报，2006(5):602-610.

② Warner T T. Numerical Weather and Climate Prediction[M]. Cambridge: Cambridge University Press, 2011.

③ Eugenia K. Atmospheric Modeling, Data Assimilation and Predictability[M]. Cambridge: Cambridge University Press, 2003.

④ 金之雁.中期数值天气预报中的高性能计算 [J].气象科技，1996（4）：1-4.

　　进入 21 世纪后，数值预报模式水平分辨率不断提高，达到数千米，甚至可以达到几百米的量级，垂直分辨率也不断提高，2013 年已达到 137 层。欧洲中期天气预报中心致力于发展统一模式，实现了与海洋模式的耦合，集合预报从中期时效延伸到月和季时间尺度，正在努力实现从小时到数十年无缝隙数值天气预报。① 另外，超级计算机的出现也将深刻改变未来数值天气预报的发展模式和业务流程。比如 1996 年日本提出"地球模拟器"计划，从 2002 年开始运行，在试运行中，将地表分割为大约 10 平方千米的区域，模拟大气及海流的变化情况。这是世界上首次进行此类试验。在模拟地球上 1 天的大气流动情况时，地球模拟器只用 40 分钟就可以处理完毕。② 各国争相开发超级高性能的计算机，用于研究大气运动和数值预报，呈现几乎"无所不可模拟"的场面。

　　这些发展动向对我国发展数值预报有很好的借鉴作用。第一，中国的数值预报以引进为主，走"引进—消化吸收—再创新"的道路，最初数值预报模式的选择经过"模式比武"，在业务部门中央气象台建设数值模式，逐渐本土化。目前数值模式的方程中主要关注大气的物理性质和物理运动，基本上没有考虑大气的化学性质和化学运动，未来需要进一步考虑化学运动，因为化学运动比如化合可以吸收大量热量，将会影响方程中某些项的变化值。

　　第二，目前数值方程还没有更多考虑大气以外因素的影响，比如生物体会不断释放和吸收气体，全球总量惊人，包括非常重要的海洋中气体的释放，还有地壳中气体的释放，这些将来都可以放到数值模式中，从而更加综合地预报大气未来运动状态。

---

① 参考了中国气象局国际司部分材料。
② 陈春，张志强，林海 . 地球模拟器及其模拟研究进展 [J]. 地球科学进展，2005,20（10）：1135-1142.

第三，中国特殊的下垫面使得数值预报模式要体现本地特点，特别是青藏高原大地形的处理和陆面地形的模拟，[①] 需要靠中国科学家自主创新。丑纪范院士提出从反问题出发进行数值预报原始创新，[②] 这种思想有助于中国特殊环境下的创新发展。而且中国周边环境对于中国大气环流和气候变化的影响不容忽视，[③④] 进行数值预报创新必须统筹考虑国内地形和周边影响。

第四，宽容失败。大气科学根基不如物理学等那样稳固，够应用即可，所以没有出现"大气科学革命"的说法。数值预报就是解决大气科学理论和实践应用的桥梁。数值预报创新要有宽容的态度，罗斯贝 1947 年后回到瑞典，却不受气象局支持，反而是国外气象部门的支持和学者支持使其数值预报业务早于美国推出。如果政府对他再宽容一些，或许会取得更大进展。

第五，数值预报是社会性研究和业务，个人或小团队都无法取得大的成功。如果当初查尼在 ENIAC 的预报只是在一个很小范围，结果可能也会像理查森一样夭折，[⑤] 引起社会各方面或者较多人注意，才会得到更多支持和资源。对于走向超级集合的数值预报更是如此。

第六，加强数值天气预报学科建设和人才培养。我国目前的大气科学教学体系和研究体系中，数值天气预报并不是一门单独

---

① 丁一汇，张晶，赵宗慈 . 一个改进的陆面过程模式及其模拟试验研究第二部分：陆面过程模式与区域气候模式的耦合模拟试验 [J]. 气象学报，1998，56（4）：385-400.

② 丑纪范 . 数值天气预报的创新之路——从初值问题到反问题 [J]. 气象学报，2007,65（5）：673-682.

③ Ding Y H, Krishnamurti T N. Heat budget of the Siberian High and the winter monsoon[J]. Monthly Weather Review,1987,115(10):2428-2449.

④ 许小峰 , 孙照渤 . 非地转平衡流激发的重力惯性波对梅雨锋暴雨影响的动力学研究 [J]. 气象学报，2003，61（6）：655-660.

⑤ Phillips N A. Dispersion processes in large-scale weather[M]. World Meteorological Organization, No 700, World Meteorological Organization, Geneva.1990.

的二级学科，作为国家科技实力的一个代表和未来气象现代化的核心，这是不合理的。大气科学建制化早已完成，数值天气预报作为分支学科需要进一步建制化。

　　未来数值天气预报发展可能向模式更加复杂、同化能力更强、预报精度更高方向发展。从业务框架上来讲，数值天气预报将会走向数值气候预报的无缝隙一体化系统之路。集合预报是数值预报发展的高级阶段，未来集合预报可能朝如下方向发展。[①]一是研究更加合理和精确的初始扰动方案。如果小尺度运动的初值有不确定性，可通过逆尺度使预报误差迅速增长。而目前只有大尺度模式通过边界条件影响有限区模式。这需要改进集合预报系统。二是采用多参数集合预报方法。各数值天气预报中心产生的集合预报的组合。这种方法的优点是用了不同的资料同化。三是未来数值预报业务产品需要向公众灌输概率预报思想。集合预报本质上是一种概率预报，还包含了不确定信息部分，要让公众理解天气预报的不确定性源自何处，未来不可能做到预报完全准确。概率预报日渐成为国际气候预测业务的主流，能够减少公众对发布的气候确定性预测结果常常不准确的指责。

　　如果把数值天气预报积分时间无限延长，就可以对气候进行数值预报。气候模式已成为预测全球气候变化的主要工具。其中最常用的全球模式是把大气与海洋耦合在一起的海气耦合模式（AOGCM）。气候数值模拟涉及大量的因素，相比数值天气预报需要更多的计算资源。因而气候模式的预测不仅依赖于模式本身的设计水平，而且密切地与计算机技术的发展有关。在计算机能力达不到的历史阶段，通常需要在气候系统的某一圈层内选择最重要的因素，形成某种模式最佳地回答某一或某些特定问题。

　　目前，各国正在积极建立复杂的地球系统模式（EMS），

① 参考了 THORPEX 文件和丁一汇院士 PPT.

EMS 主要是在气候系统模式上增加复杂和动态的地球生物化学过程，可以更好地描述温室气体和气溶胶的排放，循环和气候效应。同时也可以描述经济社会发展和生命支持系统，更复杂和完整的地球模拟器可以预测地质灾害、地震、海啸以及日地关系和空间天气等。从未来预报时效、原理和方法上区分气象预报可分为三种类型：天气预报、短期气候预测和气候变化预估。前已述及，数值天气预报积分时间延长就可以转变成气候预测。人们认为天气预报与短期气候预测都依赖于初始条件，统称天气—气候预报，对于足够准确的初始场和完善的数值预报模式，可以做出2周左右的天气预报。气候预测需要考虑大气层上下边界的外强迫作用、五大圈层的相互影响等，不确定性很大，只是告诉人们未来可能的气候变化趋势与变化范围。但是有理由认为将来将会构建从"短临—短时—2周天气—短期气候—气候变化"这样一个数值预报谱系，形成无缝隙预报系统。采用高质量的气候模式同时进行月内、季节至年际的预测是无缝隙预测的主要手段。

数值天气预报从1904年到20世纪下半叶集合预报，成为当代气象业务的基础和核心，经历了半个多世纪的历程，是现当代气象科学史上非常重要的一段，所以本书用较多篇幅详细阐述这个过程以及在当代的发展状态。这可能与其他自然科学史有一些区别。数值预报是最为辉煌的一段气象科技史。

数值预报主要事件记录

1904年，V. 皮叶克尼斯（V. Bjerknes）发表运动方程；马古勒斯（Margules）反对天气预报

1922年，L. F. 理查森（L. F. Richardson）出版数值天气预报著作

1928年，发现并提出 CFL 条件

1939年，C. G. 罗斯贝（C. G. Rossby）提出正压涡度方程

1940年，基别尔推出准地转模式

1946 年，美国开始气象预报工程

1949 年，J. 查尼（J. Charney）提出数值预报过滤方程

1950 年，ENIAC 第一次运行

1952 年，美国空军气象部成功数值预报高空风

1954 年，美国联合数值预报中心成立；西尔贝曼（Silberman）提出了谱模式的概念

1955 年，NMC 使用三层准地转模式

1956 年，N. A. 菲利普斯（N. A. Phillips）提出大气环流模式；瑞典首先开始数值预报业务试验

1958 年，NMC 使用正压模式

1959 年，德国试验原始方程模式；顾震潮提出根据"历史演变"的天气变化情况可以提高数值预报准确性；发现 NCI

1961 年，曾庆存提出半隐格式

1963 年，洛伦茨提出混沌现象和理论

1964 年，丑纪范引进"广义解"的概念

1965 年，中国气象部门向全国发布数值预报产品

1966 年，六层原始方程应用，快速 FFT 实现，使谱模式成为可能

1969 年，查尼提出四维同化概念雏形

1970 年，马肯豪尔（Machenhauer）提出谱转换技术

1973 年，中国提出北半球三层原始方程模式——A 模式

1974 年，丑纪范提出历史问题初值解决办法

1975 年，叶笃正向中国学者介绍"近年来大气环流数值试验的进展"；欧洲中期天气预报中心（ECMWF）成立

1978 年，七层原始方程应用；引进 GFDL 格点模式

1980；全球谱模式业务运行

1982 年，中国提出北半球五层原始方程模式——B 模式

1983 年，欧洲中期天气预报中心建立起自己的谱模式系统

1985 年，区域模式开始应用

1987 年，T80/L8 数值模式业务化

1991 年，三维同化，中国从 ECMWF 引进九层全球谱模式

1997 年，发现新的观测误差，完善 TOVS 模式的辐射数据库

2000 年，集合预报达到 T126

2001 年，中国开始研究建立 GRAPES 系统

2009 年，GRAPES 全球预报系统 1.0 投入准业务运行

2016 年，GRAPES 全球预报系统 2.0 正式业务化运行。

第二十三章 新中国成立前中国气象科技发展

第一节 近代西方科学技术的流入

从本书前面论述来看，东方气象学或者说中国气象学与西方气象学有着几乎不一样的发展路径和内在知识逻辑。所以未来可以沿着西方气象科技史和中国气象科技史两个领域开展进一步深入与拓展研究。到了近现代，西方和中国的气象学逐渐融为一条大河，其中，中国的气象学更多吸收了西方现代科学意义上的气象学成果。

近代西方科学革命后，17—19世纪，西方天文学和物理学出现了重大突破。带动温度计、气压计、湿度计、风速器等气象观测仪器在欧洲陆续被不断发明、完善和应用。西方气象科学先进的科学理念以及仪器设备传入中国，很大程度上促进了当时中国气象科技水平的提高。其中，西方气象科学技术理论以及相关测量仪器的流入成为主流。

1. 西方传教士的影响

本书前已述及，早至明清时期，西方许多耶稣会传教士来到中国，他们在北京和各地建立教堂，传教宣道，同时也带来了西方的科学、文化，特别是在天文学、气象学方面，对中国的近现代气象理论和实践发展有着重要的影响。

一批西方传教士来到中国，带来了先进的科学理念与仪器设备。这时期科学技术的传播呈现"西学东渐"特征，其中近代气象仪器也随之传入中国。从现有的文献资料看，最早将西方气象仪器传入中国的是比利时籍传教士南怀仁。南怀仁（Ferdinand Verbiest，1623—1688 年）从小信奉天主教，[①]1641 年加入耶稣会，1648 年毕业于天主教鲁汶大学。1658 年南怀仁与其他 35 名传教士到达澳门，次年进入内地传教。南怀仁学识渊博，对中国近代天文、气象科学知识的传播作出重要贡献。他是西方气象观测仪器和观测方法在中国传播的先行者之一。清朝康熙年间南怀仁担任钦天监监副后任监正，掌管钦天监重要事务。1671 年他进献《验气图说》，这是一篇关于当时西方的温度计制法、用法和原理的文章。他制作了一架温度计，进献给了清朝康熙皇帝。1670 年受清朝皇帝之命改建北京古观象台，他运用西方的科学知识，在 1674 年制造了当时的天文观测仪器，包括天体仪、赤道经纬仪、黄道经纬仪、地平经仪、地平纬仪（象限仪）、纪限仪（距度仪）等六件仪器设备。此后，又制作了玑衡抚辰仪、圭表、漏壶、简平仪、地平半圆日晷仪和"验燥湿器"（湿度计）和"验冷热器"（温度计）等天文和气象仪器。

南怀仁撰写了《灵台仪象志》，其中详细介绍了温度计、湿度计的制作、使用和校验的方法。对于湿度计，提出"夫燥气之性，於凡物之收入，即收敛，而固结之，湿气之性反是。观察天气燥湿之变，而万物中，惟鸟兽之筋皮，显而易见。故借其筋弦，以为测器"。[②]制造方法记载"用新造鹿筋弦，长约二尺，厚一分，以相称之，斤雨坠之，以通气之，明架空中横收之，上载架内紧夹之，下载以长表穿之，表之下，安地平盘，令表中心，即筋弦垂线正对地平中心，本表以龙鱼之形为饰"。[③]观测记载"天气燥则龙表左转，气湿则龙表右转。气之燥湿加减若干，则

①　王维. 南怀仁学术思想剖析 [J]. 自然辩证法研究, 1989(3): 43-47.
②　田村専之助. 中国气象学史研究 [M]. 中国气象学史研究刊行会发行（日本），1973.
③　田村専之助. 中国气象学史研究 [M]. 中国气象学史研究刊行会发行（日本），1973.

表左右转亦加减若干。其加减之度数，则于地平盘上之左右上明画之，而其器备矣"。①

利玛窦（Matteo Ricci，1552—1610 年）、汤若望（Johann Adam Schall von Bell，1592—1666 年）等早期耶稣会教士通晓古代和近代的观象知识，② 每个传教士具有良好的科学素养。他们在中国传教宣道同时，积极为朝廷服务，利用观天和修历作为重要活动领域，成功地将西方宗教及科学技术带进中国，包括近代气象学，为中国传统气象学向近代气象学的转变做出重要贡献。

近代西学东渐过程中，西方科学书籍传入中国，并被翻译，其中包括不少西方当时气象科技书籍被引入和翻译出版。中国近代气象科学的发展有部分因素来自中西气象科技思想交流。明末清初意大利传教士高一志（Alfonso Vagnone，1566—1640 年）著有《空际格致》③（1637年）一书，内容包括天文、地理和气象等知识，将欧洲最早的气象学知识介绍到中国。

法国传教士张诚（Jean-Francois Gerbillon，1654—1707 年）是 1687 年来华在中国进行气象观测的传教士。张诚日记有许多有关气象内容的记载，如记载 300 多年前的我国北方和蒙古地区的珍贵气象资料。张诚日记中还专门记载了有一天康熙皇帝了解和学习温度计和气压计的情况：

（清朝）皇帝叫我给他解说温度计和晴雨计的用法，这个温度计和晴雨计是在南京的洪若翰（De Fontaney）神甫赠给他的。

1882 年，传教士赫士（Watson McMillan Hayes，1857—1944 年）夫妇来到中国。赫士先后编译出版了《声学揭要》《光学揭要》

① 田村專之助.中国气象学史研究 [M].中国气象学史研究刊行会发行（日本），1973.

② 刁培德，王渝生.中国科技教育：从古代到现代 [J].科学学研究,1987(3): 41-49.

③ 查庆玲，张军.《空际格致》中的气象科技思想探微 [J].兰台世界,2014(30): 9-10.

和《热学揭要》，并多次再版。其中涉及气象知识，包括对空气的认识等，书中配有很多插图。

2. 西方气象观测方法的引入

耶稣会教士宋君荣（Antoine Gaubil，1688—1759 年）和钱德明（Jesuit Father Amiot，1718—1793 年）于清乾隆年间（1757—1762 年）也在北京进行气温、气压、云量、雨量、风向等气象观测。

中国气象局张德二研究员曾经在比利时找到了法国教士哥比（Peter Gaubil）1743 年 7 月—1746 年的逐日温度记录和 1757—1762 年的逐日观测资料。这些温度值采用雷奥米尔（Reaumur）温度计观测。在巴黎科学院的 18 世纪档案资料中显示，18 世纪时北京的气象观测先由法国传教士帕仁宁（Dominique Parrenin）进行观测。当年北京的法国传教士与巴黎科学院有通信，其中涉及关于仪器设置、观测精确度的讨论。值得说明的是这些法国传教士的气象观测记录与清政府的官方观测机构——钦天监的记录"晴雨录"能很好地相互印证。

1793 年，英国第一位出使清朝的外交官马嘎尔尼（George Macartney）率领由科学家、作家、医官及卫队等九十人组成的使团来华，带来了一大批进贡礼品，共 19 件。其中："第五件：十一盒杂样器具，为测定时候及指引月色之变，可先知将来天气如何，系精通匠人用心做成。""第六件：试探气候架一座，测看气候最为灵验。"

英国医生合信（Benjamin Hobson）将西方的气压观念以及新式的气压计、温度表介绍到中国来。他于 1839 年来到中国行医，1855 年前后用中文撰写了《博物新编》一书，书中详细叙述了气压计的制作方法和妙用，并将当时的西方有关气压、气温、空气成分、风的成因等气象科学知识和有关气象观测技术介绍到中国。

3. 西方气象著作的译介

1847 年，潘仕成（1804—1873 年）[①]的《海山仙馆丛书》中收录了当时较新的《外国地理备考》（*Geography of Foreign Nations*），其中论述了云、风、雷电、雨、雪、雾等天气现象。1853 年，美国传教士玛高温（Daniel Jerome Macgowan，1814—1893 年）在宁波出版了《航海金针》。《航海金针》有三卷。第一卷包括"推原、论气、论风、论飓风、观兆、审方、趋避"等部分，解释了风的成因，介绍了中国东南沿海的飓风运动规律，提出了趋避海上飓风的航海方法；第二卷包括："飓风图说、飓风分十六角图说、记事"等，以图示方式展示了北半球飓风的运动轨迹，以及海船在不同方位时船员应对飓风的不同方法；第三卷包括"地球总论、海上测船所在法、量天气法、量水程法、西洋罗盘图说、杂说"等部分，介绍航海时船员测量位置和天气的方法。[②] 这本书的翻译基本包括了当时西方比较系统和最新的气象学知识，对中国传统气象学带来冲击。

不久，《测候丛谈》《御风要术》《气学须知》和《气学丛谈》等一批西方气象专著相继译介到中国，促进了近代中国气象学向西方的转入。其中傅兰雅著《气学须知》，内容比较详细地介绍了近代气象学，内容包括：总论，第一章略论空气静性，空气有质、空气有积、空气有重、空气无微不入、空气涨缩、空气传声。第二章略论抽气等筒，抽气筒之制、双筒抽气筒、抽气玻璃罩、抽气水银表、进气筒。第三章略论空气静力，空气结力、空

[①] 潘仕成是晚清享誉朝野的官商巨富，其一生主要在广州度过，经商又从政，出资自行研制水雷、从国外引进牛痘，获得官员和民众的普遍赞誉。他主持修建的私人别墅——海山仙馆，成为岭南文化史上璀璨的明珠。潘仕成是广州近代史上的重要人物。

[②] 陈志杰，隋洁. 中西文化碰撞"风暴"中的《航海金针》：国内首部气象防灾减灾科技译著 [J]. 中国科技翻译，2013(2): 59-62.

气重力、空气阻力、空气抵力、空气托力、空气压力。第四章略论显压力器，空气压力面之力、起水筒、虹吸管、空气压水银之力、压力表。第五章略论空气动性，成风之理、通风之理、风之力、风之用、成雨之理、水汽之理、降雨之故、雨之益。第六章略论测候诸器，风雨表、寒暑表、燥湿表、测雨器、测风器等。可见内容还是非常全面的，语言通俗，有助于对近代西方气象学知识的理解。

西方气象学知识是伴随着西学东渐过程中，各门科学技术知识传入而一起传入的。对 20 世纪初中国、特别是中国知识分子阶层产生长远影响。鲁迅先生还在 1907 年撰写了《科学史教篇》，最初以令飞笔名发表于 1908 年 6 月《河南》月刊第五号上。毛泽东在年轻时曾经读过汤姆森（Sir John Arthur Thomson，1861—1933 年）的《科学大纲》（*The Outline of Science*），38 卷，[①] 其实也是一本科学史著作，其中包括竺可桢翻译的气象学知识。

第二节　近代气象观测的开始

中国是一个伟大的、古老的、文明的国家，气象科学源远流长，早在远古时期就有许多关于观天测候的传说。相传从黄帝时代起就设有官职，进行天文气象观测。历代观象机构兼有观天象、望云气、察物候、测地动、制历法等多种职能。有关古代天文、气象观测的记录、传说和故事的历史文献，十分丰富。本节主要阐述 1949 年以前在中国的各种形式、各种目的、各种类型的早期气象观测。

---

① 潘涛. 汉译《科学大纲》:20 年代一大出版盛事 [J]. 科学 ,1998,50(1):45-47.

1. 北京观象台

金、元两代曾在北京建有"司天台"，地点就在现存的北京古观象台附近，现存的北京古观象台建于明代正统年间（1436—1449年），又称"观星台"。

1841年俄国东正教会在北京教堂附近开始做系统的气象观测。1849年俄国东正教会在"奉献节教堂"附近正式建立了"地磁气象台"（Magnetic Meteorological Observatory），其气象观测场则正式迁入新台址，并由俄国中央科学院任命斯卡茨科夫（K. A. Skachkov）为地磁气象台第一任台长。

1866年接替斯卡茨科夫的傅烈旭（H.Frische）担任台长，是俄国著名科学家，他在中国历任北京地磁气象台台长16年，对东亚地磁及气候颇有研究，著有《北京气候》（*Ueber das klima Pekings*）、《东亚气候》（*The Climate of Eastern Asia*）等书。[①] 到1873年底，这个地磁气象台下辖乌尔加（现乌兰巴托）、天津、大沽、西湾子（张家口附近）、黑水（现内蒙古自治区境内）、基隆（台湾岛东北部）6个台站。[②] 从1841年到1888年，每天对温度、降水、气压和地磁进行观测。

辛亥革命后，国民政府教育部总长蔡元培（1868—1940年）根据参议院决议，委派中国近代著名天文学家高鲁（1877—1947年）等人接管清政府的北京古观象台，筹建国民政府的中央观象台（图23-1）。1912年，中央观象台成立，高鲁任第一任台长，下设天文、历数、气象和磁力四科。在其任中央观象台台长期间，创办了《观象丛报》《气象月刊》等。

---

① 竺可桢. 中国近五千年来气候变迁的初步研究 [J]. 中国科学 ,1973(02):168-189.

② Feklova T. Investigation of climate' changing in Beijing in the 19th century: history of the Russian magneto-meteorological observatory[M]. // 许小峰，高学浩，王志强，主编 . 气象科学技术历史与文明 - 第三届全国气象科技史学术研讨会论文集 . 北京：气象出版社，2019.

　　气象科于 1913 年 7 月开始工作，蒋丙然（1883—1966 年）为首任科长，开始系统的气象观测工作。1928 年国民政府大学院派员接管中央观象台，并改组为"天文陈列馆"。1929 年天文陈列馆归国立中央研究院管辖。

　　1913 年日本的中央气象台在东京召集远东气象会议，邀请上海徐家汇气象台（法属），皇家香港天文台（英属），皇家青岛观象台（德属），越南气象台（法属）各台长参会，没有邀请我国中央观象台台长。通过徐家汇气象台的台长劳积勋神父（Route du Pere Froc，1859—1932 年），高鲁台长才得知此事，立即前往东京准备正式出席参加会议，竟没有获得通过，后经劳积勋神父帮助，终于获准出席，并在日本气象学会总会，用流利的法语介绍中央观象台组织计划等方面的演讲。[①] 可见当时西方列强认为中国的气象学比较落后。

图 23-1　1920 年的中央观象台[②]

---

　　① 陈遵妫 . 中国天文学会和北京古观象台 [M]. // 文史资料选编第 16 辑 . 北京：北京出版社，1983.

　　② 国家图书馆收藏的法国铁路工程师普意雅拍摄老照片。http://www.nlc.cn/

1915 年中央观象台气象科设立气象观测规则。具体包括：

（一）观测时间用东经 120 度标准时，日照数用太阳时。

（二）气压以公厘计。

（三）温度用摄氏度，其在零下者，以负号（－）志之。

（四）最高气温，每日于 18 时观测，最低气温，每日于 9 时观测。

（五）雨计以公厘计，雨雪霰雹之水均谓之雨计，不及十分之一公厘，作 0 为计。

（六）湿度自 0 至 100 计，最干为 0，最湿为 100。

（七）风向以 16 为计，风力以 0 至 6 之比例计。

（八）云量以 0 至 10 之比例计。

（九）各种观象用万国公用符号记载。

（十）自本年始改用 24 小时观测制，以观测员六人轮值观测，每小时一次。[①]

2. 徐家汇观象台

1865 年巴黎耶稣会派刘德耀（Henri Le Lec）神父来到上海，成为董家渡修道院的科学教授。他来华时携带了部分气象仪器，于 1865 年 12 月开始在董家渡进行气压、气温、湿度、降水、风及有关天气现象等气象观测，直至 1872 年 12 月。[②] 如图 23-2，图 23-3，图 23-4。

徐家汇观象台的机构随着科研、业务的发展，先后建成外滩、佘山、菉葭浜三个附属台，直属徐家汇观象台总台长领导。

3. 南京北极阁观象台与气象研究所

前已述及，明代的南京鸡鸣山观象台建于洪武年间，据《明

---

① 蒋丙然 . 二十年来中国气象事业概况 [J]. 科学，1936(8).

② 上海市气象局 . 上海气象志 [M]. 上海：上海社会科学院出版社，1997.

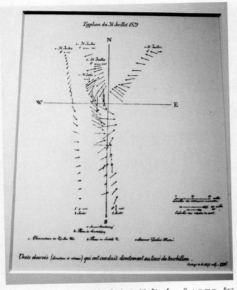

图 23-2　上海徐家汇观象台《1879年
7月31日台风垂直切变图》(王涛提供)

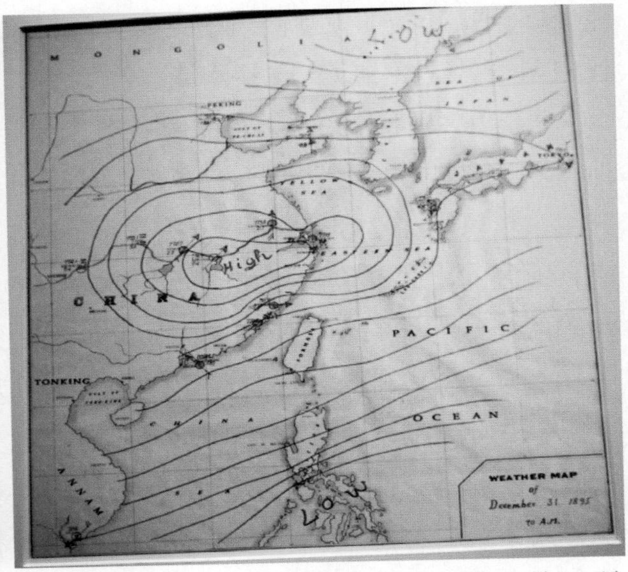

图 23-3　上海徐家汇观象台《1895年12月31日
上午东亚天气图》(王涛提供)

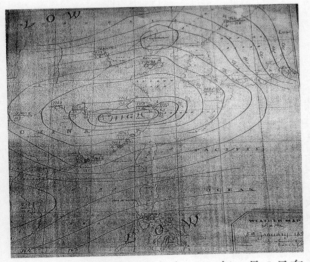

图 23-4　上海徐家汇观象台1896年1月5日东
亚天气图(王涛提供)

史》所载:"洪武十七年（1384
年）造观星盘。十八年设观象台
于鸡鸣山。"1927年，国民政府定
都南京，创立中央研究院，筹建
中央研究院观象台。1928年2月，
国立中央研究院以观象台筹备处
天文组、气象组为基础，在南京
分别成立天文研究所筹备处和气
象研究所筹备处。由于鸡鸣山有
古观象台遗址，气象研究所筹备
处确定在鸡鸣山北极阁新建气象
台。①同年10月，北极阁气象台

————————
　　① 陈正洪.从北极阁到"联心"的科研积累——陶诗言访谈[J].中国科技史杂志,
2011,32（2）:241-251.

建成，正式开始气象观测。中央研究院气象研究所培养了大批近代中国著名气象学家，包括陶诗言等。[①]

当时中央研究院观象台的业务范围原定包括有气象、天文、地震和地磁四项。竺可桢和高鲁经过协商分别筹备气象和天文研究组。竺可桢 1927 年 12 月到任，临时安装了观测仪器，开始了南京地区的地面气象观测和记录。1928 年中央研究院决定将观象台筹备处分为气象研究所和天文研究所两个筹备处，竺可桢担任了气象研究所筹备处主任，最后确定北极阁为所址。

中央研究院气象研究所 1928 年成立，这是中国现代气象学开始的一个标志。此前 1924 年建立的中国气象学会，开始影响较小，而中央研究院气象研究所成立，在当时有代表国家层面促进气象研究和业务发展的背景。

在竺可桢的领导下，气象所成立后除了地面气象观测外，先后开拓了高空气象观测、天气预报和气象广播、物候、日射、空中电气、微尘以及地震等项观测业务和研究工作。从此中国现代

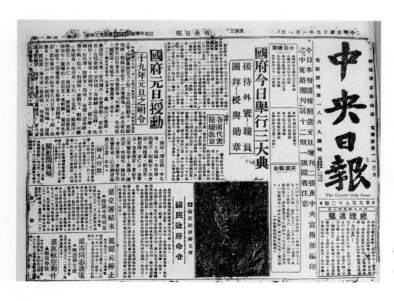

图 23-5　中央研究院气象研究所 1930 年 1 月 1 日起在《中央日报》发布天气报告（中国气象学会供稿）

①　Chen Z H, Yang G F and Wray R. Shiyan Tao and the history of indigenous meteorology in China[J]. Earth Sciences History, 2014, 33(2): 346-360.

气象学在竺可桢带领下，迅速发展，取得很多成绩。1930 年就开始发布天气预报（图 23-5）。

有留学背景的竺可桢重视高空气象探测。1930 年在南京北极阁气象研究所尝试施放探空气球，但很难回收资料。1932 年初，参加中瑞西北考察团的徐近之、胡振铎利用风筝探空的技术，得到不少高空资料。

4.青岛观象台

青岛在鸦片战争之后一度成为德国殖民地，为了发展港务和航政事业，德国海军港务测量部在青岛后海沿附近设立简易气象观测站，1898 年 3 月开始进行气象观测，每日观测 3 次，包括气温、湿度、雨量及风力等。名为"青岛气候天测所"，成为中国最早开展气象科学观察研究的城市之一。在 20 世纪初，青岛观象台与香港天文台、上海观象台就被誉为亚洲的三大气象台。如图 23-6。

1905 年观测所迁到今天的观象山。1909 年 3 月，德国委派一个德国气象学博士任青岛气象观测所所长。除气象观测外，先后增设了地震、地磁、赤道仪、子午仪等观测设备，开展地震、地磁观测业务。见图 23-7，图 23-8。

图 23-6　1898 年位于青岛市馆陶路的青岛观象台（张诒年提供）

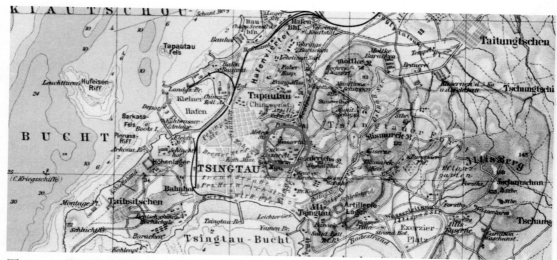

图 23-7　德国人绘制的 1910 年青岛地图 [①]

1911 年 1 月，青岛气象观测所更名为"皇家青岛观象台"，主要业务包括气象、天文、地震、地磁、潮汐观测及港务测量、船舶仪器试验检定和供给等工作。此外，还负责管辖济南、张店、青州、胶州等十余处测候所。如图 23-9。

图 23-8　观象台奠基仪式
（张诒年提供）

① Storch H, Gräbel C. The dual role of climatology in (German) colonialism[P]. 2018, DOI: 10.13140/RG.2.2.23863.62880.

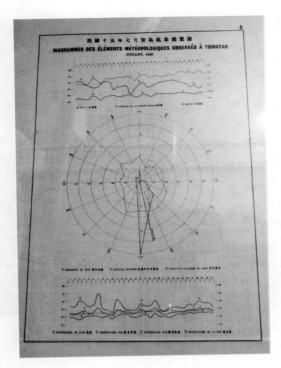

图 23-9　1926 年青岛观测记录 [①]

　　1914 年日军占领青岛，青岛观象台落入日本人手中。如图 23-10 所示。1915 年日德战争结束，中国政府要求日军撤离青岛。1922 年高鲁派蒋丙然为接收青岛测候所组长，时任东南大学地学部主任竺可桢、佘山天文台高均为组员，曾在中央观象台工作的宋国模为工作人员，前往青岛与日本所长入间田毅洽商接收事宜。[②] 竺可桢指出，开始接收不顺利，"并非人才问题，实质是经济问题。青岛测候所纯粹是支出机关，每年需要耗费三至五万元维持。我国接收青岛时并无预算，极其不愿意增加此额外负担。"但是日本人出于军事考虑愿意代中方办理为气象情报机关。蒋丙然多次与入间田毅交涉，试图收回青岛测候所全部职权。竺可桢记载"条文虽如是，实际上中国职员，自该台成立以来，均系

---

① 德文，国际友人提供。

② 董光璧. 中国近现代科学技术史 [M]. 长沙：湖南教育出版社，1997：824.

自谋发展。盖此种测候职务，中国人本无待乎日人之代为经营维持也"。[1]

图 23-10　日本占领时期青岛观象山明信片[2]

　　几经斗争，1922 年 12 月 10 日中国政府收回青岛主权，将原日本控制的青岛测候所正式更名为"青岛测候局"，后又改称"胶澳商埠观象台"，再后改称"青岛观象台"。几番交涉，观象台最后隶属国民政府的中央研究院。

　　5. 香港天文台

　　清政府割让香港后，1853 年香港开始有连续的雨量观测资料。[3] 考虑到香港的特殊地理位置，英国皇家学会 1879 年提出需要设立一个气象观测台的构想，皇家学会认为香港的地理位置甚佳，"是研究气象，尤其是台风的理想地点"。经过详细研究后，英国皇家学会的建议最终在 1882 年付诸实施。第一任天文台台

　　① 竺可桢. 竺可桢全集第 22 卷 [M]. 上海：上海科技教育出版社，2012:330.
　　② 山东省图书馆，数字资源，平台齐鲁旧影.
　　③ Observatoire Zi Ka Wei, Etude sur la pluie en Chine(1873—1924)，1928；国立中央研究院气象研究所. 中国气候资料 (雨量编)[G].1943-04.

长杜伯克博士（Dr. Doberck，1852—1941 年）1883 年夏天抵港，显示香港天文台创立。

杜伯克担任台长期间，进行了大量的天文和气象学的研究，他利用香港电报局接收国内外十几个城市天气报告，最后汇编为《中国沿海气象记录》（*the China Meteorological Register*）。他致力于香港及周边地区台风规律研究，1886 年出版《东方海域台风规律》（*the Law of Storms in the Easter Seas*）。[①]

香港天文台早期的工作包括气象观测、地磁观测、根据天文观测报导时间和发出热带气旋警告等。1884 年开始定时气象观测。设立热带气旋警告系统，用作通知离港船只热带气旋的位置及移动方向。

1892 年，香港天文台开始提供海港气象服务。每天将 24 小时天气预报送到报社，当天就可以刊出。1921 年，利用测风气球作高空探测。1930 年，香港天文台在香港召开首届远东地区气象局局长会议，显示这个天文台气象工作的重要性。1937 年，设立航空气象服务，并在香港举办国际气象组织第二区域委员会的首

图 23-11　20 世纪 70 年代香港天文台工作照片（王涛提供）

① 冯锦荣 . 从 "英国皇家学会乔城天文台委员会" 到 "香港皇家天文台"［M］.// 许小峰，高学浩，王志强，主编 . 气象科学技术历史与文明——第三届全国气象科技史学术研讨会论文集 . 北京：气象出版社，2019.

次会议。① 图 23-11 为 20 世纪 70 年代香港天文台工作照片。

6. 海关气象观测

清朝晚期聘请罗伯特·赫德（Robert Hart，1835—1911 年，图 23-12）为海关总税务司负责人。赫德从 1863 年 11 月 30 日正式担任清朝海关总税务司负责人，连续任职 45 年。

图 23-12　清朝海关总税务司负责人赫德

赫德在 1869 年 11 月颁发了总税务司通札第 28 号，比较详细地论述了观测气象的重要性，决定按照当时西方比较完善的气象观测体系，在中国海关设置气象站。如图 23-13 所示。

CIRCULAR No. 28 of 1869.

INSPECTORATE GENERAL OF CUSTOMS,
PEKING, 12th November, 1869.

SIR,

1.—I WRITE to inform you that it is my intention to establish a Meteorological Station in connexion with each Office of Customs during the coming year, and have now to request that you will take the matter into consideration, so that, when I have the opportunity of conferring with you personally, you may be able to name to me the individuals on the strength of your establishment, who could be best trusted to take and record the necessary observations, as well as be prepared with such suggestions as may be calculated to further the general object in view.

2.—Our Offices are now to be found at points along the coasts and banks of seas and rivers, embracing land and water extending without break over some twenty degrees of latitude and ten of longitude, and our present organization is such as will enable us to record Meteorological observations without adding to our numbers, and with but little other expenditure than that to be met for the purchase of instruments. The worth of such observations to the scientific world, and the practical value they may be made to have for seafaring men and others on these Eastern Seas, will in due time be appreciated and acknowledged, and I feel confident that I have only to mention this matter to you, to interest you in it, and to secure your hearty coöperation in a scheme which will tend so powerfully to assist in throwing light on natural laws, and in bringing within the reach of scientific men facts and figures from a quarter of the globe, which, rich in phenomena, has heretofore yielded so few data for systematic generalization. In a few years these Meteorological Stations will probably have at their head an Observatory, to be established in connexion with the Peking College (T'ung Wên Kuan).

I am, &c.,

(signed)　ROBERT HART,
I. G.

THE COMMISSIONERS OF CUSTOMS.

Meteorological Stations will be established at all the Ports.

图 23-13　《海关 28 号通札》

---

① 香港天文台，http://www.hko.gov.hk

赫德指出"我们的海关现在是设在沿海和沿江的地点，包括绵延大约纬度二十度和经度十度的陆地和海面""如果海关能够记录观测气象变化，对于科学的价值，和对于在东方海洋的航海人员与其他的人员可能作出的实际价值，将在适当时候得到正确的评价和承认……非常有效地帮助揭示自然规律。"从 1870 年开始各海关和主要灯塔所在地，逐步设立了气象观测站，也就是常说的海关测候所，并将气象观测列入海关的海务五项基本业务之一。①

为进一步促进气象观测的有效和标准化，赫德培训观测人员，并制定了观测规范标准。清朝海关 1905 年颁发了《海关气象工作须知》。如图 23-14。

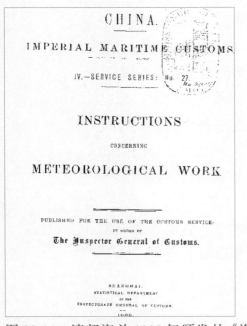

图 23-14　清朝海关 1905 年颁发的《海关气象工作须知》

毋庸赘言，海关气象观测资料在当今具有重要价值。数据对于大气科学和气象预报及气候变化评估极其重要，现时的观测数据和历史记录数据都具有重要价值。通过对气象科学技术发展历史的梳理，可以得到很多有价值的数据，特别是近代百年尺度的气象记录数据，可以服务当下气象业务和事业发展。

相比定性的古代气象资料，近代定量的气象观测记录尤为重要，其中近代海关气象数据就是典型而又规范的代表。对于近代仪器观测的气象记载和数据记录，中国清朝海关的气象观测是特别突出的主要环节。

清朝鸦片战争之后的海关逐渐出现

① 陈诗启 . 中国近代海关史 [M].北京：人民出版社，2002.

西方国家的管理特色。作为英国人罗伯特·赫德担任中国海关总税务司负责人近半个世纪，期间创建了较为完善的海关气象观测系统。在清醒认识赫德具有殖民侵略性质的同时，对其西方先进理念下的严谨管理、特别是完善的气象观测和数据记录，应予客观公正评价，发挥其历史气象数据独特的科研和预报价值。

通过气象科技史研究表明，清朝海关作为中国近代最早建立的较完善气象观测站体系，海关气象观测和数据记录的优点包括观测站点多、布局广、年代长（年代际尺度到百年尺度）、数据可靠、连续观测时段久、持续时间长等。[①]

比如鸦片战争之后，长江及沿岸商贸活动增多，湖北地区的海关随之增多，包括江汉关、宜昌关、沙市关等。1864年设立云台山、宁波、厦门、闽海、黄埔海关，翌年设立了粤海关、浙海关和江海关等。各海关专门设立海关气象观测站，包括汛期和干旱等为航运和海关服务的气象观测和记录等，成为宝贵的历史气象数据，为研究近代中国气象和气候变化趋势提供了数据支撑。

清朝海关为进一步严格实施气象观测和记录气象情况，根据1869年赫德颁发总税务司通札第28号，决定在各个海关设置气象站。海关不仅要监管海上气象及相关事务，而且还涉及附近陆地气象及事务的管理。需要建立气象观测站和观象台，处于同一机制管理。

观测的内容包括气压、气温、湿度和降水等。各地建立气象观测站达70多处，其中有记载连续观测30年以上的达46处。[②]如表23-1。

① Parks M C. Robert Hart and China's Early Modernization: His Journals, 1863–1866[M]. Boston: Harvard University Press,1991.

② 根据《中国气象局档案馆档案》《中国近代气象台站》《近现代中国气象史》等制作。

表 23-1 可查找气象数据 30 年以上的海关气象观测站表

序号	海关气象观测站名称	属地 / 隶属海关	气象数据年份（年 . 月）	备注
1	牛庄	辽宁	1890.3—1932.5	1880 年始测
2	秦皇岛	河北	1908.5—1946.4	
3	塘沽	天津	1909.5—1944.3	
4	猴矶岛灯塔	山东 / 东海关	1885.5—1944.3	
5	芝罘	山东	1879.8—1944.3	烟台
6	成山头灯塔	山东 / 东海关	1891.1—1944.3	1880 年始测
7	镇铆岛灯塔	山东 / 东海关	1886.10—1944.3	
8	镇江	江苏	1880.4—1937.10	
9	佘山灯塔	上海 / 江海关	1880.8—1944.3	
10	吴淞灯塔	上海 / 江海关	1889.3—1937.7	
11	花鸟山灯塔	浙江 / 江海关	1880.8—1944.3	
12	大戢山灯塔	浙江 / 江海关	1880.8—1944.3	
13	小龟山灯塔	浙江 / 江海关	1884.7—1944.3	
14	宁波	浙江	1880.4—1941.11	
15	镇海	浙江	1906.1—1940.7	
16	北渔山灯塔	浙江 / 浙海关	1895.6—1944.3	
17	温州	浙江	1882.8—1946.3	
18	芜湖	安徽	1880.3—1937.11	
19	汉口	湖北	1880.3—1938.4	
20	宜昌	湖北	1882.7—1938.4	
21	岳州	湖南	1905—1938.4	1909 年存档
22	长沙	湖南	1906.6—1944.4	
23	九江	江西	1885.3—1938.3	
24	东涌岛灯塔	福建 / 厦门关	1905.1—1943.6	1880 年始测
25	东犬岛灯塔	福建 / 厦门关	1880.1—1943.6	

序号	海关气象观测站名称	属地/隶属海关	气象数据年份（年.月）	备注
26	福州	福建	1880.1—1944.9	
27	牛山岛灯塔	福建/厦门关	1879.8—1941.11	
28	乌邱屿灯塔	福建/厦门关	1880.1—1943.5	
29	北碇岛灯塔	福建/厦门关	1882.10—1943.7	
30	厦门	福建	1880.1—1944.3	
31	青屿灯塔	福建/厦门关	1880.1—1922.8	
32	东碇岛灯塔	福建/厦门关	1880.1—1943.7	
33	汕头	广东	1880.1—1943.12	
34	石碑山灯塔	广东/潮海关	1882.1—1942.3	
35	鹿屿灯塔	广东/潮海关	1880.6—1943.7	
36	南澎岛灯塔	广东/潮海关	1880.1—1943.7	
37	表角灯塔	广东/潮海关	1880.7—1943.7	
38	三水	广东	1900.6—1938.10	
39	广州	广东	1907.3—1944.3	
40	琼州	海南	1912.7—1943.10	
41	临高	海南	1907.3—1941.10	1905 年始测
42	北海	广西	1880.7—1941.2	
43	梧州	广西	1898.2—1944.8	
44	龙州	广西	1896.1—1940.5	
45	腾越	云南	1911.1—1942.3	1905 年始测
46	重庆	四川	1891.1—1949.12	

　　海关气象观测利用外国进口测量仪器进行观测，后有的海关新增了对 24 小时风向、风力、荫蔽处日最高、最低气温、纪要（天气现象）、长江中午水位、24 小时水位涨落的观测项目。进

入 20 世纪初，增加到每日观测 8 次，时刻分别为：03 时、06 时、09 时、12 时、15 时、18 时、22 时、24 时，并增加了干球和湿球的温度、最高和最低气温、天气现象和降水量、云状及云量等。所有观测站都用同一类型的新式仪器观测。

当时海关气象除了天气预报和向有关部门发送外，还要存档分析，包括气候的变化。如宜昌海关《十年报告》提到"宜昌夏天温度很高……冬天周围高山上积雪数日不化……但宜昌从不积雪……江面上经常有雾……风向几乎都是逆水"。

海关气象管理规范、严格，比如 1905 年颁发指导性文件《气象工作须知》规定，各气象观测站使用的仪器及观测记录表、簿，由海关总署统一采购分发，观测数据单位也统一用米制及摄氏度。气象观测成为了海关的五项基本业务之一。

以沙市海关气象档案资料为例，信息完备，包括气象观测月簿、月气象报告和信函件记载的气象信息等。

气象观测月簿。80 卷，包括重庆、长沙、抚州和温州等海关气象观测站记录。格式规范、记录完整，用中英文记载站点、日期、观测（发报）时间、观测员、电文等信息，记录内容包括五组二十余个数据，涵盖温、压、湿、风、天气现象、云、能见度、雨等气象要素数据。①

月气象报告。这些海关报告里面记录了沙市本地月最高、最低气温、雨日数、水位等信息，以及其他报告中记载的气象信息。

由于海关比较规范严格的观测和记录制度及良好的通信条件，使各地海关事实上形成了相对完整的近代气象观测网。海关气象观测及历史记录成为近现代中国气象观测历史上，完整性、科学性都较强的比较罕见的百年尺度宝贵资料。

---

① 沙市海关气象档案，荆州市档案局。

第三节　殖民性质的气象观测

如果说传教士带来西方当时先进的气象科学理论和观测技术并进行早期的气象观测，是出于宣扬"上帝"和"传教"的目的，总体上殖民性质与色彩尚且不算强烈，那么 19 世纪后期到 20 世纪初，直至新中国成立前，各资本主义国家在中国进行的气象观测就有明显的殖民性质。

1. 俄国在中国的气象观测

根据《新疆基层气象台站简史》记载，新疆最早的气象观测活动始于 1893 年俄国人在新疆鄯善建立的测候所。

1897 俄国在圣彼得堡成立"中东铁路公司（董事会）"，并在海参崴设"中东铁路建设局（工程局）"。1898 年中东铁路建设局由海参崴迁往哈尔滨。因修筑铁路需要气象情报，中东铁路建设局在哈尔滨设立测候所。此后，在铁路沿线一些重要城镇先后建立了一批气象台站，进行气象观测。

从 1898 年至 1917 年俄国十月革命，中东铁路建设局在东北地区共建立了 14 个气象观测站。[1] 据《新疆通志·气象志》记载，从 19 世纪中叶至 20 世纪 30 年代，到新疆进行考察、探险的俄国人有 25 人次。其中记载涉及气象调查、观测活动的有 6 次。[2] 其中记载 1868 年有俄国人到天山进行气象观测。1877 年俄国人到新疆考察，每到一个地方就用气压表测量当地的海拔高度，进行气象观测，记下每日的天气及气温状况，涉足罗布泊、喀什、克里雅等地。1893—1895 年俄国探险家甚至在新疆设置气象站，定时进行气象观测，并到过罗布泊、哈密、乌鲁木齐等地进行气

---

[1] 《俄罗斯帝国圣彼得堡地磁和气象年报》（1841—1914），中国气象局气象档案馆。

[2] 新疆维吾尔自治区气象局. 新疆通志·气象志 [M]. 乌鲁木齐：新疆人民出版社，1995.

象观测。

　　1899 年俄国旅行家到青海考察，在柴达木盆地设立测候所，留人驻守气象观测，旅行观测前后达三年之久，一路采集标本、进行气象观测和气候调查。1908 年俄国地理学会派出地质学家、植物及昆虫学家等到新疆、青海等地设立测候所，进行气象观测。

　　由于新疆与苏联接壤，第二次世界大战爆发后，苏联在新疆驻守有部队。因此，新疆早期的气象活动更多的是满足苏联部队军事飞行的需要。当时苏联对新疆的控制，还表现在利用自己在技术、资本、管理上的优势，对重要工矿、军工企业转为己有或加以操控。苏联控制指导成立的"新疆省设计委员会"，1937 年制定了第一个三年建设计划（1937—1939 年），提出在阿山、塔城、伊犁、昌吉、焉耆、库车、喀什、和阗农牧局和迪化农牧场、吐鲁番机械化农场等增设测候所，进行气象观测。以下几幅观测记录可

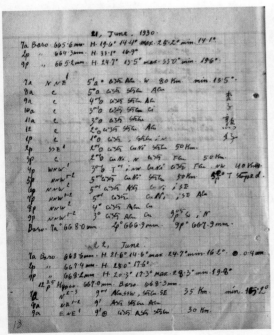

图 23-15　库车 1930 年 6 月 21 日气象报告书（李冬梅提供）

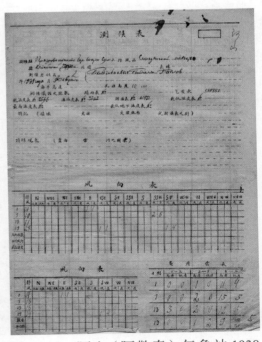

图 23-16　阿山（阿勒泰）气象站 1938年的气象测候表（李冬梅提供）

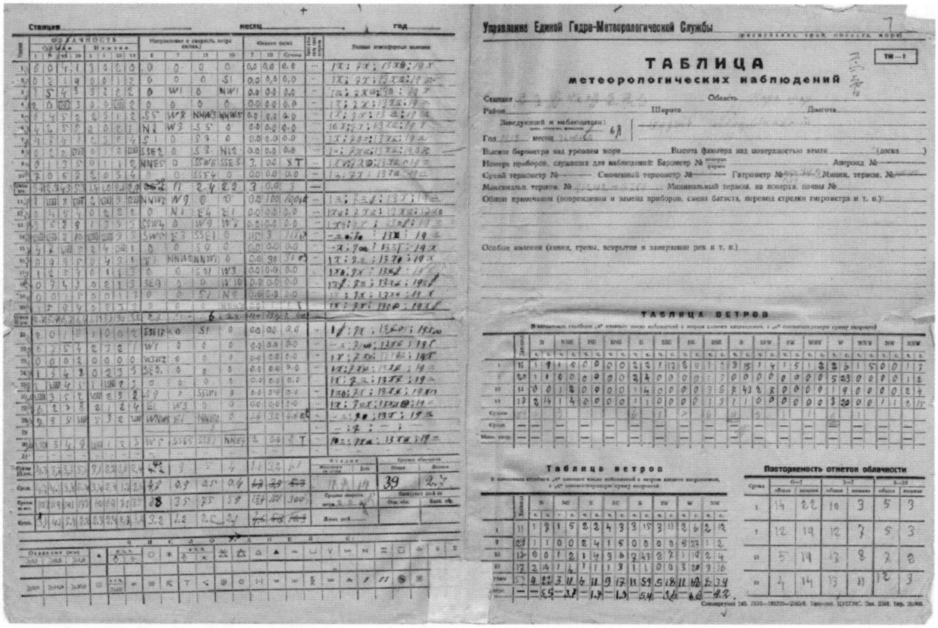

图 23-17 1939年6月焉耆气象站气象观测记录表（李冬梅提供）

图 23-18 迪化气象站1937年1月气象记录表（李冬梅提供）

图 23-19 焉耆 1943 年 8 月气象月报（李冬梅提供）

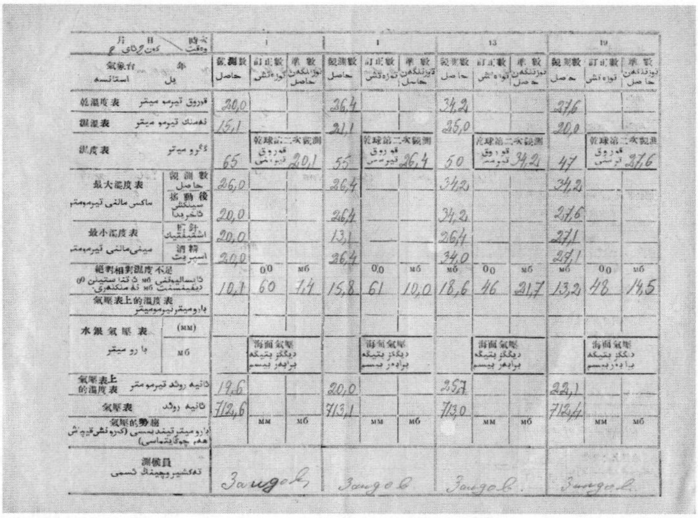

月 日 / 時次	1			1			13			19		
氣象台 年	觀測數	訂正數	準數	觀測數	訂正數	準數	觀測數	訂正數	準數	觀測數	訂正數	準數
乾溫度表	20,0			26,4			34,2			27,6		
濕溫表	15,1			21,1			25,0			20,0		
濕度表	65	乾球第二次觀測 20,1		55	乾球第二次觀測 26,4		50	乾球第二次觀測 34,2		47	乾球第二次觀測 27,6	
最大溫度表 觀測數	26,0			26,4			34,2			34,2		
最大溫度表 搖動後	20,0			26,4			34,2			27,6		
最小溫度表 盯針	20,0			13,1			26,4			27,1		
最小溫度表 酒精	20,0			26,4			34,0			27,1		
絕對相對濕度不足	10,1	60	7,4	15,8	61	10,0	18,6	46	21,7	13,2	48	14,5
氣壓表上的溫度表												
水銀氣壓表 (мм) мб		海面氣壓			海面氣壓			海面氣壓			海面氣壓	
氣壓表上的溫度表	19,6			20,0			25,7			22,1		
氣壓表	712,6			713,1			713,0			712,4		
氣壓的勢態		мм	мб		мм	мб		мм	мб		мм	мб
測候員	Заидов			Заидов			Заидов			Заидов		

图 23-20　塔城气象站 1943 年 8 月的测候记录表（李冬梅提供）

以窥见当时苏联在新疆气象观测状况。如图 23-15 至图 23-20 所示。

总之，由于新疆及周边地区的特殊地理位置，从文献分析和收集到的资料来看，1934 年以前苏联、德国、瑞典、日本都曾在新疆进行过气象观测活动，绝大多数气象资料都被带走或失传。大致在 1929 年至 1949 年，外国人曾经在新疆区域内建立气象观测站数十个，包括迪化（乌鲁木齐）、阿山（阿勒泰）、塔城、哈密、吐鲁番、昌吉、巴里坤、焉耆、库车、喀什、和阗（和田）、伊犁等地。

陆续开展气象观测活动的地方基本遍及新疆全境，其中库车气象站较早设立，观测记录从 1929 年 10 月至 1930 年 6 月，观测项目有气温、气压、风向风速、云量云状、能见度、天气现象等，观测记录为英文。其次是阿山（阿勒泰）测候所，观测记录从 1938 年 1 月至 1942 年 3 月，观测项目有气温、气压、风向风速、云量云状、能见度、天气现象及相对湿度等，观测记录为俄文。另外，吐鲁番、焉耆、伊犁、和田、喀什、塔城等地的气象观测活动从 1938 年至 1943 年陆续开始，持续一年至数年不等，观测项目则与前述两站大同小异。北疆增加了雪深观测，观测记录表全部用俄文印制，观测记录除数字外的文字均使用了俄文。

从观测记录文字来看，观测最开始基本使用的都是俄文，但中期又以维吾尔文字记录为多，接近 1949 年时，基本都是中文（汉语）记录。

2. 日本在中国的气象观测

1896 年 8 月，在日本中央气象台策划下，台湾总督府在台北设立测候所，进行气象观测。台北测候所气象观测每小时一次，观测项目包括气压、气温、水汽张力、湿度、风、降水、云、蒸发、地温、日照及雷、雾、霜等天气现象，还开展天文观测、授时和天气预报、发布台风警报等业务。

1904 年日本中央气象台在大连设立第六临时观测所及旅顺所，在营口设立第七临时观测所。[①] 同年开始进行气象观测，为日军提供气象情报。《清道光十六年重镌雍正四年碑》记载：清

图 23-21　20 世纪初营口码头（王涛提供）

<hr />

① 2017 年 5 月 17 日召开的第 69 届世界气象组织执行理事会会议上，由中国申报的营口、呼和浩特、长春三个气象观测站通过大会批准，成为世界气象组织命名的首批"百年气象站"，营口气象观测站因此成为世界首批 60 个百年气象站成员之一。营口也是我国三个百年站中建站最早、遗址仍在的气象观测站。

图 23-22　营口观测站旧址（王涛提供）

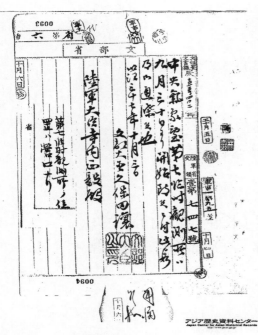

图 23-23　第七临时观测所设立
文件（王涛提供）

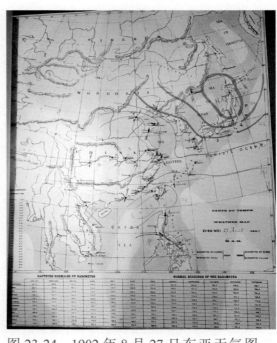

图 23-24　1902 年 8 月 27 日东亚天气图
（王涛提供）

时营口"舳舻云集，日以千记"。参看图 23-21 至图 23-24。

1905 年 5 月，增设奉天（沈阳）第八临时观测所。1933 年在台北利用气球进行高空气流观测。[1] 此外，日本还在台湾地区十余处沿海、岛屿的灯塔进行气象观测。

1906 年日本在大连设立"南满洲铁道株式会社"（简称"满铁"），经营南满铁路的一切权益及附属事业。到 1933 年伪满洲国傀儡政府成立之前，"满铁"在东北地区附设了十多个气象观测站。[2] 包括：

熊岳城农事试验分场观测所（1914 年建立）；

公主岭农事试验场观测所（1915 年建立）；

郑家屯（双辽）农事试作场观测所（1917 年建立）；

抚顺（抚矿）观测所（1922 年建立）；

海龙农事试作场观测所（1922 年建立）；

洮南事务所观测所（1923 年建立）；

凤凰城农事试作场观测所（1924 年建立）；

鞍山昭和制钢所观测所（1925 年建立）；

开原原种圃观测所（1925 年建立）；

齐齐哈尔事务所观测所（1928 年建立）；

黑山头种羊场观测所（1929 年建立）；

敦化农事试作场观测所（1929 年建立）；

哈尔滨事务所观测所（1931 年建立）；

海伦事务所观测所（1933 年建立）；

钱家店事务所观测所（1936 年建立）。

1933 年伪满洲国傀儡政府在"新京"（长春）组建伪满中央观象台，曾先后隶属于伪实业部、产业部、交通部管辖，几任台

① 吴增祥. 中国近代气象台站 [M]. 北京：气象出版社，2007.
② 辽宁省地方志编纂委员会办公室. 辽宁省志·气象志 [M]. 沈阳：辽宁民族出版社，2002.

长均由日本人担任。伪满中央观象台成立后，相继建立地方观象台、观象所，形成中央观象台、地方观象台、地方观象所三级管理体制。中央观象台负责掌管气象观测、调查（含高层气象、产业气象、航空气象观测），天象、地震、地磁、水文、潮汐观测，气象预报、研究，测时、报时，历书编制及技术人员培训等各项事务，并统辖关于气象天文事业。地方观象台的任务是掌管所辖区域的气象、天象、地震、地磁及与此相关联的观测、调查、报告，发布气象预报、警报等事项。地方观象所则负责本地区的气象、天象、地震、地磁及与此相关联的观测、调查、报告和气象预报等事项。1937 年日本将营口、奉天、新京、四平街四个关东观测支所移交伪满中央气象台管辖。参见图 23-25。

日本"南满洲铁道株式会社"的附属气象台站，每日观测三次，观测要素一般有气压、气温、湿度、风向风速、降水量、蒸发量、积雪深度、云量、日照等。[①]1937 年"七·七"事变前，日本还先后在天津、南京、杭州、武汉、沙市、济南、芝罘（烟

图 23-25　日本 1919 年设立长春观测支所（王涛提供）

---

① 吉林省地方志编纂委员会.吉林省志/气象志 [M].长春：吉林人民出版社，1996.

台）、青岛、上海等地设立了测候所。参见表 23-2、图 23-26、图 23-27 和图 23-28。

表 23-2 1937 年前日本关东厅所属主要气象台站情况表[①]

站名	建站时间 （年.月）	纬度 （N）	经度 （E）	海拔 高度 （米）	气压表 高度 （米）	温度表 高度 （米）	雨量器 高度 （米）	风速器 高度 （米）	观测 次数 （次）
营口	1904.9	40°40′	122°14′	2.4	3.7	1.2	0.3	13.0	6
大连	1904.9	38°54′	121°38′	95.6	97.3	1.2	0.3	13.8	6
旅顺	1905.7	38°47′	121°16′	80.1	79.1	1.8	0.2	8.3	3
奉天	1905.5	41°47′	123°24′	43.0	44.3	1.2	0.2	21.2	6
新京	1908.11	43°55′	125°18′	214.7	215.7	1.4	0.2	12.6	6
四平街	1933.12	43°11′	124°20′	162.8	164.0	1.3	0.2	17.2	6

图 23-26 1938 年日本制作的特殊气象报告（王涛提供）

---

① 伪满中央观象台 . 满洲气象资料 (1905—1932). 中国气象局气象档案馆存 . 辽宁省营口气象局制作 .

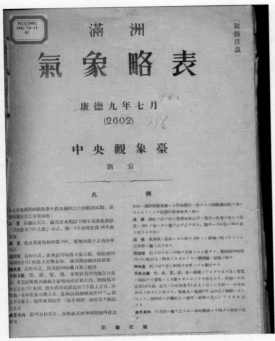 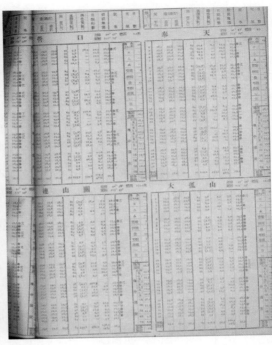

图 23-27　1942 年日本制作的气象观测表（王涛提供）

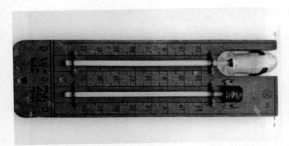

图 23-28　1930 年代伪满洲国的干湿球温度计（王涛提供）

伪满中央观象台成立初期至 1937 年，相继建立地方观象台、所 23 个。1944 年伪满气象业务大改组，在中央观象台之下增设管区观象台，形成四级管理体制。[①]

1939 年在北京（今北京动物园）建立华北观象台，隶属伪华北政务委员会教育总署管辖。下设总务、气象、管理、历书四个科，另直辖九个测候所及一个观象技术员养成所（气

　　① 刘景岩. 东北三省气象建设要览、东北三省气象史料补遗 [M]. // 中国近代气象史资料. 北京：气象出版社，1995.

象观象员培训机构）。伪华北观象台于 1940 年正式开始气象观测，每日观测 6 次，1945 年 8 月日本投降后，由国民政府中央气象局派员接收，改称华北气象台。日本 20 世纪上半叶在中国台湾还设立了多个测候所，长达半个世纪。

抗日战争期间，日本侵略军军部先后在华北地区设立了 27 个测候所，这些测候所大多设在日军占领地区的机场所在地，直接为日军航空气象保障及军需服务。日本侵略军专门成立气象队，前后在长江流域的九江、安庆、城陵矶（湖南岳阳）、沙市和厦门、汕头、东沙岛等东南沿海及海岛设立气象观测站进行气象观测，收集气象情报。[①]

3. 其他殖民性质气象观测

1881 年葡萄牙澳门海事部门（港务局），在澳门海军总部附近设立了一个气象观测场，由一个海军中尉负责定时进行气象观测。

1894 年英国设立的"亚东商务公所"，由英属亚东印度商务代理兼任观测站名誉站长，观测气象要素有气温（含最高、最低气温）、降水量（含降雪量），每日观测两次。1910 年后增加空气湿度、蒸发量、云量、天气现象等气象要素观测。1947 年印度独立后，该气象观测站由印度人管理。亚东气象观测记录除了个别中断外，一直延续到 1956 年印度商务代理撤出亚东为止。[②]

法国滇越铁路建设公司为铁路运行需要，1906 年陆续在云南境内铁路沿线建立气象观测站。这些台站包括[③]有：

蒙自测候所：1906 年 1 月—1929 年 12 月

河口测候所：1907 年 1 月—1929 年 12 月

---

① 中国近代气象史资料编委会. 中国近代气象史资料 [M]. 北京：气象出版社，1995.

② 《亚东气象资料（1894—1956）》，西藏自治区气象档案馆.

③ 云南省气象局史志办公室. 云南省近代气象事业资料 [G]. 内部资料.

昆明测候所：1907 年 1 月—1929 年 12 月

清朝后期中国成为半封建半殖民地国家，西方列强侵占中国很多地区，为了稳固管辖区域和发展殖民地，殖民者在这些地区建造了气象观测站和观测点，使用代表当时西方先进气象科学技术的仪器进行气象观测。客观上这些基础气象仪器及观测方法对于当时以及民国时期中国气象事业的发展起到了一定的促进作用。

第四节　中国本土现代气象学的兴起

清朝末年到辛亥革命时，全国规模较大的农事试验场有 20 多处，民间创办规模较小的农事试验机构更多。其建制、规模、经费来源各不相同，产生了服务本土农商的气象观测。一般多在场内附设有测候所，进行气象观测。比如张謇南通博物苑测候所、迪化（乌鲁木齐）农林试验场测候站、广东省地方农林试验场测候所等。

1. 中国本土有影响的气象学者

图 23-29　张謇

在这个历史背景下，逐渐出现一批有影响的中国本土气象学者。张謇，字季直，江苏南通人，生于 1853 年，1894 年考中清朝末代科举状元。历任南京临时政府实业总长、北洋政府农商总长等。1917 年任中华农学会名誉会长，1924 年被推举中国气象学会名誉会长，积极推行气象学应用于新农业，1926 年 7 月逝世。

张謇根据多年的实业经验认识到，农业生产需要考虑气象因素，他认为气象条件对农作物产量有很大影响，促进了民国初期中国农业气象观测。张謇担任北洋政府农商部长时，倡导各省农林机关设立农业测候所，促进农业气象的发展。

张謇值得留名历史还在于他以私人的财力、人力和物力促进近代中国气象观测的发展。1906 年他在南通博物苑内设立测候所，其仪器由他出资从日本购置。仪器有气压表、干湿度计、雨量器、蒸发器、日照计和百叶箱等，既作简单观测，又供民众参观。他在 1909 年开始做地方性天气预报，在《通海新报》上登载。1913 年测候所移至南通甲种农业学校，开设气候学课程。张謇在南通军山设立气象台，亲自兼任总理，相当于今天的气象台长，邀请其胞弟为副总理。1915 年夏季，从徐家汇气象台代购各种气象仪器，1916 年 10 月军山气象台正式落成，其中气象仪器设备在当时比较先进，包括有经纬仪、温度表、湿度计、气压表、风速计、雨量计等，第二年初军山气象台开始工作，气象观测数据报给徐家汇气象台。

军山气象台每日绘制图表，天气预报刊登在《南通日报》上。当时军山气象台还以英汉对照形式出版气象月报、季报和年报，这些刊物与 40 多个国家气象台的刊物进行交换。1917 年和 1918 年在他发表《为南通地方创设气象台呈卢知事》和《军山气象台概略》中明确地表述"窃农政系乎民时，民时关系气象……国气象台之设，中央政府事也。我国当此时势，政府宁暇及此，若地方不自谋，将永不知气象为何事。农业根本之知识何在，謇实耻之……查气象观测，关系农政，至为重要。"可见他对气象对实际应用非常明确。他定期出版中英文月、季、年报，与世界 100 多个气象台交流与交换。他的气象台曾被列入英国出版的国际气象台名册。

张謇在南通军山建设的虽然是私人气象台，但在国内外也享有一定声誉。诸如在当时中国气象学会会刊上发表论文，包括"记南通近九年农作物之水旱风虫灾概说""预防水旱灾害意见书""气象与棉作之关系"等。他是中国近代农业气象事业筑基人。

除了张謇设立私人气象台，陈一得（1886—1958 年），以私人之力在云南创办"一得测候所"，奉献一生对云南气象进行研究，作出贡献。

图 23-30　蒋丙然

蒋丙然（1883—1966 年，如图 23-30），福建闽侯人。中国近代气象事业的开创者和中国气象学会的主要发起人和领导者之一。获上海震旦大学科学学位，毕业后赴比利时留学，获比利时农业气象学博士学位。1912 年 12 月，蒋丙然学成回国，任苏州垦殖学校教务长。1913年夏，中央观象台台长高鲁邀请他到北京中央观象台筹建气象科，并任气象科科长。

蒋丙然作为中央观象台气象科的主要创建人，当时面临很多困难，当时古观象台中气象仪器仅有盒式气压表、最高最低温度表及三个自记表。观测工作最开始由他亲自承担。他根据气象原理，制造了雨量计和英式百叶箱，购置毛发湿度计，开始每日三次观测和数据记录。在 1915 年 1 月中央观象台气象观测正式开始观测以后，他积极着手策划天气预报工作，时常亲自绘制天气图。1916 年起，促进中央观象台气象科公开对社会发布天气预报，每日两次，开创了由中国人发布全国性天气预报的先河。

1924 年 2 月，蒋丙然代表中央观象台接收日本管理的青岛测候所，并将该所改名为青岛观象台，出任台长。1924 年至 1938年蒋丙然任青岛观象台长，前后共达 14 年。期间，他积极发展中国的气象事业，完善气象观测，增加航运气象预报，特别是发起成立了中国气象学会。他促进了中国气象学会在中国气象事务上的作用。他 1926 年提出可以以中国气象学会的名义呈请政府"收回海关所设各测候所，并设置主管机关"，在 1930 年他提出拟以中国气象学会的名义请求政府"取缔外国人在国内设立测候所"的建议，还提议"由中国气象学会函请中央研究院气象研究所定期举行全国气象会议，统一各项规定"等建议。

在当台长 14 年中，蒋丙然不断开拓气象业务，扩充和完善气象观测，建立郊区和岛屿的测候所，同时加强天文观测及设备更新，进行地震测量；建立了气象图书馆，出版了《气象月报》《青岛日历》《青岛节候表》等刊物。蒋丙然促进了海洋观测，创立了青岛台海洋科，进行近海测量、潮汐观测，甚至考察海洋生物等。由于他的不懈努力，蒋丙然在国际气象科学界享有一定威望，多次代表当时国民政府参加相关国际会议和科学研究活动。1929 年中国气象学会推选蒋丙然和竺可桢出席第四届太平洋学术会议。蒋丙然提交了"青岛温度之研究"论文，并担任会议的气象海洋组主席，主持了该部分会议。

蒋丙然 1946 年 12 月出任台湾大学农学院教授，1966 年因病在中国台北市逝世。

竺可桢（1890—1974 年，如图 23-31，图 23-32），浙江上虞人。中国近现代气象事业的主要领导者和推动者之一，中国近现代气象科学的创始人和奠基人，也是中国现代科学史事业的奠基人。

图 23-31　竺可桢晚年像

1910 年赴美国留学，1913 年毕业于伊利诺伊大学农学院获得硕士学位，在美留学期间，他开展了关于中国雨量的研究。1918 年获哈佛大学地学系博士学位，博士论文为"远东台风的新分类"，这篇论文于 1924 年发表。1925 年他发表"台风的源地与转向"。在这些论文中，竺可桢分析了 1904—1915 年的 247 个台风的季节分配源地、运动途径及转向地点，提出了新的台风分类法，将台风分成 6 大类：包括中国台风、日本台风、印度支那台风、菲律宾台风、太平洋台风、南海台风等 21 个次类，并且概括了各类台风的活动特点。

竺可桢毕生为我国的气象事业不懈地努力工作。1918 年他回

图 23-32　竺可桢中年像（摄于 1936 年）[1]

国时几乎没有中国自己的气象事业。1927 年，竺可桢应蔡元培、杨杏佛等人的邀请，竺可桢在南京筹建中央研究院的气象研究所。

在竺可桢指导和支持下，1932 年 9 月，清华大学气象台取得风筝探空记录，从此中国利用风筝进行探空逐渐多起来，走上正轨。高空观测包括测风气球、探空气球、飞机探测和气象风筝等项业务。1933 年 6 月，竺可桢率中国科学家代表团去加拿大参加第五次泛太平洋学术会议，报告了"中国气流之运行"论文。

1932 年左右第二次国际极地年期间，国际气象组织致函中央研究院气象研究所，希望中国参加。竺可桢感到参加国际极地年和高空气象探测与研究的重要性，经过勘探，1932 年 8 月 1 日在泰山日观峰建立了测候所。[2] 这是我国第一个永久性高山气象站，当时蔡元培先生亲笔题写奠基纪念碑，表明当时我国高山气象观测的开端。

为促进中国气象观测网发展，竺可桢多方努力在国内建立了 40 多个气象站和 100 多个雨量测量站，初步构成了当时的中国气象观测网，这在当时难能可贵。1936 年竺可桢出任浙江大学校长，兼任气象科研所所长一直到 1946 年。他为筹划与创建我国现代气象事业鞠躬尽瘁，奠定了我国近现代气象事业的坚实基础，1948 年当选为中央研究院院士。

新中国成立后，竺可桢作为中国科学院副院长，推动了中国历史时期气候变迁的研究。他在台风、季风、气候区划、气候变

　　① 洪世年，刘昭民，等.中国气象史——近代前 [M].北京：中国科学技术出版社，2006.

　　② 山东泰安市气象局.风云前哨第一站——泰山气象站建站 80 周年纪念画册.内部资料.

迁及科学史等领域取得了一些具有国际水平的学术成果，如《中国近五千年来气候变迁的初步研究》《二十八宿起源之时代与地点》《南宋时代我国气候之揣测》《中国历史上气候之变迁》《日中黑子与世界之气候》《中国历史之旱灾》等。

竺可桢在其《东南季风与中国之雨量》一书中指出："冬季则大陆空气密度大、气压高，而海洋上之空气密度小、气压低；夏季则反是，而风于是生焉。冬季由大陆吹向海洋，夏季则自海洋吹入大陆，即所谓季风是也。"这实际上是经典的季风理论。竺可桢在我国第一个指出了季风系统的概念。1933 年，竺可桢在第五届泛太平洋学术会议上报告"中国气流之运行"，涉及东亚大气环流的研究。竺可桢开创了我国区域气候的研究，先后发表了"华北之干旱及其前因后果""中国历史上气候之变迁""中国的亚热带"和"南京之气候""杭州之气候"等论文，比较系统地阐释了中国气候特点，形成较大影响。参见图 23-33。

竺可桢重视气象气候对生产生活的影响，1963 年发表"论我国气候的几个特点及其与粮食作物生产的关系"，[①]论述了光能在作物产量形成中的作用，分析温度和降水对粮食作物的影响，为

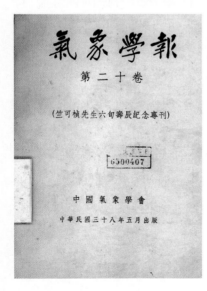

图 23-33　中国气象学会为竺可桢组织的纪念专刊（中国气象学会供稿）

---

① 竺可桢.论我国气候的几个特点及其与粮食生产的关系 [J]. 科学通报，1964(3): 189-199.

科学种田提供了科学依据。竺可桢非常重视物候研究，数十年如一日观察记录物候，根据杨柳吐绿、桃李盛开、紫藤花盛等物候的列表进行科学分析。他长期记录可以认识自然，推知历史上气候的变迁。从 1950 至 1973 年去世前不久，连续 24 年，他每天观测物候，全部记录保存完整。在他指导下，中国科学院地理研究所、植物研究所和北京植物园，1962 年共同发起组织全国物候网，进行观测与记录。

竺可桢利用出土文物和古代文献的物候记载及长期物候记录等进行气候变迁研究，这是比较深刻的原始创新。1966 年竺可桢发表《中国近五千年来气候变迁的初步研究》，这是一篇经典文献，系统地论述了我国五千年来温度的变化，并认为气候波动是世界性的。这篇文章得到国内外学术界的推崇，美、苏、英、日等国家学者纷纷对此介绍。

竺可桢一生勤奋记录笔记，后人出版多卷本《竺可桢日记》等，[1]可以根据这些书籍完整认识竺可桢对中国气象学的贡献。值得称道的是，竺可桢先生对于中国科学技术史事业的形成和发展厥功至伟，其中也包括对气象科学史的研究和引导，本书也是得益于这种学术薪火相传，星星之火积聚成书。

新中国成立前，由于中国气象学界的努力，中国本土的气象教育和学生培养呈现星星之火之势。1917 年，蒋丙然在北京大学讲授气象学，并编写了教材《理论气象学》。1920 年，竺可桢在南京高等师范学校文史地部的地学系开设气象课。1929 年，清华大学成立地学系，开设了气象学课程，并建立气象台。

抗日战争爆发后，国立西南联合大学设立地质地理气象学系，分地质、地理、气象组，气象组教授有李宪之和赵九章、刘好治、谢光道、高仕功等。[2]抗战期间，我国空军军官学校还在

---

① 竺可桢.竺可桢日记[M].上海：上海科技教育出版社，2010.
② 北京大学大气科学学科 90 周年，内部资料。

昆明创办了测候训练班。

1933 年 9 月 8 日，清华大学气象台助理史镜清在施放探空用的气象风筝时触电身亡。竺可桢呈请中央研究院拨款千元，成立史镜清纪念基金委员会，奖励气象学上的优秀论文。

2. 中国气象学会的成立

本书前文提到，中国古代关于气象现象的记录可以追溯到公元前 14 世纪。殷墟出土的甲骨文中已多次出现风、雨、云、雪、雹、霰、雾、霾、虹、霓、雷、电、霜、霁等字样。到战国时期，一些历史典故中关于气象方面的知识就数不胜数。秦汉以来，历代史书、方志中留下有寒、燥、湿、旱、涝、风等丰富记载。中国古代气象有其自身特色，自成体系，并且有很多方面领先世界数百年。但是比较稳定的科学结社则比西方晚数百年。

现代中国有代表性的气象科学共同体显然是中国气象学会，在 1924 年成立，以谋求"气象学术之进步与测候事业之发展"为宗旨，是我国最早成立的全国性自然科学学会之一。

1924 年 10 月 10 日，在青岛胶澳观象台成立中国气象学会（图 23-34），也可以视作中国气象学进入现代气象学阶段的标志。显然中国的现代气象学比西方的现代气象学要晚近百年。与成立于 1823 年的伦敦气象学会相比，几乎整整一百年。中国气象学会成立后，早期规模较小，但一成立，就召开年会，不断规范管理，经过数代人不懈努力，不断发展，对中国近现代气象事业的发展和现代气象科学的建立具有重要的推动作用。[1]

蒋丙然担任了中国气象学会第一届至第五届理事会（1924—1928 年）的理事长，竺可桢担任了第六届至第十六届理事会（1929—1948 年）的理事长（图 23-35），并担任中华人民共和国成立后的中国气象学会第一届、第二届理事会（1951—1958 年）的理事长。

---

① 中国气象学会 . 中国气象学会史 [M]. 上海：上海交通大学出版社，2008.

图 23-34　中国气象学会诞生地——青岛观象台

图 23-35　1932 年中国气象学会第八届年会合影（中国气象学会供稿）

中国气象学会在新中国成立前，对于中国现代气象事业的促进有重要作用，召开学术年会、创办期刊、组织国内气象观测、与国际学界交换资料和学术交流等，[①]对于学者成长有很好的引导作用，比如设立中国气象学会史镜清君纪念奖金，[②]团结引导中国气象学界的骨干力量等。[③]

3. 国际气象科技合作

近现代中国气象学基本上从西方传入，所以中国很早就融入到国际气象合作之中。1873 年，中国海关驻英国首席代表就代表中国，出席了该年 9 月在维也纳召开的"气象国际会议"，虽然首席代表是英国人，但中国的气象发展情况得到介绍。

20 世纪初，中国气象学界代表多次参加重大国际会议和活动，诸如 1930 年竺可桢出席远东气象台台长会议、1933 年参加第二届国际极地年活动等。第二届国际极地年期间，竺可桢当选国际极年组委会成员。1931 年 9 月间，竺可桢出席了国际地文及地形测量协会的会议，介绍了中国当时的气象观测、高层大气探测、大地和地形测量等方面情况，展开国际合作。

中国还是国际气象组织的创始国之一。[④]1947 年中华民国委派中央气象局局长吕炯等 5 人参加了在美国华盛顿市召开的 45 国气象局局长会议，成为世界气象组织的创始国和公约的签字国。

在中瑞西北考查团[⑤]中对气象的考查是比较成功的现代国际气象科技合作的范例。

1900 年，瑞典探险家斯文·赫定（Sven Hedin，1865—1952 年）进入中国罗布泊考察湖泊地理情况，次年，他再次进入罗布

---

① 中国气象学会第十三届年会记略 [J]. 气象学报,1943(Z1):139-141.

② 中国气象学会史镜清君纪念奖金征文办法 [J]. 气象杂志,1936(4):4.

③ 中国气象学会职员录 [J]. 气象学报,1943(Z1):146.

④ 王才芳. 中国与世界气象组织 [J]. 中国减灾,2012(6):52-53

⑤ 按约定俗成. 此处用"查"字。

荒漠，发现了消失已久的楼兰遗址，引起了欧洲学术界的震动，引发了西方学界对中国新疆包括罗布泊、楼兰的考察热潮。1926年，德国汉莎航空公司计划在德国与中国之间开辟一条途经中亚的空中交通走廊，这需要考察沿途的地理、地貌和气象等状况。

斯文·赫定成为这个中瑞西北科考团西方团长，[①]徐炳昶是考查团中方团长，团员包括10名中国人、6名瑞典人、11名德国人和1名丹麦人，此外还有3名曾为外国探险队服务、受过野外发掘训练的中国采集员，三十多名汉、蒙等各族工人等。如图23-36所示。

1920年代中国知识分子逐渐觉醒，在爱国热忱氛围下，1927年3月，故宫博物院、北京大学研究所考古学会等十余家学术机构举行联席会议，经过数次谈判，确定中国西北科学考查团理事会对考查团的领导地位，设中外两名团长，采集品运往北京，由理事会处置，有关国防问题不得考察，考察经费由斯文·赫定负责；考察期限两年等。

图 23-36　1929 年 12 月，考查团成员李宪之（左三）、袁复礼（右三）、黄文弼（右二）、刘衍淮（右一）在乌鲁木齐[②]

① 斯文·赫定.斯文赫定亚洲探险记[M].大陆桥翻译社.台北：商周出版社，2005.
② 此图来自新疆师范大学黄文弼中心，笔者受到北京大学朱玉麒教授邀请，2017—2018年参加"中国西北科学考查团进疆九十周年"等纪念活动，获知西北科考许多信息和资料，特别是气象史料，特此致谢。

　　1927—1935 年实际考察花了 8 年时间，主要考察内容包括：地质学、地磁学、气象学、天文学、人类学、考古学、民俗学、植物学、动物学等。考察范围涉及巴丹吉林沙漠、塔克拉玛干沙漠、天山准噶尔盆地、罗布泊和塔里木盆地、柴达木盆地，范围大约 460 万平方千米，取得了大量科学成果。[1] 见图 23-37 所示。

　　考察中气象是重要内容。1928 年北京大学物理学系学生李宪之与德国气象学家郝德等人在铁木里克进行气象观测时，遇上了一次强大寒潮的侵袭。据记载风力远远超过 12 级。

　　1930 年李宪之与刘衍淮经考查团成员郝德（Waldemar Haudi）的推荐赴德国柏林大学学习气象学。1935 年李宪之的博士论文"东亚寒潮侵袭的研究"发表。李宪之利用当时极为稀少的资料分析了 25 次个例，找出了寒潮侵袭东亚地区的几条主要路径，认为侵袭东亚的强烈冷空气从北极地区越过亚洲，到达印度尼西亚的雅加达和澳洲北部的达尔文港，产生特大暴雨。这个理论推翻了当时流行的赤道无风带理论，是这次西北考察的延伸成果。

　　考查团刘衍淮，是当时的北京大学理学预科学生，科考期间工作出色，后德国留学，学成回国后培养了很多军队气象人员，为抗日战争的胜利做出了贡献。[2] 考查团成员马叶谦，当时是北京大学物理系大三学生，在额济纳地区进行长达两年多的气象观测，获得很多当地气象数据。马叶谦坚持了这么长时间，在当时属于破天荒的气象观测。

　　① 李曾中.中国西北科学考查团八十周年大庆纪念册 [M].北京：气象出版社，2011.
　　② 叶文钦.中瑞西北科学考查对空军气象的贡献 [J].气象预报与分析（台湾），2007，193.

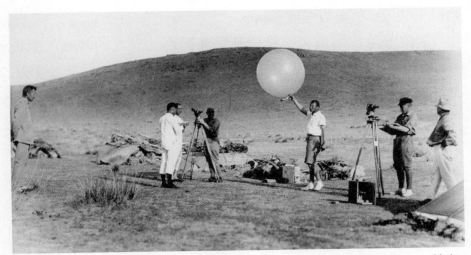

图 23-37　1927 年 6 月 12 日，考查团在哈那郭罗进行气象观测。右一赫定，右二郝德，左一徐炳昶 [1]

　　1931 年，考查团进行了第二次考察，受竺可桢推荐和派遣，胡振铎任气象助理员赴内蒙古参加考察，取得很多观测成果。新中国成立后胡振铎曾担任甘肃省气象所所长、西北气象管理处干部。

　　1928 年 7 月考查团已有四个气象测站，分布在新疆境内，包括达板、博克达山、喀拉库尔和阿尔金山。考查团先后在葱都尔、迪化、库车、婼羌、七格腾木、瓦因托来、和阗设立长期气象台；在包头、胡加图沟、义成公及新地、马札塔格、莎车、且末等作短期气象观测。

　　考查团出发后沿途除天天进行定时地面气象观测外，并施放测风气球，测定高空各层风向风速。1931 年 5 月到 1932 年 3 月郝德和徐近之、胡振铎，在绥远与居延海附近施放了 123 次的风筝探空，这在当时是很先进的气象观测方法，可测出地面 3000

米以下气压、气温与湿度。[①]

　　这些气象观测结果，成为开辟我国西北航线的基础气象资料。中德合资的"欧亚航空公司"，1931 年 12 月 21 日试飞成功，最后发展为由我国沿海城市到新疆的空中交通航线，并创设西北测候网，达到了科考最初目的。[②]

———————————
　　① 刘衍淮. 西北科学考查团的气象观测结果 [J]. 中国气象学会会刊（台湾），1966，（7）. 气象预报与分析，2007，第 193 期重刊.
　　② 新疆师范大学. 纪念刘衍淮诞辰 110 周年专辑 [J]. 黄文弼中心通信，2017（12）.

第四篇

走向大科学的当代大气科学

第四篇是为了突出大气科学在当代社会的重要性，[①]也为了阐述当代大气科学已经走出纯自然科学的模式，横跨自然科学、社会科学、思维科学的综合性研究领域，成为涉及科学家、政治家、社会民众等的社会事业。

当代大气科学最大特征就是进入大科学阶段，气象已经不是学者和社会团体的事业，而是国家和世界的事业。东西方气象科学在 17 世纪以前，基本各自按照各自的学科内置逻辑自己发展。

西方在 20 世纪 50 年代后进入当代大气科学阶段，中国在 1949 年之后进入当代大气科学阶段，两个发展路径在近现代 300 多年非共振之后，在当代大气科学阶段又进入同频发展历史时期。

---

① 在英语中，现代和当代有一定区别，在中文中也有些不同含义，当代多指主体所在或接近的时空环境。

第二十四章 具有转折意义的20世纪50年代

科学社会学研究表明，科学发展有连续性和阶段性，科学史上有缓慢发展过程和快速发展过程。气象科学的发展也是如此，从发展初期至20世纪中叶，气象科学经历了几次明显的加速发展过程。[①] 大约在17—18世纪前后，气象仪器开始大量发明，由于观测仪器的发明，科学的气象观测成为可能。1860年前后，由于无线电报的发明，观测资料可以迅速传递、集中，地面观测迅速发展，形成了一定数量的地面观测网。天气图和天气学得到迅速发展，1940年左右，无线电探空仪和高空观测，动力气象学得到发展。在差不多相同时代，不同学科的科学家奠定了动力气象学的基础。[②]

到20世纪50年代正处于气象科学又一次变革时期，如各种远距离遥感仪器的出现、气象雷达的应用、大批人才的加盟，特别是气象学研究方式及相关思想的转变，这些决定了20世纪50年代气象科学开始新的飞跃发展。

① Benton G. 中尺度气象学 - 天气服务发展的一个新方向 [J]. 气象科技动态, 1983 (9).
② 林必元. 中尺度气象学研究的历史和现状 [J]. 气象科技, 1988(1): 1-7.

第一节　大气科学社会背景的转变

第二次世界大战以后，世界政治格局发生重大变化。科学技术日新月异，大气科学也因此进入加速发展的时期，无论研究内容，还是研究范式都发生了具有转折意义的重大变化。

1. 世界气象组织的成立

1853 年欧洲国家代表在布鲁塞尔召开了第一次国际海洋气象会议。20 年后的 1873 年 9 月，维也纳举行第一次国际气象代表大会。与会代表发起并成立了国际气象组织（International Meteorological Organization，IMO），这是后来成立的联合国专门机构——世界气象组织（World Meteorological Organization，WMO）的前身。

IMO 是一个非政府组织，从创立到第二次世界大战结束一直致力于促进国际间的气象合作，特别是协调各国观测的仪器标准，促进政府间开展气象业务和气象科学合作。国际气象组织在 1882—1883 年和 1932—1933 年期间，组织了两次"国际极地年"活动，为协调各国促进气象科学研究做出了重要贡献。[①]

1946 年 7 月，巴黎举行国际气象组织会议上，起草了世界气象公约把国际气象组织改名为世界气象组织。1947 年 9 月，在华盛顿召开成立大会，通过《世界气象组织公约》，当时的中国政府委派中央气象局局长吕炯和技正卢鋆出席，并代表中国签署了世界气象组织公约，因此中国成为世界气象组织的创始国和公约的签字国之一。

1950 年 3 月 23 日，公约开始正式生效，正式成立世界气象组织（WMO）。1951 年成为联合国的专门机构并开始运作。1960

---

① 极地考察办公室. 国际极地年的背景与发展动态 [J]. 海洋开发与管理，2007(2):8-9.

年 6 月世界气象组织决定将公约生效日期和世界气象组织更名日——3 月 23 日定为"世界气象日"。

　　世界气象组织（WMO）延续了国际气象组织（IMO）的物质基础和发展理念，同时增加了一些社会因素的影响，更加注重全球范围内的气象科学和业务发展，包括非洲、两极等落后和之前考虑较少地区，也逐渐纳入世界气象组织的发展计划中，担任 WMO 的领导人来源也更加广泛，从而促进全球气象观测和气象业务的不断发展。图 24-1 是世界气象组织徽标。

　　世界气象组织的成立和发展，对于现代大气科学的发展具有重要意义，表明气象和人类社会发展更加密切，为 20 世纪 60—70 年代的各项大型国际合作打下组织基础。大气无国界，世界气象组织的成立使得这门科学可以获得更加全面广泛的国际资料，对于大气学科有深远影响。世界气象组织重要历史事件如下。

图 24-1　世界气象组织徽标[①]

WMO 与现代气象科学及气象日演变

　　1950 年：世界气象组织公约生效，WMO 成立。

　　1952 年：WMO 设立技术项目。

　　1961 年：第一个世界气象日，主题为"气象"。

　　1967 年：第五次世界气象大会召开，大会正式批准了世界天气监视网计划（WWW），成为气象观测资料实时共享的里程碑；WMO 与国际科学联盟理事会（ICSU）共同发起全球大气研究计划（GARP）。

　　1967 年：WMO 设立"自愿援助计划"，倡导各成员国之间相互帮助，

_____

① 世界气象组织网站：http://www.wmo.int

1979 年该计划更名为"自愿合作项目"。

1970 年：尼日利亚、日本、加拿大和英国的 4 位青年科学家获得 WMO 首届青年科学家奖。

1971 年：第六次世界气象大会召开，热带气旋计划启动（1980 年变为热带气旋项目）。

1971 年：联合国大会通过恢复中国在联合国合法席位的决议，WMO 为执行联合国大会决议，就中国在该组织的席位问题进行通信表决。

1972 年：毛泽东主席、周恩来总理等领导批准"关于我国进入联合国世界气象组织的请示报告"，WMO 经通信表决，中华人民共和国为在该组织的唯一合法代表。

1972 年：业务水文计划启动。

1973 年：叶剑英、李先念等中央领导批准同意"关于向世界气象组织提供气象情报资料问题的请示"，随后，我国向世界气象组织提供了 392 个气象站资料及有关情报。

1974 年：WMO 基本系统委员会第六届会议，决定 50～59 区为中国气象站区号，原台湾使用的 46 区将统一使用新区号。

1975 年：第七次世界气象大会召开；中文成为 WMO 正式语言。

1976 年：WMO 发布关于大气二氧化碳累计及其对地球气候潜在影响的声明。

1976 年：WMO 发表第一份全球臭氧状态国际评估。

1977 年：WMO 和联合国教科文组织（UNESCO）政府间委员会共同建立综合全球海洋服务系统。

1978/1979 年：全球大气研究计划开展全球天气实验和季风实验。

1979 年：第八次世界气象大会召开；第一次世界气候大

会召开；世界气候计划启动。

1980 年：世界气候研究计划建立。

1981 年：正式引入基于国家气象服务和开发的长期战略计划制定工作。

1983 年：第九次世界气象大会召开，邹竞蒙当选 WMO 第二副主席。

1985：保护臭氧层维也纳公约签订。

1987 年：第十次世界气象大会召开，邹竞蒙当选 WMO 主席。

1988 年：WMO/ 联合国环境规划署（UNEP）/ 政府间气候变化专门委员会（IPCC）建立。

1989 年：全球大气监测计划建立。

1990 年：第二次世界气候大会（启动全球气候观测系统）；国际减灾十年计划启动；第一次 IPCC 评估报告发表。

1991 年：WMO/UNEP 召集第一次联合国气候变化框架协议政府间谈判委员会会议。

1992 年：全球气候观测系统启动。

1993 年：世界水文循环观测系统启动。

1995 年：气候信息和预报服务系统建立；第二次 IPCC 评估报告发表。第十二次世界气象大会召开，会议支持公共天气服务，通过了资料交换的 40 号决议。

1998 年：臭氧减少科学评估。

1999 年：WMO 在日内瓦新办公楼启用。

2000 年：庆祝气象服务 50 年。

2001 年气象日主题：天气、气候和水的志愿者。

2002 年气象日主题：降低对天气和气候极端事件的脆弱性。

2003 年气象日主题：关注我们未来的气候。

2004 年气象日主题：信息时代的天气、气候和水。

2005 年气象日主题：天气、气候、水和可持续发展。

2006 年气象日主题：预防和减轻自然灾害。

2007 年气象日主题：极地气象：认识全球影响。

2008 年气象日主题：观测我们的星球，共创更美好的未来。

2009 年气象日主题：天气、气候和我们呼吸的空气。

2010 年气象日主题：世界气象组织——致力于人类安全和福祉的六十年。

2011 年气象日主题：人与气候。

2012 年气象日主题：天气、气候和水为未来增添动力。

2013 年气象日主题：监视天气，保护生命和财产。

2014 年气象日主题：天气和气候：青年人的参与。

2015 年气象日主题：气候知识服务气候行动。

2016 年气象日主题：直面更热、更旱、更涝的未来。

2017 年气象日主题：观云识天。

2018 年气象日主题：智慧气象。

2019 年气象日主题：太阳、地球和天气。

2020 年气象日主题：气候与水。

世界气象组织的出现和发展确实很大程度上改变了大气科学发展的范式。一是在气象科学技术的研究范式上，更加注重全世界气象观测的标准和流程，注重统一的预报和全球性的气象科学理论，气象科学家之间的合作更加广泛，大型的气象国际合作计划更加频繁和可靠，取得的成果越来越多（图 24-2）。二是对于各国政府有很大的促进作用，在国家层面促进发展本国的气象事业，使得气象科学发展到现代不完全是气象学界的事情，也是国家和政府的事务。三是促进了世界各地普通民众对气象和气候的关注。随着气候变化的不断发展，普通民众对于气象科学的关注前所未有。

图 24-2　在世界气象组织帮助下，在刚果上空发射的无线电探空气球[①]

WMO 提供教育和培训，协助国家气象与水文部门发展和提供服务，世界气象组织成员国，有气象在职从业人员超过 30 万人，但是只有大约一半的成员拥有教育基础设施，能够满足气象专业教育和培训需求。即便有教育培训的国家，也没有涵盖所需技能领域的全部广度和深度。

气象教育与培训是 WMO 的重要工作。WMO 培训有专门的架构。1965 年成立教育培训专家委员会，1970 年召开了首届 WMO 教育与培训的国际会议，在 1976 年前后 WMO 成立了教育培训司。[②]世界各国的气象教育特别是业务培训有计划有层次地开展起来。WMO 国际教育培训大会（SYMET）一般四年召开一次，促进 WMO 各成员国的气象培训能力和业务建设。

目前世界气象组织有近 200 个成员国，分为六个区域协会：

---

① 图片来源于世界气象组织网站。
② 陈金阳. 基于需求推进气象国际培训的思考 [J]. 继续教育，2014(04):36-37.

一区协（非洲）、二区协（亚洲）、三区协（南美）、四区协（中北美洲）、五区协（西南太平洋）和六区协（欧洲）。世界气象组织（WMO）已经成为当代社会世界范围内气象事业主要的领导和协调中枢，也在世界政治和社会舞台发挥越来越重要的作用。

2. 重大气象灾害的频繁出现

20 世纪 50 年代以后，影响气象科学另一个重要外界因素就是重大气象灾害的频繁出现。

在人类历史上，重大的气象灾害时有发生，对人类社会造成重大影响。进入 20 世纪后半叶，因为人类社会的结构和成本增加，所以气象灾害的影响就越来越大。对气象科学技术的需求和促进也越来越大。

1951 年 1 月 21 日，阿尔卑斯山发生了雪崩，席卷了整个奥地利所属的阿尔卑斯山区，造成了 329 人死亡，45000 人被困在雪中，造成了极大的人员伤亡和经济损失。因为在积雪的山坡上，积雪不能稳定，常常引起大量雪体崩塌，它们不停地从山体高处借重力作用顺山坡向山下崩塌，崩塌时速度可以达 20～30 米/秒。

1952 年 12 月 5—9 日伦敦发生了一次严重大气污染事件。这次事件造成多达 12000 人因为空气污染而丧生，由此推动了英国环境保护立法的进程。这次烟雾事件并非伦敦历史上第一次严重的烟雾事件。据史料记载，伦敦最早的有毒烟雾事件可以追溯到 1837 年 2 月，那次事件造成至少 200 名伦敦市民死亡。而在 1952 年之后，伦敦也多次发生烟雾事件。1952 年的大气污染事件引起了英国民众和政府当局的高度重视，使人们意识到控制大气污染的重要意义，并且直接推动了 1956 年英国洁净空气法案的通过。这次烟雾事件被环保主义者看作 20 世纪重大环境灾害事件之一，并且作为煤烟型空气污染的典型案例出现在多部环境科学教科书中，使得大气化学和气象环境检测等学科迅速发展。

1954 年 9 月 26 日，台风"Marie"（日本气象厅命名："洞爷丸"台风）吹袭日本的津轻海峡，造成 1155 人死亡的惨剧。事件发生后，推进了日本台风预报的投入和预报水平。台风警报成为灾害新闻报道的重要内容。1956 年 8 月 1—3 日，十二级台风 WANDA 在浙江象山登陆，在全国共造成超过 5000 人遇难，1.7 万余人受伤，220 万幢房屋受到不同程度毁坏，经济损失难以估量，给中国 10 个省（区）带来了不同程度的灾害。

　　这里只举出发生在 20 世纪 50 年代的雪崩、大气污染、台风三种气象灾害。20 世纪 50 年代以后，人类其实还面临更多种类的气象灾害。对于气象灾害预警预报的科学得到较快发展。其中计算机的引入加快了这个学科的科学技术进展。

　　1961 年 10 月 27 日—11 月 1 日，大西洋"哈蒂"飓风几乎摧毁中美洲的伯利兹城，造成了 6 亿多美元的损失，死亡 319 人，还影响到危地马拉和英属洪都拉斯。洪都拉斯受到了巨大损失，迫使当地首府搬迁到一个新的城市，这可能是现代气象灾害造成政府变迁的第一个案例。参见图 24-3。

　　1962 年 3 月 5—9 日，一场超级冬季风暴袭击美国沿岸特别是中部各州，损失重大。气象学界认为，这个风暴非常特殊，命名为"灰暗星期三风暴"（Ash Wednesday Storm），成千上万的家庭和企业被淹或被毁。这次大西洋风暴连续产生五个"高潮"，连续袭击美国东北部大西洋沿岸。它给大西洋中部各州带来了有史

图 24-3　纪念"哈蒂"飓风的邮票

以来最极端的东北风，同时将暴风雪天气带到内陆地区，也是目前为止被列入顶级风暴的名单的一个风暴。

　　"灰暗星期三风暴"对房屋造成了很大的破坏，图 24-4 中显示美国特拉华州雷奥博斯海滩（Rehoboth Beach，Delaware）的房屋受损场景。

　　1970 年"博拉"气旋（Bhola cyclone）是一个巨大的灾难性

图 24-4　"灰暗星期三风暴"的破坏 [1]

的热带气旋，1970 年 11 月 3 日袭击了巴基斯坦东部和印度西孟加拉邦，至少 50 万人在风暴中丧生，主要原因是风暴潮淹没了恒河三角洲的大部分低洼岛屿。[2]1987年，欧洲也出现特大风暴，造成了较大损失和社会影响。

3. 数值预报取得突破进展

本书前已述及，早在 20 世纪初期，英国科学家 L.F. 理查森首先进行了数值天气预报的尝试。1922 年，他在天气预报的数值方法书中，论述了数值预报的原理和可能性，并且应用完全的原始方程组，对欧洲地区的地面气压场进行了 6 小时的预报。但其结果很不理想。第二次世界大战之后，由于电子计算机的出现，气象观测网、特别是高空观测的发展，气象资料有了很大的改

① 图片来自特拉华州公共档案（Delaware Public Archives）。
② Teague K A, Gallicchio N. The evolution of meteorology: A look into the past, present, and future of weather forecasting[M]. Wiley-Blackwell, 2017.

善，数值预报再度引起了人们的注意。1948 年，J.G. 查尼在 C-G.
罗斯贝等人工作的基础上，提出了滤波理论，证明了采用静力平
衡和地转平衡近似，可以消除重力波和声波。这样建立的简化方
程组，避免了声波和重力波的影响。

1950 年，查尼、R. 菲约托夫特和冯·诺伊曼用准地转正压
模式，在电子计算机上首次成功地对北美地区 500 百帕高度的气
压场，作了 24 小时的预报，成功计算出了历史上第一张数值预
报天气图。其后，为了提高工作效率并减少人为的误差，从 1954
年起，人们相继提出一些用电子计算机进行客观分析和自动处理
资料的方法。参见图 24-5。

20 世纪 50 年代后期，人们发现，用准地转模式所作的预报
有很大的局限性，预报的系统强度变化不大。1956 年，A. 埃利
亚森提出用考虑重力波的原始方程模式制作预报的方案。1956 年
菲利普斯（N. A. Philips）首次用两层准地转模式进行了大气环
流的数值试验，尽管实用价值还不大，但是这种试验方法被不少

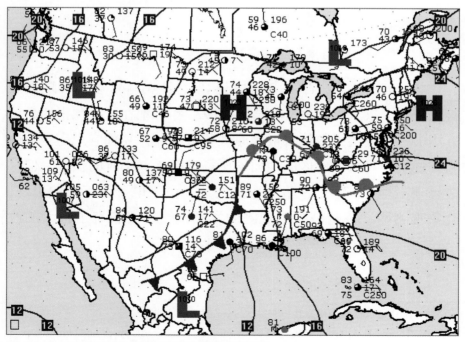

图 24-5　20 世纪 50 年代美国的数值预报图

有识之士采用。有气象学家以大气中二氧化碳的增加来模拟未来气候变化趋势，有的模拟积云动力发展过程的数值试验等。1959年，K. 欣克尔曼用原始方程模式作预报，获得了成功，其效果不低于准地转模式。1960 年，美国发射泰罗斯气象卫星成功，为提供沙漠和海洋等地区的气象资料找到了新的途径。

随着混沌理论的出现，人们对于大气学科的本质有了进一步的深入理解。集合预报的出现，使得大气学科面临不再是传统意义上的自然科学，而是带有一定概率性质的综合性自然科学。虽然属于自然科学，但需要考虑社会因素和社会环境的需求，这是大气学科发展 2000 多年来未曾遇到的新的历史境遇，表明大气科学社会背景的转变，进入当代阶段。

第二节　大气科学研究范式的转变

1. 广泛采用试验和实验

20 世纪大气科学发展到简单直观的气象观测已无法满足研究需求，特别是一些大范围气象研究，比如大气环流研究，局部可控的观测不能满足这种全球尺度的研究需求。这导致各种大气科学实验室层出不穷。特别是随着实验仪器和计算机技术的发展，出现大气模拟实验。这种实验在实验室控制条件下，可控制影响大气运动的有关因素，探索大气运动的发生规律。使用模拟实验研究大气运动规律的方法至今已有一百多年历史，它包括数值模拟和流体力学实验模拟等方法。[1]

大气模拟实验和直接观测研究现实的大气现象，有很多方便

---

[1]　中国科学院大气物理研究所模拟实验组. 大气模拟实验简介 [J]. 气象科技 ,1974(6): 28-32.

之处，最主要是可以控制，按照物理实验模式来进行基本不可重复的大气实验：第一，可以促进发现新的气象事实，也可以验证发现新的现象；第二，促进查找有关天气预报和气流运行的主要原因；第三，检验数值预报的试验效果，解释已发现的天气事实。

20 世纪 50 年代，大气科学更加注重实验研究。大气科学是非确定性学科，不同于物理、化学可以在确定性的实验室做精准研究。但是毕竟是自然科学的一个门类，实验是必不可少的。比如罗斯贝的学生富尔茨（Fultz）在 20 世纪 50 年代用转盘实验模拟研究大气环流和罗斯贝长波，在芝加哥大学流体实验室进行的转盘模型实验，不仅模拟出哈得来环流，还模拟出了长波。E. 洛伦茨（E. Lorenz）曾指出富尔茨的转盘实验结果对他后来的混沌理论有很大的启发。后来随着电子计算机运算能力的日益强大，转盘模拟的重要性逐步被淡化。进入 21 世纪，美国几所著名大学里又重新重视转盘实验用于教学。北京大学也指导学生做转盘实验。可见这种模拟实验对于教学和研究都有重要意义。

1951 年由美国的亨特·劳斯（Hunter Rouse）（1906—1996 年）在气象研究的模型技术的文章中对美国气象模拟实验做了介绍。勃朗特爵士（Sir David Brant）研究了对云的实验模拟，主要研究了"伯纳对流云胞"（Benard convection cell）的模拟条件。[①] 当时气象学家对各种天气现象都尝试进行模拟，包括龙卷风的模拟。

20 世纪 60—70 年代，行星边界层的试验注重海洋和大气相互作用的研究。1967 年美国进行了莱思群岛试验（LIE），1969年在大西洋上进行了（BOMEX）试验。1974 年进行了大西洋信风研究试验（ATEX），除使用美、苏的气象卫星外，还有八个国家二十四艘海洋和气象观察船、十架气象飞机参加。日本1973—1974 年在琉球群岛和中国东海带进行"气团变性的试验"

---

① 　王鹏飞. 王鹏飞气象史文选——庆祝王鹏飞教授从事气象教学 57 周年暨八秩华诞 [M]. 北京：气象出版社，2001.

（AMTEX）。还有热带试验和"全球试验"，甚至构思一些设想大胆没有付诸实施的试验。

20 世纪 70 年代，中国气象学家也曾通过模型实验，尝试模拟了青藏高原对大气环流的影响及台风的形成，包括用人工气候箱模拟各种气候条件对植物生长的影响等。这些模拟实验确实有助于研究大气科学中的一些自然现象。

除了模拟实验和计算机试验，大范围的实地试验也不断发展。20 世纪 50 年代开始的实地数值实验代表了当时大气科学未来的研究方向。广泛采用试验和实验手段，从注重观测和资料描述进展的试验再到数据进行大范围实地试验，是 20 世纪 50 年代以后大气科学一种质的飞跃。

20 世纪 50 年代及以后进行的各种时空加密观测，深入了解某类天气系统的细致结构和发展过程的特定气象试验等，促进了大气科学大范围试验的加速发展。比较著名的大范围实地试验包括美国局地强风暴和中尺度天气系统试验、日本的梅雨锋暴雨试验等待。中国逐渐加强了大气科学的大范围试验研究，世界气象组织在 20 世纪 70 年代组织了一些大规模的试验活动，大西洋热带试验（GATE）、气团变性试验（AMTEX）、季风试验（MONEX）、极地试验（POLEX）等也源自于这个时代研究范式的逐渐变化。

2. 天气雷达性能极大改善

现代物理和电子科学的发展，使得大气科学可以直接使用最新的远距离测控技术，气象雷达就是比较典型的情况。1953 年出现 CPS-9 雷达，可以监测强对流天气，提高了远距离探测降水的能力，CPS-9 雷达从美国空军的设备转为用于气象监测的雷达。

20 世纪 60 年代后，天气雷达发展大致分成几个阶段。第一阶段主要使用 S 波段和 C 波段，远距离传输的雷达图像质量不断完善，逐渐使天气雷达成为监测强对流天气的主要探测技术之一。在第二阶段，采用模拟技术的常规天气雷达逐渐向计算机处置雷达转变，比如英国的 Plessey-45C 天气雷达，美国 WSR-77 雷达等。第三阶段转向使用多普勒雷达，这种雷达比常规雷达对局地灾害性天气有更好的监测效果。多普勒雷达从 20 世纪 70 年代开始推广，在定量测量和研究上性能优良，监测更加精确，对于临近天气预报非常有帮助。所以各国到 20 世纪末 21 世纪初普遍采用多普勒雷达。如图 24-6。

图 24-6　现代气象雷达之一多普勒雷达 [①]

　　天气雷达的出现及其在天气预报特别是短临预报中的良好应用，表明气象科学技术研究范式逐渐变化，提高了大气观测的精确度与可信度，特别是对灾害性天气的预报和监测起到积极的作用。随着天气雷达在气象领域应用不断扩大，雷达在气象监测中的使用促使了一门新的气象分支学科的产生——雷达气象学。

　　20 世纪末到 21 世纪，雷达气象学不断发展，雷达气象学从实验的角度提出科学问题，很大程度上依赖于其他自然科学技术的发展和技术工艺的进步。雷达气象学产生很多研究领域，如地面（海面）移动雷达、双（多）雷达、机载雷达、（卫）星载雷达等，促进了气象学科的整体发展。这些重要的进展，表明气象技术的突飞猛进。

　　3. 气象研究思维方式的转变

　　前已述及，洛伦茨（Edward Norton Lorenz，1917—2008 年），因为发现气象学中的混沌现象一生获得很多重要奖项，包括 1963 年获美国气象学会迈辛格奖，1969 年获美国气象学会罗斯贝研究奖章。1983 年获瑞典皇家科学院克拉福德奖，这一奖项主要授予

---

　　① 中国数字科技馆，http://amuseum.cdstm.cn

研究领域不在诺贝尔奖授奖范围内、而确有突出成就的科学家。特别是 1991 年获得京都奖，京都奖评委会认为他的混沌理论是继牛顿之后，为人类自然观带来了最为戏剧性的改变。

20 世纪 60 年代初，洛伦茨经过多次试验发现，天气演化呈现出一种非线性现象，即对初始条件非常敏感。洛伦茨 1963 年发表"确定性非周期性流动"的论文。这用于解释了使长期天气预报不可能的现象，称之为"蝴蝶效应"。

今天来看，洛伦茨混沌理论确实是 20 世纪气象学重大成就之一，洛伦茨的非线性动力学不仅给现代气象学带来理论和理念的重大突破，还给涉及到的许多其他学科带来冲击，如力学、数学、物理学、化学，甚至某些社会科学等。洛伦茨在 20 世纪 60 年代初揭示出混沌现象不可预测和对初始条件的极端敏感两个基本特点，同时在毫无规则中又蕴含某些规律性。

蝴蝶效应

为了预报天气，洛伦茨用计算机求解仿真地球大气的 13 个方程式，意图是利用计算机的高速运算来提高长期天气预报的准确性。1963 年的一次试验中，为了更细致地考察结果，他把一个中间解 0.506 取出，提高精度到 0.506127 再送回。而当他到咖啡馆喝了杯咖啡以后回来再看时竟大吃一惊：本来很小的差异，结果却偏离了十万八千里！再次验算发现计算机并没有毛病。

洛伦茨发现，由于误差会以指数形式增长，在这种情况下，一个微小的误差随着不断推移造成了巨大的后果。他于是认定这为："对初始值的极端不稳定性"，即"混沌"，又称"蝴蝶效应""亚洲蝴蝶拍拍翅膀，将使美洲几个月后出现比狂风还厉害的龙卷风"！

其原因在于：蝴蝶翅膀的运动，导致其身边的空气系统发生变化，并引起微弱气流的产生，而微弱气流的产生又会引起它四周空气或其他系统产生相应的变化，由此引起连锁反应，最终导致其他系统的极大变化。

混沌理论对大气科学发展影响深远，表明大气科学确实就是非确定性科学，永远不可能达到物理、化学那样的精确程度，所以长期精确预报几乎不太可能。更重要的是使得气象学思维方式发生转变。这表明以后的包括数值预报在内的气象科学研究总会遇到"天花板"，预报时效是有限的。

然而，气象学家并不是就不可作为了，不确定性中包含确定性。气象学家就是寻找这种确定性的工程师。如何"戴着镣铐跳舞"，这是气象学家和物理学家、数学家等不一样之处，大气科学研究范式转变了。

4. 大合作的范例——欧洲中期天气预报中心

在欧洲科学技术研究合作委员会（COST——European Cooperation in the field of Scientific and Technical Research）推动下，1975 年欧洲科学技术合作计划开始。COST 奉行"来自科学家的自下而上、有兴趣加入、平等进入机会、柔性结构"，为推动欧洲联合数值预报机构的出现做出了重要贡献。[①] 1975 年由欧洲各国联合成立了欧洲中期天气预报中心（European Centre for Medium-Range Weather Forecasts，ECMWF），气象学界也简称之为欧洲中心。欧洲中心即节省了资源，又集中了各个国家的力量。欧洲中心初期建立时只有 50 几个工作人员。

欧洲中心位于英国，欧洲中期天气预报中心是一个数值预报制作的工厂，类似当年理查森著作中描述的那样流水化作业。从其短短的几十年发展历程来看，欧洲中期天气预报中心的预报水平是目前世界上最好的。它的预报产品不仅在欧洲使用良好，在我国也受到预报员的广泛好评，并为各级台站普遍采用。欧洲中心成立较晚，但预报准确率和可信度都比较高。这是因为一开始

---

① Woods A. European Centre for Medium-Range Weather Forecasts[M]. Springer Science+ Business Media, Inc, 2006.

就对所有有用的模式和参数化方案进行比较研究和吸收，二是重视随时引进高性能计算机和最近理论成果，如半隐格式等。①

欧洲中心第一任主任是阿克塞尔·维恩 - 尼尔森（Aksel Wiin-Nielsen），担任第一任主任任期是 1974—1979 年（图 24-7），做出开创性贡献。② 第二届 ECMWF 主任吉恩·拉布鲁斯（Jean Labrousse），任期 1980—1982（图 24-8），虽然短暂，但是对基础建设和系统发展做出重要贡献。③ 欧洲中心第一个业务模式是网格点模式。它的模式物理过程比较复杂。如图 24-9。

欧洲中心 1979 年投入业务运行。第一个实时中期预报于 1979 年 6 月完成，1979 年 8 月 1 日开始业务中期天气预报。这表明世界范围内的数值预报进入新的发展阶段。④ ECMWF 强调成员国之间数据共享和合作，⑤ 同时非常重视国际合作。1979 年 8 月开始做每周 5 天的业务预报，1980 年 8 月开始每周 7 天业务预报。在中期数值天气预报的发展史上具有里程碑意义的是 1983 年 4 月，欧洲中心全球谱模式 T63L16 投入业务运行。当时是一个较高分辨率的全球谱模式。谱方法的产生和应用是数值天气预报业

图 24-7　阿克塞尔·维恩 - 尼尔森（Aksel Wiin-Nielsen）

图 24-8　吉恩·拉布鲁斯（Jean Labrousse）

———————

① Wiin-Nielsen A. 天气和气候的预报及其可预报性 [J]. 张拔群，译. 气象科技，1982（5）：27-32.

② Woods A. European Centre for Medium-Range Weather Forecasts[M]. Springer Science+ Business Media, Inc, 2006.

③ ECMWF Newsletter No. 128 – Summer 2011.

④ 吴国雄. 中期数值预报的现状和展望 [J]. 气象，1986（3）：2-7.

⑤ 刘环珠. 欧洲中期天气预报中心 (ECMWF) 十年 (1985—1994) 规划 [J]. 气象科技，1986（2）：1-10.

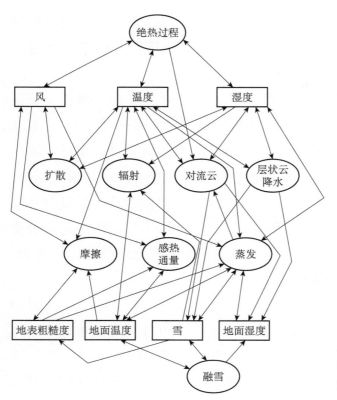

图 24-9 欧洲中心 20 世纪 70 年代末至 80 年代初使用的模式里物理过程关系，图中椭圆形表示物理过程，矩形表示模式变量[1]

务化的一个重大进展。

数值预报的业务化是数值预报学科发展的必然结果，发达国家气象部门首先推动了本国的数值预报业务化，这些国家由于模式先进，有一流科学家和一流硬件设备，使得他们的数值预报效果和水平一直处于世界领先水平。比如瑞典虽然是个小国，但由于气象学大家罗斯贝的鼓动和亲力亲为，使得这个国家的数值预报业务曾经排在世界第一。可惜罗斯贝的才能没有完全被其祖国的政府挖掘出来，其后瑞典数值预报业务水平被其他发达国家超越，这或许再次说明，数值天气预报不是科学家自身可以完成的象牙塔学科。作为实践性很强的学科，理论再完美，没有强大的

---

① Bengtsson L. 欧洲中期天气预报中心 (ECMWF) 的中期天气预报业务 [J]. 高良诚，译. 气象科技，1985（6）：16-24.

资源支撑，最终也会失去先进优势和理论价值。

数值预报需要动用很多观测资源和计算资源，更需要大笔大笔的经费投入，于是国家之间的数值预报科研协作应运而生，以欧洲中期天气预报中心为代表。欧洲中心的业务化是数值天气预报学科发展中的一个重大事件，本身是小学科的大气科学在数值预报推动下，走向大合作的大科学阶段。

到今天，欧洲中心也一直处于世界前列，其灵活的运行机制和世界范围高水平的合作共享机制，造就一大批世界级的数值预报专家。只管业务不管政治，或许是许多个政见不同的欧洲国家坐到一起的原因。这些对于当下合作共享机制有待完善的中国来说，是很大的借鉴目标：既要学习业务模式，也要学习其管理理念和运行机制。

数值天气预报的业务化既是对数值预报理论的实践，也在预报实践中发现和挖掘出更多待解决的问题，比如初始场的调整，分辨率的提高和计算能力的矛盾，计算资源如何分配等问题，这些反过来又促进了数值预报理论上的研究。

欧洲中心的成立和顺利发展，可能是欧洲一体化的政治社会背景有利于团结一致工作。1986 年，欧洲气象卫星组织（EUMETSAT）成立可能也基于此。

5. 大气科学新的动向

人类在与大自然抗争中，一直希望改变大自然，这其中包括对天气的改变，希望能够"呼风唤雨"。到 20 世纪 50 年代中期，云和降水物理学逐步发展并形成分支学科。大规模的人工影响天气逐渐登上人类历史舞台，各国都比较重视，中国更加重视，也取得一些积极效果。

随着对海洋和大气相互关系的研究，特别是气候变化中的动力学研究取得进展，出现了动力气候学。1950 年德国气候学家盖加（Rudolf Geiger，1894—1981 年）发表了"近地面空气层的气候"（Das Klima der bodennahen Luftschicht）的文章，[1] 是这方面一个进展。

随着世界范围内工业化的进展，空气污染逐渐严重起来，引起大气科学家们的注意。20 世纪 50 年代，大气化学逐渐成为大气科学的一个分支学科。1952 年，瑞典著名气象与海洋学杂志 *Tellus* 就有相关论文，研究了含氮化物以及含硫、氯、碘化物等和酸雨有些相关的大气化学内容。还有一些大气学家也开始关注这个领域。气象学家 O. G. 萨顿（O. G. Sutton）在 1953 年出版《微气象学》，[2] 阐述空气由于扩散特性，造成烟囱燃烧物对空气的污染。表明大气化学和空气乃至环境污染的早期联系。

气象学家埃里克松（E.Eriksson）在 WMO 1971 出版的有关气象与环境的系列专刊中提出了良好空气质量是维持生命的资源。他认为，不久的将来，最重要的行动是减少大气中污染物的排放，改善城市地区的空气质量，预计这些污染物会影响越来越多的总人口。大气无疑是污染物快速扩散的一个相当有效的受体。[3] 今天看来，这是有相当远见性的。

此外，20 世纪 50 年代后，大气科学出现许多新的分支学科。除了前面提到以外，还包括大气光学、大气电学、大气辐射学等逐渐成形。由于大气科学应用于生产和经济发展各种领域，各种边缘学科开始呈现，如海洋气象学、农业气象学、森林气象学等。这表明随着科学技术发展，大气科学自身的交叉学科越来越多，随着社会分工细化，大气科学的应用也越来越多。大气科学的研究范式和自身发展的逻辑也越来越与社会需求紧密地结合在一起。

① 王鹏飞. 王鹏飞气象史文选——庆祝王鹏飞教授从事气象教学 57 周年暨八秩华诞 [M]. 北京：气象出版社，2001.

② Sutton O G. Micrometeorology[M]. McGraw Hill Book Co.,Inc., 1953,88-103.

③ Eriksson E. The quality of air as a resource to support life, special environmental report No.2 Selected papers on Meteorology as related to the Human Environment[R]. WMO - No.1971, 312,73-81.

气象科学发展到 20 世纪成为现代大气科学，是非常重视基础数据观测的科学，这是其学科性质决定的。进入 20 世纪 50 和 60 年代以后，大气科学最重要的进展之一就是观测手段的巨大进步。例如，几个大型国际研究计划中，如世界天气研究计划（WWRP），全球能量和水分循环研究计划（GEWEX）、气候变化与可预报性研究计划（CLIVAR）都把观测系统建设放在首位。可以说，每次观测手段的进步都会导致大气科学新的进步，这种质的进步导致质的飞跃。

第一节　气象卫星的出现与技术发展

20 世纪 50 年代以后，经济社会的大发展使得财产价值和生产价值不断增大，也导致许多极端气象灾害造成越来越大的损失。要减少损失，必须进行有效气象预报，前提是有对这种大范围的全球气流运动的有效监测方法和手段，显然传统的地基观测和高空观测已经不够。当时卫星技术发展已经成熟，很自然应用到气象领域，导致气象卫星应运而生。

1. 卫星的发射与气象应用

发达国家是较早关注并实际运用卫星进行气象观测的。1958 年美国发射人造卫星，尝试携带气象仪器。1960 年 4 月，美国发射了第一颗气象卫星泰罗斯 -1（TIROS-1），其全称是电视红外观测卫星（The Television Infrared Observation Satellite，TIROS）。泰罗斯（TIROS）卫星计划作为美国宇航局探索卫星用于地球研究的第一个实验步骤。因为当时卫星观测的有效性还没有得到充分证实。TIROS 目标就是改进卫星在地球上的应用，首要任务是开发气象卫星信息系统。当时许多重要气象学家认为，天基观测将会是天气预报最有前景的应用。

泰罗斯气象卫星于 1962 年开始连续发回对地球的天气观察图像，世界各地的气象学家开始使用这些数据。该卫星许多仪器类型和轨道配置方面的成功，为后续更复杂的气象观测卫星的开发提供了宝贵经验。

泰罗斯 -1（TIROS-1）卫星，其目的为测试开发全球气象卫星信息系统而设计的实验电视技术。如图 25-1，该卫星直径 42 英寸，高 19 英寸，重 270 磅，有 9200 个太阳能电池，装有两台电视摄像机，一台是低分辨率的，一台是高分辨率的。每台摄像机有磁带录音机，用于存储照片。这颗卫星传输了数千张包含地

图 25-1　TIROS-I 于 1960 年发射前在新泽西州普林斯顿进行振动测试 [1]

①　图片来自美国宇航局（NASA）网站。

球云量的图片。早期的照片提供了有关大规模云系结构的信息。

TIROS-1 卫星仅运行了 78 天，但客观证明了卫星是从太空测量全球天气状况的有效载体。在 700 千米高的近圆轨道上绕地球运转 1135 圈。气象卫星是当代气象科学的重大创举。

美国从 1960 年至 1965 年间，共发射了 10 颗"泰罗斯"系列气象卫星，最后两颗成为太阳同步轨道卫星。TIROS-N/NOAA 计划是美国宇航局在提高 TIROS 系统的操作能力方面第二代系列卫星，1978—1986 年，共发射 12 颗该系列卫星。该系统提供了比前两代 TIROS 更高的分辨率成像图片，提供了更多本地和全球范围的定量环境数据。该卫星系列搭载了先进的甚高分辨率辐射计（AVHRR）。AVHRR 提供昼夜云顶和海面温度以及冰雪条件。还搭载了一个大气探测系统（TOV-TIROS 操作垂直探测器），可以提供从地球表面到大气顶部的温度和水蒸气的垂直剖面图；以及一个太阳质子监测器，用于探测高能粒子的到达，来进行太阳风暴预报。

TIROS-1 卫星的发射成功开辟了世界气象卫星研制的新领域，大大减少了由于气象原因造成的各种财产损失。从此气象卫星成为人类观天识地的重要手段。20 世纪后半叶，气象卫星观测技术得到了极大提升。1975 第一颗地球同步轨道业务环境卫星（GOES）发射进入轨道。可以用于天气遥感的高轨气象卫星 GOSE 具有高时间分辨率、不受背景变化影响等特点，能够实现实时观测到地球某地区各种天气尺度（大、中、小、微）快速（时、分、秒）变化过程。[①] 20 世纪 70 年代，美国接连发射了 8 颗 GOES，20 世纪 90 年代又发射了数颗新型 GOES。欧洲各国气象卫星发展紧随美国之后，20 世纪 70 年代欧洲开始着力发展

---

① 黎光清 . GOSE 的过去、现在和未来：我国静止气象卫星发展战略探索 [J]. 气象科技，1998（1）：1-7.

同步卫星计划，如"METEOSAT"卫星计划。

20世纪70年代以来，随着卫星技术发展及社会发展需求加大，大气探测从区域观测和半球观测转向全球观测，致力于建立世界天气监视网。全球气象观测系统少不了全球气象卫星观测系统，为了满足全球大气探测的要求，卫星系统一般由2～3颗极轨卫星和4～5颗地球同步卫星组成。这个系统中的两颗极轨卫星由苏联和美国提供，5颗同步卫星由西欧（1颗）、日本（1颗）、美国（2颗）和苏联（1颗）发射。[①]从1960年到1990年底，在30年的时间内，全世界共发射了116颗气象卫星，基本形成了一个全球性的气象卫星网，填补了全球多数地方的气象观测空白区，可以准确地获得连续的全球范围内的大气运动，做出精确的气象预报。从20世纪90年代中期到2000年前后，气象卫星进入比较成熟的应用阶段。近20年来气象卫星在观测技术、业务化和应用等方面取得了长足的进展。气象卫星已成为制作全球天气预报必不可少的大气遥感关键技术之一。

气象卫星应用的出现，从很大程度上改变了大气科学传统的研究范式和思维模式。从气象观测角度来讲，这属于巨型观测手段，表明大气科学如同物理学等其他需要大型仪器的自然科学一样，大气科学进入了大观测的时代。当代大气科学逐渐成为大科学的一种模式。

这也导致大力发展气象卫星成为各国争相发展的科技制高点。卫星得到的全球尺度观测资料不仅可以用于天气预报，还可以在气候监测和短期气候预测等方面，发挥重要作用。美国、欧盟、俄罗斯、日本和中国都相继发射了自己的业务气象卫星系列，并经历了多次更新换代的变化。

---

① 欧洲的地球同步气象卫星计划——"METEOSAT"卫星 [J]. 气象科技，1975（6）：26-29.

2. 大气探测技术飞跃发展

20世纪大气科学迅速发展，其重要原因之一是重视气象观测系统的建设和最新探测技术的应用。20世纪50年代以后，大气探测技术取得了飞跃性的发展。现代大气探测技术的特点表现在：探测深度及广度显著增强，观测自动化水平迅速提高，重视观测方法、观测网的设计，讲究观测工具的配合，直接观测、遥测和遥感3种观测技术并存各取所长。[①]

总体来说，世界大气探测研究比较注重气象卫星、气象雷达、风廓线仪、GPS定位系统等方面的发展。气象卫星和气象雷达已经做了介绍，这里介绍风廓线仪和GPS定位系统。风廓线仪的应用是对传统气球测风方法的一次革命。传统气象的气球测风，不仅需要回收仪器，而且运行不可靠。风廓线仪不仅可连续探测，还具有高精度，运行可靠的特点。测定水平风廓线，用于研究中尺度天气现象；测定垂直风速，用于研究小尺度天气和局地强对流风暴。GPS定位系统指全球定位系统（Global Positioning System—GPS），美国20世纪70年代开始研制，历时20年，耗资200亿美元完成。GPS的出现为高空气象探测的发展带来了准确的地理定位保证。

3. 互联网技术与大数据处理

20世纪后半叶计算技术对气象的促进作用非常重要，不仅是计算机的不断飞跃促进了气象预报的飞速发展，计算机网络也在不断改变当代大气科学的发展模式。

早期的气象服务系统实际上属于一种单机系统，无法进行信息的有效共享。20世纪70年代以来，随着互联网的普及和信息技术的发展，互联网成为有效收集、发布气象信息的途径。应用

---

① 张庆阳，张沅，李莉，等.大气探测技术发展概述[J].气象科技，2003(2)：119-123.

互联网技术后，对气象系统进行了重新设计，采用集约化、工作流以及分层次体系等业务处理模式，从而有效提高了气象服务的质量。[①]

随着现代科技应用于气象业务的程度逐渐提升，气象业务展开过程中所产生的数据也越来越多，卫星、雷达以及地表无数的气象站点内的各类型传感器每时每刻都在进行数据传输，气象数据的总量是 6 到 10 个 PB 左右，但是增量是 1 个 PB 每年，气象行业已经属于大数据行业。[②]例如美国国家气候资料中心（NCDC）通过互联网提供数据产品服务的比率超过 30%；欧洲数值预报中心（ECMWF）通过互联网发布大量的附加资料和产品等。

开展基于互联网的数据交换，有助于拓宽气象资料的收集途径。在经济社会中，不少行业，如农业、交通业、建筑业、保险业、旅游业等与天气变化息息相关。美国商务部曾做过一个专项分析，最后得出的结论是，全国三分之一的 GDP 产值都和天气情况紧密相连。

第二节　重大气象科学计划的开端

当代气象科学的发展使得各国气象学家和政府注意到大型气象科学试验的重要性，这导致国际合作试验越来越多并越来越大。[③]自 20 世纪 50 年代以来，在第三次世界新技术革命的影响

① 肖洪,张青宁,罗倩.简析互联网技术在气象服务中的运用[J].资源节约与环保,2014(4):80.
② 沈文海.云计算、大数据的气象应用初探[J].中国信息化周报,2014(48).
③ 章基嘉,殷显曦.从第19届IUGG大会看国际大气科学发展——1983—1986年国际大气科学发展的调研推告[C].国际大气科学的发展,中国大气科学委员会,1988.

下，尤其是随着世界天气监视网（WWW）及全球大气研究计划
（GARP）的建立和完成，[①]国际大气科学尤其是短中期数值天气预
报取得了较显著的成就。[②]

1. 世界天气监视网计划

世界天气监视网（World Weather Watch，WWW）计划，是
气象观测资料的重大进步。伴随着世界天气监视网计划，世界气
象中心也随之建立，主要将全球通信系统所收到的各种天气报告
制作成各种实况图、分析图和预报图等。[③] 这个计划提高了短期
（1～2 天）和中期（5～15 天）的预报精度，促进和加强了全球
性的气象观测网与资料处理系统。[④] 在国际大气科学的发展过程
中，世界天气监视网的发展以及一系列综合性观测试验取得了
成功。

具体来讲，世界天气监视网启动于 1963 年，这是世界气象组
织计划的核心。这个计划根据需求把观测系统、通信设施、数据
处理和预报中心等有机结合起来，及时提供各国天气预报所需的
气象和相关环境信息，为所有国家提供优质气象服务。

世界天气监视网包括全球观测系统、全球电信系统和全球数
据加工系统，三个系统相互联系、日益一体化。其中全球观测
系统（Global Observing System，GOS），包括在陆地和海上各种
气象观测站，以及从飞机、气象卫星和其他平台进行气象观测
（包括气候观测）和其他相关环境观测的设备等。[⑤] 全球电信系
统（Global Telecommunication System，GTS），是主要由电信设

---

① 殷显曦. 天气预报和气候学研究的进展 [M]. 北京：气象出版社 ,1986.
② 殷显曦,彭光宜.气象科技发展战略概论[M]. 北京：中国科学技术出版社,1988:
15-49.
③ 骆继宾. 世界气象中心的概况 [J]. 气象科技 ,1973(2): 11-15.
④ 梁守坚. 世界的气象事业 [J]. 广西气象 ,1985(1): 63-64.
⑤ 有关信息引自世界气象组织网站, http://www.wmo.int.

施和服务组成的综合网络，主要作用是快速可靠地收集和分发气象观测数据和信息处理。全球数据处理和预测系统（Global Data-processing and Forecasting System，GDPFS），由世界、区域专门气象中心和国家气象中心组成，在不同时间和空间尺度上提供较高质量数据处理、分析和预报产品。

为了使得这三个核心系统运转协调、整合和有效，还需要一些支持保障。一是 WWW 的数据管理支持计划（Data Management Support Programme，WWWDM），用于监测和管理世界气象观测系统内的信息流，确保传输的气象数据和预报产品的质量和及时性。二是 WWW 的系统支持活动（WWWSSA），主要是向各成员国提供具体的技术指导、培训和设备支持等。此外，WWW 还有很多更加具体的第二集计划，比如观测计划的仪器和方法（IMOP）、应急响应方案（ERA）、世界气象组织南极活动等。

世界天气监视网完全是世界气象组织筹划和组建的全球性气象业务体系，前后历经数十年建设。1963 年世界气象大会采纳了世界天气监视网计划的基本设想。其后世界气象组织进行了筹备和实施，从 1968—1979 年，基本上完成了全球布局的实施计划。这个计划对中国当代气象事业发展非常重要，中国积极参与其中，北京原是区域气象中心之一。2017 年，在 WMO 执行理事会第 69 次届会上，中国气象局（国家气象中心）被正式认定作为一个世界气象中心。如图 25-2。

图 25-2　世界气象中心（北京）

2. 全球大气研究计划

这是世界气象组织和国际科学联盟理事会（ICSU）共同组织的全球大气综合性观测试验研究计划（The Global Atmospheric Research Program），英文缩写 GARP。"世界天气监视网"和"全球大气研究计划"关系密切，前者可以为后者提供全球性观测的气象资料，后者成为前者构建大气科学试验背景。GARP 始于 20 世纪 60 年代末，其主要目的是研究对流层和平流层中发生的大气物理过程，促进理解不稳定的大气环流，更好地促进天气预报数学方法的发展，同时加深对气候现象的物理基础的探索。

前后大约有 20 多个国家的科学家参加了 GARP，包括苏联、美国、英国、日本和法国。参加国需要提供试验用的特殊船只、卫星和飞机等进行观测。GARP 协调产生的主要项目有：GARP 大西洋热带试验（GARP Atlantic Tropical Experiment/GATE，1974 年实施），第一个 GARP 全球试验（FGGE，1979 年实施），又称全球天气试验，极地试验（POLEX，1971—1979 年实施），复杂大气能量学试验（CAENEX，1972 年实施）和季风实验（MONEX，1973—1979 年实施）。[①]

这些试验往往需要参加国较大规模的投入。比如苏联热带试验是 GARP 的一个早期项目。在这个项目中，一共投入六艘研究船并且研发了新的观测技术。这个试验研究了大西洋热带大规模的大气过程，收集了世界海洋与大气相互作用及其能量交换的许多重要数据。

GARP 在世界气象组织和国际大地测量和地球物理联合会的支持下运作。各国都比较重视（图 25-3），美国、苏联在 1968 年都成立了本国的"全球大气研究计划"委员会。

---

① GARP, Publications Series, nos. 1–10. World Meteorological Organization, Geneva, 1970–1973.

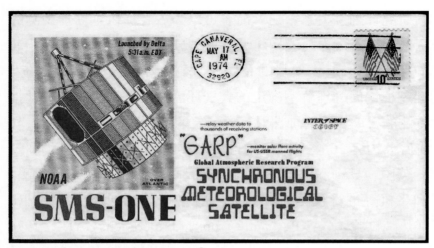

图 25-3　印有 GARP 的明信片 [1]

　　需要指出的是，GARP 和其下每个具体的试验和计划都是相当复杂和庞大的，需要很多设备和投入，体现了当代大气科学的复杂性和国际合作特色。本书不必全部描述其每个计划，以 GARP 大西洋热带试验（GATE）为例阐述。GATE 试验目的是了解热带大气及其在全球大气环流中的作用（图 25-4）。这是全球大气研究计划的第一个重要试验，探索大气的可预测性，试图将逐日天气预报的时效延长到两周以上。1974 年夏天在横跨非洲到南美的热带大西洋试验区进行。这项工作体现了当时环境下真正的国际性合作，涉及 20 多个国家 40 艘研究船、12 架研究飞机、大量的海洋浮标。如图 25-5 所示。

---

　　① 　图片引自美国 NOAA 的区域和中尺度气象学分支网站，http://rammb.cira.colostate.edu.

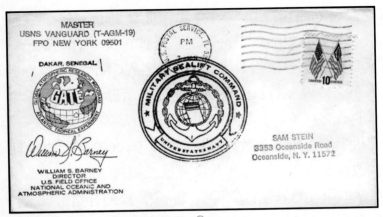

图 25-4 印有 GATE 的明信片 [1]

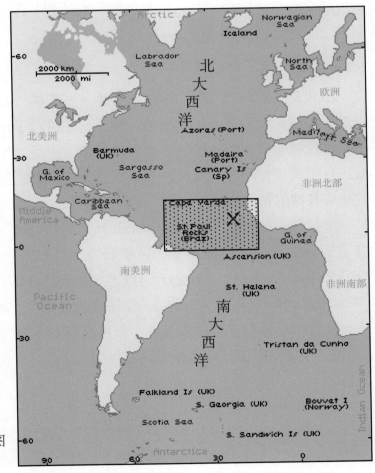

图 25-5 GATE 研究区域地图
（Jenni Evans 博士提供）

----

[1] 图片引自美国 NOAA 的区域和中尺度气象学分支网站，http://rammb.cira.colostate.edu.

每天试验根据气象情况制定研究和作业计划，安排各个船舶、飞机执行观测。收集的数据进行汇总处理，共享给世界上所有科学家。这项试验包含了当时世界上最优秀的科学家、各类工程师、技术人员，以及飞行员、船员等，还有后勤专家、计算机专家，以及来自许多国家科学机构和外交部门的高级决策者。

今天还有科学家使用这些数据进行研究，到 2000 年时，估计根据这个试验收集数据发表的学术论文等已经超过 1000 篇，显示了当代大气科学的研究与其他自然科学研究不一样的合作图景。

全球大气研究计划第一阶段全球试验结束后，原计划列为第二阶段全球试验的内容纳入世界气候研究计划，作为世界气候计划的组成部分，在 20 世纪 80 年代实施。

3. 气象分支学科的密集出现

20 世纪 60 年代，人工影响天气进一步发展，美国进行了积云动力的催化实验，有一定的初步效果。还进行了用飞机在台风某一部位播撒碘化银试图改变台风的试验，但是效果不明显。苏联进行了大规模的防雹试验。人工影响天气的实验室研究和云物理研究各国取得不少进展。

20 世纪 60 年代以来，工业发展导致大气污染进一步加重，促进了部分气象学家对此关注，包括研究大气扩散、烟囱烟雾的抬升等问题。[1] 特纳（Turner）出版了《大气扩散估计的工作册》（*Workbook of Atmospheric Dispersion Estimates*）一书，[2] 对大气污染的扩散计算做出研究。后作者又进一步扩展研究，出版了该书第二版。第二版更新和扩大了先前书籍提供的信息，更新和增加了研究

---

[1] Halitsky J. Meteorology and Atomic Energy[J]. U.S. Atomic Energy Commission Office of Information Services, July 1968: 445.

[2] Turner D B. Workbook of Atmospheric Dispersion Estimates[M]. Environmental Proception Agency,1967.

内容，计算各种大气污染的分散度，并且提供了计算机程序。[①]

20世纪50—60年代，计算机的迅速发展大大促进了当代气象科学发展，运算速度和可靠性不断增加。气象信息传播从20世纪初的电报收发，在20世纪60年代变成电话专线。这些技术发展促进了数值天气预报、气候、气象和海洋观测资料的收集、交换和处理及其他大气科学的进步。[②]

大约到20世纪70年代及以后，气象科学有了更多的分支和研究领域，包括普通气象学、大气探测、大气物理、大气化学、大气湍流、空气污染、天气预报、灾害性天气、大气环流、气候变化、局地气候和微气候、区域气候、应用气象学等。[③]

从大气科学相关科技文献动态也可以看出20世纪后半叶大气科学发展的脉络。总体来讲，20世纪50年代初期，大气科学的研究对象集中，到20世纪50年代末期，大气科学研究领域逐渐拓广。20世纪60年代出现一些新的气象学科体系。如美国出版的《气象学与地球天体物理文摘》和苏联出版的《地球物理文摘》都有近20个气象分支学科分类。

20世纪70年代以来，气候异常事件增多，促使气候变化和大气扰动等方面的研究论文迅速增加。20世纪80年代以后，20世纪70年代开始的各种国际性大规模全球研究计划（诸如GARP，WCP等），获得丰富的资料和数据，催产出一批新兴气象学科分支，包括大气遥感、中层大气等，同时原有气象分支学科又有新的相互交叉借鉴。根据统计表明，20世纪80年代各气

---

① Turner D B. Workbook of Atmospheric Dispersion Estimates: An Introduction to Dispersion Modeling[M]. Hardbound: CRC Press, 1994.

② 张大林. 大气科学的世纪进展与未来展望 [J]. 气象学报,2005(5):812-824.

③ 丁裕国，等. 从科技文献动态看80年代世界大气科学进展 [J]. 气象科技,1991（1）:1-7.

象主干学科（共 14 类）的文献收录率呈双峰型分布。[①]

第三节　超级大国的气象事业发展

战争对于气象学的发展有促进作用。第二次世界大战当中，飞机轰炸、投弹等战争需要加速了欧、美高空观测网的建立，使天气分析从二维扩充到三维空间，展示了高空气流结构与地面气压系统的关系。[②]一方面战争需求极大地刺激了当时气象科学与技术的发展，另一方面气象科学技术的发展某种程度也加剧了战争的破坏性。

第二次世界大战结束后，美国、苏联意识到科学技术对于国力的重要性，两国在经济、军事、政治博弈同时，不断促进包括气象科学在内的科学与文化的发展。

1. 美国的气象学发展

现代气象科学虽然没有发端于美国，但是第二次世界大战之后，美国气象科学水平和气象服务能力不断飞速提高，特别是由于数值天气预报在美国最先取得成功，气象卫星最早应用等，美国气象综合实力逐步在世界上确立了领先地位。

1978 年美国气象学会对 100 所学院和综合性大学的气象系、大气科学系或地球物理系 1976—1977 年气象课程设置和研究活动进行了调查。调查报告显示，在这 100 所大学气象系中，有 58 所设有从学士开始的学位计划，其中 10 所设有硕士学位，34 所三种学位均具备；其他 42 所大学只有研究生计划，其中 37

---

① 丁裕国，范家珠 . 从科技文献动态看 80 年代世界大气科学进展 [J]. 气象科技，1991(1):1-7.

② 张大林 . 大气科学的世纪进展与未来展望 [J]. 气象学报，2005(5):812-824.

所设有硕士和博士两种学位。课题研究方面以麻省理工学院气象系为例，当时的主要教授有 P. 奥斯汀（P.Austin）、F. 阿利亚（F.Alyea）、R. 比尔兹利（R.Beardsley）等，研究领域主要包括：空气运动和微物理过程对积云上升气流的关系，衰减和波束宽度对星载雷达观测的影响，雷达观测和降水形式分析，航天飞机对平流层臭氧的影响等。[①]

这表明气象教育方面，美国各高等院校从 20 世纪 60—70 年代开始就已经注重培养学生对于气象科学研究中高新科技的应用能力。例如，1977 年 10 月 12 日至 13 日，在美国科罗拉多州博尔德国家大气研究中心召开了美国第一次院校大气科学系系主任会议，会议集中研究了基础课和 AFOS（美国全国业务和服务自动化系统）、MCIDAS（人机相互作用资料存取系统）等新技术对教学内容的影响问题。[②] 这对于中国大气科学的教育可能是种启示。

美国国家海洋大气局（National Oceanic and Atmospheric Administration）于 1970 年成立，隶属于美国商务部，简称 NOAA。NOAA 的诞生有个历史过程，真正理解需要回顾 200 年的美国气象历史。托马斯·杰斐逊和詹姆斯·麦迪逊在 1778 年进行了不同地点的第一次同步气象观测，这很有意义，这或许可以看作 19 世纪不同地点的气象观测数据需要同时到达分析中心才有预报意义的滥觞。1807 年托马斯·杰斐逊创立了海岸调查局，这可能是美国联邦政府最老的科学机构，后来演变成为 NOAA 的一部分。美国五大湖区飓风造成重大灾害后，美国气象局于 1870 年正式成立。1807 年海岸调查局成立后促进了美国气象学的发展。因此美国没有古代气象学，而是直接进入近代气

---

① 美国大学气象系的课程设置和研究课题 [J]. 气象科技 ,1979(2):11-12.
② 美国第一次大气科学系系主任会议 [J]. 气象科技 ,1979(2):13.

象学。

1831—1836 年间,菲茨罗伊航行在世界各地,同行的查尔斯·达尔文因为此行撰写了《物种起源》,提出了进化论的想法。这段航程成为近代科学史上的佳话。19 世纪后半叶,美国陆军开始进行气象观测。在史密森学会斯潘塞·贝尔德(Spencer Baird)的领导下,美国 1871 年成立鱼类和渔业委员会。这个委员会在沿新英格兰海岸进行海洋观测与研究,并收集博物馆标本。1885年,在伍兹霍尔设立一个永久的观测站点,获得气象数据和海洋数据。这个领域发展后更名为渔业局,后来成为美国商业渔业管理局,也就是今天 NOAA 的国家海洋渔业服务中心的前身。

1960 年当选美国总统的杰克·肯尼迪对气象学也有贡献。1961 年,他在联合国大会上发表演讲时,呼吁世界各国在天气预报方面应当合作努力,就是与世界各国合作,显著改善气象观测数据的精确度和天气预报的准确性。他提倡加强探索人工影响天气,用多种方法尝试。[1] 在肯尼迪总统影响下,1963 年国际合作形成了"世界天气图"。图 25-6 为当时的美国气象局局长。美国气象学发展有个特点,就是私人气象学比较多,凭借兴趣研究气象,私人气象产生的数据已经成为美国气象和天气预报中一个非常突出的数据来源。

1966 年美国国会通过了海洋资源和工程开发议案。以此成立了海洋科学工程和资源委员会,因为当时大约有 45% 的美国人住在沿海地区。1969 年发表了"我们国家和海洋"的报告,影响了美国的国家海洋和大气政策。20 世纪 70 年代,随着计算机预测的崛起,逐渐出现自动化气象服务。

图 25-6　1963 年担任美国气象局局长的罗伯特·怀特(Robert M. White)

① White R M. the Making of NOAA, 1963-2005[J].History of Meteorology, 2006(3):55-63.

进入 20 世纪 70 年代，NOAA 变成一个综合环境机构。气象卫星也包含环境卫星功能，气候数据中心成为了环境数据中心。1972 年 NOAA 通过三个法案，分别是《海洋哺乳动物保护法》《海岸带管理法案》《海洋动物研究和保护》，[①] 表明它的职责更加广泛。20 世纪 70 年代后期，美国国会开始重视气候变化。1978 年出现气候领域的第一次重大的立法。美国气象局长 1979 年主持由 WMO 组织的世界气候大会。

NOAA 在全球有很大的影响力。进入 21 世纪，NOAA 更加关注新的气候观测和预测系统、灾害天气、海洋观测和预测新技术的引入、推进美国环境可持续发展等。NOAA 主要关注地球的大气和海洋变化，提供对灾害天气的预警，提供海图和空图，管理对海洋和沿海资源的利用和保护，研究如何改善对环境的了解和防护等。[②] NOAA 有一万多名雇员，这些人员担负着海洋、大气和固体地球三大研究领域的科研和业务。随着美国社会的高速发展，民众对海洋大气、灾害性天气预报等业务的需求日趋旺盛，NOAA 的规模及业务研究范围逐渐扩大。如，NOAA 作为国家灾害预警系统的主要部门，了解灾害的成因以及预告和追踪灾害，硬件设施不断完善，科研水平不断提高，NOAA 在全球气象研究、气候研究、海洋资源、海岸带管理、深海开采、环境监视和预报等方面都取得重要成果。

NOAA 的气象卫星经历了多代更迭，目前性能和寿命都处于世界前列。NOAA 的基础研究相当深厚，包括各种大气科学基础研究平台、海船、飞行器、观测平台等，牵头执行众多的国际和各种联合的大型气象科学计划和研究试验。[③]

---

①　White R M. The making of NOAA, 1963-2005[J].History of Meteorology.2006(3):55-63.

②　林复旦 . 美国国家海洋大气局的进展 [J]. 海洋通报 ,1978(1): 27-34.

③　NOAA 网站，https://www.noaa.gov/

2. 苏联的气象发展

苏联在气象研究方面有自己的传统，比如与水文学也有着深刻的联系，管理业务工作的政府部门是水文气象局。总体来看，现代气象学主要是欧美学派为主，苏联的气象学在很多领域比美国晚些。在某些领域，比如对气象卫星的研究和实际业务两方面的应用上，与美国可以竞争，其中静止气象卫星落后一步。[①]

1933 年苏联成立了统一的水文气象部门即水文气象总局，主要从事气象、水文、海洋等研究与业务工作。苏联气象部门在 20 世纪 60 年代后期至 70 年代发生了较大的变化，逐渐向欧美主流气象学靠拢。1972 年承担了监测气域、水域、土壤等自然环境污染的任务，增加了地磁场及高层大气状况的研究，逐渐向综合性自然界监测的部门发展。苏联气象部门综合自动化系统进展较快，推行自动化和半自动化观测工具。为适应自动化系统的建立做了相应的调整，如原中央预报研究所改建为水文气象中心，原高空气候研究所改建为水文气象情报研究所。[②]

1978 年水文气象总局改建为国家水文气象环境监督委员会，增加了各加盟共和国的全国性监测大气、陆地水、海洋和土壤等自然环境污染的任务。高新科技诸如卫星雷达等技术被应用到苏联气象部门。苏联气象科学经历了大半个世纪的发展，已经形成了一套符合苏联自身特点的研究方法和业务理论，形成了苏联气象的学术流派。

苏联著名气象学家基别尔（И.А.Кибель，1904—1970 年）提出温度和气压变化的理论，形成圣彼得堡 – 莫斯科气象学派，为苏联天气学的发展提出了新的方向，成为苏联天气学上有特色的

① 梁守坚. 世界的气象事业 [J]. 广西气象, 1985(1): 63-64.
② 王素梅. 七十年代以来苏联的气象工作概况 [J]. 气象科技, 1981(4): 20-24.

平流动力分析方法的理论基础。[①] 这个平流动力理论传到中国却并不适用，逐渐遭到中国著名气象学家的质疑和反对。[②]

苏联建设了一大批用于各类型大气探测的研究所与基站，成为苏联发展气象事业的基础力量。苏联中央高空观象台是在中央天气预报研究所高空观象台的基础上 1940 年成立的。观象台最初主要是研究高层大气状况，第二次世界大战后由于苏联社会发展需求及全球气象观测变革，观象台为适应社会需求，增加了云物理、大气湍流、大气锋面、气象火箭探测、高层大气以及新技术装备在气象探测中的应用等方面的研究，并且取得很多有价值的成果。[③]

苏联水文气象总局下设地球物理观象总台，在 20 世纪 70—80 年代，关注研究包括气候学理论、长期预报和超长期预报、大气污染监测方法和技术、人工影响天气方法和技术等，建立了全球五层大气环流模式，苏联气象研究有一定的先进性。出版了《亚洲气候图集》《非洲气候图集》《西欧气候手册》《贝加尔—阿穆尔地区气候参数》《东西伯利亚和远东经济区气候参数》等。[④]

苏联气象卫星的发展，有其自身特色。1957 年苏联第一颗人造卫星，小型 Sputnik 卫星于 10 月升空。1963 年运用"宇宙"卫星系统研究气象，到 1968 年 6 月先后共发射了 12 颗卫星，主要对观测仪器、飞行器稳定等进行试验。1969 年 3 月开始建立了"流星"业务气象卫星系统，到 1971 年，先后发射了 9 颗卫星，每隔 6 个小时观测一次，资料由地面指挥站接收。

① 朱抱真. 基别尔气压变化理论中纬度影响的问题 [J]. 气象学报,1954(2):91-101.

② 陶诗言，廖洞贤. 关于苏联的平流动力分析法在东亚应用的几个问题 [J]. 气象学报,1954(4):233-251, 319-332.

③ 戈雷舍夫 Г И, 皮努斯 Н З, 宋显荣. 苏联中央高空观象台四十年来大气科学研究简介 [J]. 气象科技,1983(3):13-16.

④ Борисенков Е П.1977 至 1987 年苏联地球物理观象总台的主要研究方向和成果 [J]. 韩建钢，译. 气象科技，1990(02):92-97.

　　苏联重视人影试验和实施，也取得积极进展。1969 年在九个作业区的人工消雹面积就达到 6 万平方千米，其国内报告结论为有积极效果。

　　有趣的是，20 世纪 80 年代初，苏联国家水文气象环境监测委员会，首次研究出了应用水文气象信息获得经济效益的计算方法。研究表明，1981—1986 年期间苏联地球物理观象总台用的气象信息，经济效益达约 2800 万卢布。[①] 这样估算苏联当时气象投入和产出之比在 1：4～5。进入 21 世纪有的国家对这个比例算出更高结果，也确实表明气象投入和产出的巨大效益比。可见，苏联当时的思路值得借鉴。

　　苏联在 20 世纪末期解体之后，其气象研究能力和气象事业实力大打折扣，原各加盟成员国的气象科学发展各不相同。本书不再一一论述。

---

　　① Е.П.Борисенков.1977 至 1987 年苏联地球物理观象总台的主要研究方向和成果 [J]. 韩建钢，译 . 气象科技，1990(02):92-97.

　　当代气象学非常注重国际合作。20 世纪 60 年代以前，IMO 和 WMO 主要关心的国际协调是标准化、术语命名、绘制模式和评述气象学的各个部分，尤其关心气象电码和资料交换。之后开始从国际协调扩大到国际上的科学合作。[①] 20 世纪 70 年代起，由于大型计算机迅猛发展以及计算数学的发展，大气科学计划相当活跃，世界上许多国家（美国、英国、日本、加拿大、澳大利亚及苏联等）都先后发展了自己有代表性的大气环流数值模式。

　　由于大气环流和气候的数值模拟依赖计算机的迅速发展，使得大气科学可以像物理学、化学、生物学在实验室做实验一样，不断在高速超大型计算机上进行大气环流演变以及大气科学其他分支学科的各种数值试验，这是 20 世纪大气科学重要进展和重要特色之一。有学者指出，从气象科学的第一次变革（1700 年）到第二次变革（1860 年），相隔 160 年；从第二次变革到第三次变革（1940 年），相隔 80 年；从第三次变革到第四次变革（1980 年），相隔 40 年。[②] 这些变革的年限划分虽然不完全确切，但说明气象科学变革的周期越来越短，气象科

---

① 尼伯尔格 A，谢义炳 . 一百年来气象科学的回顾——包括 IMO/WMO 所起的作用（摘要）[J]. 气象科技 ,1973(S3):9-14.

② Benton G. 中尺度气象学——天气服务发展的一个新方向 [J]. 气象科技动态 ,1983 (9).

学的发展越来越快。[①]

大气是环绕全球的流动物质，需要各国通力合作对其全面研究，由于现代科学技术进步和经济发展，国际上大型气象科学计划蓬勃兴起。

第一节　大型国际科研计划群集启动

20 世纪 70 年代以来，国际气象学界各种大型科研计划层出不穷，这里论述其中几个重要的国际合作计划。

1. 国际水文计划

国际水文计划（The International Hydrological Programme，IHP）虽然不是世界气象组织发起，但是属于联合国的教科文组织（UNESCO）的大型国际计划，是联合国系统致力于水研究管理和相关教育与发展的政府间合作计划。国际水文计划始于 1975 年，是一个国际协调的水文研究计划，中国也是参加国。水—气本来密不可分，所以加以阐述。

这个计划的宗旨是研究水文循环、人类活动对水文循环的影响、水资源的合理估算及有效利用、发展水文事业的国际合作、水文教育和培训活动、促进水文科学知识的传播等。这项合作的领导机构是政府间理事会，休会期间由国际水文计划秘书处行使职能。气象学与水文学的交叉形成水文气象学，研究水文循环和水分平衡及降水、蒸发有关问题，是应用气象学的一个分支。和气象直接相关的内容包括，降水监测和预报，根据水文和气象部门的水文站、气象站和雨量站观测数据，进行未来暴雨、洪水可能发生地区的预报等。

---

① 林必元. 中尺度气象学研究的历史和现状 [J]. 气象科技，1988(1):1-7.

　　比较重要的是使用气象卫星观测估算降雨。20 世纪 70 年代末以来，欧洲和美洲利用卫星云图估算降雨量已取得了一定的成效。IHP 作为各个国家政府的大型国际水科学研究计划，基本每隔几年要发布一个国际研究计划，每个计划侧重点不同。第一阶段（1975—1980 年）集中于水科学中的水文研究方法、培训和教育；第二阶段（1981—1989 年）重点是应用水文学与水资源水文学的研究；第三阶段（1990—1995 年）研究水资源的可持续发展；第四阶段（1996—2001 年）研究区域水文水资源与技术的转化。[①] 进入 21 世纪后，重点研究地表水与地下水、大气与陆地水和咸水以及全球变化与流域系统等问题。这些计划充分反映了国际水文水资源研究的趋势，即水和大气以及环境的综合监测和预报，这种综合性也是大气科学进入当代后的综合性体现。

　　2. 热带气旋计划

　　热带气旋容易产生重大的气象灾害。1970 年 11 月 12 日，一次中等强度的灾害性热带气旋，由于恰好叠加在天文潮汐峰值上，袭击了东巴基斯坦（现为孟加拉国）造成死亡近 30 万人的重大灾害，是历史上造成死亡人数最严重的风暴之一。表 26-1 列出了最近 200 年左右造成死亡人数超过 5000 人的热带气旋。这说明热带气旋引起的风暴潮、台风和飓风等灾害性天气，比较容易造成重大损失。

　　为更好地了解和防范热带气旋，1971 年第六次世界气象大会推出热带气旋计划。现代气象学中热带气旋包括台风和飓风，指一种强烈的产生于热带海洋上近乎圆形的风暴，往往伴随着大风和大雨。热带气旋从海面吸收能量，速度很快，在极端情况下，风速可能超过每小时 240 千米，阵风可能超过每小时 320 千米，带来暴雨和风暴潮，常常造成重大破坏。每年在北半球 7 月至 9

---

① 联合国教科文组织网站，https://en.unesco.org/themes/water-security/hydrology

表 26-1　18 次较严重的热带气旋所造成的死亡人数 [1]

年份	地点	死亡人数
1970	东巴基斯坦	30 万
1937	印度	30 万
1881	中国	30 万
1923	日本	25 万
1897	孟加拉地区	17 万 5000
1876	孟加拉地区	10 万
1864	印度	5 万
1833	印度	5 万
1822	东巴	4 万
1780	安底里斯群岛	2 万 5000
1839	印度	2 万
1789	印度	2 万
1965	东巴基斯坦	19279
1963	东巴基斯坦	11468
1963	古巴—海地	7196
1900	美国得克萨斯州	6000
1960	东巴基斯坦	5140
1960	日本	5000

月、南半球 1 月至 3 月是热带气旋最多的时节。

　　每年要产生很多的热带气旋，多数没有命名，一般风速达到 34 节（63 千米 / 小时）才会被命名。热带气旋的移动动力主要受到大尺度气候系统和科里奥利力所影响，北半球热带气旋沿逆时针方向旋转，在南半球则以顺时针方向旋转。

　　由于热带气旋风力强、持续时间长、破坏力极强，成为当代气象学中非常重要的研究对象。20 世纪 60 年代以来，气象卫星

---

　　① 弗兰克 N L, 侯赛因 S A, 史国宁 . 一次造成 30 万人死亡的热带气旋 [J]. 气象科技 ,1974(6):60-61.

图 26-1　1985 年 8 月 30 日，美国发现号航天飞机拍摄的北太平洋西部的台风"敖德萨"（Odessa）①

在发现和监视台风中起着越来越重要的作用。尤其是 1966 年业务卫星和地球同步卫星的出现，使得在全世界热带海洋上任何地点的热带风暴都被监测到。如图 26-1 所示。

联合国亚洲远东经济委员会 1973 年与世界气象组织合作，在台风委员会之外成立了热带气旋小组，以便更好地提升阿拉伯海及孟加拉湾地区热带气旋研究和防御能力。1980 年以后加强了这个计划。

3. 世界气候研究计划

20 世纪 70 年代，世界范围的气候异常和由此造成的灾害现象增多，引起气象学家的关注，气候变化的研究迅速发展。气候学需要突破传统气象科学的角度扩展到大气圈以外的内容，进行综合系统的研究。

世界气候研究计划（World Climate Research Programme, WCRP）倡议国际层面合作进行气候研究。WCRP 1980 年由世界气象组织（WMO）、国际科学联盟理事会（ICSU）和教科文组织政府间海洋学委员会（IOC）联合发起，在国际气候科学中发挥

① 图片来自 NASA 网站。

了关键作用。

WCRP 由其联合科学委员会（JSC）领导，该委员会制定了该计划的总体科学目标和概念，并组织了实现这些概念所需的国际协调和研究工作。[①] 进入 21 世纪，随着社会寻求解决气候变化、抗灾能力和地球可持续发展等需求，需要更大程度支持和发展世界气候研究计划。在选择重点领域时，WCRP 遵循发起协议中规定的两个主要目标，包括确定气候的可预测性和确定人类活动对气候的影响，以便可以更好地应对气候变化和变化对主要社会和经济部门（包括粮食安全、能源、运输、环境、卫生和水资源）的影响。

WCRP 与国际和国家一级的相关方案密切合作，包括观察、建模、社会与气候系统之间的互动以及类似的相关主题。到 20 世纪末，世界气候计划（WCRP）某种意义上更新了 20 世纪 60—70 年代的全球大气研究计划（GARP），一些发达国家已经和正在开展中尺度气象试验及加强大气化学研究。国际大气科学的发展重点已更加突出气候学、中尺度气象学（包括中尺度灾害性天气的甚短期预报）及大气化学。[②]

WCRP 主要研究地球系统中有关气候的物理过程，关心数周到数十年的气候变化，进行了热带海洋及全球大气试验和世界海洋环流试验。1993 年 WCRP 科学委员会在热带海洋和全球大气计划（TOGA）的基础上提出了气候变率和可预报性研究（CLIVAR）计划，进一步对百年尺度的气候变率进行研究分析和模拟预测。

4. 热带海洋与全球大气计划

热带海洋与全球大气计划（Tropical Oceans and Global Atmosphere

① ISC, WMO, IOC of UNESCO, Review of the World Climate Research Programme (WCRP). Paris, International Science Council. DOI: 10.24948/2018.03, 2018.

② 殷显曦，林海 . 初论我国大气科学发展战略 [J]. 气象学报 ,1990(1):122-129.

Programme，TOGA）是为期十年的项目，气象学和海洋学的联合计划，详细调查热带海洋海况变化及其年际尺度上对全球气候影响的计划，旨在增进对大气和海洋之间关系的了解。研究计划期间建立了一个热带太平洋观测系统，定期测量地面气温、地面风、海面温度、上层海洋热结构、洋流和海平面等。研究计划获得了大量数据，海洋学家和气象学家不仅可以分析海洋和大气的现状，甚至可以预测未来几个月的气候变化。

具体研究任务突出研究厄尔尼诺现象的响应机制。中国参与其中，从 1985 年到 1989 年，连续进行了 8 个航次的中美西太平洋和全球大气相互作用研究的合作调查。合作调查了热带西太平洋海气系统、赤道辐合带与越赤道气流等及其与南方涛动的产生、发展的关系。

气象学家使用观测数据对厄尔尼诺与南方涛动（ENSO）理论进行年度变异性测试，寻找 ENSO 的机制和热带太平洋暖、冷事件的时间尺度。观测表明，热带太平洋的平均海温异常，在 20 世纪 80 年代和 90 年代海温很高，这可能反映了全球地表气温有上升的趋势。关于更大的强度、频率和持续时间的 ENSO 事件的研究及其与温室气体的关系，需要进行更多的研究。[①]

TOGA 计划证明了全球变暖可以产生协同效应，这个计划使得当代气象学进入了一个新的气候研究和预测时代，也为世界气候计划（WCRP）提供了热带海洋和大气方面的重要证据。

5. 国际地圈 – 生物圈计划

20 世纪末，随着研究深入和国际合作扩展，越来越多的证据表明，气候变化是一个更大的现象——全球变化的一部分，需

---

① McPhaden M J. Busalacchi A J. Cheney R, et al. The Tropical Ocean-Global Atmosphere observing system: A decade of progress[J]. Journal of Geophysical Research, 1998, 103(C7): 169-240.

要在地球物理学、化学和生物学之间建立联系。这导致 1986 年国际科学联盟理事会发起国际地圈－生物圈计划（International Geosphere-Biosphere Programme，IGBP）。IGBP 的建立表明，地球被视为全球相互作用的系统，包括物理、化学和生物过程，人们需深入理解这些过程变化以及人类活动在这些变化中的作用。

　　国际地圈－生物圈计划是由国际科学联盟理事会（ICSU）促进对整个地球系统深入理解的跨学科的国际合作项目，特别是考察地圈和生物圈的相互作用。IGBP 于 1987 年启动，是协调全球和区域尺度上地球生物、化学和物理过程之间的相互作用及其与人类系统的相互影响的国际研究。IGBP 将地球系统视为地球的自然物理、化学和生物循环的过程，并从社会和经济维度来观察。[①]

　　IGBP 了解和阐述出现在地球系统中的重大全球变化，尤其是对人类活动最为敏感的重大全球变化问题。IGBP 的项目包括海洋研究（GLOBEC）、陆地研究（GLP）、大气研究（IGAC）、海洋地球化学研究（IMBER）、陆地海洋研究（LOCIZ）、海陆相互作用研究（SOLAS）、古气候研究（PAGES）、整个地球系统研究（AIMES）。

　　实际上 IGBP 围绕着代表地球系统的主要组成部分——陆地、大气和海洋、陆地—大气、陆地—海洋、大气—海洋开展工作。这个计划还与其他国际全球变化计划联合研究碳、水、人类健康和粮食安全等其他内容。

　　IGBP 不仅对科学家有促进，而且在一定程度上影响着联合国有关政策，其研究成果在 IPCC 的报告中得到体现，并在联合国对温室效应的温控目标中得到体现。[②]

---

①　Seitzingera S P, Gaffneya O, Brasseurb G, et al. International geosphere–biosphere programme and earth system science: Three decades of co-evolution[J]. Anthropocene,2015,12:3-16.

②　Seitzingera S P, Gaffneya O, Brasseurb G, et al. International geosphere–biosphere programme and earth system science: Three decades of co-evolution[J]. Anthropocene,2015,12:3-16.

6. 大气观测系统计划

20世纪下半叶，由于大气化学的发展，人们对于微量大气成分的监测有了更多的兴趣。有科学家想到，未来工业发展必然增加微量化学物质，这种物质在空气中如何变化，特别是与人类活动有何关系。这促使世界气象组织关注对大气污染的监测。20世纪50年代WMO正式启动了大气化学和大气污染气象方面的研究计划。

1957—1958年国际地球物理年期间（图26-2），世界气象组织推动了气体测量方面的国际标准，提出测量大气臭氧总量的方法。随后WMO在20世纪60年代末，建立了背景空气污染监测网（BAPMoN）。这个监测网专注于气溶胶和二氧化碳等的测量，在美国建立了世界气象组织世界数据中心。

这些测量很有远见，当20世纪70年代，人们发现臭氧层的变化，来自于WMO的大气成分监测，以及降雨酸化和温室气体的变暖效应等，证据都是来自这种监测，所以到20世纪末，人们更有必要加强对大气中气体成分的监测。

1989年6月世界气象组织（WMO）执委会通过建立全球大气观测系统（Global Atmosphere Watch，GAW）的计划。这可以促进全球臭氧观测系统、大气污染监测网络等，有助于增进对大气、海洋和生物圈之间相互作用的理解。

GAW系统主要关注气溶胶、温室气体、特定反应性气体、臭氧、紫外线辐射等观测。观测站网络是GAW计划的核心部分，该网络由GAW全球和区域测量站以及部分其他站点组成。全球和区域台站由其所在国家的气象局运营，目前有80多个国家积极参与GAW的观测站计划。

目前，GAW计划负责协调31个全球台站、400多个区域台站和约100个贡献台站的活动和

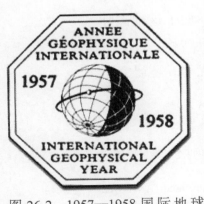

图26-2 1957—1958国际地球物理年徽标

数据。[①] 在世界气象组织大气科学委员会和环境污染与大气化学科学指导委员会的监督下，GAW 设立了各种专家组，包括 7 个科学咨询小组用于组织和协调 GAW 活动；35 个世界校准实验室和区域校准中心，用于维持校准标准并提供仪器校准和培训。

第二节　大型国际气象试验的探索与发展

1. 气团变化试验

气团变化试验（The Air Mass Transformation Experiment，AMTEX），是日本组织实施的一个研究计划，是全球大气研究计划（GARP）的子计划。该计划主要研究海气相互作用及相关问题。1974 年 2 月和 1975 年 2 月，在以冲绳为中心的 300 千米海域的观测站内进行了实地考察。由于冬季海气温差大，这个地区是研究气团变化的最佳地点。

AMTEX 的第一阶段是在 1974 年 2 月 14—28 日在日本西南部岛屿附近进行的，控制中心位于冲绳。1974 年的现场项目比较成功。1975 年研究计划没有重大变化，在 2 月 16 日至 3 月 3 日期间进行。[②] 试验获得了大量该区域的气象和海洋数据，为提高该区域气象预报水平打下了基础。

当时除日本外，澳大利亚、加拿大和美国也参加了这项国际试验，他们研究了海气相互作用过程中的海洋能量转移，及大气扰动的发展，包括微尺度、中尺度和行星尺度的扰动。还研究了

---

① 世界气象组织的大气观测系统网站：https://www.wmo.int/pages/prog/arep/gaw/gaw_home_en.html.

② Lenschow D H, Agee E. The air mass transformation experiment (AMTEX): preliminary results from 1974 and plans for 1975[J]. Bulletin of the American Meteorological Society, 1974, 55(10):1228-1236.

表面通量、物理机制、三维动力和热结构、对流云等。[①]

2. 季风试验

季风试验（The Monsoon Experiment，MONEX），是全球大气研究计划（GARP）季风子计划的核心内容。试验目的是为了更好地了解行星季风环流和季风年降水周期及对有关国家农业的影响。

1978 年 12 月至 1979 年 3 月在南海进行了冬季季风试验（W-Monex）。1979 年 5 月至 8 月，在印度洋及邻近陆地地区进行了夏季季风实验（S-MONEX）。[②]如图 26-3。美国、苏联、日本、法国、澳大利亚、印度和中国等 21 个国家的 100 多位气象工作者一起参加了季风试验。

在夏季季风试验（S-MONEX）中进行了三个连续的阶段性试验，包括在沙特阿拉伯、阿拉伯海、孟加拉湾的试验，使用了包括飞机、船舶、微型高空站、辐射计、雷达、水平气球、边界层测量系统和火箭探测等各种观测手段。

在行星尺度、天气尺度研究了季风的各种机制，还进行了云物理、空气化学、辐射和边界层研究，获得了大量宝贵的数据。发表了很多成果，中国学者也得到成长。[③]

3. 大气观测试验

大气观测试验（Atmosphere Watch Test）指 20 世纪 50—60 年代以后在全球范围内，进行了多次至少有几十个国家参加的一系列大规模的大气观测试验。在 1977 年 12 月—1979 年 11 月进行了一次较大规模的大气观测试验。

---

①　Lenschow D H. The air mass transformation experiment (AMTEX)[J]. Bulletin of the American Meteorological Society, 1972, 53(4): 353-357.

②　Johnson R H. Chang C P. WINTER MONEX：A Quarter-Century and Beyond[J]. American Meteorological Society, 2007(1): 1-4.

③　中国工程院院士介绍：丁一汇，www.cae.cn

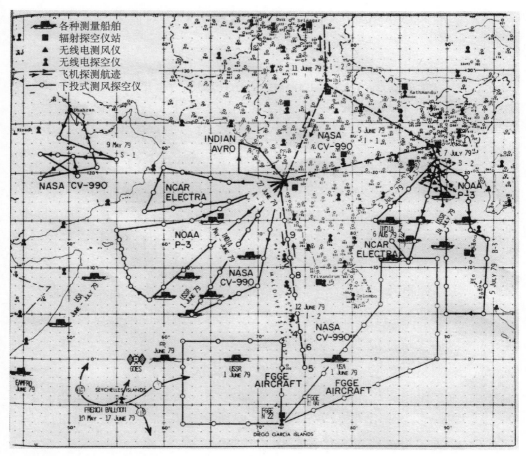

图 26-3　夏季季风试验（S-MONEX）期间的飞机和船舶、气球等飞行轨迹①

　　这是中国首次参加的全球性大气试验，派出了"实践号"和"向阳红 09 号"两艘科考船，在热带试验指定海区进行了观测。

　　整个试验有 100 多个国家参加，使用了气象卫星监测，各国常规的地面气象观测站、自动站、船舶、浮标站及探空气球等观测手段予以配合，形成若干比较完整的全球性立体观测系统。

　　试验比较成功，获得大量的数据和科学结论，为深入理解较长时间天气现象物理过程提供了支撑，提高了试验区域 10～14 天天气预报的准确率和效果。

　　① 引自地球观测实验室网站，https://www.eol.ucar.edu/

第三节　集合数值预报的大型研究

洛伦茨的混沌理论使得人类对于世界本质有了更深的认识，大气运动非线性的本质再次得到体现。如何克服这种混沌带来的不可预报，这是各国气象学家探索的重要方向。虽然无限延长不可能，有限延长还是可以做到的。这就像我们都肯定并且接受"每个人终将死亡"，但是通过有效方法，可以适当延长寿命。

集合预报就是承认天气预报存在极限的情况下，研究如何延长"寿命"的手段，反映了气象学家对于数值预报初始值重要性和大气科学本质的进一步认识。集合预报的出现，表明在大气科学领域，"真理往往掌握在多数人手里"，而且没有合作就没有进步。在这个阶段，大气科学进入集合各国和各家数值预报模式的大型研究阶段。

1. 克服大气混沌特性的结果

做出一次好的数值预报，首先希望得到确定的初值，从确定初值出发，通过动力方程求解未来天气运动状况，从而做出比较准确的天气预报，在某种程度上说，数值预报就是求解初值问题。然而实践中，人们逐渐发现，大气的初值实际上很难精确得知，误差总是不可避免。这些误差来自包括：由于观测的不准确，包括仪器误差、观测点在空间上、时间上的不够密集引起的插值误差和资料分析、同化处理中导入的误差等。我们所得到的数值模式初始场总是含有不确定性。气象分析资料永远只是实际大气的一个可能的近似值而已。而实际大气的真正状态永远也不可能被完全精确地描述出来。[①]

1963年洛伦茨发现混沌现象后，气象学家就开始思考如何降

---

① 杜钧. 集合预报的现状和前景 [J]. 应用气象学报，2002, 13(1):16-28.

低预报的不确定性。1969 年，爱泼斯坦（Epstein）首先提出动力随机预报方法，用于尝试解决数值预报初值敏感性问题。[①] 1974年利思（Leith）提出蒙特 - 卡洛方法（Monte Carlo forecasting），就是用一个随机函数产生的扰动形成的初始场进行集合。[②] 现在的集合预报思想与此类似。

数值预报技巧虽然发展很快，模式越来越漂亮，但物理过程并不完全科学，以至于一般要素预报的误差中有相当大部分源自于初值的误差而不是模式本身的误差。有时候 48 小时的数值预报比 24 小时的预报更准确。一个模式预报带有某个范围的不确定性，多个模式集合再取平均值，其预报时效和预报效果从概率上来讲比单枪匹马的单个预报要好，因此集合预报应时而生。

由于大气运动的不确定性，数值模式超过一定期限后，其预报的可靠性下降很快。为降低这种下降速度，集合预报是目前人类知识体系中可以选择的一种合理方法。大气非线性运动使得初始值微小扰动就会出现很大差异，在较短积分时间内，这种初始值差异之间还不大，积分时间稍长，差异就会迅速拉大，"随机性"显现出来。集合预报就可以在一定程度消除这种不确定性，[③]通过统计集合成员和离散程度的分析，可以估计预报的可信度。

2. 集合预报的重要作用

集合预报发展经历了三个发展阶段。第一阶段是 20 世纪70—80 年代，主要进行集合预报的理论研究和数值实验；第二阶段 20 世纪 90 年代后，随着大规模并行计算机的发展，1992 年集合预报系统在美国国家环境中心（NCEP）和欧洲中期天气预报

[①]　Epstein E S. Stochastic dynamic prediction[J]. Tellus,1969,21(6):739-759.

[②]　Leith C E. Theoretical skill of Monte Carlo forecasts[J]. Mon. Wea. Rew.,1974,102(6):409-418.

[③]　裴国庆，王建捷 . 中短期数值天气预报现状、发展趋势及其产品应用 [J]. 气象科技，1997（4）：1-7.

中心投入业务运行，集合预报系统成为这两个中心数值天气预报的重要组成部分；第三阶段进入 21 世纪后集合预报广泛应用于日常预报中。[①]

集合预报突破初值必须确定的观念，认为初值可以不确定，初值是某种概率密度函数，天气预报问题是大气在相空间中合适的概率密度函数随时间的演变。[②] 为解决初值问题导致的预报不准确，1992 年，美国 NCEP 和欧洲中期天气预报中心开始了中期集合预报，[③] 表明集合预报开始成熟并开始业务化。[④⑤] 集合预报达到两个主要目标，一是在预报的前几天更加准确，因为不同模式预报得出结果好于单个模式；二是提供了预报后几天的发展方向的可能性与可靠性，如图 26-4。

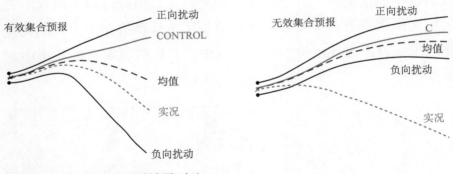

图 26-4　集合预报不同效果对比

———————

① 陈静，陈德辉，颜宏. 集合数值预报发展与研究进展 [J]. 应用气象学报，2002,13(4):497-507.

② 刘金达. 集合预报开创了业务数值天气预报的新纪元 [J]. 气象，2000, 26(6):21-24.

③ Tracton M S and Kalnay E. Ensemble forecasting at NMC: Practical aspects[J]. Wea. Forecasting. 1993, 8: 379-398.

④ Toth E and Kalany E. Ensemble Forecasting at NMC: the generation of perturbations[J]. Bulletin of the American Meteorological Society,1993,74(12):2317-2330.

⑤ Toth Z and Kalnay E. Ensemble forecasting at NCEP: the breeding method[J]. Mon. Wea. Rev. 1997, 125:3297-3318.

集合预报提供给预报员关于未来天气预报的可靠性，提高了预报信心。比如 1995 年 11 月 15 日 5 天的降雨量集合预报结果（图 26-5），图 26-5a 表示美国东海岸比较一致，这使得预报员进行预报时比较有信心，向公众传达比较可靠的结果。图 26-5b 是 1995 年 10 月 21 日美国东海岸降雨量集合预报结果，尽管是 2.5 天的预报，但是很不一致，这使得预报员进行预报时比较谨慎，提醒公众关于下雨的预报结果的可靠性较低。

对于不可靠的集合预报结果，需要通过加密观测，提高预报效果。事实证明确实如此。1997 年国际"锋与雷暴追踪实验"和 1998 年北太平洋实验证明在不一致的目标地区，进行加密观测表明可以提高集合预报成员的一致性和预报效果。[1]

由于集合预报对某些气象要素变化的可能范围或发生某种天气的概率预报提供了合理依据，并为有关部门应付可能出现的天气情况提供参考。所以集合预报改变了统计预报在中、长期天气预报中一直占主导地位的局面，在中、长期气象要素的预报中起重要作用。

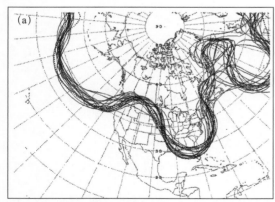 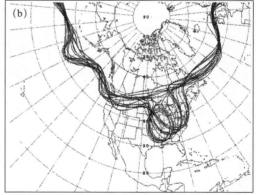

图 26-5 "面条图"（a）1995 年 11 月 15 日 5 天集合预报；（b）1995 年 10 月 21 日美国东海岸[2]

---

① Szunyogh I Z, Toth R E, Morss S J, et al. The effect of targeted dropsonde observations during the 1999 winter storm reconnaissance program[J]. Mon. Wea. Rev. 2000, 128:3520-3537.

② Eugenia K. Atmospheric modeling, data assimilation and predictability[M]. Cambridge: Cambridge University Press, 2003.

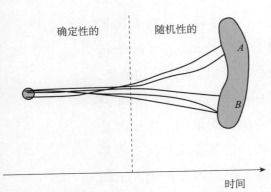

确定性的　　随机性的

时间

图 26-6　集合预报随着时间变化从确定性走向随机性 [1]

另一方面，这些成果揭示了预报各类天气系统与初值条件有关的不确定性，改变了预报员习惯于模式确定性预报的意识（图 26-6）。

集合预报在气象观测上的一大应用就是所谓的目标观测。其基本思想就是根据集合预报中预报集合的离散度预估出某一重要天气系统可能对其上游某一地区的气象资料特别敏感的区域，然后对该上游区域利用各种可能的观测工具如雷达、飞机等进行加密观测，减少对该重要天气系统预报误差。[2] 比如美国通过中期集合预报分析，成功发现了东北太平洋地区为冬季预报误差来源，然后利用适应性（adaptive）观测概念，使用有限的飞机下投探空资料大大改善了冬季中期天气预报的准确度。

3. 集合预报技术进展

进入 20 世纪 70 年代以后，数值预报得到更快发展，预报范围不断扩大，时间上从短期、中期、长期、气候到古气候恢复，空间上从局地、全球到空间；大气中的各种物理过程的描述更加细致，包括地形、辐射、行星边界层、积云对流、海气相互作用、微量气体；计算理论不断改进、资料处理更加完善；预报准确率不断提高、产品更加丰富。因此，集合数值预报已成为当代天气预报的基础，也成为当代大气科学的基础学科。

集合预报分为初值集合和模式集合，初值集合方法很多。1983 年，霍夫曼（Hoffman）和卡尔内（Kalnay）提出时间滞后

① Eugenia K. Atmospheric modeling, data assimilation and predictability[M]. Cambridge University Press, 2003.

② 杜钧 . 集合预报的现状和前景 [J]. 应用气象学报 , 2002, 13(1):16-28.

平均预报法（the lagged average forecasting）。[1] 1993 年，托特（Toth）与卡尔内（Kalnay）提出增长模式繁殖方法（breeding of growing modes）。[2] 欧洲中心提出求解模式不稳定扰动矩阵形成扰动初始场，被称作奇异向量法（singular vectors），这是根据最大奇异值对应奇异向量增长最快的扰动原理，这种方法后被各国普遍采用。由于改变初值进行集合预报要求计算机运算速度很快，设备要求较高，不是每个国家或地区的气象中心都具备这种条件，所以可以把别人不同预报模式的结果作为集合预报。其中"poor man"（穷人集合预报）方法是把几个业务中心模式作为预报成员进行集合预报。[3]

到 20 世纪末，数值预报技术取得长足发展。美国国家环境预测中心（NCEP）从 1955 年到 2002 年的北美地区业务预报历程表来看，36 小时的预报相对误差由 1955 年的 54% 下降到 2000 年的 17%；而 72 小时预报相对误差也由 70 年代末的 47% 下降到 2000 年的 30%。预报水平在几十年中提高了一倍。

回顾 NCEP 全球模式的发展历史，[4] 不难发现，预报水平大幅度提高的原因主要来自模式本身的改进、特别是对初值及边值更精确的描述。这些改进所带来的预报水平有了明显提高。[5] 从表 26-2 中可以看出，作为美国主要数值预报的业务单位承担着发展本国数值预报的重任。一是通过具体使用，在预报实践中发现问题，随时加以改进；二是科研和业务融合非常自然，很多预报员

———————————

① Hoffmann R N, Kalnay E. Lagged average forecasting an alternative to monte carlo forecasting[J]. Tellus,1983,35A(2):100-118.

② Toth E and Kalany E. Ensemble forecasting at NMC: the generation of perturbations [J]. Bulletin of the American Meteorological Society,1993,74(12):2317-2330.

③ Ebert E E. Ability of Poor Man's ensemble to predict the probability and distribution of precipitation[J]. Mon.Wea.Rev., 2001,129(10):2461-2480.

④ Shuman F G. History of numerical weather prediction at the National Meteorological Center[J]. Wea. Forecasting, 1989, 4: 286-296.

⑤ 谭本馗，刘式适，钱维宏，等．气象学研究的最新进展 [J]. 北京大学学报（自然科学版），2003, 39(增刊):97-107.

表 26-2 美国数值模式发展历程表 [①]

NCEP 区域模式			NCAR 中尺度模式	
年份	模式名称	方案	年份	模式名称
1955	普林斯顿 QG	381 千米 /3 层	1969	3-D 飓风 / 30 千米
1966	原始方程	381 千米 /6 层	1971	MM0 – MM3
1971	LFM	190.5 千米 / 7 层	1981	MM4
1985	NGM	80 千米 / 16 层	1987	MM4（向社会公布）
1993	ETA	80 千米 / 38 层	1990	R-T MM4（30 千米）
1995	Meso-Eta	29 千米 / 50 层	1994	MM5
1996	Nested Eta	10 千米 / 60 层	1997	MM5 附属系统
1998	ETA	32 千米 / 45 层	1998	ATEC
2000	ETA	22 千米 / 50 层		
2001	ETA	12 千米 / 60 层	2001	丹尼尔模拟 –1 千米
2002	非静力学模式	8 千米 / 60 层	2002	戈奇模拟 –440 米

同时也是科学家；三是不同国家级业务单位对于发展模式的侧重点不一样。这对于当前中国数值预报业务单位运行是一种启示。

4. 集合预报未来方向

现代数值预报发展的又一特点是数值预报的系列化倾向。随着全球通信系统的建成，数值预报形成三个世界气象中心：美国的华盛顿、俄罗斯的莫斯科以及澳大利亚的墨尔本担负全球规模的资料服务；此外，日本东京、德国奥芬巴赫等 23 个区域气象

---

① Kuo Y-H, Klemp J and Michalakes J. Mesoscale Numerical Weather Prediction With the WRF Model [R]. Symposium on the 50th Anniversary of Operational Numerical Weather Prediction, 14-17 June 2004, University of Maryland.

中心，对所负责地区内各国的国家气象中心承担供半球资料的传输。

现在的数值预报模式在短短的几十年的时间内发展得相当复杂，有全球模式、区域模式、中尺度模式、气候模式、静力和非静力模式、海气耦合模式等。各类模式主要在预报范围、预报时效、预报天气系统的尺度、考虑物理过程的复杂性等方面有所差别。

数值天气预报模式虽然取得很大发展，但是预报的适用仍然是非常重要的方面。"毫无疑问，改进天气预报是我们基本目标之一，这是最后也是最重要的环节，如果不给予足够的注意，则我们建立起来的全球观测网及通讯、数值模拟和实验等先进技术装备的系统，就不会收到应有的效果"。[①]

数值天气预报的任何实质进展都必然是建立在对大气运动规律更全面而深刻的理解与表述上。研究表明，未来中期和延伸期数值天气预报的发展依赖于以下几方面工作的深入研究和改进。

一是继续完善预报模式。建立更完善的与真实大气具有相同统计特征的更高分辨率的谱模式。完善主要体现在：研究与改进模式动力框架的设计方案、研究与改进模式参数化方案、大幅度提高模式的分辨率。一个完善的高分辨率的模式是中期数值预报未来发展的基础和主要标志之一。

二是改进四维资料同化技术。早期四维同化实验表明对改进数值预报效果比较明显。[②] 未来需要更加重视同化技术，把动力约束和资料约束以及不同时刻的各种观测资料统一考虑，使用卡尔曼滤波和四维变分分析等方法，用规则的均匀分布格点上的模式变量来计算测站上的观测值。

---

① 本特森 L. 关于数值天气预报的天气释用问题 [J]. 胡圣昌，译. 气象科技，1980（2）：11-12.

② 李崇银，袁重光. 四维资料同化的实验研究 [J]. 大气科学，1978,2（3）：238-245.

　　三是采用最新计算技术。研究表明，消息传递的并行处理方式有助于提高运算效率，数值预报中的四维变分分析同化、卡尔曼滤波、高分辨率确定性预报、集合预报等技术无一不需要巨型并行机上的高性能计算。为提高效率，高分辨率全球模式采用针对消息传递方式的并行处理方案，这将是数值天气预报的一个发展方向。[①]

　　四是未来数值预报发展可能会朝着模式更加复杂方向发展，比如模拟全球五大圈层环境下的天气预报等。[②][③] 未来集合数值预报的研究与业务发展，集合数值预报的初值扰动理论仍将是一个焦点研究问题。世界气象组织已明确把资料同化、耦合模式、高分辨率模式和集合预报等列为未来数值预报领域的 4 个发展战略。集合预报多种优越性，代表了数值预报未来发展的一个重要方向，[④] 甚至朝着超集合预报方向发展，也就是对集合预报结果再次进行集合。

5. 集合预报的意义

　　误差的必然存在和各种模式运行的差异性，使得数值预报总会产生预报失误的"漏网之鱼"。为减少错误，集合预报有效避免了误差特别是初始场误差造成的预报失效。面对洛伦茨提出的混沌理论，数值预报专家并没有放弃努力，而是不断延长"视野"。初值的细微差别对于数值模式的重要性随着时效延长而增加重要性，数值预报需要解决初值问题，对初值进行微小扰动

　　① 付顺旗，张立凤.中期数值天气预报业务的回顾与展望 [J]. 气象科学，1999（1）：104-110.
　　② 张大林.大气科学的世纪进展与未来展望，气象学报 [J]. 2005,63（5）：812-824.
　　③ 朱抱真，陈嘉滨.数值天气预报概论 [M].北京：气象出版社,1986.
　　④ 李俊，纪飞，齐琳琳，等.集合数值天气预报的研究进展 [J]. 气象，2005,31(2):3-7.

再带入数值模式，就会得到一个连续谱上的"值阈场"，集合预报在某种程度上大大缓解了初值带给模式的压力，提高了预报效果。

数值天气预报发展到集合预报阶段，表明数值天气预报学科走向成熟。在查尼等人建立数值预报学科以后，这门年轻的学科又遇到混沌现象带来的严重危机，然而在危机中获得进一步发展，把数值预报的不确定性压缩到一定范围内。集合预报产生以后，朝着多层面、多用途、立体化方向发展，这些特征是一门学科走向成熟的外在表现。未来数值天气预报可能会遇到新的难题和危机，这次危机的化解表明这门学科将会继续成长壮大。

集合预报也逐渐改变了气象学界对于确定性预报的追求。随着预报时效延长和尺度扩大，要素预报将走向概率预报，再次证明现代大气科学是准确定性科学。未来是不确定的，下雨预报并不是下或不下这两种对立结果，而是以出现多少概率的结果展现，这其实回归了大气科学作为非确定性学科的本质。因为大自然本身不确定性往往多于确定性。

另一方面，集合预报需要消耗大量资源，如计算机和电能等，这需要政府和各种财团支持，更需要多学科和许多科学家共同完成，这表明数值天气预报已经进入大科学阶段。气象学孕育了数值预报，反过来数值预报推动大气科学进入大科学阶段。集合预报的出现表明，气象学家"单枪匹马"已经很难做出很好的预报。与物理化学不一样的是，集合预报表明"真理往往掌握在多数人手里"。

天气预报也是精英协商的结果，"知识确实可以人为制造"。同时集合预报和数值模拟：大气科学不能重复数值实验的结论有些不正确，尽管每次结果可能不一样，但终究可以在实验室进行大气科学研究。未来发展超级集合预报是重要趋势，各国数值模式之间的"军备竞赛"有可能成为常态。

第四节　气象研究的大视野

1. 臭氧层问题发现

大气化学的研究使得气象学家更加关注大气环流与气体化学变化的关系。这里对臭氧层的发现和研究做一阐述。

中国物理学家严济慈 1932 年重新精确测定臭氧在全部紫外区域，并且发现几条新光带，从而为这个领域做出了贡献。1957到 1958 年的世界地球物理年之后，曾经设立监测全球臭氧变化的大量地面监测站，由于各种原因，不少观测站有些间断甚至停测。但是总体上来看，臭氧层大量减少导致世界范围对其观测得到加强。

20 世纪最后四分之一世纪，间或有人已经发现臭氧层的一些不稳定苗头。[①] 这个问题引起大气学家的高度关注，因为从气象科学角度更容易想到臭氧层破坏会影响大气环流，进而影响全球变化。随后美国科学家进一步证实整个南极大陆上空臭氧层的臭氧都在减少。[②]

臭氧层的破坏与人类前途命运相关，所以有更多的人开始关注这个问题，引发了后面十年左右的科学家和公众都参与的争论。如果此时臭氧已经减少三分之二，非常可怕。每个人都在关注着臭氧层以及可能会给人类带来的影响。因此，就此引发了一个将近十年的科学争论。

① Chubachi S. Preliminary result of ozone observation at Syowa Station from February 1982 to January 1983[J]. Memoirs of the National Institute for Polar Research Special Issue, 1984, 34: 13-19.

② Stolarski R S, Kruger A J, Schoeberl M R, et al. Nimbus-7 satellite measurements of the springtime Antarctic ozone decrease[J]. Nature, 1986, 322: 808-811.

2. 臭氧层的全球关注

气象学界引入的新课题，就是有关平流层大气的循环过程和化学过程的研究。这样一来，大气科学家们对平流层大气的循环和化学机制有了更深入的了解。当时观测结果表明南极臭氧层的消耗仅仅局限于当地、且是季节性的，并且突然发生在 1976 到 1977 年。

在南极及附近建有监测站，用于臭氧变化。从目前有关文献分析来看，早在 20 世纪 70 年代末 80 年代初，就有不同地方的观测站监测到南极臭氧减少的记录，但是观察者并没有对这些异常数据重视，[①] 认为是误差或是仪器故障，这也导致南极臭氧大量减少的情况被推迟几年公之于世。

1985 年，有学者指出，南极上空的臭氧层竟然出现季节性大量减少的情况。论文指出，平流层下部的大气环流虽然没有显著变化，但是必须考虑可能的化学原因。[②] 如图 26-7。

这个实例也说明，气象科学注重观测，但不能被数据牵着走，要有自己的思想主见。气象学家需要相信自己的观测数据，并进行大胆的理论研究和假说验证。

臭氧层的保护问题已经超越大气科学的领域，但其基础和当代大气科

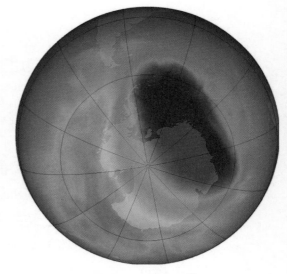

图 26-7　南极臭氧减少状况 [③]

———————

　　① 　Christie M. Data collection and the Ozone hole:Too much of a good thing?[J]. Proceedings of the International Commission on History of Meteorology, 2004(1): 99-105.

　　② 　Farman J C. Gardiner B G. Shanklin J D. Large losses of total Ozone reveal seasonal ClOx/NOx Interaction[J]. Nature, 1985, 315: 207-210.

　　③ 　图片来自 NASA 网站。

学的发展密切相关，与人类发展命运休戚相关，使得当代大气科学不断被渗入政治、经济、社会等各种因素的影响。

气象学家的工作引起了联合国的重视。1976年4月，联合国环境署理事会召开"评价整个臭氧层"国际会议，之后1977年3月在美国华盛顿召开了有32个国家参加的专家会议，形成了第一个"关于臭氧层行动的世界计划"，促进对臭氧和太阳辐射的监测，加强评价臭氧耗损对人类健康的影响，评估对生态系统和气候的影响等，通过臭氧层问题协调委员会的形式推动这个计划。

臭氧层问题至今仍然是人们关心的重要话题，也体现了当代大气科学不仅仅是气象部门的大气科学，而且是全社会的大气科学。

第二十七章 社会环境对大气科学发展的影响

20 世纪 80 年代以后，温室气体 CO_2 和痕量气体 O_3、CH_4 等在大气中浓度的改变引起全球气候变化，进而影响人类生存环境的变化，这引起世界许多国家科学家和政治家的关注。有关温室气体改变从而影响气候效应的研究不断增多，促进了大气辐射和大气物理的研究，并在大气物理过程与大气动力过程结合层面加深了理解。

随着时代背景的变化，大气科学发展到必须考虑自然科学以外的因素，包括社会因素，尤其考虑人类发展各种诉求。特别是在气候和气候变化的研究领域，政治、经济、人文等社会因素越来越重要。大气科学逐渐进入科学与社会相结合的时代。

社会因素影响气象科学发展的事例在中国古代气象科技史上也有。中国是世界上最大的农作物起源中心之一，农业气象科学较早萌芽与发展。比如两千多年前，反映季节和农事活动的二十四节气与七十二候已经出现，至今各种描述、预测天气的谚语还在农业生产和日常生活中起着重要的作用。二十四节气成为世界非物质文化遗产也表明了中国古代气象科技史的辉煌。在中国几千年历史中，儒家和法家的思想斗争对包括中国古代气象科学在内的科学发展产生了复杂的影响。唯物主义自然观和唯心主义的"天命观"，对气象科学的发展有一定影响。[①]

---

① 陕西省气象局理论小组 . 儒法斗争与古代气象科学 [J]. 气象科技，1975(2):2-5.

第一节　从天气走向气候

气象学显然包括气候学和气候变化的研究，一段时间气象观测数据的平均值就可以反映气候状况。气象学史自然包括气候学史和气候变化史，人类对气候和气候变化的认识经历了漫长的历史过程。

早在 1827 年，傅里叶就提出地球大气具有温室效应，丁铎尔通过实验确定了大气中具有温室效应的成分。[①] 其后 100 多年，气象和气候学家对这个气候领域进行了深入研究，气象的研究尺度延伸，自然到了气候领域。

1. 气候分类法的完善

要对气候有更清楚的认识，必然涉及气候分类的问题。气候分类依赖于对大量环境数据进行分类和分组，以揭示相互作用的气候过程。一般来讲，一个地区的气候是该地区长期存在的环境条件（土壤、植被、天气等）的综合。

在许多可以观测到的环境变量中，选择哪一个作为分类的基础和为何选择这个标准，正是气象科技史需要考虑的问题。中外先贤对此都有探索，历史至今已经设计了许多不同的气候分类方案（超过 100 种）。

目前气候分类方法可分为三类：基于地理决定因素的方法，基于地表能量收支的方法，基于气团分析的方法。第一类方法是最早的古希腊时期的气候分类法。这种方案将地球划分为纬度带。近代主要是德国气象学家的工作，根据温度的纬度控制、大陆性与海洋影响因素、气压和风带的位置以及山脉的影响等因素对气候进行分类。这些分类主要是定性的，也带有主观的方式。

---

① 胡永云 . 全球变暖的物理基础和科学简史 [J]. 物理 ,2012,41(8):495-504.

　　第二类方法，19 世纪中叶出版了地表温度和降水图，这使得使用这两个变量的气候分组方法得以发展。1970 年美国地理学家沃纳·H. 特莱（Werner H.Terjung）利用了全球 1000 多个地点的数据，包括地表接收到的净太阳辐射、蒸发水的可用能量以及加热空气和地下的可用能量等进行分类。

　　第三类方法可能最广泛使用的是那些采用空气气团概念的系统。因为气团是大的空气体，原则上在水平方向上具有相对均匀的温度、湿度等特性，符合气候的本质定义。1951 年亚瑟·N. 斯特拉勒（Arthur N.Strahler）提出基于全年某一特定位置的气团组合的定性分类。1968 年到 1970 年，J. E. 奥利弗（John E.Oliver）通过提供一个定量框架，将特定的气团和气团组合定义为特定位置的"主导""次主导"或"季节性"气团，从而使这种分类有了更坚实的基础。

　　大多数的经验分类依据中，自然植被是最重要的。许多气候学家认为，自然植被是一个地区气候的"长期积分的仪器"。这好比植被是一种测量气候的仪器，就像温度计测量温度一样。

　　前已述及德国植物学家柯本（Wladimir Peter Köppen）开发了基于植被分类中最流行的气候划分，当然也考虑温度和降水，他以此确定气候边界。他在 1900 年出版了第一个气候分类法，后来继续修改，直到 1940 年去世。对这种分类方法学者们有不少批评，比如世界许多地区观察到的植被分布与气候带之间的对应关系相当差。尽管如此，柯本气候分类法仍然是目前使用的最流行气候分类。

　　1931 年到 1948 年，美国地理学家、气候学家查尔斯·沃伦·桑斯威特（Charles Warren Thornthwaite，1899—1963 年）对经验法气候分类做出了重大贡献。

　　1930 年，他获得了地理学博士学位，随后他从地理学转向气候学。1931 年，桑斯威特出版了《北美气候：依据一个新的分类》。①1935 年，他被任命为美国农业部土壤保护局气候和地形研究处处长。1946 年他在新泽西州的西布鲁克开设了气候实验室，直到 1963 年去世。1948 年他发表了一篇著名论文"对气候进行合理分类的方法"。②他综合了蒸散量、温度和降水信息，研究动物物种多样性和气候变化的潜在影响。这是个仍在世界范围内使用的建立在潜在蒸散量为基础的气候分类系统。

桑斯威特 1947 年至 1955 年任约翰霍普金斯大学气候学教授。他曾担任世界气象组织气候学委员会主席，获得过美国地理学家协会杰出成就奖。

气候学家还设计了许多其他专门的经验分类。比如 1966 年特莱（Terjung）试图根据气候对人类舒适度的影响对气候进行分类。该分类利用了四个生理相关参数：温度、相对湿度、风速和太阳辐射，形成不同指数，并以不同的方式组合成不同的季节，表达人类在不同地理区域的感受。这个分类法可以应用于医学来作为分析工具。

气候不仅影响自然界，也影响人类文明，甚至有人认为气候可以改变历史。③在封建社会，气候可以改变人类历史或者局部区域的人民生活方式。目前有证据表明，中国历史朝代变化与气候变化有些关联。④当代社会对气候的研究，不仅基于气象学和气候学的基本知识，而且扩展到使用考古、分子、生物、地质等学科的知识综合研究气候和气候变化。⑤

---

① Thornthwaite C W. The climates of North America: According to a new classification[J]. Geographical Review, 1931, 21(4): 633-655.

② Thornthwaite C W. An approach toward a rational classification of climate[J]. Geographical Review, 1948, 38(1): 55-94.

③ 狄·约翰. 气候改变历史 [M]. 王笑然，译. 北京：金城出版社，2014.

④ 葛全胜，等. 中国历朝气候变化 [M]. 北京：科学出版社，2011.

⑤ Division on Engineering and Physical Sciences,Climate in Earth History: Studies in Geophysics[M]. National Academies Press, 2006.

气候条件影响人类历史也是气象科学史的研究领域，需要一种更加宽泛的视角和更多证据来研究。当代人类活动几乎在加剧气候变化，那么气候变化又可以改变人类历史，是否在说，人类自己在改变自己未来的历史？这是需要深思的。

2. 厄尔尼诺现象发现与研究

近现代气象学和古典气象学不一样的一个地方，就是产生了许多科学名词。在 19 世纪末秘鲁的环境学家们首次提出用"厄尔尼诺"这个名词，表示一股与秘鲁寒流背道而驰的暖流。当时经常发生在秘鲁大部分地区的暴雨和灾难性的洪水引起了海洋水文学者 C. N. 卡里略（Camilo N. Carrillo）的注意。他发现，有一股弱的逆向气流在那年变得异常强大，而这股气流通常出现在南半球夏季的北部海岸，他使用"厄尔尼诺逆流（El Nino countercurrent）"一词来描述秘鲁海流的周期性变化。人们逐渐意识到这是一种特殊的气候现象。不少学者发表了一系列有关类似秘鲁北部区域气候反常现象的文章。但是当时的科学家们主要是从地理学的角度来研究此现象。

到 20 世纪 20 年代，"厄尔尼诺"现象很快就被上升到全球性的自然事件。美国鸟类学家及环保学家 R. C. 墨菲（Robert Cushman Murphy），他是布鲁克林博物馆和美国自然历史博物馆的负责人，在秘鲁研究海鸟类动物期间，当他观察到海岸附近的生态变化时，恰好"厄尔尼诺"现象开始发生了。他察觉到当地热带鸟类都出现了异常举动，以及大量浮游生物、鱼类的死亡。他对这种气候反常现象感到惊讶，开始收集了有关当地空气和海洋表层温度的资料做研究。墨菲努力得到更多的气象数据，当地一位政府雇员向他提供了自己记录的天气日志，当地地质部门的两位员工甚至还提供了两个不同地方的空气和海洋表面温度的记录。

他的工作导致有关"厄尔尼诺"现象的研究迅速从秘鲁扩大到美国和环太平洋地区。当地港口已经开始使用一组基础的气象测量仪器来观察"厄尔尼诺"现象的发生，在秘鲁北部海岸设立了一个观测站点，主要用于探测"厄尔尼诺"现象的发生。墨菲的报告引起了他朋友 I. 鲍曼（Isaiah Bowman）的兴趣。他是南美著名的探险家，于 1926 年在沿海城市建立了一个气象观测站，记录温度、雨量、气压等仪器。

墨菲对"厄尔尼诺"现象的研究成果于 1925 年前后发表。物理海洋学家 G. F. 麦克尤恩（George F. McEwen）意识到这个研究成果的重要价值。他在 20 世纪 10 年代末发起了基于海气相互作用来探索季节性预测的计划，在得知厄尔尼诺现象之后，尝试把美国加利福尼亚州和秘鲁的气候现象进行关联。在 20 世纪初，气象数据面临着很多问题，包括数据缺乏连续性和一致性、信息丢失、错误率高、标准混乱等。为了解决数据方面的问题，鲍曼提出促进南美和太平洋的研究合作。

1926 年在东京举行的第三届太平洋科学大会上，麦克尤恩对墨菲在南美沿海水域气流和气温间的内在联系的研究工作做了总结，并且提出了厄尔尼诺现象的不确定性。此后厄尔尼诺逐渐成为当代气象学领域的基本知识和重要名词。

3. 气候领域的国际合作

进入当代社会，特别是 20 世纪后半叶，气候与气候变化逐渐超越气象学的范畴，甚至超越自然科学的范畴，带有社会科学的含义和研究方法，甚至不断吸收人文科学的知识。

20 世纪下半叶，气候科学进行空前规模的国际合作，但直到 20 世纪 50 年代中期，气候国际合作相当有限。1957—1958 年，国际科学联盟理事会（ICSU）发起国际地球物理年（International Geophysical Year，IGY），60 多个国家的科学家聚集在一起共同研究地球物理现象，包括对温室气体二氧化碳（CO_2）系统测量的气象与气候国际合作研究。1961 年，基林（Charles David

Keeling）证明二氧化碳水平正以所谓的"基林曲线"不断上升。[①]

基于这种国际合作的成功，随后的联合国大会正式邀请国际科学联盟理事会（ICSU）与世界气象组织（WMO）共同制定大气科学研究方案，形成 1967 年全球大气研究计划（Global Atmospheric Research Programme，GARP）。GARP 的重要贡献包括认识到了利用卫星对地球进行连续的全球观测和利用计算机模拟全球大气环流的重要性和可能性可以实现的新科学。20 世纪 70 年代的大西洋热带实验（GATE）有 140 多个国家参与，使得 WMO 重新布局世界天气预报业务有了底气。

如果说天气与普通百姓日常生活相关，那么气候就与国家和民族利益相关，涉及国家利益，就必然牵涉政治等社会因素对大气科学发展的影响。20 世纪 80 年代人们逐渐注意到厄尔尼诺等气候现象。气候和气候变化不仅逐渐成为影响世界的科学问题，也成为影响全球的社会问题。

1978 年，国际科学联盟理事会、世界气象组织和联合国环境规划署（UNEP）在维也纳举办了气候问题国际研讨会。翌年来自 50 多个国家的 300 多名专家在日内瓦召开第一次世界气候大会，发起了一个世界气候计划（World Climate Programme，WCP），包括作为 GARP 的继承者的世界气候研究计划（World Climate Research Programme，WCRP）。WCRP 的主要目标是确定气候预测的程度和人类对气候的影响程度。这个计划取得了广泛的效果。

研究涉及气候资料计划（WCPP）、气候应用计划（WCAP）、气候影响计划（WCIP）等。随后世界范围内的气候方面会议和行动不断增多，仅在 20 世纪 80 年代，1980 年 11 月在奥地利召

---

① ICSU. The International Council for Science and Climate Change, 60 years of facilitating climate change research and informing policy[M]. Paris: International Council for Science (ICSU).2015.

开了"CO$_2$与气候"国际会议。1983年组织了"生态系统与社会对气候变化的敏感性"国际讨论会。1984年，世界气象组织与国际科学联盟理事会共同主持由全球大气研究计划发展的世界气候研究计划方面的国际研讨会。1987年在北京举行"国际气候变化和水资源科学"的国际讨论会等。

第二节　政治力量介入大气科学

1. 当代气象对经济政治需求的回应

当代气象科学在某些特殊条件下，可以为社会发展提供特殊动力。20世纪70—80年代的南斯拉夫可能是一个有趣的案例。近现代气象科学历史表明，高速运行的计算机是解决复杂的数学问题和更为复杂的大气物理的基础，有较好的计算机，会对气象理论发展产生重大影响。

南斯拉夫共和国在20世纪70—80年代，数值天气预报水平较高，因而也促进了国家经济的发展。显然取得这样的成绩，不只是因为资金的充足和科学技术的发达，还有些政治因素。当时国家的经济需要上升一个台阶，在当时就需要农业取得大发展，显然农业的发展需要大量高质量的天气预报作为依据。南斯拉夫共和国在贝尔格莱德建立了先进的气象研究机构，发展了符合该国地形的预报模式："有限区域模式"（limited area model）或"区域模式"（regional model）。南斯拉夫的天气和气候受地势影响很大，气象工作者以巴尔干半岛为基础建立了高原气候模型以及高原环流模型，这个模型做出的天气预报成功率较高，为农业和经济发展作出了直接贡献，正面回应了促进国家经济上台阶的政治需求。

应美国政府的邀请，54个国家的代表于1944年11月1日至

12 月 7 日在芝加哥召开会议，以便"为随即建立临时性的世界飞行航路和业务做出安排"并"成立一个过渡性的理事会，以收集、记录和研究有关国际航空的数据，并提出有关改进的建议。"该次会议还就通过一项新的航空公约需要遵循的原则和方法开展讨论。首次建立了全球航空气象预报和观测的标准化和统一化方案。[①]

这两个案例或许可以说明，现代社会政治因素对气象科学发展的影响。特别是南斯拉夫的气象学家有利用天气预报为国家服务的很高热情；同时当时的社会背景也迫切需要气象预报取得新的成就。

2. 世界气象大会中第三世界力量的兴起

世界气象大会（World Meteorological Congress）是世界气象组织最高议事机构，一般每四年召开一次，决定世界气象业务许多重大事项。1983 年 5 月，第九次世界大会在日内瓦召开，会期有 20 多天。这次大会内容丰富，会后出版的概要报告有 300 多页。第九次大会议程包括审议和决定未来气象业务、各种气象科技计划、气候变化研究、选举领导机构成员等。137 个会员国派代表团参加。联合国及其专门机构等 27 个组织派代表参加。中国派出以国家气象局局长邹竞蒙为团长的 10 人代表团。

大会进行了多轮讨论和磋商，在选举阶段，第三世界国家协商团结，增加了第三世界国家人员在领导机构的比重。菲律宾气象地球物理天文事务管理局总干事金塔纳（R. L. Kintanar）再次当选 WMO 主席，苏联的伊兹拉埃尔（Ju. A. Izrael）为第一副主席，中国的邹竞蒙为第二副主席，加拿大的布鲁斯（J. P. Bruce）为第三副主席。[②]

---

① Chicago Convention on Civil Aviation[R]. 1944, https://www.wipo.int.

② Ninth World Meteorological Congress : abridged report with resolutions[R]. World Meteorological Organization (WMO) - WMO, 1983 (WMO-No. 615).

特别是选举尼日利亚的奥巴西（G. O. P. Obasi）为秘书长，改变了数十年来一直由发达国家人员担任世界气象组织秘书长的局面。美国代表只当选为执行理事，在全部 26 名执行理事中，第三世界国家占近 75% 的名额，标志着第三世界国家在该组织中的力量和影响的较大增长。WMO 的正副主席和秘书长主持世界气象组织的日常工作，在执行大会或执行理事会决定的过程中，对各方利益有着重大的影响。

3. 保护臭氧层的维也纳公约和蒙特利尔公约

联合国环境规划署（United Nations Environment Programme, UNEP）在 20 世纪 70 年代意识到臭氧层破坏的严重性，为保护臭氧层，开始采取一系列国际行动。1976 年 UNEP 理事会讨论了臭氧层破坏问题，1977 年制定了《关于臭氧层行动的世界计划》（*World Plan of Action on the Ozone Layer*）。1981 年，理事会授权起草平流层臭氧保护的全球框架公约。1985 年 3 月在奥地利首都维也纳召开 "保护臭氧层大会"，通过了《保护臭氧层维也纳公约》（*The Vienna Convention for the Protection of the Ozone Layer*）（以下简称《公约》）。这个《公约》是一种参加国家认可的框架协议。推动在臭氧问题的相关研究和科学评估方面的国际合作，并采取 "适当措施" 防止危害臭氧层，但是并没有特定限制化学品。[1]

《公约》出台加强了国际合作与行动措施一致，促进保护人类健康和环境，特别是促进减少臭氧层变化的影响。《公约》虽然没有达成任何实质性的控制协议，但是在道义上起到积极作用。不断有国家加入《公约》，我国政府于 1989 年正式加入《公约》。

《保护臭氧层维也纳公约》的出台和生效，表明政治、社会

---

① Edith Brown Weiss. The Vienna Convention for the Protection of the Ozone Layer and the Montreal Protocol on Substances That Deplete the Ozone Layer, United Nations Audiovisual Library of International Law, United Nations, 2009.

等非自然科学力量，也就是政治力量逐渐进入大气科学研究领域。这个特点是其他传统自然科学不具备的，也是经典大气科学阶段不具备的特点。

《公约》加强了国际合作和交流，但是对于特定化学品没有达成一致意见，需要签订进一步的公约。1987 年全球 46 个国家的代表，经过谈判在美国纽约签署《关于消耗臭氧层物质的蒙特利尔议定书》(*The Montreal Protocol on Substances that Deplete the Ozone Layer*)，进一步推动各国关于保护臭氧层的具体行动。

《蒙特利尔议定书》延续了维也纳公约的原则，主要为避免工业产品中的氟氯碳化物对地球臭氧层继续造成恶化。该议定书自 1989 年 1 月 1 日起生效。通过控制消耗臭氧层的特定化学品——氟氯化碳、氟氯烃（CFCs，HCFCs）等的生产和使用，设定目标和时间表来减少这些化学品的使用，最终逐步淘汰。[①] 条款包括：评估小组提供持续的专家评估，对发展阶段不同国家允许受不同的义务约束，包括成立多边信托基金，援助发展中国家进行技术转移。《蒙特利尔议定书》反映了 20 世纪 80 年代对全球环境保护计划采取的更为全面的做法，这个过程中科学家、私营企业、非政府组织和各国政府都为其作出了贡献，使其成为吸引世界近 200 个政府普遍参与的第一个环境条约。

1991，设立了执行《蒙特利尔议定书》的多边基金，由世界银行管理，包括提供资金帮助发展中国家遵守《蒙特利尔议定书》规定的义务，特别是为援助发展中国家提供了近 30 亿美元的 6800 个项目资金。

《蒙特利尔议定书》签订后，人们发现其对于氟氯碳化物的管制范围不够。1990 年 6 月在英国伦敦召开《蒙特利尔议定书》缔约国的第二次会议，为扩大管制化学物质，受控物质由原来的

---

① 美国环境保护局官方网站，https://www.epa.gov/ozone-layer-protection.

2 类 8 种扩大到 7 类上百种。中国 1991 年加入《关于消耗臭氧层物质的蒙特利尔议定书》。随后几年又陆续修订其管制范围，包括 1992 年的哥本哈根修正案、1997 年的蒙特利尔修正案、以及 1999 年的北京修正案。哥本哈根修正案强调了发达国家的义务，北京修正案指出控制措施必须考虑发展中国家的特殊情况，特别是其资金和技术需求。2016 年出台《基加利修正案》，进一步扩展了控制氢氟碳化合物（HFCs）的生产和消费的措施，指出它们是对地球气候造成破坏的强有力的温室气体。

第三节　军事对气象的促进

古代军事战争很大程度离不开气象条件，中国传统智慧"天时、地利、人和"，其中天时地利中都包含气象条件。一方面气象条件给部分战争带来了困难，另一方面，军事发展又对气象科学提出需求，从而促进了气象科学发展。比如对于战时气象条件的预测和评判、人工影响战时气象条件等都是战场指挥官的迫切需求。

1. 战争借助气象条件

中国古代利用气象条件进行军事行动的案例不胜枚举。人们耳熟能详的各种经典战役与天气条件密不可分。如三国时期诸葛亮"草船借箭"就是利用大雾而获得大批箭支。公元 755 年 12 月，已经叛乱的安禄山就用过低温气象条件进行军事行动。《资治通鉴》记载"丁亥，安禄山自灵昌渡河，以约败船及草木横绝河流，一夕，冰合如浮梁"（白话译文：初二，安禄山从灵昌渡过黄河，用绳子捆系破船和杂草树木，横断河流，一个晚上低温即结冰像座浮桥）。^① 再比如"李朔雪夜入蔡州""火烧赤壁"等故事都体现了战争借助气象条件。

到了现代，科学技术发展使得有人希望利用气象条件赢得战争或者获得有利条件，^② 这样现代军事就对气象发展起到促进作用。美国在内战中也出现许多气象与战争的故事。^③

第二次世界大战中，由于西风急流的发现，穷途末路的日本军国主义提出大胆的计划，利用高空气球携带炸弹，气球在高空中利用西风急流漂洋过海送到美国领土上空。1944 年 11 月到 1945 年 4 月，利用高空西风急流，日本军方将 9000 多个携带炸弹的充氢气球相继分批地从日本东海施放，凭借着太平洋上空强劲的西风飞向美国大陆（图 27-1）。庆幸的是实际情况远比预想的复杂，日本气球炸弹并没有达到预定效果，但却促使美日双方加强了对高空急流的研究，积累了大量的气象资料，客观上促进了这个分支领域、特别是人工影响天气的气象科学发展。

图 27-1　1945 年日本的高空气球炸弹^④

1953 年 8 月，美国曾经成立了人工影响天气总统咨询委员会（President's Advisory Committee on Weather Control）。主要为确定天气变化程序的有效性，以及政府应在何种程度上从事这种活动。1963 年 11 月，出于对天气和气候的人为变化潜力的兴趣，也为考察大规模的人工影响天气活动的可能，美国国家科学院大气科学委员会任命了一个气象和气候变化小

① 司马光.资治通鉴，第二百一十七卷 [M]. 北京：中华书局，2009.

② Winters H A, et al. Battling the Elements: Weather and Terrain in the Conduct of War[M]. Baltimore: Johns Hopkins University Press, 2001.

③ Krick R K. Civil War Weather in Virginia[M]. Tuscaloosa: University of Alabama Press, 2007.

④ 引自史密森学会（Smithsonian Institution）.

组，"对这一领域的现状和活动进行审慎和周到的审查，以及在未来的潜力和限制方法。"①

1967—1972 年，越南战争中，美国花费了数百万美元试图影响当地天气。美国政府在"大力水手计划"（project popey）下利用天气作为武器，延长季风季节，希望出现更多降雨淹没胡志明小道，从而赢得战争，包括动用 2000 架次喷气式飞机使用碘化银在东南亚上空制造云层，促进下雨。这曾经造成了"胡志明小道"运输线上道路泥泞与塌方，部分阻碍了越南调动和物资运输，甚至引发洪水灾害。

2. 气象武器的影响

第二次世界大战中，毒气弹造成较大伤亡。使用毒气时，就要根据投放的方式选择合适的风向与风速。这就必须提前研究气象条件，否则风向突变而使得自己受害。其他化学武器的杀伤范围也与气象条件密切相关，比如近地面的风直接影响着毒剂的杀伤范围、风速决定着化学毒剂扩散的快慢、气温影响杀伤力等。

由于化学武器危害很大，容易形成大面积人道主义灾难，1993 年国际社会签订了《关于禁止发展、生产、储存和使用化学武器及销毁此种武器的公约》（Convention on the Prohibition of the Development, Production, Stockpiling and Use of Chemical Weapons and on Their Destruction）。这在一定程度上限制了运用气象因素增大部分武器威力的方式，对人类来说是个进步。但是防止和利用气象条件达到战争和军事目的并不会改变，军事促进气象科学发展的动力不会改变。"气象武器"已经进入科学家的视野，这会在更大程度上利用气象条件发挥武器威力，也会更加刺激当代气象科学某些分支学科的发展。1977 年 5 月联合国在有关天气武器的条约

---

① National Science Foundation, Weather and Climate Modification, Report of the Special Commission on Weather Modification, NSF 66-3.

中警告说，科学和技术的发展可能会带来新的环境改造的可能性，而这些技术在战争中使用会对人类福祉产生极其有害的影响。

第二次世界大战以后，人类拥有很多核武器，尽管没有发生核大战，但是科学家们计算出"核冬天"的危害，军事手段终于到了可以改变局地气候乃至全球气候环境的地步。军事对当代气象的影响不能忽视。比如第二次世界大战中，日本企图利用高空西风急流万里运送炸药轰炸美国，后来一定程度上促进了对高层大气性质的研究。在朝鲜战场和越南战场，美军都曾经使用人工降雨方法，[1]促进了世界人工降雨领域的秘密研究乃至军备竞赛等。

也就是说，当代气象面临和其他自然科学同样的问题，如何为人类造福而不是祸害人类自身。熟悉历史，知道气象与战争的相互促进，或许可以明白气流运行有自己客观规律，因为军事需求而尝试极限运用大气规律、甚至改变天气运行只会最终危害全人类。这或许是气象科学历史人文关怀的体现之一。

3. 气象学家为第二次世界大战作出贡献

为实施欧洲反攻，同盟国做好充分准备，只等气象条件适合登陆。这就要靠气象学家的贡献。同盟国有六个气象学家分在三个不同的组分别负责每天的气象预测，他们把当前的天气和过去十年对比，预测结果非常乐观，这导致 1944 年 6 月 6 日的诺曼底登陆战役胜利。

图 27-2　皮特森
（Sverre Petterssen）

挪威理论气象学家皮特森（Sverre Petterssen，1898—1974 年，如图 27-2）在这个过程中帮助了盟军。[2] 他是20 世纪中叶在气象学领域具有杰出领导才能的气象学专

---

① 于德湘，张国杰 . 天助和天惩——气象影响战争事例选编 [M]. 北京：科学出版社，1999.

② Fleming J R, Petterssen S. The Bergen School, and the Forecasts for D-Day[C]. Proceedings of the International Commission on History of Meteorology, 2004.1.

家，是前文阐述的挪威气象学派的主将之一。

　　皮特森出生于挪威北部传统的捕鱼区，对于北欧天气状况有切身感受，这为他日后成为卑尔根气象学派的重要人物提供了良好的研究背景。从 1931 年到 1939 年，他在卑尔根预测中心担任主任，验证并发扬了自己的气象预测方法和理论，在 1939 年被任命为麻省理工学院气象学系的院长，撰写了气象学分析著作。[①]

　　第二次世界大战爆发后，挪威很快被德国占领，皮特森离开麻省理工学院，为自己祖国服务抗击纳粹，作为从挪威空军借调的顾问在英国气象局为空军工作。英国气象局负责人纳尔逊·约翰逊爵士，任命皮特森为对柏林实施轰炸的气象预估负责人。

　　在 6 月 5 日，英法海峡上空乌云密布，同盟国的气象预测者告诉总指挥艾森豪威尔将军，有一小段时间里的天气状况是适合登陆作战的。第二天有史以来最大的两栖登陆部队在诺曼底海滩开始登陆作战了。

图 27-3　斯塔格（James Martin Stagg，1900—1975 年）

　　英美气象联合委员会提前做了大量筹划和准备，包括经格陵兰—冰岛—北爱尔兰—亚速尔群岛，到百慕大和加勒比海的弧形气象情报网，以及气象侦察机和气象报告船发回的加密气象情报，源源不断地传到由英国空军上校斯塔格（James Martin Stagg，1900—1975 年，如图 27-3）和美国空军上校耶茨（Don Yates）领导的气象联合委员会和气象预报中心。正是由于他们的气象预报，促进盟军最高统帅下定决心在"D-DAY"登录，从而加快改变了第二次世界大战进程。然而德国没有这些天气上游地区的气象资料。

　　德国气象学家通过观察大西洋上风的移动方向，认为这样恶劣天气根本不可能允许登陆作战。

---

　　① Petterssen S. Weather Analysis and Forecasting: A Textbook on Synoptic Meteorology[M]. New York: McGraw-Hill, 1940.

　　1944 年诺曼底登陆前，6 月初的天气更像 4 月天气，暴风雨席卷了整个大西洋。登陆行动已经不能延迟，6 月第一周天气预报显得格外重要。从当时天气形势分析，将在 6 月 5 日到 6 日出现短暂较有利于登陆的天气（图 27-4，图 27-5）。

　　截至 6 月 3 号，天气状况显然不允许登陆作战，在 4 日晚上，气象学家预测 6 号天气相对较好，可以允许登陆作战，结果登陆作战获得胜利，加速了第二次世界大战进程。

　　气象学家通过观测数据和类比方法预测暴风雨后可能的短暂蓝天，如果没有抓住这个机遇，可能诺曼底登陆出现变数，欧洲大陆的第二次世界大战或许也将会继续好多年。[①]

图 27-4　左图：1944 年 6 月 1—3 日的天气图；右图：1944 年 6 月 4 日天气图[②]

　　① Krick I P. Role of Caltech Meteorology in the D-Day Forecast. In Some Meteorological Aspects of the D-Day Invasion of Europe, 6 June 1944[M]. Roger H. Shaw and William Innes, ed., Boston: American Meteorological Society, 1984, 24-26.

　　② Fleming J R, Petterssen S. the Bergen School, and the Forecasts for D-Day[C]. Proceedings of the International Commission on History of Meteorology, 2004.1.

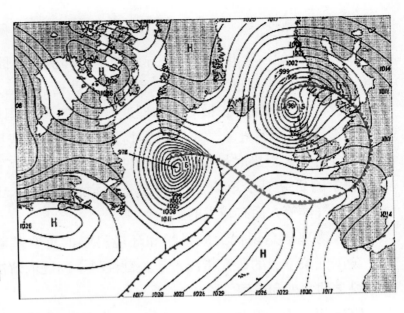

图 27-5　1944 年 6 月 5 日
天气图

　　气象学和气象学家在诺曼底登陆天气预测中起到了至关重要
的作用，从尊重历史的角度出发，或许我们应该为这次登陆中气
象学的作用做出一个更为恰当和高度的评价。

第四节　社会需求催生气象学的实效

　　20 世纪 80 年代以来，由于科学技术的不断发展，气象科学
领域的探测工具和研究方法也不断进步。比如气象卫星和雷达已
逐渐成为常规的大气探测手段。随着电子计算机的不断进步，计
算能力大大提高，增强了气象研究的数值模拟能力，不仅可以模
拟各种尺度的大气环流方程组，还可以利用电子计算机进行类似
空气污染扩散的数值模拟。

　　同时，由于社会乃至政治力量的介入，使得大气科学更加关
注与人类自身生存相关的科学和技术，大气科学的许多分支学科
就直接研究某些特定领域的科学和技术。

1. 大气微物理学

由于 20 世纪后半叶工业生产导致的全球环境污染日益加剧，大气流动中的微物理过程引起了气象学界的重视，包括云雾降水物理过程、空气污染与扩散的微物理过程。1973 年美国气象学会曾经组织了 60 多名气象学家对云雾物理学的进展、成就与展望进行综合研究，对当时最主要的关键性科学问题进行了述评。云雾物理学的研究对于短期预报、空气及环境污染、人工影响天气、人与气候等方面有较大的影响。

云雾物理学是现代大气科学和环境科学的重要基础部分之一。美国气象学会的研究指出若干关键性科学问题的解决将加速大气科学的发展和应用。[①]

1978 年，Hans R.Pruppacher 和 James D.Klett 发表《云与降水的微物理学》（ *Microphysics of Clouds and Precipitation* ）。作者指出云物理学在过去的几十年里取得巨大进展。这本书从几个方面凝练了这方面科学成果，包括云动力学，它涉及对云的宏观特征的物理规律的认识；云电学，它涉及云的电结构和云由于降水粒子的带电过程，以及云光学和雷达气象学等；大气化学，涉及大气的化学成分和其气态颗粒成分的生命周期等。[②]

这表明当代气象学家对于 20 世纪 80 年代的云物理研究，提出了许多有价值的结论。人们对云雾物理和人工影响天气等研究方面不仅仅需要依赖于现场作业，而是需要建立在符合微物理过程的规律之上。

2. 大气污染与防治

在 20 世纪 70 年代到 80 年代，酸雨现象是欧洲和北美洲最

---

① 金范. 云雾物理学的进展及其应用 [J]. 气象科技 ,1975(5):20-25.

② Pruppacher H R, Klett J D. Microphysics of Clouds and Precipitation[M]. Springer, 1996.

图 27-6　被酸雨破坏的一座雕像 [1]

引人关注的环境问题之一，经常出现在新闻中，有时在情景喜剧中提到。可见当时发达国家空气污染比较严重。如图 27-6。

20 世纪 80 年代之后，大气污染和环境污染逐渐加重。根据夏威夷的实际观测记录，大气中 CO_2 含量自 1860 年到 1980 年，由体积含量的 0.030% 增加到 0.033%，而且呈现出增加势头更加明显的特征。[2] 有学者对光化烟雾进行了数值模拟，研究光化学烟雾的产生及扩散问题。还有气象学家研究了酸雨、酸雾、酸性沉降等大气化学问题。

1978—1980 年为推进国际合作研究大气污染，加拿大与美国签订了越境大气污染及酸雨双边备忘录，据此研究了大气污染远距输送问题。美国实施了国家酸性降水评估计划（National Acid Precipitation Assessment Program，NAPAP）。NAPAP 是一项关于硫和氮氧化物对环境和人类健康影响的跨部门科学研究、监测和评估计划。

NAPAP 作为六个联邦机构（环保部、能源部、农业部、内政部、国家航空和航天局、国家海洋和大气管理局）之间的协调办公室，促进了各部委和地方政府、高校及企业之间的合作，研究了硫和氮氧化物的来源、影响和控制，认为人为排放硫和氮氧化物是造成酸雨的主要原因。[3] 酸雨也造成森林破坏，1985 年 P. 舒特（P.Schutt）和 R. P. 考林（R. P. Cowling）研究了欧洲中部森林衰落现象，揭示出西德的树林面积因酸雨下降幅度在 1982 年增

①　Rafferty J P. What Happened to Acid Rain，大英百科网站，https://www.britannica.com.

②　王鹏飞. 王鹏飞气象史文选——庆祝王鹏飞教授从事气象教学 57 周年暨八秩华诞 [M]. 北京：气象出版社，2001.

③　美国国家海洋和大气局网站：www.napap.noaa.gov/reports.

加 8%，1983 年增加到 34%，1984 年竟然增加到 50%。①

为了加强对大气成分对观测，1989 年 WMO 推动全球大气监测项目（Global Atmosphere Watch，GWA）实施，这有助于增进对大气、海洋和生物圈之间相互作用的了解。它在全球和地方尺度上协调高质量的大气成分观测。大约有 100 个国家参加了这个项目，目前正实施 2016—2023 年行动方案。

3. 应用气象学

20 世纪 80 年代，气象服务于社会各个方面，应用气象服务的研究领域逐渐增多，涉及的学科较多。例如，有学者对大地震前的气象"热异常"研究。1966 年 3 月邢台地震前，有民众反映"解冻早、返潮""春天来得早"。气象工作者分析气象资料，在地震前数日，日平均气温从 –13℃上升到 +12℃，竟然升高了 25 度。1973 年 2 月四川地震也发生"大震前出现近日最高气温，比历年同期都高"的现象。② 这个研究虽然还有待商榷，但是可以看出当时一些气象科技工作者把应用气象学的触角伸展到各个方面。

1985 年美国威斯康星大学的 D. 霍顿（David D.Houghton），组织了 53 位著名专家编写出版了《应用气象手册》（*Hand book of Applied Meteorology*），全书内容丰富。手册第一部分介绍了"基本气象知识"，包括"大气环流、气候学、天气预报"等，涉及基本气象原理和应用气象知识；第二部分阐释了当时的先进探测技术，包括 20 世纪 80 年代初使用的当时最新气象探测设备；第三部分和第四部分阐述了应用气象学和其社会影响。

这本书在第五部分介绍了当时的气象资料线索，比如各种资

---

① 王鹏飞 . 王鹏飞气象史文选——庆祝王鹏飞教授从事气象教学 57 周年暨八秩华诞 [M]. 北京：气象出版社，2001.

② 佚名 . 大地震前的气象"热异常" [J]. 气象科技 ,1975(2):45-46.

料源、出版物、书刊、教育单位、研究中心乃至图书馆、学术团体等信息。[①] 这部手册可以为气象科技工作者较快了解当时的气象学整体概貌提供参考，全书近 1500 页，100 万字，600 个图片，200 个表格，近 3000 条参考文献，不愧是百科全书式的气象学手册。

4. 临近天气预报

20 世纪 80 年代以后，气象部门比较注重天气预报的社会效果。1982 年 K. A. 布朗宁（K. A. Browning）提出了"临近预报（Nowcasting）"概念，以满足 6 小时甚至更短时间之内即将到达本地或影响本地的天气预报的社会需要。[②] 在 1989 年 K. A. 布朗宁进一步阐述了临近预报的重要性。他认为，在过去的 15 年中，随着大气遥感观测、雷达卫星观测及计算机技术的发展，天气预报技巧不断提高。

人们越来越意识到从零到几小时区间的特定天气信息和预报的重要性，导致出现了一种称为临近预报的特定预报。这类天气预报，重点是在各种天气参数、特别是降雨前的测量和外推需要达 2 小时以上。[③] 这无疑对当今各种社会活动具有重要价值，特别是突发事件更需要临近预报。

20 世纪 80 年代，计算机技术发展使得利用电脑作图非常普遍，有学者研究了利用实时电脑作图系统进行天气分析与预告。美国气象学会大气测量委员会主席沃尔特·E. 霍恩（Walter E. Hoenhne）关注未来的气象探测，提出气象专题预报和专业服务。他在 1978 年主持的气象观测和仪器论坛上，指出气象观测设备

① Houghtond D D. Hand book of Applied Meteorology[M]. Wiley, New York, 1985.

② Browning K A. Nowcasting[J]. Quarterly Journal of the Royal Meteorological Society, 1982, 110（464）：566-567.

③ Browning K A, Collier C G. Nowcasting of precipitation systems[J]. Reviews of Geophysics, 1989, 27（3）：345-370.

对气象科学发展的重要性，观测设备企业和气象学家需要合作。[①]

在没有万维网之前，天气预报是通过电视和广播等手段进行传播。预报和服务由于技术进步而产生广泛社会影响。[②]

5. 医疗气象学

20世纪80—90年代，随着生活条件变好，人们对医疗与健康更加关注。有些疾病的产生和痊愈与气象因素相关，这就诞生了医疗气象学，这是气象因素与大气环境对人体健康影响的分支学科。前期发展可以追溯到20世纪50年代，研究群体来自气象学者和医疗工作者。[③] 医疗气象学研究天气与健康之间的关系，研究范围包括几个方面：研究季节、气候及气象因素对正常健康人生理过程的影响；多发病和天气变化对疾病的影响，利用若干气象要素治疗某些疾病；小环境气候以及人工气候对人体健康的影响。[④]

在国际上有另一条发展线索，有学者从生理和生物角度研究人体与气象因子之间的关系和对健康的影响。20世纪50年代在国际上受到重视与研究。许多国家成立了生物气象学会或医药气象学会，1956年成立了国际生物气象学会，1957年出版了国际生物气象学杂志。这个过程中S.W.特劳姆（S.W. Tromp）做出了重要贡献，他推进了国际生物气象学学会的建立和国际生物气象学期刊的出版。[⑤]

---

① Hoenhne W E. Fourth symposium on meteorological observations and instrumentation AMS[J]. 10-14 April 1978, Denver, Colo. Bulletin American Meteorological Society, 1978, 59(9):1170-1172.

② Henson R. Weather on the Air: A History of Broadcast Meteorology[M]. American Meteorological Society, 2010.

③ 夏廉博，医疗气象学 - 天气、气候对健康的影响 [M]. 上海：知识出版社，1984.

④ 夏廉博，王衍文. 医疗气象学的当前研究 [J]. 气象科技,1976(7):47.

⑤ 张书余，刘昊辰，屈芳. 人类生物气象学 : 过去、现在和将来 [M].// 气象科学技术的历史探索 : 第二届气象科技史学术研讨会论文集，许小峰主编 . 北京 : 气象出版社,2017.

在 1962 年 S.W. 特劳姆编辑出版的生物气象学集刊中，涵盖了大气环境因素与生物（植物、动物和人类）之间的直接和间接相互关系有关的广泛问题，包括高海拔生物气候学、热带生物气候学或热带气候中的植物和动物生活、气候和生活物种分布之间的关系、预期的气象条件和天气类型对生物的影响等。[①] 他把这个领域研究定位服务于生物学家、卫生专业人员、动物学家、植物学家、农业学家、社会学家、气象学家和生态学家等。可见生物气象学涵盖之广、应用广泛。

医疗气象学需要医学、气象学、生物学等多门学科科学家的共同努力，而近几十年由于气候变化，使得医疗气象学的研究高度得到提升。进入 21 世纪，由于自然环境的污染以及各类环境事件加剧，各类"季节病""气象病"[②]的发病率居高不下，这也促使了国内外医疗气象学的发展进步。

本节从几个方面阐述了大气科学的发展直接与国计民生有关的各个方面相关，包括工业、农业、国防、交通、能源、水资源、城市建设等，气象科学特别是应用气象科学成为各国民众和政府关注的重要科学领域之一。如在西方发达国家，气象信息已成为排在政经、社会和体育之后让公众关心的第四大日常新闻，且大约七分之一的国民经济与气象有关。[③]

除了上面论述的几个分支学科，还有很多分支学科不断产生。比如空间天气学，涉及航天、空间物理领域等空间天气与人类生活的联系。中国气象部门目前已经设有国家空间天气预报台。

① Tromp S W. Biometeorology 1st Edition,Proceedings of the Second International Bioclimatological Congress Held at the Royal Society of Medicine[M]. London, 4–10 Sept. 1960, Organized by The International Society of Biometeorology,1962, e-ISBN: 9781483164540.

② 韩吉新 . 气象要素与气象病机 [J]. 科技信息 ,2012(27):509.

③ 张大林 . 大气科学的世纪进展与未来展望 [J]. 气象学报 ,2005(5):812-814.

　　如此巨大的社会需求也是大气科学能够快速发展并维持较高水平的重要原因之一。随着人类社会的进一步发展，各种世界性的气象问题将会进一步受到人类重视。国与国之间的协作以及政治上的正面介入或许更加普遍。

在 20 世纪的最后一二十年，气候变化和全球环境变化日益为科学界和公众所瞩目。气候变化不仅关系到当代人类的生存环境，而且对未来经济发展和社会进步的各个方面都可能产生潜在的重大影响。

21 世纪，气候变化似乎有加剧趋势，更加受到各国政府和公众的重视。其最大特点在于人类在此进程中的直接影响越来越大，世界进入"人类世"。对于气候变化的研究必将带动大气科学各分支学科向更高水平发展。

第一节　政府间气候变化专门委员会

20 世纪后 20 年，气候与气候变化逐渐进入公众的视野，气候变化不但是科学问题，也是社会问题。1985 年，国际科学联盟理事会（ICSU）、世界气象组织（WMO）和联合国环境规划署（UNEP）在奥地利召开了第一次对大气温室气体的环境影响进行全面评估的国际会议。这次会议在国际科学共同体和联合国形成了关于气候变化担忧的重要影响。由此导致成立了一个由国际科学联盟理事会、世界气象组织和联合国环境规划署组建的温室气体咨询小组（Advisory Group on Greenhouse Gases，AGGG）。这个小组成了 1988 年成立的政府间气候变化专门委员会（Intergovernmental Panel on Climate Change，

IPCC）的前身。

认识到全球气候变化问题的长期性，世界气象组织和联合国环境规划署在 1988 年建立的政府间气候变化专门委员会，它对联合国和社会公众的影响越来越大。

1. 基本架构

IPCC 向各国政府和有关机构提供有关气候变化的科学信息，以便政府部门做出关于气候变化的决策。目前有近 200 个成员单位。IPCC 成员国政府代表每年至少举行一次全体会议。全体会议以协商一致的方式决定该组织的预算和工作方案、报告的范围和概要、与 IPCC 的原则和程序有关的问题。

全体会议产生政府间气候变化专门委员会主席团，在科学和技术方面提供指导，就有关管理和战略问题提出建议，并就其职权范围内的具体问题作出决定。主席团包括主席、副主席、三个工作组的联席主席和副主席以及有关人员组成。执行委员会根据 IPCC 的原则和程序、专家组的决定和主席团的建议，加强和促进 IPCC 工作方案的及时有效实施。

IPCC 设有三个工作组：第一工作组评估气候系统和气候变化的基本科学问题；第二工作组涉及气候变化的影响、适应和社会经济自然系统的脆弱性；第三工作组评估限制温室气体排放和减缓气候变化的方案。另外还设立一个国别温室气体清单专题组。每个工作组（专题组）设两名联合主席，分别来自发展中国家和发达国家，其下设一个技术支持组。[①]

数百位作者是 IPCC 各种报告撰写的主体，一般包括首席作者（CLAs）、主要作者（LAs）、贡献作者（CAs）和审查编辑（REs）来准备 IPCC 报告。对于作者有一个遴选机制，作者撰写完报告之后有个审查机制，这样可以确保作者的代表性和报告的

---

① IPCC 官方网站，https://www.ipcc.ch.

科学性与没有偏见。主要成果一般包括评估报告、特别报告、方法报告和技术报告等。每份评估报告都包括决策者摘要，反映了对该次评估报告主题的最新认识。

2. 历次评估报告

IPCC《第一次评估报告》于 1990 年发表并于两年后出版了补充报告，这份报告确认了气候变化问题的科学基础（图 28-1）。报告认为过去 100 年全球平均地面温度已经上升了 0.3～0.6℃，海平面和温室气体含量有较大上升。如果不对温室气体的排放加以控制，模拟结果表明，未来 50～100 年全球平均增温 1.5～3.5℃，初步提出了针对上述气候变化的响应对策。第一次评估报告反响较大，促使联合国大会制定联合国气候变化框架公约（UNFCCC）并于 1994 年 3 月生效。

IPCC 的《第二次评估报告 /SAR》以 "气候变化 1995"（Climate Change 1995）为书名（图 28-2），作为 UNFCCC 第二次缔约方大会的主要依据材料，为京都议定书谈判作出了重要贡献。在主要

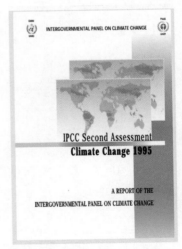

图 28-1　IPCC 第一次评估报告封面 [1]

图 28-2　IPCC 第二次评估报告封面

---

[1] 注：本节 IPCC 的数次评估报告的封面图片都来自其官方网站。

科学问题上，第二次评估报告指出，由于人类活动，大气中温室气体继续增加，导致地表增温和气候变化，人类因素对气候变化的影响逐渐可以察觉。[1]

IPCC 的《第三次评估报告 /TAR》"气候变化 2001"（Climate Change 2001），陆续出版了三个工作组的"科学基础""影响、适应性和脆弱性"和"减缓"的报告以及综合报告（图 28-3）。其主要成果包括近百年温度上升的范围是 0.4～0.8℃，[2] 阐释了气候变化对自然和人类系统的影响及其脆弱性，提出了减缓措施和对策建议，特别是限制或减少温室气体排放。

IPCC 在 2007 年前后完成《第四次评估报告》（AR4），提出即使所有辐射强迫因子都保持在 2000 年水平，未来 20 年仍可能每 10 年上升约 0.1℃（图 28-4）。如果排放处于不同情景范围，增暖幅度预计将增大两倍。这会导致全球进一步增暖，并引发 21

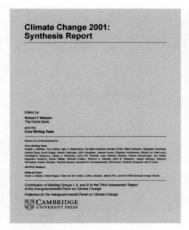

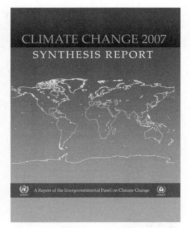

图 28-3 IPCC 第三次评估综合报告封面　图 28-4 IPCC 第四次评估综合报告封面

① 丁一汇. IPCC 第二次气候变化科学评估报告的主要科学成果和问题 [J]. 地球科学进展，1997, 12（2）：158-163.

② IPCC. Climate Change 2001: Synthesis Report. A Contribution of Working Groups I, II, and III to the Third Assessment Report of the Integovernmental Panel on Climate Change[M]. [Watson, R.T. and the Core Writing Team (eds.)]. Cambridge: Cambridge University Press, Cambridge,United Kingdom, and New York, NY, USA, 2001.

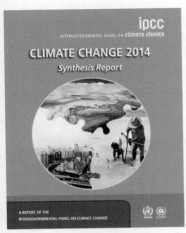

图 28-5　IPCC 第五次评估综合
报告封面

世纪全球气候系统的许多变化，很可能大于 20 世纪的观测结果，包括 21 世纪末全球平均地表气温可能升高 1.1～6.4℃，21 世纪末全球平均海平面上升 0.18～0.59 米。[①]

IPCC 在 2013 年和其后几年发布了第五次评估报告（AR5），2014 年发布了综合报告（图 28-5），指出人类对气候系统的影响是比较明确的，不加控制，气候变化将可能带来严重、普遍和不可逆转的负面影响。综合报告确认世界各地都在发生气候变化，相比之前的评估报告，此次指出温室气体排放以及其他人为驱动因子已成为自 20 世纪中期以来气候变暖的主要原因，信度逐渐增高（图 28-6）。对于气候变化，适应是不够的，显然大幅和持续减少温室气体排放是限制气候变化风险的核心。[②]

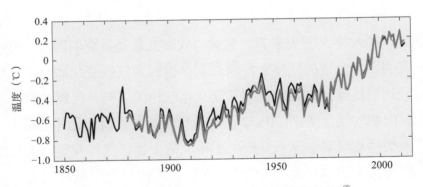

图 28-6　19 世纪以来全球陆地和海平面平均温度趋势[③]

---

①　IPCC. Climate Change 2007: Synthesis Report. Contribution of Working Groups Ⅰ, Ⅱ and Ⅲ to the Fourth Assessment Report of the Intergovernmental Panel on Climate Change [Core Writing Team, Pachauri, R.K and Reisinger, A.(eds.)]. IPCC, Geneva, Switzerland, 2007.

②　IPCC. Climate Change 2014: Synthesis Report. Contribution of Working Groups Ⅰ, Ⅱ and Ⅲ to the Fifth Assessment Report of the Intergovernmental Panel on Climate Change [Core Writing Team, R.K. Pachauri and L.A. Meyer (eds.)]. IPCC, Geneva, Switzerland, 2014.

③　IPCC. Climate Change 2014: Synthesis Report. Contribution of Working Groups Ⅰ, Ⅱ and Ⅲ to the Fifth Assessment Report of the Intergovernmental Panel on Climate Change [Core Writing Team, R.K. Pachauri and L.A. Meyer (eds.)]. IPCC, Geneva, Switzerland, 2014.

660 | 第四篇　走向大科学的当代大气科学

IPCC 的评估报告除了综合报告，每次还会有其他专题特别报告，提供对具体问题的评估，诸如《气候变化的区域影响》（1997）、《航空与全球大气》（1999）、《技术转让的方法和技术问题》（2000）、《排放前景》（2000）、《土地利用、土地利用变化和林业》（2000）、《保护臭氧层和全球气候系统》（2005）等，形成了一个关于气候变化从科学问题到社会影响到解决措施建议的综合性成体系的知识领域。

在 2017 年前后，IPCC 启动了第六次评估报告，2018 年和 2019 年已经出版了有关专题报告，在 2022 年出版《第六次综合评估报告》（AR6 *Synthesis Report: Climate Change* 2022）。[①] 未来可以预料，IPCC 每隔几年就作出气候变化评估报告，并在期间出版各种专题报告，这种趋势还会继续下去，将对联合国和各种国际组织、各国政府、社会公众等产生越来越大的影响。

3. 社会影响

从人类文明史来看，气候与气候变化是重要的因素，许多人类文明因为合适的气候条件而兴起，也因为气候变化而衰亡。历史行进到当代社会，曾经受到气候变化制约的人类，已经在较大程度上反向制约气候变化。IPCC 已经进行的五次气候变化评估报告，表明人类活动时对全球气候产生了很大的干扰，气候变暖很大程度上是因为人类活动引起，这个信度在历次评估报告中越来越高。

如果不加以合适措施，气候变化可能会造成不可逆转的风险。大气有自己的运行规律，在一定阈值区间，气候系统可以自我平衡，如果外力超过某个临界点，有可能打破原有平衡，进入到新的运行规律中。这期间风险是相当大的，人类适应目前的气候条件经过数万年的时间，短期的剧烈变动，会对人类造成灾难性的后果。

---

① IPCC 官方网站：https://www.ipcc.ch/reports.

IPCC 聚集了全世界最优秀的气象和气候学家，在全面、客观、公开和透明的基础上，对世界上有关全球气候变化的研究成果进行各方面、不同视角的评估，这会对联合国和各国政府起到非常重要的正面引导作用。

第二节 气候变化领域的进展和博弈

1. 共同但有区别的责任

1990 年 10 月 29 日—11 月 7 日第二次世界气候大会在瑞士日内瓦举行。这次世界气候大会是迈向全球气候条约的重要一步。会议由世界气象组织、联合国环境规划署和其他国际组织主办，大会的主要目的是审查 UNEP/WMO 的世界气候方案（World Climate Programme，WCP），并建议采取政策行动。

这次大会有 116 个国家的 747 位科技界专家出席。时任 WMO 主席邹竞蒙主持大会，讨论气候变化的科学问题之后，转向部长级会议，共有 137 个国家和 70 个国际组织派代表出席，其中近 80 个国家由部长率团参会，有 6 位政府首脑到会讲话。可见国际上对此次气候大会的重视，因为会议是在气候条约谈判过程中的关键时刻召开的。图 28-7 为会议发言图片。

经过讨论，参加大会的科学家和技术专家发表了一份强有力的声明，强调了气候变化的风险，并对温室气体影响气候变化的重要性提出了具体建议，以及气候变化对可持续发展的影响。这份声明为其后部长宣言定了基调。经过艰难谈判，大体通过了一些原则，包括：气候变化是作为人类共同关心的问题；公平原则；不同发展水平国家的共同但有区别的责任（the common but differentiated responsibility of countries at different levels of

development）；可持续发展及预防原则等。[①]

部长会议基本确认了政府间气候变化专门委员会评估报告的主要结论，反映出各国在气候变化问题上的不同利益和矛盾，这种矛盾在 21 世纪呈现更加复杂的特点。大会基本承认了包括"共同但有区别的责任"等原则，这为后面各种气候变化的利益博弈定了基调。

图 28-7　第二次世界气候大会，世界气象组织秘书长奥巴西发言[②]

本次大会要求拟订一份关于气候变化的框架条约和必要的议定书，包括真正的承诺和创新的解决办法，以便提交 1992 年 6 月的联合国环境与发展大会。

这次会议促进了各国加强全球气候系统监测，扩大了国际社会解决气候变化问题的政治意愿，所以在气候变化历史上具有某种里程碑意义。由于大会反响较大，各国民众开始作出反应。比如在美国和其他一些地方出现热浪和风暴后，媒体出现一系列的对气候变化及其预期的新闻报道。

2. 联合国气候变化框架公约

1990 年的第二次世界气候大会取得积极成果，在两年后得到进一步体现。结合 IPPC 第一次评估报告，联合国大会 1990 年第 45 届会议设立了气候变化框架公约政府间谈判委员会（the

---

① Information Unit on Climate Change (IUCC),1993, UNEP, P.O. Box 356, CH-1219, Switzerland.

② Zillman J W. A history of climate activities[J]. WMO Bulletin, 2009, 58 (3)：141-150.

Intergovernmental Negotiating Committee for a Framework Convention on Climate Change），进行了为期两年的紧张谈判，最终于 1992 年 5 月 9 日就《联合国气候变化框架公约》（*UN Framework Convention on Climate Change*，UNFCCC）（简称《公约》）达成一致。

紧接着，这个《公约》于 1992 年 6 月 4 日在巴西里约热内卢举行的联合国环境发展大会上通过。这是气候变化史上第一个促进全面控制二氧化碳等温室气体排放，应对气候变化与不利影响的国际公约和国际合作的基本框架。《公约》在第 4 条和第 5 条提出对系统观测和气候变化研究的具体协议，以支持最终目标（"将大气中的温室气体浓度稳定在气候系统中人为可控的水平"），《公约》最后由 155 个国家签署，1994 年 3 月 21 日生效。[①]

为落实气候变化公约，各国缔约方会议第一届会议就决定设立工作机构，包括附属科学和技术咨询机构与机制，也包括全球气候观测系统、世界气候变化研究计划等。《公约》比较实质性地推动了世界气候变化领域的合作，联合国以后基本上每年都要召开气候变化大会，[②] 以促进缓解和适应全球气候变化。

《公约》确立了一些原则。一是各缔约方应保护气候系统，以利于现在和未来人类在公平的基础上发展，履行共同但有区别的职责和各自的能力。发达国家缔约方应带头应对气候变化及其不利影响。二是发展中国家缔约方存在具体需要和特殊情况，特别容易受到气候变化不利影响的，应充分考虑其可以承担的比例与责任。三是各缔约方应采取预防措施，以预测、防止或尽量减少气候变化并减轻其不利影响。缺乏充分的科学确定性不应作为推迟的理由，同时考虑到应对气候变化的政策和措施应具有成本效益，确保以尽可能低的成本获得全球利益。四是政策和措施应

[①] Mintzer I M and Leonard J A. Negotiating Climate Change: The Inside Story of the Rio Convention[M]. Cambridge: Cambridge University Press,1994.

[②] 联合国气候变化框架公约官方网站：https://unfccc.int.

适当针对每一缔约方的具体情况，并应与国家发展相结合。五是各缔约方应开展合作，促进开放的国际经济导致所有缔约方可持续经济增长和发展，为应对气候变化而采取的措施，不应构成任意或无理歧视的手段，或变相限制国际贸易。[①]

其后不断召开国际会议讨论《公约》。1997 年在日本京都召开的联合国气候变化框架公约的第三次缔约方大会，通过了《京都议定书》(*Kyoto Protocol*)，《联合国气候变化框架公约》的补充条款，目的是为各国的二氧化碳排放量规定标准，目标是"将大气中的温室气体含量稳定在一个适当的水平，进而防止剧烈的气候改变对人类造成伤害"。但是《京都议定书》并不具有强制力。在 2012 年在卡塔尔多哈举行的第 18 届缔约方会议（COP18）上，各国代表们同意将《京都议定书》延长至 2020 年。在一系列会议争执之后，2015 年在法国巴黎举行的第 21 届缔约方会议的代表签署了一项新的、全面、不具有法律约束力的气候协议，提出将全球平均气温的升高限制在不超过工业化前水平 2 摄氏度之内，同时努力使温度升高保持在 1.5 摄氏度之内。[②]这项由《气候公约》所有 196 个签署国签署的具有里程碑意义的协定实际上取代了《京都议定书》。

从《公约》制定和生效过程来看，气象学家发挥了基础性的重要作用。正是由于他们的研究和努力，形成世界范围内的应对气候变化的共识，并推动国际社会进行气候变化领域的科学、经济和政治合作。这是气象学为促进人类进步发展的一个生动事实，也表明包括气候与气候变化在内的当代大气科学立足自然科学、服务社会的一种特点。

《公约》的总体目的是促进世界范围的应对气候变化合作，

---

①　United Nations, United Nations Framework Convention on Climate Change, FCCC/INFORMAL/84 GE.05-62220 (E) 200705,1992.

②　UNFCCC, The Paris Agreement, 2018.

并根据各国实际能力出发，最终形成互相有利而不是互相有害的国际贸易局面。在其后的历次气候变化会议上，逐渐增加了各种各样的因素，特别是进入 21 世纪气候变化会议越来越多成为各国利益博弈的场所。发达国家和发展中国家、各集团内部、各种集团之间等的博弈日趋复杂，从而总体上应对气候变化的努力并不扎实。比如说《京都议定书》被《巴黎协定》取代等，这似乎已经超出气象科学内史的范畴，需要使用科学哲学、科学社会学及科技政策学等角度去审视。

3. 全球气候观测系统

为落实《联合国气候变化框架公约》，1992 年建立起了全球气候观测系统（Global Climate Observing System，GCOS），由世界气象组织（WMO）、联合国教科文组织的政府间海洋委员会（IOC）、国际科学联盟理事会（ICSU）、联合国环境规划署（UNEP）等共同发起，如图 28-8。其目的是通过制定计划、提供技术帮助和政策指导在各种国际观测计划和各国观测系统之间建立协调机制。

GCOS 是一个长期的观测系统，促进气候系统、气候变化、气候变化的影响、模拟和预测等综合观测与评估，涉及整个气候系统的物理、化学、生物过程，以及大气、海洋、水文等方面。GCOS 重点关

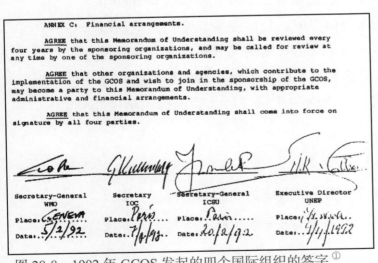

图 28-8　1992 年 GCOS 发起的四个国际组织的签字①

————————

① The WMO, the IOC of UNESCO, the ICSU and the UNEP, GCOS Memorandum of Understanding, 1992, 世界气象组织官方网站：https://gcos.wmo.int.

注包括：季节性的到年际间的气候预报、未来全球气候趋势和人类活动引起的气候变化、减少气候预测的不确定性等。①

GCOS 几乎每隔几年发布进展报告，包括《全球气候观测系统计划》（1995）、《全球气候观测系统充分性的报告》（1998）、《全球气候观测系统支持〈联合国气候变化框架公约〉的第二次报告》（2003）、《支持气候公约的全球气候观测系统执行计划》（2004）、《卫星气候产品系统观测要求——支持气候公约的全球气候观测系统实施计划卫星部分的补充细节》（2006）、《支持气候公约的全球气候观测系统执行进度报告 2004—2008 年》（2009）、《支持气候公约的全球气候观测系统 2010 年执行计划》（2010）、《全球气候观测系统状况》（2015）、《全球气候观测系统：实施需求》（2016）等。② 从这些出版物中可以看出，GCOS 比较扎实地推进各国气候观测，以便更好地服务于联合国气候变化框架公约的落实。

1993 年，WMO 建立世界水文循环观测系统（WHYCOS），帮助各国水文部门建立与水相关信息的系统，防止洪水和干旱威胁。此外，1997 年世界气象组织还建立了全球气候观测系统探空站网，由全世界一百多个探空站组成，目的是为长期稳定地获取高空大气的基本气象数据，用于全球尺度的气候系统研究。全球气候观测系统探空站有些遴选标准，包括探测资料的长期性和连续性、每天进行完整探测、有严格的质量控制并确保探测精度，报送数据详细完整等。

4. NIPCC 的争论

各国对 UNFCCC 有争议，固然有各国之间的利益博弈，同时也有对气候变化科学问题的争论。气象学家和科学界对于气候变

---

① 世界气象组织官方网站：https://gcos.wmo.int.
② 世界气象组织官方网站：https://gcos.wmo.int.

化是人为原因为主和自然原因为主一直不完全统一，有很多对气候变化不同观点的争论。在 IPCC 之外，一直存在相反的组织非政府间国际气候变化专门委员会（Nongovernmental International Panel on Climate Change，NIPCC）。

NIPCC 和其核心人物 S. F. 辛格（S. Fred Singer）的反对观点影响最大。NIPCC 和辛格总的观点是反对把人类活动作为引起地球变暖的最主要原因，自然因子、特别是太阳活动（通过宇宙射线等）是引起地球温度变化的主要原因。[1][2]

他们认为，目前的证据不能证明全球变暖是人类引起的，IPPC 重要基础之一"曲棍球杆"存在方法论错误。[3][4]IPCC 强调的温度和二氧化碳排放程度之间的关联是不足信的。"指纹验证"的方法与观测事实不一致。[5] 美国一些学者和日本学者赤祖父俊一、槌田敦等也提出气候变暖是自然现象，与人类活动无关的观点。全球地表温度观测记录的数据并不可靠。其原因包括城市热岛效应对增温观测的影响，观测站网密度不够、数据形式也不统一，对趋势的定义依赖时间间隔等。IPCC 的一些结论也存在自相矛盾的地方：

一是太阳对气候变化的影响被忽视。IPCC-AR4 中把已经

① Singer S F. Nature, Not Human Activity, Rules the Climate[R]. Summary for Policymakers of the Report of the Nongovernmental International Panel on Climate Change, Chicago, IL: The Heartland Institute,2008.

② 王绍武，罗勇，赵宗慈. 关于非政府间国际气候变化专门委员会（NIPCC）报告 [J]. 气候变化研究进展，2010，6(2): 89-94.

③ McIntyre S and McKitrick R. Hockey sticks, principal components and spurious significance[J]. Geophysical Research Letters, 2005, 32 L03710.

④ McIntyre S and McKitrick R. Hockey sticks, principal components and spurious significance[J]. Geophysical Research Letters, 2005, 32 L03710.

⑤ Douglass D H, Christy J R, Pearson B D, et al. A comparison of tropical temperature trends with model predictions[J]. Intl J Climatology (Royal Meteorol Soc), 2007. DOI:10.1002/joc.1651.

估低的太阳辐射强迫减少到 1/3，使其总影响降低到人类影响的 1/13。实际上太阳辐射变率可以解释 1940 年以前的变暖——中世纪暖期（MWP）和随后的变冷——小冰期（LIA），并且可以解释 1500 年准周期气候震荡，一直到上百万年前。[①] 此外，人们依赖的气候模式其实并不可靠。[②]

二是海平面升高速率不会增长。IPCC 估计的海平面上升不可信，"自下而上"的预测模式结果不一致，四次评估报告预测的海平面上升一次比一次低。以前用船舶观测海表温度（SST）取值于海面以下几米的温度，自然低于过去 25 年主要用浮标测量海面几厘米的海表温度（SST），其实 SST 因为深海储热而不会上升。

三是目前对二氧化碳源和汇的理解还很不够。海洋是源还是汇很不确定。NIPCC 认为，人类排放二氧化碳的影响是温和的，IPCC 过高估计了穷国经济发展造成的排放。较高的二氧化碳浓度对地球上的动植物都有益处，对社会发展是有利的，所得将会大于所失。从以上论述表明国际社会制定减排协议等是不必要的。[③]

在 NIPCC 报告出笼后，IPCC 进行了认真调查，改进了工作流程中一些不妥当之处，并进行了正面回应，发表"哥本哈根诊断"（Copenhagen Diagnosis）。[④] "哥本哈根诊断"紧急呼吁要把气候变暖限制在工业化之前的 2℃内。并且进一步提出气候变化

① Singer S F and Avery D. Unstoppable Global Warming: Every 1,500 Years[M]. Rowman & Littlefield Publishers, Inc, 2007.

② Singer S F. NIPCC vs. IPCC Addressing the Disparity between Climate Models and Observations: Testing the Hypothesis of Anthropogenic Global Warming (AGW)[M]. TvR Medienverlag, PF 110111, D-07722 Jena, Germany, 2007.

③ Singer S F. Nature, Not Human Activity, Rules the Climate: Summary for Policymakers of the Report of the Nongovernmental International Panel on Climate Change[R]. Chicago, IL: The Heartland Institute, 2008.

④ Allison I, Bindoff N L, Bindschadler R A, et al. The Copenhagen dignosis- Updating the World on the Latest Climate Science [R]. The University of New South Wales Climate Change Research Centre (CCRC), Sydney, Australia, 2009.

对全球的危害。提出对 NIPCC 的反驳意见。

一是温室气体排放量骤增的危险。2008 年全球使用化石燃料而产生的二氧化碳排放量比起 1990 年高出了近 40%。这样的排放量再多持续二十年，会有 25% 的可能性会增温超过 2℃。全球减排行动每拖延一年，都会增加升温超过 2℃的概率。

二是人类活动确实导致了全球变暖。过去 25 年来的增温率为每十年增加 0.19℃，这与预估结果完全一致。太阳的强迫作用减弱，气候变化仍然趋暖，短期的自然波动没有改变变暖趋势。

三是各种冰川正在加速消融。卫星遥感和冰川实地测量都明确证实了格陵兰和南极的冰架正在加速消失，自 1990 年以来，世界上其他地方的冰川和冰盖的消融速度也加快了。夏季北极海冰融化速度远超出了各种气候模型的预计，其中 2007 年到 2009 年的融化速度比 AR4 气候模型中的平均预测超出了约 40%。

四是低估了海平面的上涨速度。卫星显示过去 15 年全球海平面的平均上涨速度超出了 IPCC 预测的 80%。这正是冰川冰盖融化和格陵兰、南极冰架消融双重影响所造成的后果。到 2100 年，即在温室气体排放没有缓和的情况下，海平面高度会上升超过 1 米。预计全球气温稳定之后，海平面在几百年内仍然会继续上升。

五是滞后的行动很可能造成不可逆转的损害。如果 21 世纪中气候变暖仍然持续下去，必须尽快扭转局面。若要将全球变暖限制在最高不超过未工业化时期水平的 2℃，全球温室气体排放量必须在 2015 年到 2020 年之间达到峰值而后急剧下降。这份报告提出"行动大于争论"的理念，有助于促进更多的人理解气候变化的事实。

东京大学在 2009 年发布了"批判全球变暖怀疑论"的报告。国际科学理事会审核委员会 2010 年对 IPCC 进行了独立审核和评估，既肯定了 IPCC 为全球气候变化做出了重要贡献，又肯定了现在的气候变化是由人类活动造成的。

我们对 NIPCC 的积极作用和不足需要有个清醒的认识。自然界的高度不确定性使得 IPCC 结论受到一些质疑是情理之中。辛格（Singer）的一些观点值得 IPCC 和学界反思与借鉴，这是 NIPCC 的积极作用，听取不同意见有助于气候变化研究更加科学的发展。[①]

然而，NIPCC 和其他反对意见也有明显不足，包括对某些科学概念没有准确理解，以偏概全、有失偏颇等，如厄尔根签名运动（Oregon Petition）也不太像严肃的科学研究。

IPCC 成立以后，集中了各国最优秀的科学家和最合理的数值模式，进行系统和充分讨论式的集体研究，这样得出的结论要比以前单个科学家和单个集团研究更为合理和科学，结论可信度也更高。IPCC 已经发布五次评估报告，第六次评估正在进行中。这些报告认为，人类活动造成全球变暖的可能性逐渐增加。世界上大多数科学家赞同人类活动是引起全球变暖的主要原因。[②] IPCC 每一次报告都是世界上成百上千的一流气象与气候学家的结晶。[③]

IPCC 严肃认真对待并吸收各方面不同意见，更加证明 IPCC 的科学性和公正性。全球变暖是不争的事实，人类最终会接受人类自身造成最近百年全球变暖的观点，从而更加自觉维护地球的自然平衡，走可持续发展之路。

第三节　大型国际科学计划对气候研究支撑

20 世纪 90 年代国际上大型国际气象科学的研究计划更多、

---

① 王绍武，罗勇，赵宗慈. 关于非政府间国际气候变化专门委员会（NIPCC）报告 [J]. 气候变化研究进展，2010，6(2): 89-94.

② National Academy of Sciences, Understanding and Responding to Climate Change [M]. the National Academies Press, 2008.

③ Houghton J. Global Warming: The Complete Briefing, 5 edition[M]. Cambridge: Cambridge University Press, 2015.

范围更广、效果更好。这些计划相比以前,气候研究内容和色彩更多,对于全球气候变化的理解和气候变化的博弈影响更大。这里择其要而述之。

1. 南海季风试验

20 世纪 90 年代中国大气科学开展了很多重要的科学试验,取得很多成果。其中,1996—2001 年的南海季风试验(South China Sea Monsoon Experiment,SCSMEX),1994 年开始筹备,首次以中国科学家为主力,在中国及其周边地区开展的第一次大型的国际性大气—海洋科学试验。

南海季风试验是一个国际联合的大气和海洋场试验,是为更好地了解南海季风夏季风的爆发、维持和变化情况。在五年的野外观测中,获得了大量的气象和海洋资料,为促进中国在南海季风和东亚季风的研究以及与海洋的相互作用研究领域提供了极好的数据集。[①] 如图 28-9 所示。

研究取得很多成果。研究提出了 1998 年南海季风爆发的概念模型,开发了海气耦合区域气候模式(CRCM),并对南海季风爆发进行了 50 年的时间序列分析。试验确定了 30～60 天振荡和 10～20 天振荡的两种主要的振荡模式。研究结果表明,南海季风异常对中国东部降水及其模式有影响,比如南海上的强(弱)季风通常会导致扬子江盆地中下游降水量减少(降水量),华北地区降水量也会减少。大尺度环流与中尺度对流系统(MCSs)之间存在一种正反馈机制,在南海南部和北部海域,由于大气和海洋结构的不同特征,海气湍流通量交换存在明显差异。[②]

---

① Ding Y H, Li C Y, Liu Y J. Overview of the South China sea monsoon experiment[J]. Adv. In Atmos. Sci.,2004, 21(3):343-360.

② Ding Y H, Li C Y, Liu Y J. Overview of the South China sea monsoon experiment[J]. Adv. In Atmos. Sci.,2004, 21(3):343-360.

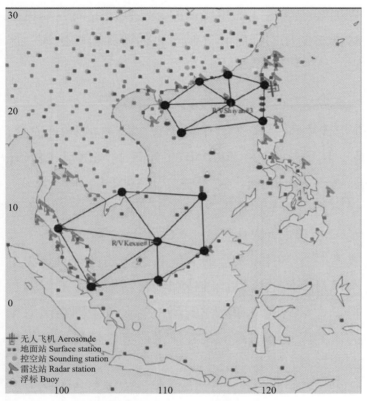

图 28-9　南海季风试验 1998 年观测网络 [①]

　　南海季风试验（SCSMEX）是一个多国家、多地区参加的气象、海洋综合项目，美国、澳大利亚、印度尼西亚、马来西亚、菲律宾、新加坡等国家学者，以及中国的香港、澳门、台湾地区的科学家参加了试验和研究，使用了无线电探空、地面观测、雷达、飞机、卫星观测、海洋边界层与通量观测、浮标等观测方法有助于更好地了解东南亚和中国南海地区的季风爆发、维持和变化的主要物理过程，[②] 以便改进对季风的预报。

　　① 　Ding Y H, Li C Y, Liu Y J. Overview of the South China sea monsoon experiment[J]. Adv. In Atmos. Sci.，2004, 21（3）：343-360.

　　② 　Huang H J, Mao W K. The South China Sea monsoon experiment—boundary layer height(SCSMEX-BLH): Experimental design and preliminary results[J]. Monthly Weather Review, 2015, 143：5035-5053.

南海季风试验发现了一些新的现象，比如季风的突变等，进一步说明现当代大气科学需要试验，而且需要在实验室以外的试验，大气科学与物理化学等自然科学存在差异，不能指望在实验室就可以观测到实际气象情况，必须到外场进行试验，获得实际数据。气象科学史因此也带上实践性较强的学科特色。

2. 全球能量与水循环试验

全球能量与水循环试验（Global Energy and Water Cycle Experiment，GEWEX），是本书前面提到世界气候研究计划（WCRP）的四大核心项目之一，主要目的是观测、理解陆面大气中的水文循环和海洋上层的能量通量。GEWEX 有助于理解减缓全球变化效应、减少灾害风险与气候变化评估。

为完成这个计划，设立了项目办公室（IGPO），促进项目执行和参与科学家之间的交流。试验还希望可以精确评估大气辐射、水分循环对全球气候变化的响应等，试图建立全球范围内预测能量和水分收支的精确模型。

1992—1998 年是这个计划的酝酿与准备阶段，GEWEX 分阶段实施。第一阶段包括信息收集、建模、预测和观测布局。第二阶段根据数据研究科学问题，诸如气象预测能力、地球水循环的变化、以及对水资源的影响。

第一阶段到 2002 年，推进了观测技术、数据管理和同化系统的发展，以用于长期天气预报、水文和气候预报的业务应用。这个阶段，包含三个子领域：GEWEX 辐射模块，使用卫星和地面遥感来确定自然变化和气候变化强迫；GEWEX 模拟和预测模块，模拟地球的能量和水汽收支，并确定可预测性；GEWEX 水文气象学模块，模拟和预测较长时间尺度（每年）水循环事件。

第二阶段从 2003 年至 2012 年，使用新的卫星信息和越来越多的新模型，包括地球能源测算和水循环的变化、气候反馈过程的贡献、自然变化的原因等，包括协调能源和水循环观测项目模块、GEWEX 辐射模块和 GEWEX 建模和预测模块。

全球能量与水循环试验进行了全球范围内的调查，包括南部非洲、波罗的海、北美洲、东部亚马孙河、欧亚大陆北部的水文气候，并收集和进行了陆面和地表水文模拟在内的全球、区域尺度的模拟。

GEWEX 取得很多成果，比如非洲季风多学科项目获得非洲产生的独特数据集，开发出高分辨率下一代水文地表区域气候模型，开发了全球数据集等，研究结果有助于公共决策中的气象服务，为很多的社会和经济部门服务。[①]

这个试验在区域和全球范围内关于能量和水循环的研究发挥了基本作用，在区域尺度上更好地监测和改善水资源管理，为各地决策者提供知识、经验和专业知识。因为这些问题有时超出地球系统，涉及社会、经济和立法层面，[②]未来还应该进一步加强在这个研究领域的区域和国际合作。

3. 阿尔戈计划

21 世纪到来前后，气象学家日益关注海洋在大气循环中的重要作用，但是对于海洋的气象观测，限于条件，以前一直未能进行很好的实地观测。1998 年，美国和日本等国家的大气、海洋科学家推出了一个全球性的海洋观测计划，阿尔戈计划（The Array for Real-time Geostrophic Oceanography，ARGO）。

通过使用 ARGO 剖面浮标、卫星通信系统和数据处理技术等，建立一个实时并且高分辨率的全球海洋中、上层监测系统，这样可以快速准确地在较大范围收集全球海洋上层的海水温度和盐度剖面资料，更好地了解大尺度实时海洋的变化情况，提高气象和气候预报的精度（图 28-10）。Argo 来自于希腊神话。

---

① WCRP News, www.gewex.org.

② van Oevelen P J. A need for GEWEX contributions to regional climate issue[J]. Gewex news, 2011,21(2):2.

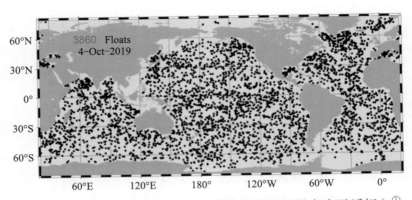

图 28-10　ARGO 网站显示 2019 年 10 月 4 日全球海洋浮标状况（黑点表示浮标）[1]

　　这个计划在 2000 年启动，每年增加 800 个观测装置，已经成为海洋观测系统的主要组成部分（图 28-11）。ARGO 是全球海洋数据同化模型和再分析中使用数据集的唯一来源。它将提供从几个月到几十年的定量描述海洋的变化状态和海洋气候变化的模式，反映季节性和年代际气候变化。

　　海洋浮标是这个计划的关键观测工具，当浮标浮出水面时，

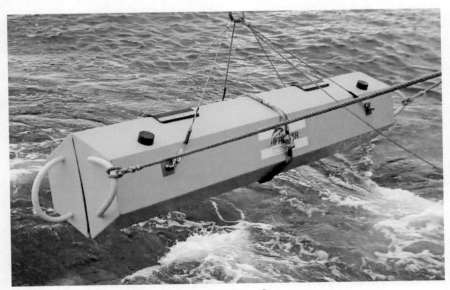

图 28-11　正在施放到海洋中的一个浮标[2]

---

① ARGO 官方网站：http://www.argo.ucsd.edu/About_Argo.html.
② ARGO 官方网站：http://www.argo.ucsd.edu.

24 小时内记录数据通过 ARGO 或 GPS 传输到 Argo 信息中心和数据中心，有实时质量控制测试，对错误数据进行标记和 / 或纠正。这些数据通过全球电信系统（GTS）到达海洋和气候预报 / 分析中心。

这个计划有美、中、法、日、英等 30 个国家参与，美国贡献了将近一半的浮标观测。

阿尔戈计划迅速发展，已成为全球气候观测系统（GCOS）、全球海洋观测系统（GOOS）、全球气候变异与观测试验（CLIVAR）和全球海洋资料同化试验（GODAE）等大型国际观测和研究计划的重要组成和数据来源。联合国政府间海洋学委员会还专门通过了支持阿尔戈计划在全球实施的一项决议。

阿尔戈计划正在并将为全球气象预报准确率提高做出重要贡献，也为全球气候变化提供数据支撑，无论对于全球还是区域都是国际合作的典范。

阿尔戈计划的成功表明，一方面当代大气科学早已经进入大科学阶段，不仅需要卫星和雷达这样的大型科学工具，而且需要阿尔戈这样的大范围观测和成万上亿的大数据支撑；另一方面当代大气科学离不开国际范围的合作，合作的方式和成果共享使得全球气象学界和相关学科的学者更加容易交流，从而促进气象科学的发展，或许世界范围的气象科学共同体有着更深的学术共识和共同感情。

进入 21 世纪，大型国际科学计划仍然层出不穷。2002 年在约翰内斯堡召开了可持续发展世界首脑会议，强调了对与地球状态相关的协调观测的迫切需求。2005 年在布鲁塞尔的第三届峰会上正式成立了政府间地球观测组织（GEO），促进实施全球综合地球观测系统（GEOSS），2015 年推出《GEO2016—2025 战略规划：全球综合地球观测系统实施方案》。

第四节　直面"人类世"

当代气象科学已经超出传统气象学的范畴，不断吸收其他学科知识，包括生态、环境等。气象为人类服务，人类反过来又在很大程度上影响气象，比如在气候变化上、气象观测模式上，这表明人类在气象科学中的主观能动性越来越突出，分析人类的世纪——人类世（Anthropocene）可以看清这点。

1. 人类世的提出

人类世这个概念显然很早就有学者意识到，可以追溯到19世纪中叶，威尔士地质学家托马斯·詹金（Thomas Jenkyn）引入了"人生宙"一词来描述当前的时代。1873年意大利地质学家安东尼奥·斯托帕尼（Antonio Stoppani，1824—1891）提出"人类世时代"（Anthropozoic era）。1922年俄国地质学家 Aleksei Pavlov 似乎也提出了"人类世"这个词。

对人类世进行完整论述的是气象学家、诺贝尔化学奖得主保罗·克鲁岑（Paul Crutzen，如图 28-12）。

保罗·克鲁岑 1933 年出生于荷兰阿姆斯特丹，因为 20 世纪 70 年代的工作：证明氮氧化物的化合物加速了平流层臭氧的破坏，获得 1995 年诺贝尔化学奖。他与另外两位美国化学家共同获奖。

由于第二次世界大战，克鲁岑早期学习生活并不顺利，大学毕业后，从事土木工作，1959 年进入斯德哥尔摩大学气象系从事气象计算机工作和学习。前文论述，这里是挪威气象学派的根据地。世界各地的优秀研究人员来到斯德哥尔摩大学气象研究所（Meteorology Institute of Stockholm University，MISU）研究气象理论。20 世纪 50 年代计算能力的提高使最早的大气现象计算机模型得以发展。20 世纪

图 28-12　保罗·克鲁岑（Paul Crutzen）

60 年代初，当时的斯德哥尔摩大学因此拥有世界上速度最快的计算机，其中包括 BESK 二进制电子序列计算器及其后继产品 Facit EDB。1966 年，克鲁岑参与了一些最早的天气预报数值模型的构想、发展和运行。他还开发了一个非常有效的热带气旋模型。1968 年，克鲁岑在斯德哥尔摩大学获得气象学博士学位，博士论文为关于平流层臭氧的各种光化学理论。他随后到牛津大学从事博士后研究，继续研究臭氧层破坏问题，在 1974 年，他建立了一个模型，描述了由于持续使用氟氯烃（CFCS）而导致的臭氧层潜在损耗。

　　1974 年克鲁岑成为美国国家大气研究中心（NCAR）高层大气项目的研究科学家，并成为美国国家海洋大气局（NOAA）的高空物理实验室顾问。他继续从事平流层化学的研究工作。1980 年，克鲁岑回到欧洲，在德国马克斯普朗克化学研究所的大气化学部主持工作。美国宇航局和科罗拉多大学 1981 年卫星观测表明臭氧层正在迅速消耗，出现"臭氧空洞"，成为全球关注的问题。

　　1976 年科学界要求禁止氟氯化碳，但成效有限。1987 年在加拿大蒙特利尔签署了一项关于消耗臭氧层物质的协议，前文已经述及。20 世纪 90 年代，克鲁岑继续从事平流层化学和 ESA 环境卫星上的几个主要大气科学仪器的研发工作：如 1995 年的全球臭氧监测实验、2002 的扫描成像吸收光谱仪等。

　　声名显赫的克鲁岑，非常积极地支持气候变化研究和应对全球变暖的解决方案，发表了有关文章。在 2000 年他创造了"人类世"（Anthropocene）这个词用于当前的地质时代，标志着人类活动对环境的全球性影响。他获得了无数的奖项和荣誉博士学位，有一颗小行星（9679 号）以他名字命名。

　　克鲁岑思维深刻、视野广泛。他指出，18 世纪工业革命以来，人类成为环境演化的重要力量乃至成为主导力量，可以用"人类世"概括这一时期的地质变化，比如南极冰层捕获的大气中二氧化碳和甲烷出现全球性增高。

克鲁岑认为人类活动对地球系统造成的各种影响将在未来数万年的历史时期存在，所以"人类世"这个名词可以从全新的角度来研究地球系统。[①] 他对"人类世"不遗余力地呼吁集中体现在他的论文和著作上。[②]

2. 对人类的警醒

"人类世"的概念提出之后虽有争议，但是许多科学家支持这种提法。中国著名科学家、2003 年国家最高科学技术奖获得者刘东生赞同这种观点，并且认为要提出中国自己的观点，促进可持续发展。[③]

人类世的概念与地质时期概念不完全一样，所以也有地质学家不赞同这个提法，不愿意将其与传统地质时期并列。但是这个概念突显了人类对大气、对气候与气候变化、及对环境和全球的影响，这个概念本身带有人文关怀和历史情节。

其重要性或许也在于此。气象科学史有必要把这个概念纳入科学史整个概念体系和知识版图，这也是气象科学史和其他科学史有所差异之一。

可以想见，越来越明显的是，21 世纪的气候变化将对全人类产生重大的负面影响，包括极端事件概率大大增加、海平面上升、农业产量减少等。这可能需要上万亿的美元来适应。对于许多贫穷国家来说，可能会产生重大的经济和社会衰退，气候不适应导致大规模移民，可能会引发重大的暴力和冲突。

人类在"人类世"多方面影响地球的自主循环，诸如排干河

---

① Crutzen P J, Stoermer E F. The "Anthropocene"[M]. IGBP Newsletter, 2000, 41:17-18.

② Crutzen P J, Brauch H G. Paul J. Crutzen: A Pioneer on Atmospheric Chemistry and Climate Change in the Anthropocene (SpringerBriefs on Pioneers in Science and Practice)[M]. Springer, 2016.

③ 刘东生. 第四纪科学展望 [J]. 第四纪研究，2003, 23（2）：165-176.

流、产生炭黑导致大面积污染，毁坏耕地、砍伐森林，过度使用化肥，产生大量塑料，甚至改变了大气的成分等，这些确实说明人类通过不同方式影响这个世界。

许多学者希望人类尽快找到目前能源使用的替代方式，以便在不久的将来可以尽快化解"人类世"的危险。[①]"人类世"需要人类的惊醒，这个由气象学家提出的命题超出了大气科学的范畴，也进一步说明大气科学在当代面临完全不同于古代和近代乃至现代的社会环境和社会需求。

气象科技史在说明气象科学历史的同时，也在传递气象科学本身的知识和学科理念。气象科技史工作者除了知识的生成和传播之外，似乎也需要像气象学家一样肩负人文关怀和善济天下的视界。

---

① Bardi U. What Future for the Anthropocene? A Biophysical Interpretation[J]. Biophys Econ Resour Qual, 2016, 1（2）: 1-7.

新中国成立前，中国共产党领导下的人民气象事业已经开始酝酿。1945年3月中共中央军委三局在延安清凉山成立了气象训练队。第一期学员奔赴不同解放区，随后在不同解放区相继建立6个气象观测站，同年成立"八路军总部延安气象台"，成为中国共产党领导下的解放区建立的第一个气象台，进行地面和高空气象观测。随后建立华北气象台。1949年10月，中国共产党建立东北民主联军牡丹江航空学校气象班，培养了中国人民解放军第一批空军气象人员，并着手建立东北地区气象台站网。这些都显示了中国气象事业为国家服务的特征。

新中国成立以后，中国大气科学有了较大的发展，基本上和国际大气科学的研究是接轨的，并且逐步体现出中国特色。国防和经济建设是新中国成立初期气象的主要服务对象。

中国当代大气科学的迅速发展，再次证明笔者强调的大气科学具有全球性和本土性相统一的内在禀性，不同于物理和数学等自然科学。中国当代大气科学的本土性展现得比较充分，在融入世界气象科学大家庭和历史洪流中，不断维护和发展中国的本土气象学，在中国暴雨、青藏高原气象学、气象灾害等领域体现较为明显。在竺可桢、赵九章、顾震潮、叶笃正、陶诗言、谢义炳等老一辈著名气象学家的引领下，中国当代本土气象学派逐渐形成，或者说未来可期。

第一节　新中国气象业务和研究的建立与发展

新中国成立无疑对中国大气科学发展带来巨大的有利条件，进入了中国当代大气科学阶段。

1. 延安气象台

1945年3月，中国共产党领导的八路军在延安清凉山举办了第一期气象训练班，这些学员结业后在边区建立了气象观测站。在当时盟军特别是美军的帮助和工作基础上，1945年9月，中央军委在延安建立了八路军总部延安气象台，进行地面和高空观测。

这是新中国成立前人民气象事业正式起步。1949年12月8日，中央人民政府人民革命军事委员会气象局（简称军委气象局）成立，涂长望任局长。1951年1月1日，中央军委气象局还建立了延安飞行场气象站，进行地面、高空风观测。延安气象台很多史料保留在陕西省气象局局史馆。[1]

张乃召是延安气象台的重要创立者。当时，像张乃召一样投身气象事业的还有邹竞蒙、周鲁女、谌亚选等气象工作者。谌亚选"清华大学肄业，学物理，参加'一二·九'学生运动的一些工作。于1938年经重庆《新华日报》介绍去延安"。[2] 在延安期间，他和化学家陈康白、屈伯川等人一起筹建延安自然科学院。1940年9月1日，自然科学院正式开学，设大学部、预科和补习班，谌亚选在物理系任教。1946年前后，他被调去协助清华学长张乃召创建八路军总部延安气象台，促进气象台更好地掌握无线电测风和无线电探空设备。

延安气象台是新中国成立后气象事业发展的重要奠基来源之

---

① 闫靖靖. 踏寻延安足迹 传承气象精神 [N]. 中国气象报，2015-9-14，四版.

② 胡一峰，谌亚选. 烽火岁月里的跨界人生 [N]. 科技日报，2017-11-30.

一，为新中国气象科学和气象业务发展探索了宝贵经验。其中邹竞蒙在新中国成立后，担任中国气象局局长期间，努力促进数值预报、气象卫星、雷达、自动气象站等气象现代化建设。延安气象树立的服务意识，特别是气象为国家服务、为民众福祉服务成为当代中国气象事业"公益气象"的滥觞。

2. 赵九章与中国卫星事业

新中国成立初期，中国的气象科学技术力量薄弱，赵九章为新中国气象事业中做出了自己的最大贡献。

赵九章（1907—1968 年，图 29-1）生于河南开封，祖籍浙江湖州，中国动力气象学的创始人之一，中国现代气象科学的奠基人之一，中国科学院学部委员。

1929 年赵九章考入清华大学物理系，1933 年毕业。1935 年赴德国攻读气象学专业，仅用三年时间，于 1938 年获博士学位，同年回国。历任西南联合大学教授、中央研究院气象研究所所长。1945 年，赵九章提出行星波斜压不稳定的概念，引起国际气象学界的重视。

新中国成立后，任中国科学院地球物理所所长、卫星设计院院长。他注重将数学和物理引入气象科学。20 世纪 50 年代，他在中国尚没有计算机的条件下，倡导、支持和组织年轻学者开展图解法解微分方程，为中国后来数值天气预报业务发展开了先河。

赵九章是中国人造卫星事业的倡导者和奠基人之一。1957 年，他积极倡议发展中国自己的人造卫星。1964 年，建议国家立项正式开展我国人造卫星研制工作，受到了中共中央的重视。他对我国第一颗人造卫星的研制以及我国人造卫星系列发展规划的制定做出了重大贡献。1985 年，其科研成果荣获国家科技进步特等奖。1999 年 9 月，被追授"两弹一星"功勋

图 29-1　赵九章铜像

奖章。

在赵九章、涂长望以及大批爱国大气科学家的共同努力下，中国的当代气象事业迅猛发展，取得了一系列的科学研究成果。中国当代气象针对中国特点进行深入研究并逐渐形成一整套成熟理论体系，对于整个世界及其他各国气象研究有着深远影响。[①]

3. 气象基本业务建设

1949 年新中国成立后，中国大气科学分支学科建设、研究的深度与广度都有了较大的发展。由于国防和建设的需要，需要集中各方面的气象力量进行研究，例如，1950 年中央气象台的无线电探空仪就是在清华大学物理系的实验室里检定的。[②]

新中国成立初期，我国气象科学技术研发主要是围绕气象台站网的建设，重点开展了气象观测实验和仪器研制。新中国成立之后大规模的气象观测台站和观测网建设取得了较大成就。1950 年，气象通信实行军事化管理，全部气象资料、情报、预报都实行无线电广播的加密传输，确定了以利用国家电信网为主、自设电台为辅的原则，使全国各地的观测台站，包括没有传输设备的观测台站的观测报告可以及时传送到北京，供全国预报业务使用。这是这个历史阶段我国气象通信建设的一条基本经验。[③]

新中国成立初期，在第一任中央气象局局长涂长望领导下（图 29-2），全国大力建设各类气象台站。1965 年底，全国气象台站达到 2383 个，形成了 20 世纪中国气象台站网的基本格局。

1950 年 11 月，中央军委气象局与中国科学院地球物理研究所在中央气象台正式建立"联合天气分析预报中心"和"联合天

---

①　田村专之助 . 中国气象学史研究 [M]. 日本东京都中央区日本桥 – 中国气象学史研究刊行会编印出版，1976.

②　谢义炳 . 回顾过去、瞻望未来、促进我国气象科学技术发展的新高潮 [J]. 气象学报 ,1983(3):257-262.

③　中国气象局 . 中国气象现代化 60 年 [M]. 北京：气象出版社，2009.

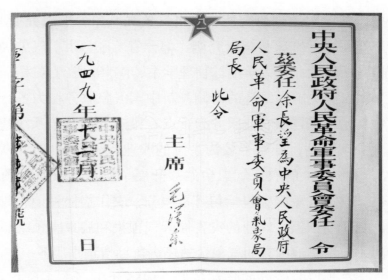

图 29-2　中央人民政府人民军事委员会对涂长望的委任令（1949 年 12 月）[1]

气资料中心"。[2]1954 年，中央气象局成立了"气象技术革新及研究科学委员会"，推动了气象技术革新和研究，中央气象台开始了数值天气预报的研究，是国际上较早开展数值预报业务的国家之一，为中国天气预报业务建设做出了显著的成绩。随着气象系统建制的改变，气象科学技术研究工作也逐步转向面向国家经济建设。

1956 年中央气象局制定了《气象科学研究十二年远景规划》，提出 12 年的发展目标，包括了很多促进气象科学技术的项目和任务，并对气象科学的重点学科建设、研究机构布局、研究干部培养等做了部署。当年，成立了中央气象科学研究所，促进了新中国气象业务和科研发展。

到 1958 年，全国气象科研体系已有一定规模，从事气象科研的单位包括中国科学院地球物理研究所、兰州地球物理研究所、

① 中国气象局 . 新中国气象事业 60 年（画册）[M]. 北京：气象出版社，2009.
② 陈正洪 . 陶诗言与联合天气分析预报中心 [J]. 气象科技进展，2012, 2(4): 62-63.

中国科学院地理研究所、中央气象局气象科学研究所和观象台、空军司令部气象科学研究所、部分省（区、市）气象局气象科学研究所以及北京大学地球物理学系、南京大学气象系等。

农业是国民经济的基础，新中国气象服务在为各行各业服务中，始终坚持以农业服务为重点。1954年在气象系统建立了农业气象观测站，开始了较为系统的农业气象观测。到1959年，全国约有80%的农区气象台站，开展了农业气象情报预报服务工作。农业气象服务包括旬月报服务，农作物播种期、收获期、果树开花期预报，农业的灾害性天气预报和病虫害预报服务等，我国北方干旱地区有的气象台站还进行墒情预报服务。

农业需要较好的降水条件，1956年毛泽东主席指示："人工造雨是非常重要的，希望气象工作者多努力。"这对中国人工影响天气技术发展是极大的鼓励和促进。

为国家修建中苏友谊铁路的需要，1956年建立新疆阿拉山口气象站。新中国成立之初，中国政府与苏联政府签订了《中苏友好同盟互助条约》和《关于中苏友好同盟互助条约的补充协定》。[1]阿拉山口气象站处在中苏边境敏感地区。这个气象站在承担气象业务任务外，还肩负着国家安全、领土完整、边境稳定等任务。[2]这个气象站类似于准军事单位。

几经风云变幻，1990年6月中国国务院批准设立阿拉山口为国家铁路公路一类口岸。21世纪阿拉山口成为新亚欧大陆桥中国段西部的桥头堡，阿拉山口市气象的工作重点也转移到了为当地经济发展提供气象保障服务。

4. 大气学科的发展

由于中国国土面积辽阔、跨经纬度幅度大、地形复杂等一系

---

[1]　1950年，《关于中苏友好同盟互助条约的补充协定》。
[2]　1965年，《阿拉山口气象站边防工作简介》（(65)阿气发字01号）。

列因素，导致气象灾害频发。根据生活及生产需求，新中国成立后，中国气象学家对寒潮、梅雨、暴雨、台风、雷暴大风和冰雹等方面做了大量的研究，并取得了一系列重大成果。概括来讲，20世纪50年代中国气象科技在天气、气候、大气探测、大气物理与云雾降水物理、农业气象、东亚大气环流（东亚季风）、青藏高原天气学、数值天气预报、人工影响天气、航空气象等领域取得重要进展，这些都为我国后来的气象学科发展奠定了良好的基础。

比如在寒潮研究方面，陶诗言总结归纳出影响我国的主要寒潮路径，指出寒潮过程是大型环流急剧调整的结果。[1]20世纪50年代末的研究表明，中国气候的季节转换，具有其他制约季节变化的因子，特别是青藏高原的热力影响。[2]

中国暴雨经常导致洪涝灾害，对于社会影响极大，这也是新中国成立以来气象部门十分重视暴雨的原因。1975年8月河南出现特大暴雨灾害，造成人员重大伤亡，中国政府发起"'75.8'暴雨大会战"，其研究成果和后期其他暴雨研究，使得中国在暴雨领域的研究成果丰硕。中国气象学家不仅系统总结了中国暴雨的特点，同时还发明了一些科学有效的研究方法。在台风路径预报的研究方面，根据1956年以来70多次盛夏登陆影响我国华北的台风实例，经过试验分析，提出了有效的引导气流短期预报方法。[3]

20世纪中国大气科学发展逐渐从地学传统转向物理学传统和地学传统并重。从物理学和数学角度研究大气科学是历史趋势。因此大气物理学发展迅速。大气物理学主要研究地球大气现象与过程的力学、热力学、统计物理、电磁学、光学与量子力学的

① 陈正洪，杨桂芳. 胸怀大气陶诗言传 [M]. 北京：中国科学技术出版社，2014.
② 陶诗言. 十年来我国对东亚寒潮的研究 [J]. 气象学报，1959，30（3）：226-230.
③ 董克勤，晋文. "75.8"河南特大暴雨会战取得显著成绩 [J]. 气象科技资料，1976（7）：39-40.

物理机制与规律。这门学科应用物理学原理，结合地球大气的特点，产生了大气动力学、云雾降水物理、大气边界层物理、大气辐射、大气电学、大气信号与遥感物理、中层大气物理等许多分支。[1] 半个世纪以来，作为气象科学的一门主要基础学科，我国大气物理学也获得了重大进展。

我国现代大气物理学的研究受到我国现代气象学创始人竺可桢的积极引导，也受到叶企荪、吴有训、严济慈等老一辈物理学家的热心培植。大气物理学作为气象科学的一门基础学科，大气物理学研究密切结合具有应用价值的分支学科，通过气象观测、天气预报、环境与气候预测、人工影响天气等为社会服务，具有较强的生命力。[2]

1928 年成立的中央研究院气象研究所，在中华人民共和国成立之后，于 1950 年 1 月，由气象、地磁和地震等部分科研机构合并组建成地球物理研究所，对外称地球物理和气象研究所（Institute of Geophysics and Meteorology），成为当时中国科学院 13 个研究所之一。该所注重气象预报实践，建立了我国气象分析预报业务。

叶笃正、陶诗言等老一辈气象学家在东亚大气环流、东亚季风气候和寒潮等方面进行了系统研究，开创大气运动的适应理论和数值天气预报研究，在云雾物理试验及云和降水物理研究、中小尺度动力学和大气探测研究等方面，属于新中国 50 年代到 60 年代大气科学研究比较突出的领域。如 1956 年，中国科学院地球物理研究所主持完成的"西藏高原对东亚大气环流及中国天气的影响"获首届国家自然科学奖三等奖。1966 年根据我国气象事业发展的需要，气象研究室从地球物理所分出，成立了中国科学

① 杨萍，叶梦姝，陈正洪. 气象科技的古往今来 [M]. 北京：气象出版社，2014.
② 周秀骥，郭恩铭，殷宗昭. 中国大气物理学的发展——纪念中国气象学会成立六十周年 [J]. 气象科技，1985(2):1-5.

院大气物理研究所。

青藏高原气象学的研究从 20 世纪 50 年代开始就受到重视。由于青藏高原大尺度的地形会影响气流的强迫绕流、爬升和摩擦等，以及青藏高原具有冷、热源效应，使其对东亚、北半球和整个地球的天气和气候都产生着重要的影响，这成为当代大气科学界所关注的一个科学热点。

1979 年，叶笃正、陶诗言、程纯枢、谢义炳、黄士松、高由禧、章基嘉、巢纪平等一起主持了我国进行的第一次青藏高原大气科学试验，并取得了具有国际影响的研究成果。青藏高原气象学研究一直持续，1979 年出版的《青藏高原气象学》和 1980 年出版的《南亚高压》两书分别是中国气象学界在 20 世纪 60 年代和 70 年代研究成果的概括。①1988 年出版的《青藏高原气象进展》一书中研究了青藏高原首次进行的高原气象科学综合观测试验。②

在陶诗言、陈联寿主持下，由科研院（所）、高校及有关省（自治区、直辖市）气象局近 50 名专家集中攻关，历时两年多，形成了总体计划。1995 年 5 月，国家科委正式批准立项，隶属国家基础研究和应用基础研究重大项目（攀登 B 类）。1998 年 5—8 月，陶诗言和陈联寿院士为首席主持了第二次青藏高原大气科学试验。③ 自第二次青藏高原大气科学试验以来，中日双方加大进行高原合作研究，并取得了一系列丰硕的研究成果。中日科学家进一步认识到高原及周边地区大气动力、热力结构及其水分循环等过程是东亚地区灾害性天气、气候发生"强信号"的关键因素。第二次青藏高原大气科学试验，揭示了高原地气相互作用的

① 叶笃正，高由禧 . 青藏高原气象学 [M]. 北京：科学出版社，1979.

② 章基嘉，朱抱真，等 . 青藏高原气象学进展——青藏高原气象科学实验（1979）和研究 [M]. 北京：科学出版社，1988.

③ Chen Z H, Yang G F, Wray R A L. Shiyan Tao and the history of indigenous meteorology in China[J], Earth Sciences History, 2014, 33(2): 346-360.

物理过程及其对全球、东亚天气气候的影响；揭示了高原大气边界层和对流层结构、云辐射过程，促进了相关学科的发展。

正是由于青藏高原气象学的重要性，21世纪面临全球气候变化的大背景，中国气象局开展了第三次青藏高原大气科学试验。

新中国大气科学的迅速发展也表现在各种气象学刊的快速发展上，学术刊物蓬勃兴盛。以《气象学报》为例，通过《气象学报》的发展历程可以清晰地看到中国气象的进步。中国近现代著名气象学家在1924年秋成立了中国气象学会，第二年创建了《气象学会会刊》，后改为《气象学报》。《气象学报》记载了中国气象学会在20世纪的发展历程，并从一个侧面反映了当代中国气象科学与学术水平的发展。在新中国成立前，《气象学报》等刊物刊载较多国内气象台站的通讯和观测资料及翻译外国的气象类文章。

进入20世纪后半叶，学术刊物期数和篇幅逐渐增多，论文涉及动力气象、大气环流、大气物理、云雾物理、大气探测、天气预报、人工影响天气等几乎当代大气科学所有方面的论文。在20世纪末，随着世界气象学分支学科发展以及学科交叉频繁，《气象学报》也与时俱进，增加了大气化学、大气环境学科、卫星气象学和雷达气象学等方面的新内容。[①]

目前中国气象学界学术刊物非常兴盛，包括中文和外文等多种期刊，每年发表大量气象科学论文，反映了新中国成立后气象科学的历程和繁荣的情景及未来愿景。

5. 人影理论与技术发展

中国古代很早就有改变天气的尝试。在《齐民要术》中记载有人工驱雾。《广阳杂记》也记载了在17世纪防雹的做法。关于人工降雨也有记载，在清代笔记《琐事闲录》中记载"云起作

---

① 章基嘉，叶笃正，等. 纪念《气象学报》创刊六十周年 [J]. 气象学报，1985（4）：385-388.

雹，多有以枪炮轰止者。安徽寿州乡俗阴雨过多，亦每以枪炮向云头施放，然只空燃火药，未敢装铅丸。一日众少年登高加砂轰击，云忽夹水垂坠乎地，徒深数十里周围数十里淹毙生灵无算。"这在 19 世纪 30 年代左右。当时正值阴雨连绵的季节，整个大气湿度很大，云层很低，差不多已接近降雨的临界。因而当夹砂轰击云层时，砂粒从高空下落，冲撞云中水滴，加速了水滴的冲并过程，使水滴迅速凝结成雨滴而降落。而且因这一干扰，使得整个降雨量大大增加，造成了水灾。[①]

20 世纪中国气象学家比较重视人影研究。在 1961 年 6—8 月和 1962 年 4—5 月对湖南衡山的云进行了宏观物理观测研究，包括积云的生命史、发展演变规律、环境条件和气流结构、降水微结构特征、云滴谱和云的起伏现象等的研究。气象学家顾震潮（1920—1976 年），在 1962 年 7—8 月组织了对泰山云雾宏微特征组织联合观测，应用雷达、探空对山区不同高度的云进行微物理观测，获得大量资料。并基于这些资料发表了有关我国云雾降水微物理特征的比较系统的研究成果。[②]1964 年夏季，上海地区发生干旱，顾震潮带领课题组在上海地区实行人工降水飞机催化作业。

顾震潮指导建立了湖南衡山高山云雾站。[③] 在顾震潮带领下，许焕斌[④]和其他同事很快发明出观测云雾的基本设备——三用滴谱仪，不仅可以观测云滴微结构，还可以观测大气凝结核和云中

---

① 张江华.清代我国的"人工驱雹"与"人工降雨"[J].气象，1992（12）:36-37.

② 中国科学院地球物理研究所集刊第 10 号.我国云雾降水微物理特征的研究[M].北京：科学出版社，1965.

③ 当时邀请了一位研究高山云雾实验的苏联专家苏拉克维里泽（Сулаквелидзе Г. К.），经过考察，最后确定在湖南南岳衡山建立云雾实验站。

④ 许焕斌，从北京大学毕业后到中央气象局工作。后在苏联进修云物理。回国参加了中国科学院大气物理研究所建设高山云雾实验站的工作。同时他还担任苏联专家苏拉克维里泽的翻译。

含水量，这样就积累出我国第一批宝贵的高山云雾微结构资料。
他们的论文 1965 年发表在《中国科学》（英文版）上。[1]

1966 年中国科学院大气物理研究所成立后，云雾物理学研究进一步加强，顾震潮组织团队开始了在山西大寨十年的防雹试验研究，发表论文 100 余篇，包括"起伏条件下云雾重力碰并生长""论近年来的云雾滴谱形成理论的研究""起伏条件下重力碰并造成的暖性薄云降水""云雾降水物理学基础"等，三次获得国家自然科学奖及中国科学院重大成果奖，荣立国防科工委一等功。程纯枢（1914—1997 年），1958 年以后进行云物理和人工影响天气研究工作，在一定程度上促进了我国冷云云物理研究。

由于国家重视，在 1956 年《气象科学研究十二年远景规划》中提出了云与降水物理过程和人工控制水分状态的试验研究。1958 年 8 月，在苏联专家的帮助下，在吉林省首先进行飞机播撒干冰增雨催化试验，如图 29-3。

同年，在甘肃、湖北、河北、江苏、安徽、广东等地也开展了飞机播撒干冰增雨催化试验。1975—1986 年，为了研究人工降雨的作业效果，我国在福建省古田水库利用"三七"高炮进行人工增雨随机试验，试验表明：人工增雨作业的相对增雨量达 24%。[2]

图 29-3 吉林第一架人工降雨飞机：杜 -2

① 温景嵩. 创新话旧——谈科学研究中的思想方法问题 [M]. 北京：气象出版社，2005.

② 李大山. 人工影响天气现状与展望 [M]. 北京：气象出版社，2002:1-6.

第二节 在世界气象组织地位的恢复与开拓

大气科学无国界。世界大气科学共同体之间的数据交换和学术交流非常重要，新中国在世界气象大家庭中是重要的角色。在国际组织中影响与地位的提升，可以反映当代中国气象科技的作用。

1. 恢复新中国合法权利

气象科学与下垫面密切相关。中国幅员辽阔，与欧洲大小相当，因此新中国缺席世界气象组织不利于双方的气象科学和业务发展。处于现代化进程中的新中国需要向世界气象大家庭重新回归。这成为当代中国大气科学历史中一件重要的事。

新中国在联合国合法权利恢复。1971 年 10 月 25 日，联合国第 26 届大会通过 2758 号决议——恢复中华人民共和国在联合国的合法权利，这个历史性事件产生连锁反应。世界气象组织根据联大决议，同年 11 月 26 日对中国在世界气象组织代表权问题在会员中进行通信投票。

1972 年 2 月通过决议——中华人民共和国的代表是世界气象组织的唯一合法代表，[①]如图29-4。同年 3 月，世界气象组织与中国政府就批准该组织公约、委任常驻代表、参加区域协会和各技术委员会等有关具体程序等达成具体协议。

1972 年 12 月，中国政府任命张乃召为世界气象组织中华人民共和国常任代表。这样，新中国完成了在世界气象组织中的回归，中国气象事业与世界气象发展更加紧密联系，对中国气象科学技术发展也起到巨大推动作用。

中国的身影在世界气象组织中逐渐多了起来。1973 年 9 月，世界气象组织执委会代理委员、世界气象组织中国常任代表张乃

---

① 王才芳. 中国与世界气象组织 [J]. 中国减灾 ,2012(6):52-53.

图 29-4 世界气象组织秘书长戴维斯就恢复中华人民共和国合法席位致各会员国外长的函（1972 年 2 月 5 日）[①]

召与副代表邹竞蒙等出席了世界气象组织第 25 界执行委员会。中国有组织、有计划地逐步参加了世界气象组织和有关国际组织的活动，为国际气象科技合作与交流开辟了新局面。

2. 中国在国际气象组织影响增加

1973 年，中央气象局在要求日本政府废除日—台（湾）气象情报电路的前提下，会谈建立中—日气象电路问题。在中国政府坚持下，建立了北京—东京气象电路，明确原日—台（湾）气象

---

① 中国气象局. 新中国气象事业 60 年（画册）[M]. 北京：气象出版社，2009.

电路维持地区性民间电路，中—日间的气象电路为政府间电路。1975 年 4 月至 5 月世界气象组织在日内瓦召开了第七次代表大会。中国政府派出了中央气象局负责人邹竞蒙为团长的 17 人代表团出席了会议。中国代表在会议上作了报告，并对中国当时气象科技和业务进行了介绍，引起不少国家对中国报告的兴趣。

中国在世界气象组织合法权利的恢复，也说明大气科学无国界，世界气象科学共同体不能缺少中国这个很大区域的数据和科学成果。一方面，中国的加入促进了世界气象组织的完整和进一步发展；另一方面，在参与世界气象科学体系和业务的构建过程中，中国气象学界自身的学术实力和业务能力得到巨大提升。历史证明，中国也确实抓住了这个机遇。21 世纪中国的气象科学在世界气象学界占了举足轻重的地位。

中国政府向世界气象组织亚、非、拉等区域的 70 多个国家提供了气象仪器装备的援助，组织了近百批由世界气象组织亚、非、拉及欧洲各区的近 200 个发展中国家和地区气象部门参加的多国别考察和研讨活动。中国恢复在世界气象组织活动以来，已有 100 多个发展中国家和地区及气象部门的局长和高级官员先后访问中国，对中国气象事业取得的成绩和现代化程度都留下了深刻的印象。①

中国气象部门组织者和学者在世界气象组织中的地位逐渐提高。邹竞蒙在 1983 年召开的第九次世界气象大会上当选 WMO 第二副主席，在 1987 年第十次世界气象大会上，当选 WMO 主席，成为中国在联合国专门机构中第一个担任这一高级职务的中国人。1991 年召开的第十一次世界气象大会上邹竞蒙连任 WMO 主席。他为缩小发达与发展中国家差距做出了不懈努力，比如中国首先在 WMO 中提出并促成了 IPCC 的建立，推动了第二次世

---

① 王才芳. 中国与世界气象组织 [J]. 中国减灾 ,2012(6):52-53.

界气候大会的召开和全球气候观测系统（GCOS）的建立。

3. 在国际框架下发展中国气象事业

进入 21 世纪有更多的中国人在世界气象组织任职，包括 WMO 助理秘书长、副秘书长等。约 100 多位中国专家在 WMO 技术委员会或区域协会兼任技术职务，涉及 WMO 仪器与观测方法委员会（CIMO）、气候学委员会（CCl）、大气科学委员会（CAS）、基本系统委员会（CBS）等技术委员会，有效促进了中国气象事业和气象科技的快速发展。

随着中国气象事业和科技发展，中国科学家通过国际组织扩大中国的影响。1983 年中国加入《南极条约》(*Antarctic Treaty*)。《南极条约》是 1959 年在华盛顿签订的一项国际条约。签约国承认南极洲永远用于和平目的和符合全人类的利益，不能成为国际纠纷的场所或对象，在南极洲进行科学调查获得的知识免费用于国际合作，促进对科学的重大贡献等。[①] 在《南极条约》框架下各国又签署了《南极海豹保护公约》《南极海洋生物资源保护公约》和《南极条约环境保护议定书》等，逐步形成了《南极条约》体系。

中国加入《南极条约》后，又开展了南极科学考察。1984 年 6 月，中国成立了第一支南极考察队。1985 年 2 月，中国在南极洲乔治岛上建立了南极长城考察站。1989 年 2 月，中国科学工作者又在南极圈内建立了中山考察站。中国还建设了昆仑站、泰山站、黄河站等南极科考站，开展了包括气象观测、高空大气物理观测、高层大气物理学等常规观测和现场科学考察研究工作，显示了中国南极科考能力大幅提升。1999 年中国首次开展北极科学考察，增加了中国在国际条约和有关国际框架下的话语权，促进了中国在大气科学、特别是在极地研究方面的进展。

---

① 南极条约秘书处网站 http://www.ats.aq/.

第三节　中国对数值天气预报学科的贡献

总体来讲，中国近代科学"西学东渐"是总体特征。中国近代大气科学和数值天气预报也主要从发达国家引入。然而由于中国的下垫面和社会情况比较独特，国外好的数值预报方法在中国不见得完全适用。中国学者在数值预报学科发展的历史进程中，做出了自己独特而有价值的贡献。

1. 理论贡献

数值天气预报是门非常重视实践的学科，国际上数值预报发展模式不见得完全适合中国独特的下垫面。比如 1958 年中央气象台在试用帕加瓦方法后又对赫拉勃罗夫的中期预报方法进行了试验，进一步证实了中期预报的关键在于对大型环流转变或调整的认识，但对自然周期的转变预报未从根本上提出有效的办法，因而无法在日常预报业务中使用。这些试验表明，要走我国自己中期预报的路子，建立符合我国预报实践状况的数值模式。

我国数值天气预报的发展起步并不算晚。新中国成立后，我国天气预报发展有个一波三折的过程。叶笃正在 1951 年对世界大气环流研究进展进行了介绍。[①] 叶笃正和陶诗言等提出的东亚大气环流理论，[②③④] 为中国数值天气预报的理论发展做出重要贡献。涂长望对数值预报的重要性高度重视，为更好地发展中国数值天气预报业务，请日本数值预报专家到中国讲学，推动中国数

---

① 叶笃正. 近代大气环流研究进展 [J]. 气象学报，1951，22（1）：23-28.

② Staff Members of Academia Sinica. On the general circulation over the Eastern Asia (1)[J]. Tellus,1957(9): 432–446.

③ Staff Members of Academia Sinica. On the general circulation over the Eastern Asia (2)[J]. Tellus. 1958(10): 58–75.

④ Staff Members of Acadcmia Sinica. On the general circulation over the Eastern Asia (3)[J]. Tellus, 1958(10): 299–312.

值预报业务发展。

顾震潮作为代表的老一辈科学家在 1959 年就开展了数值天气预报的研究探索。[①] 他在瑞典留学时，1950 年就已经发表数值预报论文，[②] 并协助导师罗斯贝做了许多大气科学研究工作，比如对大气潜能的研究等。[③]

顾震潮敏锐认识到，数值预报是大气科学一个新的重要学科方向，回国后带领一批年轻人开始研究，20 世纪 50 年代后期顾震潮等提出预报阻塞流型的三层模式。[④] 顾震潮还对苏联早期的数值预报工作做了介绍。[⑤] 顾震潮指出，利用平均运动方程来作中、长期数值预报不太合理。[⑥]1958 年我国第一台电子计算机问世后，顾震潮等便立即开展了数值天气预报的试验。由于这一工作在开始就采用了与当时的中央气象局合作研究的形式，发展速度比较快，我国数值天气预报的业务工作 1960 年就建立了。

比较重要的理论贡献是顾震潮对于使用历史资料促进数值预报效果做出深刻研究。[⑦⑧] 他由预报实践提出：日常的天气预报主要是由"历史演变"特别是最近一段时间中的天气变化情况来作的，并用理论研究深刻地揭示了这两种截然不同提法之间的联系。

---

① 顾震潮 . 我国数值预报的成就 [J]. 气象学报，1959, 30（3）：236-242.

② Koo C C. An iterative relation of the influence function in numerical forecasting[J]. Journal of Meteorology, 1950, 7:163-164.

③ Rossby C-G. On a mechanism for the release of potential energy in the atmosphere[J]. Journal of Meteorology, 1949, 6(3):164-180.

④ 顾震潮，翟章，巢纪平 . 准地转三层模式天气数值预报方法的试验研究 [J]. 气象学报，1957, 28（2）：141-156.

⑤ 顾震潮 . 作为初值问题的高空大尺度天气数值预报与由地面温压场历史演变作预报的等值性 [J]. 科学通报，1958（1）：19-20.

⑥ 顾震潮，范永祥 . 高空大尺度温度湍流输送的一些统计性质 [J]. 气象学报，1958, 29（1）：16-23.

⑦ 顾震潮 . 天气数值预报中过去资料的使用问题 [J]. 气象学报，1958, 29（3）：176-184.

⑧ 顾震潮 . 我国数值预报的成就 [J]. 气象学报，1959, 30（3）：236-242.

他指出，在特殊条件下两者是等价的，但一般来说，是不等价的。这一研究，不仅是数值预报问题在方法论上的突破，更在实践上有十分重要意义，它指出了使用气象历史资料的必要性和途径。

在顾震潮指引下，丑纪范对中国数值预报做出了贡献。丑纪范从创新思想角度提出研究数值预报的新思路。如从特定现象的历史数据来改造现成模式等。[①] 对于历史资料作用，丑纪范 1962年底，撰写出"天气数值预报中使用过去资料的问题"，解决了历史资料在数值模式中的应用问题，为中国科学家在数值预报竞赛中挣得一席之地。这篇论文在 1974 年正式发表。[②] 丑纪范沿着这个方向，将微分方程的定解问题变为等价的泛函极值问题——变分问题，引进"广义解"的概念，并推导出使用多时刻观测资料的预报方程式，并用实例证明使用 500 百帕一层多时刻观测资料可以预报出大气的斜压变化。丑纪范引入的泛函极值的处理方法，正是今日主流方法——四维变分同化（4D-VAR）的主体，而国际上将近十年后才起步研究资料的四维同化问题。

新中国成立后到 20 世纪 60 年代在数值预报领域的进展，得到国际同行的认可。[③]

在丑纪范影响下，郭秉荣等证明了大气温压场的连续演变和下垫面热状况的等价性，改变了原初值问题的提法，使用更多的历史观测资料实现了长期天气的数值预报。[④] 正是在叶笃正、顾

① 丑纪范，任宏利.数值天气预报——另类途径的必要性和可行性 [J].应用气象学报，2006,17（2）：240-244.

② 丑纪范.天气数值预报中使用过去资料的问题 [J].中国科学 (A), 1974，17(6): 635-644.

③ Blumen W, Washington W M. Atmospheric dynamics and numerical weather prediction in the People's Republic of China 1949—1966[J]. Bulletin of the American Meteorological Society, 1973: 54(6): 502-518.

④ 郭秉荣，史久恩，丑纪范.以大气温压场连续演变表征下垫面热状况的长期天气数值预报方法 [J].兰州大学学报，1977,4:73-90.

震潮等老一辈气象学家的努力下，我国数值预报在理论和模式上做出很多探索，有的具有世界先进水平。[1] 顾震潮和叶笃正等老一辈学者对中国数值预报做出的贡献，同时得到国外学者的肯定，[2] 为数值天气预报学科发展做出了中国学者的努力和贡献。

图 29-5 曾庆存（中科院大气物理研究所供图）

曾庆存（图 29-5）20 世纪 80 年代在完全能量守恒格式上的创新，优于国外瞬时能量守恒格式。[3][4] 特别是曾庆存 1961 年发现，对于原始方程中不同时间尺度的过程，需要用不同的办法来进行数值计算，最早提出了"半隐式差分法"，用来求解原始方程作数值天气预报。这个方法大大提高了当时的数值预报效果，在苏联的实际天气预报业务得到体现，至今它仍在数值预报中广泛使用。

2016 年 6 月 22 日，世界气象组织授予曾庆存第 61 届"国际气象组织奖"，这个奖用以奖励气象学领域的杰出研究成果。世界气象组织主席戴维·格兰姆斯（David Grimes）对曾庆存在卫星气象遥感理论、数值天气气候预测理论、气象灾害预测和防控调度问题，以及全球气候变化和地球系统模式等方面作出的杰出贡献给予了高度评价。曾庆存获得 2019 年度国家最高科学技术

① 曾庆存 . 我国大气动力学和数值天气预报研究工作的进展 [J]. 大气科学，1979,3（3）:256-269.

② Blumen W, Washington W M. Atmospheric dynamics and numerical weather prediction in the People's Republic of China 1949—1966[J]. Bulletin of the American Meteorological Society, 1973,54(6): 502-518.

③ 曾庆存，等 . 数值天气预报文集 [M]. 北京：气象出版社，1984.

④ 王斌，季仲贞 . 显式完全平方守恒差分格式的构造及其初步检验 [J]. 科学通报，1990,35(10):766-768.

奖，成为中国气象领域第二个获得国家最高科学技术奖的杰出科学家，显示了中国当代气象科学整体实力的快速提升和在国家发展中的重要地位。

2. 业务进展和实践贡献

随着数值预报理论的发展，中国数值预报业务化进展也很快。新中国成立后数值预报的业务预报工作在中央气象局气象科学研究所进行。由于顾震潮和丑纪范对数值天气预报中历史资料的应用问题的研究以及其他气象学家的一些研究属于原创性的学术成果，因此，在这一时期，我国的数值天气预报与国际水平总体来看差距并不是很大。1958 年我国就已建立了北半球 48 小时正压过滤模式预报。但是道路并不平坦。20 世纪 60 年代有一段时期曾经强调天气预报要依靠群众的经验，依靠"物象"，诸如靠天气变化之后"蚂蚁""蚂蟥"的反应来判断，这对依靠科学理论和实际观测数据的数值预报业务有些影响。加之受"文化大革命"的影响，我国的数值天气预报水平与国际水平的差距拉大了。到 20 世纪 70 年代传统的带有经验知识的数理统计预报仍然是天气预报的主要手段。[①]

作为战略科学家，叶笃正对中国数值预报发展有独特贡献。"很多人都知道现在天气预报越来越准确了，但并不知道这是我国建立起数值天气预报系统的功劳，更不知道中国数值天气预报系统是在叶笃正先生的支持和指导下建立的"。中国工程院院士李泽椿表示，"中国气象预报业务系统的逐步完善浸透了叶先生的很多心血。"1975 年，我国的数值天气预报还处于低谷时期，叶笃正撰写了一篇题为"近年来大气环流数值试验的进展"的论文，全面介绍了国内外数值天气模式的发展。文章内容几乎涉及这一领域的各个方面，并对一系列问题发表了前瞻性的意见，例

---

① 李麦村，史久恩．我国数理统计天气预报的概况 [J].气象科技，1976（2）：28-29.

如各种物理因子影响大气运动的时间尺度，运动和加热因子的相互作用，差分格式的物理意义，垂直分层的动力学依据，海洋和大气之间的相互作用等，同时还强调了顾震潮开创的历史资料在改进资料分析和数值天气预报中的重要性。

20世纪70年代末至80年代初，在数值天气预报方面，中国比国外发达国家落后了几十年，当时最重要的是要建立自己的数值预报体系。改革开放后，数值预报发展有3个最引人瞩目也是影响最深远的变化。首先是资料变分同化方案的发展，使大量遥感资料被同化到数值预报模式，基本解决了数值预报缺乏观测资料的问题。第二是数值预报模式包含的动力与物理过程不断向真实大气逼近，由于分辨率的提高与计算方法的改进使模式对大气的动力学简化的要求大大减小，因而描写中小尺度动力过程的误差减小。模式包含的物理、化学过程也越来越丰富，特别是云内的微物理过程被显式地引入到数值预报模式，大气与地球其他圈层模式的耦合提高了模式对复杂物理过程描述的能力。第三是充分利用计算机技术发展所提供的机遇，集约化地发展数值预报系统，大大缩短了系统的升级周期。[①]

叶笃正曾指导李泽椿：鉴于中国实际情况，要引进、消化、吸收国外最新成果。叶笃正建议，把中国科学院大气物理研究所的成果"先拿过来"在气象预报实践中应用，把国外的先进模式"拿过来"在实践中应用，并在此基础上消化改进，发展中国自己的模式。[②]经过引进、消化、吸收，建立中国数值预报业务系统。

1978年北京气象通信枢纽和区域通信中心建成，为数值预

---

① 薛纪善.新世纪初我国数值天气预报的科技创新研究[J].应用气象学报，2006(5):602-610.

② 纪立人，陈嘉滨，张道民，等.数值预报模式动力框架发展的若干问题综述[J].大气科学，2005,29(1):120-130.

报业务的发展创造了基本条件。在中国气象学会 1978 年邯郸年会上，叶笃正、谢义炳等一致建议时任中央气象局负责人邹竞蒙，联合一切技术力量，组织短期数值预报业务。根据这一建议，1979 年 4 月，由北京气象中心中央气象台、中国气象科学研究院、中国科学院大气物理研究所和北京大学组建了"联合数值预报室"。1980 年，国家气象中心开始发展亚欧区域短期预报模式，就是 A 模式，是国家气象中心第一代业务数值预报系统，以三层原始方程模式为基础，配以较为简单的客观分析方案，组成了一个初步自动化的分析预报系统。这个模式对于资料使用效果不太好。[①]

不久，"联合数值预报室"以大气物理研究所研制的北半球三层原始方程模式和北京大学地球物理系的有限区域原始方程模式为基础，发展了北半球五层原始方程模式和有限区域五层原始方程模式（也就是 B 模式），并在吸取日本气象厅资料处理和客观分析方案经验的基础上加以改造，建立了自动化的数值预报业务系统。在广大气象工作者努力下，中国数值预报奋起直追，1982 年建立北半球 5 层非绝热原始方程模式和分析预报业务。1982 年 2 月 16 日起，每天正式发布一次北半球模式预报。5 层原始方程模式分析预报业务系统的建立，标志着我国数值天气预报进入了一个新的发展阶段。[②] 1983 年 8 月发布有限区域模式的降水预报产品。

在建立了短期预报以后，国家气象中心在"七五"科技攻关期间，启动了"中期数值天气预报研究"，成功地引进了欧洲中期天气预报中心的谱模式，并在此基础上建立了我国第一代全球中期数值预报业务系统 T42L9 中期预报系统。系统主要包括资料预处理、客观分析、预报模式等子系统，于 1991 年正式投入业

---

① 屠伟铭 . 近十年来国家气象中心业务客观分析技术介绍 [J]. 应用气象学报，1994，5（4）：477-482.

② 廖洞贤 . 近四年国内数值天气预报的主要进展 [J]. 气象科技，1991（5）：1-8.

务使用。与 A 模式相比，B 模式在计算机资源较为贫乏的条件下，在预报模式中引入了描述非绝热过程的较为重要的基本物理过程，在改善模式预报水平上起了重要作用，在资料处理技术、客观分析技术上也形成了较为完整的体系，产品服务技术及预报流程的自动化也有了明显改善，这表明，20 世纪 90 年代国家气象中心在中期预报上取得较大进展。[①] 由于中国科学院大气物理研究所、北京大学、国家气象中心等单位联合攻关，最终用三年时间完成了美国 24 年走的路，得到美国前天气局长克雷斯曼（Cressmen）的赞扬。[②] 这是中国气象学界对数值天气预报学科在实践中的重要贡献。

进入 20 世纪 80 年代后，我国数值预报取得重要进展，并且在业务上获得一些突破。[③] 在叶笃正等指引下，用了 10 年时间，我国中期数值预报系统建立起来。在 20 世纪 80 年代末至 90 年代初，我国学者在数值模式的探索中做出了很多努力，其中一些有中国特色的数值模式发展较快。为便于对隐式格式的计算，构造了多种具有守恒的显式差分格式，为世界数值模式发展做出了一定贡献。[④] 在此过程中，我国天气预报的大型计算机系统逐步完善。随着我国国家气象中心计算机能力的迅速提高，中期数值预报业务取得了飞速发展。1994 年 6 月，国家气象中心在从欧洲中期天气预报中心（ECMWF）引进的 T106L19 版本的基础上，改造建立了适应我国计算机能力和具体情况的模式并投入业务运行。[⑤]

我国集合预报研究起步较晚，1995 年，国家气象中心安装了

① 李泽椿.中国国家气象中心中期数值天气预报业务系统 [J].气象学报，1994,52（3）：297-307.
② 李泽椿.科学决策是业务系统建设持续发展的根本保证 [J].气象，2010,36(7):12-15.
③ 李泽椿，陈德辉，王建捷，等.我国业务数值天气预报的历史现状与未来，内部材料.
④ 廖洞贤.近四年国内数值天气预报的主要进展 [J].气象科技，1991（5）：1-8.
⑤ 付顺旗，张立凤.中期数值天气预报业务的回顾与展望 [J].气象科学，1999（1）：104-110.

从美国进口的 IBM/SP2 巨型并行计算机 32 个节点，浮点运算峰值速度达 80 亿次，这为开展集合数值预报提供了必要的客观条件，1996 年左右开始研究集合预报。国家气象中心 1999 年建立了集合预报系统。到 2000 年左右，发展出滞后平均法系统和奇异向量系统。1999 年 10 月，设立《面向二十一世纪的中国气象数值预报创新技术工程体系的预研究》课题，组成了《新一代数值预报系统》的两个国际考察团，最终形成了 130 多页的调研报告：《面向二十一世纪的中国气象数值预报》。2000 年 10 月，组建了中国气象局气象数值预报创新基地（表 29-1）。

中国的业务预报模式多从国外引进，自行研制的预报模式也多引进了国外的一些先进的物理过程，但这些物理过程往往没有考虑在我国自然地理条件下需要进行仔细调整、改进，有些物理参数与我国的实际情况脱节，特别是针对我国中小尺度天气过程理论研究较为匮乏，业务预报的研究能力有待提高。[①] 但也是机遇。

从我国发展数值预报来看，有几点经验值得总结。第一，研究与业务要紧密结合。数值天气预报方法反映了大气变化的内在规律，很大程度上依赖支撑技术与设备的发展，注重业务需求推

表 29-1　20 世纪 80 年代后中国数值天气预报业务发展

模式名称	时间（年份）	特征	时效	备注
T42L9 谱模式	1986—1990	资料预处理、分析、预报模式、后处理、场库	预报时效 5 天	优于 B 模式
T63L16 模式	1993—1995	混合坐标、模式层面与等压面重合	预报时效为 7 天	
T106L19 模式	1997	水平谱截断、平均地形	预报时效为 10 天	为其他模式提供侧边界和初估场
GRAPES	2001—2003	三维变分同化、优化的物理过程参数化方案、同化与模式程序		

① 闫之辉，王雨，朱国富. 国家气象中心业务数值预报发展的回顾与展望 [J]. 气象，2010，36（7）：26-32.

动，通过业务需求来引导研究的方向。

第二，数值天气预报业务系统的建设是一项复杂的系统工程，充分发挥大气、物理、数学、计算机等相关学科人员的集体智慧，注重吸收预报员和应用人员的意见。我国在数值预报原始数据的获取方面、特别是卫星数据获取有一定优势，[①] 需要进一步发挥这种优势。

第三，正确认识我国数值天气预报业务所经历的引进消化与吸收创新的历史发展过程。自主研发的数值天气预报体系的建立是中国自主发展数值天气预报的重要起点。[②] 认识到中国的特殊环境与需求，通过不断的实际应用、检验改进，不急功近利，做表面文章。叶笃正院士指出，从某种程度上来说，数值天气预报业务不是什么大的科学，更像一项艺术，只有经过"精雕细刻"才能创造好的艺术作品。

第四，相比世界数值预报发展史，我国科学家做出的原始创新贡献比较少，与中国大国地位不相称。这与中国的文化可能也有关系。中国传统文化积淀强调整体观、顿悟等，这对需要精细刻画、细致分析的数值预报开发来说可能有些欠缺。然而整体观也是优点。随着越来越多的因素加入数值模式中，需要从更加宏观角度去把握。这方面中国文化影响又成为优点，需要取长补短，协调发展。

第四节　重要领域气象科学和技术的飞速进展

随着中国经济地位的大幅提升，对于气象部门的要求不断提

① 吕达仁，王普才，邱金桓，等.大气遥感与卫星气象学研究的进展与回顾 [J].大气科学，2003,27(4)：552-566.

② 沈学顺，王建捷，李泽椿，等.中国数值天气预报的自由创新发展 [J].气象学报，2020,78(3):451-476.

高。当代中国气象科学技术在不断满足国家发展需要和民众需求过程中，得到迅速发展。中国领土和领海地域辽阔，拥有世界上最多的气象台站，其中不少历史悠久。到 2017 年，中国有 5 个气象站获世界气象组织百年气象站认定，有 10 个气象站获中国百年气象站认定，21 个气象站获七十五年认定，402 个气象站获五十年认定。

气象观测业务和气象观测仪器不断改进，尤其是自动化程度明显提高。我国在天气雷达、气象卫星等领域做出国际瞩目的气象探测成就，在气象科学研究方面取得很多进展，尤其在涉及中国本土区域的研究方面成就突出。

1. 气象雷达的发展

新中国一直注重高空天气的观测和仪器研制，1960 年就研制成功 59 型探空仪，逐步投入气象观测。到 1969 年，全国建成的 122 个探空站全部使用国产 59 型探空仪。

20 世纪 60 年代，中国气象雷达的研究及其业务应用发展较快，注重气象雷达的国产化，先后研制出多种中、小型激光雷达，并配有微机控制与资料收集的辅助装置。从 711 雷达到 713 雷达再到 714 雷达，逐渐组成了中国天气雷达的监测网（图 29-6）。1969 年后，中国气象科技工作者先后研制自动图像传输（APT）、甚高分辨率辐射仪（VHRR）、电视及红外辐射观测卫星 -N（TIROS-N）三代、美国业务气象卫星云图接收设备、地球同步气象卫星接收设备等，1971 年 7 月中央气象局建立了卫星气象中心站，大大增强了当时天气观测能力。在 1972 年前后，全国各省（区、市）气象台基本上都配备了气象卫星云图接收设备，对天气的监测和预报起到重要作用。到 1975 年，全国已经配备了近 130 部 711 天气雷达。1977 年研制成功 77 式自动气象站和 GZZ7-1 型电子探空仪。气象科技的发展进一步提高天气雷达的探测能力，中国自行研制的雷达系统、设备和仪器在气象科研和业务中得到普遍应用，大大提高了 20 世纪 70—80 年代气象探测水平和天气预报服务能力。

图 29-6　711 型天气雷达天线及控制台 [1]

　　改革开放后，中国加大了对气象雷达的研究和发展工作。1986 年中国开始研制 P 波段电子探空仪和 C 波段一次雷达测风系统，1993 年逐渐进入业务系统使用。1996 年开始新一代的 L 波段测风雷达——电子探空仪系统的研制。1994 年中国气象局制订了新一代天气雷达发展规划。

　　到 21 世纪第二个十年，在全国已经布设 200 多部的新一代多普勒天气雷达，我国天气雷达的探测能力和范围已跻身于世界先进行列，基本形成了覆盖全国的新一代天气雷达监测网，大大增强了对突发性暴雨、台风等重大灾害性天气的监测和大江大河流域的强降水的预警能力。

　　2. 系列气象卫星

　　中国对气象卫星非常重视，由于气象学界赵九章等许多学者的努力，中国政府一直对气象卫星发展倾注较大心血。1969 年 1

月 29 日，周恩来总理指示：一要搞我国自己的气象卫星；二要采取各种办法接收利用外国卫星传送的气象情报。同年 6 月，中国成功研制出第一台自动图像传送（APT）气象卫星云图的接收设备样机，可以接收美国艾萨（ESSA）卫星云图，提高了当时气象预报的数据分析准确度。

为促进中国气象卫星事业发展，1971 年成立了卫星气象中心站（国家卫星气象中心前身），促进了中国气象卫星事业发展规划、在轨气象卫星的运行管理、应用系统工程建设、气象卫星数据与产品的应用和服务、空间天气监测预警等。1978 年 4 月，国务院批准建设第一颗极轨气象卫星资料接收系统工程（代号"711—5"），这个工程包括资料处理中心和北京、广州、乌鲁木齐 3 个气象卫星地面站等四个部分组成。

风云一号气象卫星是中国第一代准极地太阳同步轨道气象卫星，包括风云一号 A 星（FY-1A）和风云一号 B 星（FY-1B），分别于 1988 年 9 月 7 日和 1990 年 9 月 3 日发射升空，卫星高度 900 千米，每天卫星绕地球为 14 圈。卫星可以获取昼夜可见光、红外云图，冰雪覆盖、植被、海洋水色、海面温度等资料。卫星入轨后获取了大量高质量云图资料。

风云二号气象卫星（FY-2）是中国自行研制成功的第一颗地球静止轨道气象卫星，与极地轨道气象卫星构成我国气象卫星的应用体系。风云二号卫星主要是获取白天可见光云图、昼夜红外云图和水汽分布图等（图 29-7），进行天气图传真广播并且收集气象、水文和海洋等

图 29-7　风云二号 A 星气象卫星第一幅可见光图像（1997 年 7 月 21 日）[1]

① 中国气象局. 新中国气象事业 60 年（画册）[M]. 北京：气象出版社，2009.

气象监测数据，为卫星工程和空间环境科学研究提供监测数据。由于风云二号静止气象卫星获取的资料涉及面广，越来越成为天气分析和气象灾害预报服务的重要监测手段。

中国从 1992 年 10 月开始建设"气象卫星综合应用业务系统"（9210 工程）。这是我国气象现代化建设中规模最大的、覆盖面最广的大型气象通信网络工程，到 1999 年全部建成正式投入业务运行，覆盖了全国 2000 多个地县级 VSAT 站，包括卫星广域网、卫星话音网、数据广播网、计算机局域网、地面迂回网络等，形成集中控制、分级管理的全国气象信息骨干网络。这项工程改变了气象预报业务流程，是中国当代气象预报业务领域的重要革新，获得国家科技进步二等奖。这成为气象预报业务现代化的重要标志之一。

静止气象试验卫星 FY-2A、FY-2B 分别于 1997 年 6 月 10 日和 2000 年 6 月 25 日成功发射。目前中国极轨气象卫星已进入国际先进行列，为 21 世纪我国气象事业的大发展奠定了良好的基础。

中国气象观测是大范围观测，气象科学可以认为进入大科学时代，雷达和卫星等大型观测手段是其标志之一。目前中国已基本建成天基、空基、地基三位一体的综合气象观测系统，可以进行地面、高空、空间的综合气象观测。到 2019 年，全国有业务运行的 8 颗气象卫星、7 个国家大气本底站、24 个国家气候观象台、216 个国家天气雷达站、120 个国家高空气象观测站、56 个国家空间天气观测站、10714 个国家级地面气象观测站，以及布设在社区街道、乡镇的超过 5.5 万个省级气象观测站。[①] 这些密集的观测站点在天气预报、气候预测、环境和自然灾害监测预警中发挥了重要作用，有力支撑了中国气象现代化和国家安全。

---

① 数据来源于中国气象局科技与气候变化司。

3. 气象科学研究整体实力发展

竺可桢在 20 世纪 70 年代初发表了"中国近五千年来气候变迁的初步研究"一文。[①] 文章描述了我国五千年来气候变化的轮廓，是对历史上气候变化研究的代表作。20 世纪 70 年代中期，由全国 23 个单位协作编辑并出版了《中国近五百年旱涝分布图集》，[②] 这是历史气候研究方面的一项重要成果。

中国气象科学研究在改革开放后进入新的历史阶段，在与国民经济发展和民众生活相关领域及中国广大地域相关领域取得突破。20 世纪 80 年代我国气候学与大气环境研究取得了较大进展。中国气象学家叶笃正等开创了以气候变化为主要内容的全球变化研究，在国际科学界产生了重大影响。20 世纪 80 年代中期，国家气象局建立了我国第一代短期气候预测动力气候模式业务系统和超级集合预测应用系统，为中国和亚洲乃至世界的气候系统监测影响评估等提供了重要参考。

20 世纪 80 年代以来，我国气象学科在极地气象、大气化学、大气边界层、动力气候与全球变化、气候变化与气候资源开发利用、长期数值天气预报、热带气象、大气振荡等研究领域取得许多重要成果。

天气预报始终是现代气象业务和研究的核心，中国 1954 年开始进行数值天气预报研究，是国际上较早开展数值预报的国家之一。理论上，从 20 世纪 70 年代初就开始了谱模式的研制，从正压无辐散涡度方程逐步发展到斜压原始方程模式。中央气象局和中国科学院大气物理研究所合作，在 1980 年 7 月建立了面向业务的第一代数值天气预报模式，较快提升了中国数值天气预报业

---

① 竺可桢. 中国近五千年来气候变迁的初步研究 [J]. 考古学报，1972(1)：15-38.
② 中央气象局气象科学研究院. 中国近五百年旱涝分布图集 [M].北京：中国地图出版社，1981.

务的发展。不久，国家气象局和中国科学院大气物理研究所及北京大学合作建立了北半球 5 层原始方程模式和有限区 5 层原始方程模式，包含有资料处理和客观分析。

20 世纪 80 年代中期开始研发全球中期数值预报系统，并建立了 T639L60 的中期数值天气预报系统。[①]1995 年开始，中国气象局研制了微机和工作站两个版本的气象信息综合分析处理系统（MICAPS），为气象预报人员提供了一个统一的人机交互工作平台。

前已述及，数值天气预报需要高性能的计算机，中国气象局国家级业务中心先后建成了银河Ⅱ、CRAY J90、CRAY EL98、CRAY C92、IBM SP2、IBM SP、曙光 1000A、银河Ⅲ、神威系列及 IBM Cluster 1600 等高性能计算机系统，为数值预报业务和研究等提供了重大支撑。

进入 21 世纪，中国气象局组建了气象数值预报创新基地，研发中国自主创新的数值预报系统。经过多年努力，研制出中国新一代全球 / 区域多尺度通用同化与数值预报系统（GRAPES）。经过第二个十年左右的不断改进和自主研发，以 GRAPES 为基础构建的预报系统与世界发达国家最先进的预报系统水平相当，成为中国目前气象预报业务的主要系统之一，彰显了中国气象科技实力的大大提升。

4. 大型气象试验的进一步发展

中国大气科学研究越来越注重大型试验的开展。例如 1998 年中国进行了一次规模宏大、范围超广的大气科学联合试验。这次试验是大气科学领域 4 个重大基础性研究项目的 4 项科学实验，包括"青藏高原地气系统物理过程及其对全球气候和中国灾害性

---

① 陈正洪，丁一汇，许小峰 . 20 世纪数值天气预报主要阶段与关键创新 [J]. 广西民族大学学报（自然科学版），2016，22（4）：28-33.

天气影响的观测和理论研究"（即第二次青藏高原大气科学试验）
（TIPEX）、"淮河流域能量和水分循环试验"（HUBEX）、"南海季
风试验"（SCSMEX）和"华南中尺度暴雨试验"（HUAMEX），
试验得到了大范围的地—气—海加密观测资料。①

中国很多大气科学的研究和教学单位，也主持和开展了各种
大气科学研究与试验。如中国科学院大气物理研究所在 20 世纪
90 年代主导了"季风亚洲区域集成研究（MAIRS）"等国际科学
研究计划和大型国际科学试验。

这些大气科学试验主要是中国气象学家设计和实施的，并吸
收了其他国家和地区的气象学家积极参与。这些试验取得圆满成
功，获得了一系列的研究成果，很大程度上揭示了中国区域大气
活动以及与此相关圈层间相互作用的内在规律，促进了中国气象
学界整体实力的提升，有助于深刻认识大气中尺度系统的机理，
反映了中国综合实力及在国际大气科技领域竞争能力的提升，培
养了大批优秀人才，为 21 世纪中国气象科学的进一步发展做了
铺垫。

第五节　21 世纪中国大气科学发展展望

科学史研究一般注重梳理已经发生的史实，对于未来的判定
是科学史延伸功能。本书作者有意拓展气象科技史的疆界，做一
尝试。基于本书前面论述，不难看出，气象科学与其他自然科学
的区别，诸如确定性和准确定性的差别，② 中国大气科学与世界

① 汪勤模 . 中国气象科学的旷世之举：记我国大气科学大型联合试验 [J]. 科技
潮 ,2000(3),44-48.
② 陈正洪 . 气象科技史学科功能与学科建设探索 [J]. 阅江学刊，2018，10（5）：79-84.

大气科学也存在一些区域差别，比如全球性和本土性的差异等。[①]
这些阐述是进行 21 世纪的未来大气科学展望的一些科学基础。
真正的趋势展望非常复杂，这里择几点阐述。

1. 更加注重实际应用

对于中国这样的大国来说，大气科学不仅仅是象牙塔中的科
学，也是服务国家建设和民众生活的重要手段。大气科学除了研
究大气状态及其变化规律，也要研究如何利用这些规律为人类
服务，它与人类社会的生产和生活密切相关。[②] 比如大气污染和
生态环境保护，这些将会对 21 世纪的未来大气科学提出更高的
要求。气象与健康的关系也越来越明显，在 20 世纪 70 年代，周
恩来总理就指示要做这方面研究。1974 年 11 月在北京召开了"气
象因素与慢性气管炎发病关系"座谈会，中央气象局气象科学研
究所相关研究员参与研究。[③]

进入 21 世纪，气候变化背景下中国气象灾害的频率性和突
发性及发生强度都比 20 世纪有所提高。比如 2014 年 7 月 18 日
新中国成立以来最强台风"威马逊"袭击华南，海南、广东、广
西、云南多地出现洪涝，导致交通、电力、通信中断，76 人死
亡，直接经济损失 384.8 亿元。又如，进入 21 世纪第二个十年，
中国很多地区出现了大范围霾天气。雾、霾天气严重时的霾覆盖
面积竟然达到 150 多万平方千米。

进入 21 世纪以来，涉及气象的各类灾害愈演愈烈，相比其
他行业，气象部门的总投入比例不高，产出却是投入的数十倍。
高强度并频繁发生的灾害性天气给国家经济和人民群众安全带来

---

① 陈正洪，杨桂芳 . 中国大气科学本土特性的案例研究和哲学反思 [J]. 广西民族
大学学报（自然科学版），2014,130(3):24-29.

② 殷显曦，林海 . 初论我国大气科学发展战略 [J]. 气象学报 ,1990(1):122-129.

③ 王衍文 ."气象因素与慢性气管炎发病关系"座谈会 [J]. 气象科技 ,1975(2):45.

了极大的损害，这也要求目前中国大气科学研究必须将这一方向列为重中之重。[①] 中国政府在预报与预警、气候研究与治理等方面投入了大量资金和设备。气象学家关于如台风、暴雨、雾、霾等天气现象的研究项目日益增多，成果可以运用于实际灾害防治中。

2. 高新科技应用速度更快

现代科学一日千里，大气科学需要高新科技的支撑，最新高科技在气象部门的应用速度会更快。这点在中国当代气象科学历史上有过经验教训。除了近代中国闭关锁国和一系列战乱延误了气象学的发展外，在特殊时期的一些做法也制约了当时中国气象事业的发展。例如，广西壮族自治区某地气象站在 1964—1974 年通过对该地区蟾蜍生活习性进行观察，从中总结出蟾蜍活动的规律与天气的关系，有关结论还进一步应用到农业生产当中。比如，认为蟾蜍跳水前的鸣叫是天气回暖过程的开始，蟾蜍上岸，预示冷空气即将来临，需要采取保温措施，防止水稻烂秧。[②] 又如，贵州省某县气象站曾通过对树电的连续观测和分析应用，发现树电和天气有着密切的关系，对天气的指示性较好。这些方法在某些特定空气环境下可能有一定的辅助参考价值，但作为预报的主要方法显得不可理解。

这种历史错误不能重演，就需要把最新高科技有效应用到气象科学和业务中。比如着重应用发展高轨气象卫星、全球定位系统、高敏度传感器等技术。突出加强国际协作，加速发展大气定量遥感技术。运用最新的微波、激光、声学及红外和光学遥感等多种遥感高新技术，以及充分利用计算机技术从而使气象遥感更

---

① 陈正洪. 城市气象灾害及其影响相关问题研究进展 [J]. 气象与减灾研究，2012,25(3):1-7.

② 广西壮族自治区田阳县气象站. 从癞蛤蟆跳水看春播期天气 [J]. 气象科技,1975(1):33-34.

好地服务业务应用。[①]

进入 21 世纪，中国气象部门迅速吸收其他学科知识和技术，促进短时临近预报的发展。如"奥运气象保障技术研究"研发的强对流天气预报系统，在中国 2008 年奥运气象服务中发挥了重要作用。大数据、人工智能等高新技术大量应用，有效提升了气象预报的实用性和时效性。覆盖全国的气象预警信息发布体系，气象灾害预警发布时效由 10 分钟缩短到 5 至 8 分钟，公众预警覆盖率达 86.4%。[②]

3. 学科交叉更加明显

科学发展的历史已经证明，科学的突破点经常出现在社会需要和科学自身逻辑的交叉点上。大气科学自身发展也是如此，回望 4000 多年大气科学历史，古代大气科学与天文学密切相关，在中国古代，气象是天文学的一部分，[③]所以很多天文台会在观测天象的同时，观测气象。直到今天，香港气象业务还在香港天文台中。

到近代，中国气象科学与地学密切相关，近代中国气象学有的就孵化于地理学。由于挪威气象学派特别是芝加哥气象学派对中国当代大气科学的影响，中国气象科学与物理学交叉，促进了气象科学的新突破。

从下面两个表（表 29-2，表 29-3）可以看出，现代大气科学与物理和数学背景密切相关，这与大气科学具有物理属性和一定的数学结构有关。

① 殷显曦，林海. 初论我国大气科学发展战略 [J]. 气象学报,1990(1):122-129.

② 中国气象局. 对十三届全国人大二次会议第 4028 号建议的答复，中气议字〔2019〕8 号，2019 年 7 月.

③ 周京平，陈正洪. 中国古代天文气象风向仪器：相风鸟——起源、文化历史及哲学思想探析 [J]. 气象科技进展,2012,2(6): 55-59.

表 29-2　国际上现当代著名气象学家学术成长背景分析①

国籍	姓名	本科	硕士	博士	工作经历	备注
美国	洛伦茨（Edward Norton，Lorenz，1917—2008 年）	数学	数学（选修物理）	气象学	麻省理工学院（MIT）研究	第二次世界大战中当预报员促使转向气象学博士
英国	纳皮尔·肖（Sir William Napier Shaw，1854—1945 年）	数学、理学	/	/	气象局局长	推动英国气象科研和国际合作
荷兰	保罗·克鲁岑（Paul Crutzen，1933—2021 年）	数学、理学	/	气象学	气象学院计算机程序员	1995 年诺贝尔化学奖
挪威	J·皮叶克尼斯（Jacob Aall Bonnevie Bjerknes，1897—1975 年）	/	/	气象学	卑尔根大学地球物理研究所教授	创办美国加州大学洛杉矶分校（UCLA）大气科学系
挪威	V·皮叶克尼斯（Vilhelm Friemann Koren Bjerknes，1862—1951 年）	数学、物理学	/	/	斯德哥尔摩技术大学教授	共同开创挪威学派
匈牙利	冯·诺伊曼（John von Neumann，1903—1957 年）	数学、化学	/	数学	普林斯顿大学高级研究院研究员	借助 ENIAC 首次实现数值预报
美国	查尼（Jule Gregory Charney，1917—1981 年）	数学和物理学	数学和物理学	气象学	普林斯顿大学高级研究院研究员	通过 ENIAC 首次实现数值预报
英国	理查森（Lewis Fry Richardson，1881—1953 年）	物理学、化学、动物学、植物学和地质学等	/	/	Eskdalemuir 天文台台长	撰写了《用数值方法预报天气》
美国	罗斯贝（Car-Gustaf Arvid Rossby，1898—1957 年）	数学、物理学	数学物理学（副博士）	/	麻省理工学院；芝加哥大学；斯德哥尔摩气象研究所	开创芝加哥气象学派
澳大利亚	齐尔曼（1939—）	数学、物理、政治科学、公共管理	气象专业	气象学	长期在 WMO 工作	WMO 主席，澳大利亚气象局局长

①　高学浩，陈正洪.大气科学原始创新的学科背景视角 [J].气象科技进展，2014，4(6): 46-49.

表 29-3　中国现当代著名气象学家学术成长背景分析 ①

国籍	姓名	本科	硕士	博士	工作经历	备注
中国	蒋丙然（1883—1966 年）	物理	/	气象学	台湾大学	中国气象学会第一届理事长
中国	涂长望（1906—1962 年）	科学系	经济地理学、气象学	地理学	中央气象局	新中国第一任气象局长
中国	赵九章（1907—1968 年）	物理学	/	地球物理学	气象研究所所长	著名气象学家
中国	叶笃正（1916—2013 年）	理学	气象学	气象学	中国科学院大气物理研究所	2005 国家最高科学技术奖
中国	谢义炳（1917—1995 年）	理学	气象学	气象学	北京大学教授	著名气象学家
中国	陶诗言（1919—2012 年）	气象学	/	/	中国科学院大气物理研究所	著名气象学家
中国	顾震潮（1920—1976 年）	气象学	气象学	气象学（放弃博士学位）	中国科学院大气物理研究所	著名气象学家

从上面表 29-2 和表 29-3 可以看出，在现当代，有物理和数学背景，可能更加容易做出气象领域的成就。

在未来，气象科学与化学、生物学、生态学等学科交叉存在可能性，有这些学科背景的学者在气象领域做出重要成果的可能性比较大。在国际科学计划和人才培养上，学科交叉也是重要手段。例如国际科联在 1985 年发布为期 15 年的《国际地圈—生物

① 高学浩，陈正洪 . 大气科学原始创新的学科背景视角 [J]. 气象科技进展，2014，4(6)：46-49.

圈计划（IGBP）》，明确促进开展多学科交叉研究，包括地球生物圈—大气化学相互作用、海洋—大气的相互作用、水文循环的生物学问题，以及气候变化对地球生态系统的影响等。[①] 这些交叉科学问题的研究和解决必将促进和导致大气科学的发展和突破。21 世纪中国大气科学的发展，交叉科学可能是突破口之一。全球变化研究，更需要明确交叉科学的发展。[②] 跨学科研究有利于人才培养。

当代气象事业的核心是提高预报、预测的准确率，而提高天气预报、气候预测准确率的核心就是提高数值预报水平和气象工作者的主观能动性。数值预报是结合理论、实践和计算机技术的综合性研究领域，不同于物理、化学在实验室做实验，也不同于数学研究构造完美的数学形式。比如数值逼近这种数学思想，在数值预报中有很多应用。无法求得精确解，求得与大自然接近的数值即可在预报中有实际用处。现在数值模式已经取得很大进展，但是数值模式即便做出大的改进、付出很多努力也只能提高半天到一天的时效，这很可能说明其背后的科学思想需要一个飞跃。

科学史研究表明，每当对科学堡垒屡攻不下时，往往孕育一些新的领域或重大突破的出现。在哪里可以率先突破？如何突破？这就需要大气科学家发挥积极的主观能动性作用，同时其他学科的突破也会影响大气科学的突破。

科学研究中有些和国情、地域相关的资源性学科容易占据世界第一的位置。比如自然科学研究中，中国地质、中国生物物种、中国考古等比物理、化学更容易走在世界前列。气象科学研究中局部领域也存在这种情况。比如由于中国的复杂和特殊的地

① 林海 . 地球系统科学展望 [J]. 中国科学基金 ,1988(2):29-34.
② 殷显曦 , 林海 . 初论我国大气科学发展战略 [J]. 气象学报 ,1990(1):122-129.

形，暴雨对中国影响很大。所以"中国暴雨"是一个可以形成中国专长的领域。事实也是如此。美国飓风较多，这方面研究他们占先。中国的国情特殊，中国气象事业在世界上也特殊，这种特殊别人没有，就是一种资源。

对于未来大气科学发展，本书不是写出全面的蓝图，而是尝试延伸科学史的视角，挂一漏万。全面的大气科学展望需要气象科技预见的支撑，那将是又一个重要的研究开端，科学史是这个过程的基础支撑。科学史上的杰出人物都善于从战略角度出发把握未来学科发展的主流方向。本书阐述的皮叶克尼斯和罗斯贝都是极具战略思维的科学家，无论是在气象科学具体的理论研究方面，还是在对整体学科的发展方向上都是如此。

气象科技史任重道远，前途可期。

参考文献

柏延顿 J R [英]，2016. 化学简史 [M]. 北京：中国人民大学出版社.

薄芳珍，仪德刚，2015. 科学译著《测候丛谈》的名词术语翻译和传播 [J]. 山西大同大学学报（自然科学版），31（1）：93-96.

北京大学物理学院大气科学系，2007. 江河万古流：谢义炳院士纪念文集 [M]. 北京：北京大学出版社.

贝尔纳 [英]，1981. 历史上的科学 [M]. 北京：科学出版社.

彼得·穆尔 [英]，2019. 天气预报：一部科学探险史 [M]. 张朋亮，译. 桂林：广西师范大学出版社.

曹冀鲁，1998. 清代光绪年间的顺义县气象报表 [J]. 北京档案（1）：43.

巢纪平、周晓平，1964. 积云动力学 [M]. 北京：科学出版社.

陈春，张志强，林海，2005. 地球模拟器及其模拟研究进展 [J]. 地球科学进展，20（10）：1135-1142.

陈静，陈德辉，颜宏，2002. 集合数值预报发展与研究进展 [J]. 应用气象学报，13（4）：497-507.

陈久金，2008. 中国古代天文学家 [M]. 北京：中国科技出版社.

陈玲，2005. 论科学中的数学观念革命——兼评科恩的科学革命观 [J]. 自然辩证法研究，21（4）：29-31，36.

陈明行，纪立人，1989. 数值天气预报中的误差增长及大气的可预报性 [J]. 气象学报，47（2）：147-155.

陈诗启，2002. 中国近代海关史 [M]. 北京：人民出版社 .

陈文义，张伟，2004. 流体力学 [M]. 天津：天津大学出版社 .

陈正洪，2011. 从北极阁到"联心"的科研积累——陶诗言访谈 [J]. 中国科技史杂志，32（2）：256-266.

陈正洪，杨桂芳，2014a. 胸怀大气 - 陶诗言传 [M]. 北京：中国科学技术出版社 .

陈正洪，杨桂芳，2014b. 中国大气科学本土特性的案例研究与哲学反思 [J]. 广西民族大学学报（自然科学版），20（3）：24-29，46.

陈正洪，2018. 气象科技史学科功能与学科建设探索 [J]. 阅江学刊，10（5）：79-84，145-146.

陈正洪，丁一汇，许小峰，2016. 20 世纪数值天气预报主要阶段与关键创新 [J]. 广西民族大学学报（自然科学版），22（4）：28-33，76.

陈遵妫，1980. 中国天文学史（第一册）[M]. 上海：上海人民出版社 .

丑纪范，1974. 天气数值预报中使用过去资料的问题 [J]. 中国科学，17（6）：635-644.

丑纪范，2002. 大气科学中的非线性与复杂性 [M]. 北京：气象出版社 .

崔振华，1979. 中国天文史古迹 [M]. 北京：科学普及出版社 .

大连外国语学院，1990. 外国科技人物词典（天文学地理学卷）[M]. 南昌：江西科学技术出版社 .

戴维斯 [英]，1992. 世界气象组织四十年 [M]. 王才芳，赵云德，等，译 . 北京：气象出版社 .

邓可卉，2005. 托勒密《至大论》研究 [D]. 西安：西北大学 .

丁一汇，1997. IPCC 第二次气候变化科学评估报告的主要科学成果和问题 [J]. 地球科学进展，12（2）：49-54.

丁一汇，柳艳菊，2006. 南海夏季风爆发的数值模拟 [J]. 应用气象学报，17（5）：526-537.

董光璧，1997. 中国近现代科学技术史 [M]. 长沙：湖南教育出版社.

梵脱洛夫 N Π[苏]，1953. 锋生与高空变形场的改变 [M]. 陶诗言，译. 北京：人民革命军事委员会气象局.

弗 . 卡约里 [美]，2011. 物理学史 [M]. 戴念祖，译，范岱年，校. 北京：中国人民大学出版社.

高学浩，陈正洪，2014. 大气科学原始创新的学科背景视角 [J]. 气象科技进展，4（6）：46-49.

葛全胜，等，2011. 中国历朝气候变化 [M]. 北京：科学出版社.

顾震潮，瞿章，巢纪平，1957. 准地转三层模式天气值预报方法的试验研究 [J]. 气象学报，28（2）：141-156.

顾震潮，1958a. "短期天气预报的流体力学方法引论" [J]. 气象学报，29（3）：221-223.

顾震潮，1958b. 作为初值问题的高空大尺度天气数值预报与由地面温压场历史演变作预报的等值性 [J]. 科学通报，（1）：19-20.

顾震潮，1959. 我国数值预报的成就 [J]. 气象学报，30（3）：236-242.

关增建，2002. 李淳风及其《乙巳占》的科学贡献 [J]. 郑州大学学报（哲学社会科学版），35（1）：121-124+131.

郭沫若，胡厚宣，1983. 甲骨文合集 [M]. 北京：中华书局.

郭世荣，2008. 从元代司天台天文教育考核制度看元代传统天文学与回回天文学交流中的问题 [J]. 内蒙古师范大学学报（自然科学汉文版），37（5）：686-691.

国家自然科学基金委员会地球科学部，等，2006. 21 世纪初大气科学前沿与展望：第四次全国大气科学前沿学科研讨会论文集 [M]. 北京：气象出版社.

何丙郁，何冠彪，1986. 敦煌残卷占云气书研究 [M]. 台北：艺文印书馆.

赫定 [瑞典]，2005. 斯文赫定亚洲探险记 [M]. 大陆桥翻译社，译. 台北：商周出版社.

洪世年，刘昭民，2006. 中国气象史：近代前 [M]. 北京：中国科学技术出版社.

胡永云，2012. 全球变暖的物理基础和科学简史 [J]. 物理，41（8）：495-504.

黄荣辉，2001. 大气科学发展的回顾与展望 [J]. 地球科学进展，16（5）：643-657.

基别尔 И А[苏]，1959. 短期天气预报的流体力学方法引论 [M]. 北京：科学出版社.

吉林省地方志编纂委员会，1996. 吉林省志·气象志 [M]. 长春：吉林人民出版社.

简.麦金托什 [英]，2010. 探寻史前欧洲文明 [M]. 刘衍钢，译. 北京：商务印书馆.

江晓源，钮卫星，2001. 天文西学东渐集 [M]. 上海：上海书店出版社.

蒋丙然，1936. 二十年来中国气象事业概况 [J]. 科学，20（8）.

金楷理 [美] 口译，华蘅芳笔述，1877. 测候丛谈 [M]，上海：江南制造局.

凯瑟林·库伦 [美]，2011. 科学先锋，气象学—站在科学前沿的巨人 [M]. 刘彭，译. 上海：上海科学技术文献出版社.

李家宏，1997. 玛雅数学初探 [J]. 自然科学史研究，16（4）：344-353，355-356.

李俊，纪飞，齐琳琳，等，2005. 集合数值天气预报的研究进展 [J]. 气象，31（2）：3-7.

李俊龙，李燕，2011. 对全国范围内五运六气布点观察的思考——王冰选点划线分九域的启示 [J]. 中国中医基础医学杂志，17（9）：1018-1019.

李麦村，1973. 现代统计预报的进展 [J]. 气象科技资料，（2）：29-34.

李麦村，史久恩，1976. 我国数理统计天气预报的概况 [J]. 气象科技资料，（2）：28-29.

李文海，夏明方，朱浒，2010. 中国荒政书集成·第三册 [M]. 天津：天津古籍出版社.

李约瑟 [英]，2008. 中国科学技术史 [M]. 汪受琪，等，译. 北京：北京科学出版社.

李泽椿，1994. 中国国家气象中心中期数值天气预报业务系统 [J]. 气象学报，52（3）：297-307.

李泽椿，陈德辉，2002. 国家气象中心集合数值预报业务系统的发展及应用 [J]. 应用气象学报，13（1）：1-15.

李忠华，张永利，孙可明，2004. 流体力学 [M]. 沈阳：东北大学出版社.

丽莎·扬特 [美]，2008. 现代海洋科学：探索纵深发展. 上海科学技术文献 [M]，郭红霞，译. 上海：上海科学技术文献出版社.

辽宁省地方志编纂委员会办公室，2002. 辽宁省志·气象志 [M]. 沈阳：辽宁民族出版社.

廖洞贤，1990. 近 10 年我国数值天气预报的进展（1980—1989）[J]. 气象学报，48（1）：17-25.

林太，2008，《梨俱吠陀》精读 [M]. 上海：复旦大学出版社.

刘彬，卢荣，2008. 物理化学 [M]. 武汉：华中科技大学出版社.

刘炳涛，2015. 明代雨泽奏报制度的实施 [J]. 历史档案，（4）：115-118.

刘东生，2003. 第四纪科学发展展望 [J]. 第四纪研究，23（2）：165-176.

刘金达，2000. 集合预报开创了业务数值天气预报的新纪元 [J]. 气象，26（6）：21-25.

刘金玉，黄理稳，2006. 科学技术发展简史 [M]. 广州：华南理工大学出版社 .

刘景华，张功耀，2008. 欧洲文艺复兴史：科学技术卷 [M]. 北京：人民出版社 .

刘亚东，2007. 世界科技史 [M]. 北京：中国国际广播出版社 .

刘昭民，1981. 西洋气象学史 [M]. 台北：中国文化大学出版部 .

罗素 [英]，1996. 西方哲学史（下卷）[M]. 马元德，译 . 北京：商务印书馆 .

梅森 S F[英]，1980. 自然科学史 [M]. 周煦良，全增嘏，等，译 . 上海：上海译文出版社 .

门岿，张燕瑾，1997. 中华国粹大辞典 [M]. 北京：国际文化出版公司 .

钮卫星，江晓原，2008. 科学史读本 [M]. 上海：上海交通大学出版社 .

诺曼·麦克雷 [美]，2008. 天才的拓荒者：冯·诺伊曼传 [M]. 范秀华，朱朝晖，译 . 上海：上海科技教育出版社 .

潘吉星，1993. 温度计、湿度计的发明及其传入中国、日本和朝鲜的历史 [J]. 自然科学史研究，12（3）：249-256.

《气象分典》编纂委员会，2014. 中华大典·地学典·气象分典 [M]. 重庆：重庆出版集团 .

秦九韶原著，王守义著，李俨校，1992. 数书九章新释 [M]. 合肥：安徽科学技术出版社 .

清华大学自然辩证法教研组，1982. 科学技术史讲义 [M]. 北京：清华大学出版社 .

屈宝坤，2009. 中国古代著名科学典籍 [M]. 北京：中国国际广播出版社 .

René Descartes[法]，2016. 笛卡尔论气象 [M]. 陈正洪，叶梦姝，贾宁，译 . 北京：气象出版社 .

上海古籍出版社，2005. 清代笔记小说大观 [M]. 上海：上海古籍出版社 .

上海市气象局，1997. 上海气象志 [M]. 上海：上海社会科学院出版社 .

申洋文，2009. 近代化学导论 [M]. 北京：高等教育出版社 .

睡虎地秦墓竹简整理小组，1978. 睡虎地秦墓竹简 [M]. 北京：文物出版社 .

塔帕尔 R[印]，1990. 印度古代文明 [M]. 林太，译 . 杭州：浙江人民出版社 .

陶诗言，廖洞贤，1954. 关于苏联的平流动力分析法在东亚应用的几个问题 [J]. 气象学报，25（4）：233-251，319-332.

陶诗言，1949. 中国近地面层大气之运行 [J]. 气象学报，（20）：14-17.

陶诗言，1951. 高空分析与天气预告 [M]. 北京：中央人民政府军事委员会气象局 .

陶诗言，陈联寿，徐祥德，等，1999. 第二次青藏高原大气科学试验理论研究进展（一）[M]. 北京：气象出版社 .

陶诗言，陈联寿，徐祥德，等，2000. 第二次青藏高原大气科学试验理论研究进展（二）[M]. 北京：气象出版社 .

陶诗言，陈联寿，徐祥德，等，2000. 第二次青藏高原大气科学试验理论研究进展（三）[M]. 北京：气象出版社 .

陶诗言，程纯枢，丁一汇，等，1980. 中国之暴雨 [M]. 北京：科学出版社 .

涂光炽，2007. 地学思想史 [M]. 长沙：湖南教育出版社 .

汪子嵩，范明生，陈村富，1997. 希腊哲学史（卷一）[M]. 北京：人民出版社 .

王安安，2004.《夏小正》经文时代考 [D]. 西安：西北大学 .

王斌，季仲贞，1990. 显式完全平方守恒差分格式的构造及其初步检验 [J]. 科学通报，35（10）：766-768.

王会军，徐永福，周天军，等，2004. 大气科学：一个充满活力的前沿科学 [J]. 地球科学进展，19（4）：525-532.

王鹏飞，1985. 中国和朝鲜测雨器的考据 [J]. 自然科学史研究，4（3）：237-246.

王鹏飞，2001. 王鹏飞气象史文选：庆祝王鹏飞教授众事气象教学 57 周年暨八秩华诞 [M]. 北京：气象出版社 .

王绍武，罗勇，赵宗慈，2010. 关于非政府间国际气候变化专门委员会（NIPCC）报告 [J]. 气候变化研究进展，6（2）：89-94.

王舒，2009. 叶笃正传：风云人生 [M]. 南京：江苏人民出版社 .

王玉哲，2008. 中华远古史 [M]. 上海：上海人民出版社 .

温景嵩，2005. 创新话旧——谈科学研究中的思想方法问题 [M]. 北京：气象出版社 .

温克刚，2005. 中国气象史 [M]. 北京：气象出版社 .

温少峰，袁庭栋，1983. 殷墟卜辞研究 - 科学技术篇 [M]. 成都：四川省社会科学出版社 .

吴国盛，2013. 科学的历程 [M]. 长沙：湖南科学技术出版社 .

吴国雄，1986. 中期数值天气预报的现状和展望 [J]. 气象，（3）：2-7.

吴增祥，2007. 中国近代气象台站 [M]. 北京：气象出版社 .

武家璧，2008. 陶寺观象台与考古天文学 [J]. 科学技术与辩证法，25（5）：90-96.

席泽宗，1962. "淮南子·天文训"述略 [J]. 科学通报，（6）：35-39.

谢世俊，1981. 气象史漫话 [M]. 沈阳：辽宁人民出版社 .

谢世俊，2016. 中国古代气象史稿 [M]. 武汉：武汉大学出版社 .

谢义炳，1997. 北京大学院士文库——谢义炳文集 [M]. 北京：北京大学出版社 .

新疆维吾尔自治区气象局，1955. 新疆通志·气象志 [M]. 乌鲁木齐：新疆人民出版社.

许海山，2006.欧洲历史 [M].北京：线装书局.

许小峰，2017.气象科学技术的历史探索 [M].北京：气象出版社.

杨达寿，2009.浙江科学家传记丛书·竺可桢 [M].杭州：浙江科技出版.

杨鉴初，陶诗言，叶笃正，等，1960.西藏高原气象学 [M].北京：科学出版社.

杨萍，叶梦姝，陈正洪，2014.气象科技的古往今来 [M].北京：气象出版社.

叶笃正，高由禧，1979.青藏高原气象学 [M].北京：科学出版社.

叶笃正，李麦村，1965.大气运动中的适应问题 [M].北京：科学出版社.

殷显曦，1986.天气预报和气候研究的进展 [M].北京：气象出版社.

殷显曦，彭光宜，1988.气象科技发展战略概论 [M].合肥：中国科学技术出版社.

于德湘，张国杰，1999.天助和天惩—气象影响战争事例选编 [M].北京：科学出版社.

曾庆存，1963.大气中的适应过程和发展过程（一）——物理分析和线性理论 [J].气象学报，33（2）：163-174.

曾庆存，1978.计算稳定性的若干问题 [J].大气科学，2（3）：181-191.

曾庆存，1979.我国大气动力学和数值天气预报研究工作的进展 [J].大气科学，3（3）：256-269.

曾庆存，2013.天气预报——由经验到物理数学理论和超级计算 [J].物理，42（5）：300-314.

詹德新，王家楣，2001.工程流体力学 [M].武汉：湖北科学技术出版社.

张大林，2005.大气科学的世纪进展与未来展望 [J].气象学报，63

（5）：812-824.

张德二，2004. 中国三千年气象记录总集 [M]. 南京：凤凰出版社，江苏教育出版社.

张德生，2009. 化学史简明教程 [M]. 合肥：中国科学技术大学出版社.

张荣芹，2000. 简明数学史 [M]. 哈尔滨：哈尔滨出版社.

张中平，2014. 淮南子气象观的现代解读 [M]. 北京：气象出版社.

张子文，2010. 科学技术史概论 [M]. 杭州：浙江大学出版社.

章基嘉，朱抱真，朱福康，等，1988. 青藏高原气象学进展——青藏高原气象科学实验（1979）和研究 [M]. 北京：科学出版社.

赵超，2016. 宋代气象灾害史料 [M]. 北京：科学出版社.

《赵九章》编写组，钱伟长，朱光亚，等，2005. 赵九章 [M]. 贵阳：贵州人民出版社.

赵乐静，郭贵春，2000. 科学争论与科学史研究 [J]. 科学技术与辩证法 19（4）：43-48.

赵树智，宋汉阁，1998. 科学的突破 [M]. 北京：科学出版社.

郑天挺，吴泽，杨志玖，2000. 中国历史大辞典·上卷 [M]. 上海：上海辞书出版社.

郑文光，1979. 中国天文学源流 [M]. 北京：科学出版社.

知识出版社，1989. 科技史上的今天 [M]. 北京：知识出版社.

中国大百科全书编辑委员会，2009. 中国大百科全书 [M]. 北京：中国大百科全书出版社.

中国大百科全书总委员会，1987. 大气科学·海洋科学·水文科学. 中国大百科全书（大气科学）[M]. 北京：中国大百科全书出版社.

中国近代气象史资料编委会，1995. 中国近代气象史资料 [M]. 北京：气象出版社.

《中国气象百科全书》总编委会，2016. 中国气象百科全书 [M]. 北京：气象出版社.

中国气象局，2009. 新中国气象事业 60 年（画册）[M]. 北京：气象出版社.

中国气象学会，2002. 中国气象学会史料简编 [M]. 北京：气象出版社.

中国气象学会，2008. 大气科学学科发展回顾与展望：纪念改革开放 30 年 [M]. 北京：气象出版社.

中国气象学会，2008. 中国气象学会史 [M]. 上海：上海交通大学出版社.

中国天文学简史编写组，1979. 中国天文学简史 [M]. 天津：天津科技出版社.

中国天文学史文集编辑组，1986. 中国天文学史文集 [C]. 北京：科学出版社.

中央气象局气象科学研究院，1981. 中国近五百年旱涝分布图集 [M]. 北京：地图出版社.

周大明，2007. 中华文明寻根 [M]. 北京：人民出版社.

周家斌，浦一芬，2008. 求真求实登高峰—叶笃正 [M]. 北京：新华出版社.

周琳，谢世俊，1987. 气象概况 [M]. 北京：气象出版社.

周秀骥，1964. 暖云降水微物理机制的研究 [M]. 北京：科学出版社.

周秀骥，郭恩铭，殷宗昭，1985. 中国大气物理学的发展——纪念中国气象学会成立六十周年 [J]. 气象科技（2）：1-5.

周秀骥，陶善昌，姚克亚，1991. 高等大气物理学 [M]. 北京：气象出版社.

朱抱真，1954. 基别尔气压变化理论中纬度影响的问题 [J]. 气象学报，25（2）：91-100.

朱抱真，陈嘉滨，1986. 数值天气预报概论 [M]. 北京：气象出版社.

朱裕贞，1992. 化学原理史实 [M]. 北京：高等教育出版社．

竺可桢，1919. 气象学发达之历史 [J]. 科学，5（3）．

竺可桢，1972. 中国近五千年来气候变迁的初步研究 [J]. 考古学报（1）：15-38.

竺可桢，1990. 竺可桢日记（1-5 卷）[M]. 北京：科学出版社．

竺可桢，2005. 竺可桢全集（第 6 卷）（第 1 版）[M]. 上海：上海科技教育出版社．

竺可桢，2010. 竺可桢日记 [M]. 上海：上海科技教育出版社．

竺可桢，2012. 竺可桢全集（第 22 卷）[M]. 上海：上海科技教育出版社．

竺可桢，樊洪业，2004. 竺可桢全集（1-4 卷）[M]. 上海：上海科技教育出版社．

自然科学史研究所，1978. 中国古代科技成就 [M]. 北京：中国青年出版社．

Abbe C，1901. The physical basis of long-range weather forecasts [J]. Monthly Weather Review，29：551–61.

Acton H，1980. The Last Medici [M]. London：Macmillan.

Allaby M，2007. Encyclopedia of Weather and Climate，Revised Edition [M]. New York：Facts on File，Inc.

Allaby M，2009. Atmosphere：A Scientific History of Air，Weather，and Climate [M]. New York：Infobase Publishing.

Allison I，Bindoff N L，Bindschadler R A，et al，2009. The Copenhagen dignosis- Updating the World on the Latest Climate Science [R]. The University of New South Wales Climate Change Research Centre (CCRC)，Sydney，Australia.

Aristotle，1952. Meteorologica [M]，trans.H.D.P.Lee. Cambridge：Harvard University Press.

Aspaas P P，Hansen T L，2012. The role of the societas meteorologica Palatina (1781-1792) in the history of auroral research [J]. Acta Borealia，29（2）：157-176.

Bacon R，1928. Opus Majus[M].Translated by Robert Belle Burke. Bristol：Thoemmes Press.

Bardi U，2016. What future for the anthropocene? A biophysical interpretation[J]. Biophys Econ Resour Qual，1（2）：1-7.

Barnes S，1964. A techniques for maximizing details in numerical map analysis[J]，J. Appl. Meteor，3：395-409.

Baron W R，1989. Retrieving climate history：a bibliograph[J]. Agricultural History，3(2)：7-35.

Bates C C，Fuller J，1986. America's Weather Warriors 1814-1985[M]. College Station：Texas A&M University Press.

Benjamin P，1898. A History of Electricity：the Intellectual Rise in Electricity from Antiquity to the Days of Benjamin Franklin [M]. New York：John Wiley & Sons.

Bergeron T，1978. Some autobiographic notes in connection with the Ice-Nucleus theory of precipitation[J].Bulletin of the American Meteorological Society，59.

Bergeron T，1954. The problem of tropical hurricanes[J]. Quarterly Journal of the Royal Meteorological Society.

Bergeron T，1958. The young Carl-Gustaf Rossby[M]. // BolinB. ed.The Atmosphere and the Sea Inmotion. New York：The Rockefeller Institute Press，51.

Bjerknes J，1919. On the structure of moving cyclones[J]. Monthly Weather Review，47：95–99.

Bjerknes V，1900. The dynamic principle of the circulatory movements in the atmosphere[J].Monthly Weather Review，28(10)：434-443.

Bjerknes V，1904. Das problem der Wettervorhersage，betrachtet vom Standpunkte derMechanik und der Physik[J]. Meteor.Zeits.，

21，1-7.

Blumen W，Washington W M，1973. Atmospheric dynamics and numerical weather prediction in the People's Republic of China 1949-1966 [J]. Bulletin of the American Meteorological Society，54(6)：502-518.

Bolin B，1959. The Atmosphere and the Sea in Motion -Scientific Contributions to the Rossby Memorial Volume[M]. The Rockefeller Institute Press.

Bolin B，1999. Carl-Gustaf Rossby – The Stockholm period 1947–1957[J]，Tellus. 51：4-12.

Budyko M I，Ronov A B，Yanshin A L，et al，1987.History of the Earth's Atmosphere [M]. Berlin：Springer Verlag.

Bushby F H，Whitelam C J，1961.A three-parameter model of the atmosphere suitable for numerical integration[J]. Quarterly Journal of the Royal Meteorological Society，87(373)：374–392.

Cane M A，Zebiak S E，Dolan S C，1986. Experimental forecasts of El Niño[J]. Nature，321：827-832.

Charney J C，Eliassen A，1949. A numerical method for predicting the perturbations of the middle latitude westerlies[J]. Tellus，2(1)：38-54.

Charney J G，Fjörtoft R，von Neumann J，1950. Numerical integration of the Barotropic vorticity equation[J].Tellus，2：237-254.

Charney J G，1949. On a physical basis for numerical prediction of large-scale motions in the atmosphere[J]. Journal of Meteorology，6(6)：372-385.

Charney J G，1955. The use of the primitive equations of motion in numerical prediction[J]. Tellus，7(1)：22-26.

Chen Z H, Yang G F, Wray R A L, 2014. Shiyan Tao and the history of indigenous meteorology in China [J]. Earth Sciences History, 33(2): 346-360.

Chun Y, Jeon S W, 2005. Chugugi, Supyo, and Punggi: Meteorological instruments of the 15th century in Korea [J]. History of Meteorology, 2: 25-36.

Coble P M, 1991. Robert Hart and China's Early Modernization: His Journals, 1863–1866[M]. Cambridge: Harvard University Press.

Cox J D, 2002. Stormwatchers: The Turbulent History of Weather Prediction From Franklin's Kite to El Nino[M]. John Wiley & Sons.

Daley R, 1991. Atmospheric Data Analysis[M]. Cambridge University Press.

Davies A, 1990. Forty years of progress and achievement a historical review of WMO [C]. Geneva: World Meteorological Organization.

Ding Y H, Krishnamurti T N, 1987. Heat budget of the siberian high and the winter monsoon[J].Monthly Weather Review, 115(10): 2428-2449.

Dobson G M B, 1968. Forty Years' research on atmospheric ozone at Oxford: a history[J]. Applied Optics, 7 (3): 387-405.

Doviak R J, Zrnici D S, 1993. Doppler Radar and Weather Observations[M]. Academic Press.

Epstein E S, 1969. Stochastic dynamic prediction[J]. Tellus, 21(6): 739-759.

Espy J P, 2017. The Philosophy of Storms (Classic Reprint)[M]. Forgotten Books.

Eugenia K, 2003.Atmospheric modeling, data assimilation and

predictability[M]. Cambridge University Press.

Ferrel W, 1856. An essay on the winds and the currents of the ocean [J]. Nashville Journal of Medicine and Surgery, 11（4-5）: 287-301, 375-389

Fitzroy R, 2012. The Weather Book: A Manual of Practical Meteorology [M]. Cambridge: Cambridge University Press.

Fleming J R, 1990. Meteorology in America, 1800-1870[M]. Baltimore: Johns Hopkins University Press.

Fleming J R, Goodman E, 1994. International Bibliography of Meteorology: from the Beginning of Printing to 1889[M]. Upland, PA, Diane Publishing Company.

Fleming J R, 2005. Historical Perspectives on Climate Change[M]. Oxford University Press.

Fleming J R, 2012.Fixing the Sky: The Checkered History of Weather and Climate Control[M]. Columbia University Press.

Fleming J R, 2016. Atmospheric Science Bjerknes, Rossby, Wexler, and the Foundations of Modern Meteorology[M]. MIT Press.

Gilchrist B, Cressman G, 1954. An experiment in objective analysis[J]. Tellus, 6: 309-18.

Gillispie C C, 2004. Science and Polity in France: The Revolutionary and Napoleonic Years[M]. Princeton University Press.

Hamblyn R, 2010. The Invention of Clouds: How an Amateur Meteorologist Forged the Language of the Skies[M]. Pan Macmillan.

Harper K, 2008.Weather by the Numbers: The Genesis of Modern Meteorology[M]. The MIT Press.

Harper K, Uccellini L W, Morone L, et al, 2007. 50th anniversary of operational numerical weather prediction[J]. Bull. Amer. Meteor. Soc., 88: 639–650.

Henry A J, 1922. J. Bjerknes and H. Solberg on life cycles of cyclones and the polar front theory of atmospheric circulation [J]. Monthly Weather Review, Sep: 468-473.

Henson R, 2010. Weather on the Air: A History of Broadcast Meteorology[M]. Boston: American Meteorological Society.

Hiller J K, 1971. The Moravians in Labrador, 1771-1805[J]. The Polar Record, 15 : 839-54, 835

IPCC, 2001. Climate Change 2001: Synthesis Report. A Contribution of Working Groups I , II and III to the Third Assessment Report of the Integovernmental Panel on Climate Change [M]. Cambridge University Press, Cambridge, United Kingdom.

IPCC, 2007. Climate Change 2007: Synthesis Report. Contribution of Working Groups I , II and III to the Fourth Assessment Report of the Intergovernmental Panel on Climate Change [M]. IPCC, Geneva, Switzerland.

IPCC, 2014.Climate Change 2014: Synthesis Report. Contribution of Working Groups I , II and III to the Fifth Assessment Report of the Intergovernmental Panel on Climate Change [M]. IPCC, Geneva, Switzerland.

Kalnay E, 2003. Atmospheric modeling, data assimilation and predictability[M]. Cambridge University Press.

Klein W H, Lewis F, 1970. Computer forecasts of maximum and minimum temperatures[J]. J Appl Meteor., 9: 350-359.

Koo C C, 1950. An iterative relation of the influence function in numerical forecasting[J]. Journal of Meteorology, 7: 163-164.

Koo C C, 1959. On the Equivalency of Formulation of Weather Forecasting as An Initial Value Problem and As An "Evolution"

Problem[M]. The Rossby Memorial Volume. New York：The Rockefeller Institute Press.

Kuo H L，1965. On Formation and intensification of tropical cyclones through latent heat release by Cumulus convection [J]. Journal of the Atmospheric Sciences，22（1）：40-63.

Kurin R，2013.The Smithsonian's History of America in 101 Objects Deluxe [M]. New York：Penguin Press.

Laughton J K，1882. Historical sketch of anemometry and anemometers[J]. Quarterly Journal of the Royal Meteorological Society，8：161-188.

Lenschow D H，1972. The air mass transformation experiment (AMTEX) [J]. Bulletin of the American Meteorological Society，53（4）：353-357.

Lewis J M，1992. Carl-Gustaf Rossby：A study in mentorship [J]. Bulletin of the American Meteorological Society，73（9）：1425-1438.

Lindzen R S，Lorenz E N，Platzman G W，1990. The Atmosphere - A Challenge The Science of Jule Gregory Charney [M]. Boston：American Meteorological Society.

Lorenz E N，1963. Deterministic nonperiodic flow [J]. Journal of the Atmospheric Science，20：130-141.

Lorenz E N，1965. A study of the predictability of a 28-variable atmospheric model [J]. Tellus，17(3)：321-333.

Lorenz E N，1983. A history of prevailing ideas about the general circulation of the atmosphere [J]. Bulletin American Meteorological Society，64（7）：730-734.

Lynch P，2004. Richardson's Forecast：What Went Wrong? [C]. Symposium on the 50th Anniversary of Operational Numerical Weather Prediction University of Maryland，MD：College Park.

Lynch P, 2006. The Emergence of Numerical Weather Prediction: Richardson's Dream [M]. Cambridge: Cambridge University Press.

Lynch P, 2008. The origins of computer weather prediction and climate modeling [J]. Journal of Computational Physics, 227: 3431-3444.

Machenhauer B, 1977. On the dynamics of gravity oscillations in a shallow water model with applications to normal mode initialization [J]. Contributions to Atmospheric Physics, 50: 253-271.

Manabe S, Wetherald R T, 1967. Thermal equilibrium of the atmosphere with a given distribution of relative humidity [J]. Journal of Atmospheric Sciences, 24 (3): 241-259.

Mcphaden M J, Busalacchi A J, Cheney R, et al, 1998. The tropical ocean - global atmosphere observing system: A decade of progress [J]. Journal of Geophysical Research Atmospheres, 1031 (C7): 169-240.

Middleton W E K, 1969. Invention of the Meteorological Instruments [M]. Baltimore: Johns Hopkins University Press.

Mintzer I M, Leonard J A, 1994. Negotiating Climate Change: The Inside Story of the Rio Convention [M]. Cambridge: Cambridge University Press.

Mollan R C, 2002. Irish Innovators [M]. Dublin: Royal Irish Academy.

National Academy of Sciences, 2008. Understanding and Responding to Climate Change[M]. the National Academies Press.

Nebeker F, 1995. Calculating the Weather: Meteorology in the 20th Century [M]. San Diego: Academic Press.

New M, Tood M, Hulme M, et al, 2001. Precipitation

measurements and trends in the twentieth century [J]. International Journal of Climatology, 21 (15): 1889-1922.

Newton C W, Newton H R, 1994. The Bergen School Concepts Come to America, The Life Cycles of Extratropical Cyclones [C]. Boston, MA: American Meteorological Society. 1: 22.

Panofsky H, 1949. Objective weather-map analysis [J]. Journal of Appiled Meteorology (6): 386-392.

Persson A O, 2005. The Coriolis effect: four centuries of conflict between common sense and mathematics, part I: A history to 1885 [J]. History of Meteorology, 2: 1-24.

Peterson L C, Haug G H, 2005. Climate and the collapse of Maya civilization[J]. American Scientist, 93 (4): 322-329.

Phillips N A, 1959. An Example of Nonlinear Computational Instability. The Rossby Memorial Volume [M]. NewYork: The Rockefeller Institute Press.

Phillips N A, 1998. Carl-Gustav Rossby: His times, personality and actions[J]. Bulletin Of the American Meteorological.Society, 79: 1079-1112.

Platzman G W, 1979. The ENIAC computations of 1950—gateway to numerical weather prediction [J]. Bulletin of the American Meteorological Society, 60 (4): 302-312.

Richardson L F, 1910. The approximate arithmetical solution by finite difference of physical problems involving differential equations, with an application to the stresses in a masonry dam [J]. Philosophical Transactions of the Royal Society A, 210: 312-313.

Richardson L F, 1922. Weather Prediction by Numerical Process [M]. Cambridge: Cambridge University Press.

Ronalds B F, 2016. Sir Francis Ronalds: Father of the Electric

Telegraph [M]. London：Imperial College Press.

Rossby C-G，1932. Thermodynamics applied to air mass analysis [J]. MIT Meteorology Papers，1（3）：44.

Rossby C-G，1936.Dynamics of steady ocean currents in the light of experimental fluid mechanics[J].Papers in Physical Oceanography and Meteorology，1：5-43.

Rossby C-G，1939. Relation between variations in the intensity of the zonal circulation of the atmosphere and the displacements of the semi-permanent centers of action [J]. Journal of Marine Research，2（1）：38-55.

Rossby C-G，1940.Planetary flow patterns in the atmosphere[J]. Quarterly Journal of the Royal Meteorological Society，66：68-87.

Rossby C-G，1949. On a mechanism for the release of potential energy in the atmosphere [J]. Journal of Meteorology，6（3）：164-180.

Russell B，2004. A History of Western Philosophy [M]. London：Routledge.

Sang-woon J，1998. A History of Science in Korea [M].Seoul：Jimoondang Publishing Company.

Saucier W J，1955. Principles of Meteorological Analysis [M]. Chicago：The University of Chicago Press.

Seitzinger S P，Gaffney O，Brasseur G，et al，2015. International Geosphere–Biosphere programme and earth system science：Three decades of co-evolution [J]. Anthropocene，12：3-16.

Selin H，2008. Encyclopaedia of the History of Science，Technology，and Medicine in Non-western Cultures [M]. Berlin-New York：Springer.

Shapiro M A，1999. The Life Cycles of Extratropical Cyclones [M].

Boston：American Meteorological Society.

Shaw W N，1926. Manual of Meteorology [M]. Cambridge：Cambridge University Press.

Shuman F G，1989. History of numerical weather prediction at the National Meteorological Center[J]. Weather & Forecasting，4（3）：286-296.

Shuman F G，Hovermale J B，1968. An operational six-layer primitive equation model[J]. Journal of Applied Meteorology，7（4）：525-547.

Singer S F，2008. Nature，Not Human Activity，Rules the Climate：Summary for Policymakers of the Report of the Nongovernmental International Panel on Climate Change [M]. Chicago：The Heartland Institute.

Smagorinsky J，1969. Problems and promises of deterministic extended range forecasting [J]. Bulletin of the American Meteorological Society，50：286-312.

Smith R A，1856. Memoir of John Dalton and History of the Atomic Theory [M]. London：H. Bailliere.

Staff Members of Academia Sinica，1957. On the general circulation over the Eastern Asia（Ⅰ）[J]. Tellus，9：432–446.

Staff Members of Acadcmia Sinica，1958. On the general circulation over the Eastern Asia（Ⅲ）[J]. Tellus，10：299–312.

Staff Members of Academia Sinica，1958. On the general circulation over the Eastern Asia（Ⅱ）[J]. Tellus，10：58–75.

Stolarski R S，Krueger A J，Schoeberl M R，et al. 1986.Nimbus-7 satellite measurements of the springtime antarctic ozone decrease [J]. Nature，322（6082）：808-811.

Strangeways I，2010.A history of rain gauges[J]. Weather，May，65(5)：134.

Summerhayes C P，2015. Earth's Climate Evolution [M]. Hoboken：John Wiley & Sons，Ltd.

Tasch P，1986. James Croll and Charles Lyell as glacial epoch theorists [J]. Earth Sciences History，5：131-33.

Thompson P D，1983. A history of numerical weather prediction in the United States [J]. Bulletin American Meteorological Society，64（7）：755-769.

Thornes J E，1999. John Constable's Skies [M]. Birmingham：The University of Birmingham Press.

Toth Z，Kalnay E，1993. Ensemble forecasting at NMC：the generation of perturbations [J]. Bulletin of the American Meteorological Society，74（12）：2317-2330.

Tracton M S，Kalnay E，1993. Operational ensemble prediction at the National Meteorological Center：Practical Aspects [J]. Weather and Forecasting，8（3）：379-400.

Turing A M，1948. Rounding-off errors in Matrix processes [J]. The Quarterly Journal of Mechanics and Applied Mathematics，1（1）：287–308.

Turner D B，1994. Workbook of Atmospheric Dispersion Estimates：An Introduction to Dispersion Modeling[M]. Hardbound：CRC Press.

Von Neumann J，1960. Some Remarks on the Problem of Forecasting Climatic Fluctuations [M].New York：Pergaman Press.

Walker M，2011. History of the Meteorological Office [M]. Cambridge：Cambridge University Press.

Wallace J M，Hobbs P V，1977. Atmospheric Science：An Introductory Survey [M]. New York：Academic Press.

Warner T T，2011. Numerical Weather and Climate Prediction[M]. Cambridge：Cambridge University Press.

Waterston C D，Shearer A M，2006. Former Fellows of the Royal Society of Edinburgh 1783–2002：Biographical Index. I [M]. Edinburgh：The Royal Society of Edinburgh.

White R M，2006. The making of NOAA，1963-2005 [J]. History of Meteorology，3：55-63.

Wigley T M L，Ingram M J，Farmer G，1981. The Use of Documentary Sources for the Study of Past Climates，in Climate and History：Studies in Past Climates and Their Impact on Man [M]. Cambridge：Cambridge University Press.

Willis E P，Hooke W H，2006. Cleveland Abbe and American meteorology，1871–1901 [J]. Bulletin of the American Meteorology Society，87：315-326.

Winters H A，Galloway G E，Reynolds W J，et al，2001. Battling the Elements：Weather and Terrain in the Conduct of War [M]. Baltimore：Johns Hopkins University Press.

Woods A，2006. European Centre for Medium-Range Weather Forecasts [M]. Springer Science+ Business Media，Inc.

附录1：气象科学技术大事年表 [1]

3.3万年前

◎科学家在斯威士兰考古发掘出狒狒腿骨，上有几十道刻痕，考古推测这些刻痕是计数符号。

2.9万年前

◎刚果民主共和国境内发现动物骨上的刻痕，记录了月亮周期——新月出现间隔的时间，可能用来预测月相和记录时间。

1.2万年—8000年前

◎河南濮阳古墓中龙虎天象图，可能表示春夏与秋冬的季节变化。

◎苏格兰发现一些表示太阳和雨或太阳和月亮被晕包围的绘画。

公元前8000年

◎在中国河南舞阳贾湖裴李岗文化遗址出土的龟甲残片上有"日"字，可能表示远古先民观察到太阳出没云雾的现象。

公元前5300年

◎中国长江中下游的河姆渡文化，先民使用的匕首、象牙雕片和陶土盘上绘有太阳和四鸟合璧的图像。

---

① 气象科学技术大事年表理应反映古今中外和世界各国的重要历史气象进展，体现重要性、连续性和均衡性等原则，限于史料和文献，有所取舍。

可能已带有指示时间的寓意。

公元前 5000 年

◎黄帝统一黄河中下游部落，制定了《调历》，包含有当时天文、气象、数学、纪日等观测的经验。观测六师之中有称为"臾区"的专管观测气象气候类现象。

公元前 4200 年

◎古埃及发明了太阳历，一年为 360 日，等分为 12 个月。

公元前 4000 年

◎山东大汶口文化遗址中出现观察太阳和云的记载，此时中国先民已经辨认方向，房屋门多朝南开。

公元前 3300 年

◎殷墟甲骨卜骨记录中出现气象相关记录。

公元前 3000 年

◎甲骨文中出现关于太阳黑子记录，到明朝末年，我国共有百次以上太阳黑子记录。

◎希伯来人已注意到天空虹的出现。巴比伦兴盛时期的黏土片上记载有许多天气谚语。

◎美索布达米亚平原上的苏美尔人已经注意到盛行风及其方向。

公元前 22 世纪

◎埃及人认识了北极星，知道了白羊、猎户、天蝎等星座，并根据星座的出没来确定早期历法。

公元前 21 世纪

◎中国山西襄汾陶寺古观象台，是迄今发现的中国最早遗存的古观象台遗址。

公元前 20 世纪

◎夏朝设立官职掌管天文和气象并制定比较精确的《夏历》。

公元前 18 世纪

◎殷商甲骨文中记载很多天气现象, 包括对风、云、虹、雨、雪、雷等天气现象的记载和描述。

◎埃及人发明一种夜间可以简单瞄准天象的天文观察仪器。

公元前 13 世纪

◎成书于公元前 13 到 10 世纪的《梨俱吠陀》是古印度早期部落的诗歌集, 其中涉及古代印度在天文历法中包含有的一些气象知识。

公元前 12 世纪

◎甲骨文中出连续多天的气象记录和月食记录。开始采用二十八宿划分天区。

◎巴比伦人将有关天气现象刻在泥板上, 已注意到某些动物和鸟类的行为与气象变化关系。

公元前 11 世纪

◎西周记载气象状况反常会对农牧业生产造成影响。

公元前 10 世纪

◎古印度创立了自己的古代历法。

公元前 8 世纪

◎《易经》《山海经》《尚书》《尔雅》《诗经》等传统古代文献中出现很多气现象及对其加以解释的记载。

公元前 7 世纪

◎希伯来人开始有东风、西风、南风、北风的名称出现。

◎《左传》记载流星雨, 是世界上关于天琴座流星雨的最早记载。

◎古希腊阿那克西曼德 (Anaximander von Milet) 首次解释风、云、闪电等气象现象。

公元前6世纪

◎《春秋·文公十四年》载："秋七月，有星孛入于北斗"。据考证，这是世界上关于哈雷彗星的最早记录。

◎古希腊的泰勒斯利用潮汐编订出一套气象历法。

◎巴比伦人算出太阳月球的相对位置。

◎古印度出现比较著名的天文学著作《太阳悉檀多》。

公元前5世纪

◎ 有希腊学者根据接受太阳热量的多少，把气候分为无冬区、中间区和无夏区，这是文献记载最早的气候分类。

◎中国历史上出现最早的有关红雨的记录，《吕氏春秋》提出云的形状分类，是世界上最早关于云的分类法。

◎古希腊人恩贝多克利斯（Empdeocles of Acragas）提出气候四元素学说。

公元前4世纪

◎中国战国时代的甘德、石申编制了世界上最早的星表——甘石星表。

◎亚里士多德撰写《气象通典》(Meteorologica)。这是世界上最早的气象学综合性著作。

公元前3世纪

◎古希腊的阿利斯塔克 (Aristarchus) 提出测定月球与太阳距离之比的方法。

◎秦朝开始地方向中央朝廷报雨泽。

公元前2世纪

◎汉代灵台上建有铜乌，用于测风。

公元前1世纪

◎公元前2到公元前1世纪，薛拉斯特斯（Andronicus Kyrrhestes）兴建了雅典风塔（Tower of Winds）。该风塔呈八边形，代表八个方位，每面刻有一个雕像分别代表不同性质的风。

◎古罗马人波希多尼（Posidonius）提出他对大气现象的解释，他追随亚里士多德的气象学思想。古罗马人诗人维吉尔（Virgile）在其诗中记载了一些天气物候，比如指出鸟儿往高处飞可能会下雨。

公元 1 世纪

◎天文学家托勒密（Claudius Ptolemy，约 90—168 年）曾经到埃及亚历山大城研究天文学。他撰写了《至大论》（Almagest）。书中把天文学方法应用到天气预测上，对后世气象观测有一定影响。

公元 2 世纪

◎汉朝出现与现代相同的二十四节气名称，出现测定空气湿度的方法和器具。

◎《周髀算经》从公元前 1 世纪到东汉基本成书，书中记载有二十四节气与太阳运行的关系。

公元 3 世纪

◎中国测定风向的仪器盛行。

◎《风土记》中记载了梅雨现象。

公元 4 世纪

◎南北朝已经了解了气候对农业生产的影响，探索利用不同的气候条件促进农业生产。

◎《南越志》记载了台风。

公元 5 世纪

◎《齐民要术》记载了用熏烟防霜及用积雪杀虫保墒的办法。

◎中国建成世界最早的相对齐全的观天台——南京司天台。

公元 6 世纪

◎ 大主教西微利（St. Isidore of Seville）在 *Etymologiae* 中对霜、雨、雹等天气现象进行了解释。

公元 7 世纪

◎ 李淳风把风力分成十个等级。

◎ 英国的比德（Venerable Bede）研究了大气、风、雷、闪电、云层和雪等各种现象的成因。

公元 8 世纪

◎ 医学家王冰根据地域对中国的气候进行了比较科学的区域划分。

◎《玉烛宝典》摘录并保存了隋朝很多农业气象知识。

◎ 唐朝天文官吏进行了世界上第一次实测子午线的长度。

公元 9 世纪

◎ 西方人开始使用候风鸡，观测风力和风向。

公元 10 世纪

◎ 阿拉伯学者阿尔海森（Abu Ali al-Hasan）在《光象理论》中研究了大气层的折射作用。他的著作很多，对后世有较大影响。

公元 11 世纪

◎ 沈括《梦溪笔谈》记载了很多气象现象，涉及峨眉宝光、闪电、雷、虹、垂直气候带等。

公元 12 世纪

◎ 英国僧侣阿德拉德（Adelard of Bath）认为风是空气密度推动形成，雷电是巨大物体碰撞形成。

公元 13 世纪

◎ 秦九韶在《数书九章》中提出度量雨水的方法和技术。

◎ 波斯学者库特巴·迪纳什·拉齐（Qutb al-Din al-

Shirazi）解释了虹的成因。

◎ 1259 年，波斯开始建设马拉盖天文台。

◎ 中国元朝颁布《授时历》，精度较高，使用近四百年。

公元 14 世纪

◎ 明代文献记载天气情况逐渐增多。

◎ 1368 年，中国明朝要求各地上报雨泽给皇帝批阅。

◎ 1385 年，中国在南京北极阁建立观象台。

公元 15 世纪

◎ 1430 年，在撒马尔罕建立兀鲁伯天文台。

◎ 1450 年，德国人尼古拉斯·德·库萨（Nicholas de Cusa）提出空气湿度测量技术。

◎ 1450 年前后，意大利人莱昂·巴蒂斯塔·阿尔贝蒂（Leon Battista Alberti）发明了第一台有机械动力的风速计。

◎ 公元 1500 年左右，达·芬奇（Leonardo da Vinci）发明了雏形的湿度表，还解释天空蓝色的原因。

公元 16 世纪

◎ 明朝末年传教士把当时的西方气象学知识带入中国。

◎ 熊明遇撰写《格致草》，包含当时传教士译著中的气象学知识。

◎ 1523 年西班牙安琪厄拉（Anghiera）首次论述墨西哥湾流。

◎ 1552 年前后，卡尔达诺（Girolamo Cardano）出版百科全书式著作《事物之精妙》。书中包括大气现象，把空气分成自由空气和密闭空气两部分。

◎ 1593 年，伽利略（Galileo Galilei）发明了空气温度表。

17 世纪上半叶

◎意大利传教士高一志（Alfonso Vagnoni）与韩云合撰《空际格致》，在中国最早介绍当时欧洲气象知识。

1620 年

◎荷兰德雷贝尔·冯·阿尔克马尔（C.Drebbel von Alkmar）发明了酒精温度计。

1637 年

◎笛卡尔（René Descartes）发表《气象学》，标志着古典气象学逐渐进入近代气象学。

1639 年

◎张尔岐撰写了《风角书》，是一本专论风的书。

◎意大利人卡斯特里（Benedetto Castelli）在意大利的贝鲁基亚使用他首创的雨量器收集降雨量，开创了欧洲科学测量雨量的先河。

1643 年

◎德国阿塔纳斯·珂薛（Athanaseus Kircher, S.J.）首次制造了水银温度计。

◎意大利的物理学家托里拆利 (Evangelista Torricelli) 发现了气压表的原理——托里拆利原理，并发明了水银气压计。次年制成了世界上第一个水银气压计。

1648 年

◎法国物理学家布莱士·帕斯卡 (Blaise Pascal) 发现气压随高度增加而减少的现象，并首次用数学方法计算出全球大气的重量。

1650 年

◎德国天文学家和物理学家奥托·冯·格里克（Otto von Guericke）发明了抽气泵。

1653 年

◎意大利的斐迪南二世在意大利北部弗罗伦斯建立了

世界上第一个气象观测站，随后又建立了一个包括 10 个测站的欧洲气象观测网，观测工作一直持续到 1667 年。

1654 年

◎ 德国天文学家和物理学家奥托·冯·格里克（Otto von Guericke）首次制造了用于测量空气压力的马德堡半球并进行了著名的马德堡半球实验，此外还发明了最高温度和最低温度的测量表。

◎ 斐迪南二世（Grand Duke of Tuscany, Ferdinand II）发明用酒精温度计液体做的第一个封闭的玻璃温度计。

1659 年

◎ 英国物理学家和化学家罗伯特·波义耳 (Robert Boyle)，发现了气体的重要规律，波义耳定律。

1660 年

◎ 奥托·冯·格里克（Otto von Guericke）发现可以用气压值来预测晴雨天气。

1662 年

◎ 英国雷恩 (Christopher Wren) 研究出自记仪器，设计了雨量器。

1664 年

◎ 罗伯特·胡克（Robert Hooke）提出了温度计的统一标准工作，并且提出了温度的统一换算方式。

◎ 巴黎天文台开始气象观测。

1670 年

◎ 比利时传教士南怀仁 (Ferdinand Verbiest) 制造"验冷热器 (温度表)""验燥湿器 (湿度器)"。

1674 年

◎ 英国波义耳（Robert Boyle）制作出早期的自记湿度计。

◎比利时传教士南怀仁著《灵台仪象志》，介绍"验冷热器 (温度表)""验燥湿器 (湿度器)"的设计方法，提出测云高及虹半径之法。

1677—1694 年

◎英国人理查德·汤莱（Richard Townley）发明了带漏斗的雨量计，并进行了多年测量雨量。

1673—1678 年

◎罗伯特·胡克（Robert Hooke）创造了气象钟。

1686 年

◎英国天文学家埃德蒙多·哈雷（Edmond Halley）注意到气压读数的变化和风场差异的问题，绘制了第一副全球风力循环图。

1687 年

◎英国丹皮尔 (William Dampier) 认为台风是空气涡旋性的一种风暴。

1695 年

◎刘献庭在《广阳杂记》中记载甘肃土炮消雹情况。

1699 年

◎英国水文学家和航海学家丹皮尔（William Dampier）出版了《风、微风、风暴、潮汐和海潮》(*Winds, Breezes, Storms, Tides and Currents*)，他在一生航海探险中发现了台风的风向旋转结构。

1700 年

◎德国莱布尼茨 (Gottfried Wilhelm Leibaniz, 1646—1716) 提出制造空盒气压表的设计。后来 (1711 年) 又提出气压变化理论。

1709 年

◎法国数学家海尔 (Philippe de La Hire) 从这一年开始进行月雨量的统计。

1714 年

◎德国丹尼尔·加布里埃尔·华伦海特（Daniel Gabriel Fahrenheit）发明了水银温度计。

1717 年

◎德国医生约翰·卡诺德（Johann Kanold）努力组建国际气象观测网，观测工作持续了 10 年。

1723 年

◎英国朱林（James Jurin）号召并组织志愿观测者用仪器每日观测气象，按规定格式报英国皇家学会。

1728 年

◎荷兰气象学家穆斯肯布洛克（Petrus Von Musschenbroke）在天气观测记录中开始使用气象符号。

1731 年

◎法国科学家雷内 - 安托万·费肖特·德·雷奥穆尔（René-Antoine Ferchault de Réaumur）提出了以其名字命名的列氏温标。

1735 年

◎英国天文学家乔治·哈得来（George Hadley）发表著作《关于一般信风之起因》，创立了哈得来环流理论，为大气环流学说奠定了基础。

1742 年

◎瑞典天文学家安德斯·摄尔修斯（Anders Celsius）发明了摄氏温度表。这就是至今仍广为使用的百分温标，通常又称为摄氏温标。

1743 年

◎美国科学家本杰明·富兰克林（Benjamin Franklin）观测出风暴有连续移动的特性。

1749 年

◎英国威尔逊 (Alexander Wilson) 和梅尔维尔 (Thomas

Melville) 在格拉斯哥用风筝携带温度表测高空温度。

1750 年

◎瑞典著名植物学家卡尔·冯·林奈（Carl von Linné）在瑞典创立了 18 个物候观测站，形成世界上最早的物候观测站网。

1752 年

◎本杰明·富兰克林（Benjamin Franklin）利用风筝引导天空雷电，发现天空的雷电与地上电性质相同。

1753 年

◎俄国罗蒙诺索夫提出雷暴起电是空气对流摩擦所致。

1771 年

◎德国物理学家和数学家朗伯特（Johann Heinrich Lambert）倡议并采用统一的气象符号，提出气象符号的标准。

1776 年

◎法国医学家和气象学家科特 (Louis Cotte) 领导巴黎的法国医学会倡导发起国际性气象观测的合作。

1780 年

◎德国西奥多（Karl Theodor）创立了世界上最早的气象学会 - 巴拉提纳气象学会（the societas meteorologica palatina），协调和促进建立世界气象观测站网和数据收集。

1783 年

◎瑞士科学家索绪尔（Horace-Bénédict de Saussure）发明毛发湿度计。

◎法国雅克·亚历山大·塞萨尔·查尔斯 (Jacques Alexandre César Charles) 发射了世界上第一个无人驾驶的充氢气球，气球升到了 1800 英尺左右的高度。

1784 年

◎英国科学家詹姆斯·赫顿（James Hutton）提出冷暖气流形成降雨的理论。

1793 年

◎约翰·道尔顿 (John Dalton) 在英国建立了气象观测站，是英国早期气象观测站创建者之一。

1794 年

◎英国卢瑟福 (Daniel Rutherford) 研制出最高最低温度表。

1799 年

◎英国赖斯拉 (John Leslie) 发明干湿球温度表。

1800 年

◎法国仪器制造商吉恩·尼古拉斯·福汀（Jean Nicholas Fortin）年发明一种了便携式水银气压计，也称作福汀气压计。

1801 年

◎法国拉马克 (Jean Baptiste Lamarck) 将云的形态分为六种。

1803 年

◎英国霍华德（Luke Howard）提出关于云的分类理论，得到广泛认同。

1806 年

◎佛朗西斯·蒲福（Sir Francis Beaufort）提出按照风力大小将海上的风力分为 13 级，被国际上普遍采用。

1809 年

◎法国阿拉戈 (Francois Jean Arago) 发现天空光偏振现象。
◎英国福莱斯脱 (Thomas Forester) 用单经纬仪气球测风。

1817 年

◎德国科学家洪堡 (Alexander von Humboldt) 制成世界年平均温度分布图，绘制出世界等温线图。

1818 年

◎霍华德（Luke Howard）出版两卷本《伦敦气候》，1833 年再版，书中首次提出"热岛"概念。

1819 年

◎德国布兰德斯（Heinrich Wilhelm Brandes）绘出等压线。翌年他将各地的云量、气压和风值等汇聚成天气图。

1820 年

◎德国布兰德斯（Heinrich Wilhelm Brandes）采用各地的气压及风的早年同时记录，绘制第一张等压线图，为天气图的先驱。

◎德国斯戈尔巴（Scoresby）首次完整地描述雪晶的各种形状。

1823 年

◎英国伦敦气象学会成立。

1825 年

◎德国奥古斯特（E . F . August）发明干湿表。

◎德国夫琅和费（Joseph von Fraunhofer）提出日华、假日等观象的理论。

1827 年

◎德国朵夫（Heinrich Wilhelm Dove）提出了极地和赤道气流形成天气模式的概念并发展了气旋的动力学理论。

1831 年

◎威廉·查尔斯·瑞德菲尔德（William Charles Redfield）提出他的风暴和飓风理论。

1832 年

◎ 日本土井利位著《雪华图说》两卷。

1835 年

◎ 法国科里奥利 (Gustave Gaspard de Coriolis) 提出科氏偏向力原理，被称为"科里奥利效应"。

1839 年

◎ 英国约旦 (T.B.Jordan) 发明日照计。

1840 年

◎ 路易斯·阿加西（Jean Louis Rodolphe Agassiz）发现冰川移动的明确证据。

1844 年

◎ 法国维迪（Lucien Vidie）发明了空盒气压表。

1846 年

◎ 英国罗宾逊（J.T.R.Robinson）制造转杯型风速表。

1949 年

◎ 德国朵夫（H.W.Dove）出版第一份月平均等温线图和温度距平图。

1851 年

◎ 英国詹姆斯·格莱谢尔（James Glaisher）在英国皇家博览会展出利用电报收集各地气象资料而绘制的地面气象图。

1852 年

◎ 史密森气象表（Smithsonian Meteorological Tables）开始出版发行。

1853 年

◎ 美国科芬（J. H. Coffin）绘制出了北半球风场分布图。

◎ 首届国际气象大会在布鲁塞尔举行，主题关于海洋气象与航海天气预报。

1854 年

◎ 法国勒维耶（Jean Joseph Le Verrier）展示了收集欧洲数据追踪黑海风暴，翌年巴黎天文台开始提供风暴预报。

◎ 英国政府指派罗伯特·菲茨罗伊（Robert FitzRoy）收集海洋天气观测情报并促成英国气象局的诞生。

1856 年

◎ 美国费雷尔（William Ferrel）提出中纬度的环流，并发展了动力气象学。

1857 年

◎ 荷兰白贝罗（Christophorus Henricus Didericus Buys Ballot）指出风与气压关系的经验规律，即"白贝罗定律"。

◎ 中国四川《冕宁县志》载有土炮消雹及消雾情况。

1861 年

◎ 英国开始发布每日天气预报。

1863 年

◎ 英国佛朗西斯·高尔顿（Francis Galton）在他的著作《气象志》中提出"反气旋"概念。

1866 年

◎ 英国托马斯·斯蒂文森（Thomas Stevenson）发明了百叶箱。

1867 年

◎ 奥地利汉恩（Julius Ferdenand von Hann）提出焚风理论。

1869 年

◎ 美国阿贝（Cleveland Abbe）在辛辛那提天文台发布美国部分地区的常规天气图。

◎ 英国亚历山大·布坎（Alexander Buchan）绘制出全

球气压分布图。

1870 年

◎ 贝尼托·韦恩斯（Benito Viñes）作为传教士从西班牙来到古巴，建立了古巴第一个气象观测网，制作了第一批飓风相关预报。

◎ 美国气象服务处成立，从事天气分析和预报工作，隶属于美国陆军信号局。

◎ 挪威亨里克·莫恩（Henrik Mohn）出版了风暴地图集。

1871 年

◎ 英国瑞利勋爵（John William Strutt，Lord Rayleigh）提出散射理论，并以此解释天空呈现蓝色的原因。

1872 年

◎ 美国阿贝（Cleveland Abbe）创办了《每月天气评论》。

◎ 中国上海徐家汇建立观象台并开始气象观测。

1873 年

◎ 第一届国际气象大会在维也纳召开。成立国际气象组织（IMO）

1875 年

◎ 美国科芬（J. H. Coffin）制作出了全球性风场分布图。

1878 年

◎ 英国 C. 利（Clement Ley）提出局地飑线（冷锋）气旋模式。

1879 年

◎ 在罗马召开第二届国际气象大会。

◎ 英国斯托克斯（George Gabriel Stokes）改进康培尔玻璃球日照计。

1880 年

◎国际农业和林业气象大会在奥地利召开。

1881 年

◎德国霍夫曼（Hoffmann）绘制出中欧物候图。

1882 年

◎美国卢米斯（Elias Loomis）使用等雨量线绘制世界
第一幅年平均雨量分布图。

1882—1883 年

◎第一次国际极地年。

1883 年

◎法国博尔特（Leon Philippe Teisserenc de Bort）出版
了 4000 米高空压力分布的重要图表。

◎奥地利汉恩（Julius Ferdenand von Hann）出版《气
候学手册》。

1884 年

◎德国赫兹（Heinrich Rudolf Hertz）绘制了绝热图解。

1886 年

◎法国博尔特（Leon Philippe Teisserenc de Bort）绘制
出世界各月和全年的平均云量分布图。

1887 年

◎瑞典希尔德布兰德森（Hugo Hidebrand Hildebrandsson）
和英国阿伯克罗比（Ralph Abercromby）提出 10 种云
状分类法，编制《国际云图》。

◎英国阿伯克罗比（Ralph Abercromby）提出应用天气
图制作天气预报的原理。

◎约翰·芬利 (John P. Finley) 出版关于龙卷风的成因和
预防的著作。

1888 年

◎德国亥姆霍兹（Hermann von Helmholtz）发表了关于

大气运动的论文，提出流体切变动力不稳定的概念。

◎英国艾肯（John Aitken）发明计尘器，用以测定空气中含尘量。

1889 年

◎约翰·弗里德里希·威廉·冯·贝佐德（Johann Friedrich Wilhelm Von Bezold）提出位温概念。

◎俄国伏耶可夫研究积雪层对地面、气候和天气的影响。

1891 年

◎美国气象局划归农业部。

1892 年

◎英国威廉·亨利·迪内斯（William Henry Dines）制成压管风速计。

1893 年

◎理查德·阿斯曼（Richard Assmann）建造带有测量压力、温度、湿度的气测探头。

1894 年

◎美国艾博特·劳伦斯·罗奇（Abbott Lawrence Rotch）在其创建的蓝山气象台利用风筝进行气象观测。

◎德国贝佐德（Wilhelm von Bezold）在高空湿度记录中提出应用比湿和混合比两个新概念。

1895 年

◎美国亚历山大·麦克阿迪（Alexander McAdie）发表关于降水形成和冰雪凝结触发的论文。

1896 年

◎科恩（J.B.Cohen）出版了城市空气的著作，对当时城市空气污染问题进行了综述。

◎瑞典斯万特·阿雷纽斯（Svante August Arrhenius）

提出二氧化碳对地球气温的可能影响。

1898 年

◎英国舒斯特爵士（Sir Franz Arthur Friedrich Schuster，
1851—1934）把周期图分析法引入气象学。

◎美国气象局开始用风筝作为常规天气观测手段，直
到 1933 年。

1899 年

◎法国博尔特（Leon Philippe Teisserenc de Bort）提出
高空可能存在平流层。

1900 年

◎德国柯本（Wladimir Peter Köppen）提出气候分类型
的原则，按气候与植物界的关系制作世界气候分类。

◎瑞士德夸文（A.de Quervain）提出用单经纬仪跟踪气
球测量方法。

1901 年

◎德国苏林（R.Suring）和贝尔森（A.Berson）乘坐自
由气球进行高空气象观测，最高升到 1 万米。

1902 年

◎理查德·阿斯曼（Richard Assmann)和博尔特（Léon
Teisserenc de Bort)发现平流层。

◎马克斯·普朗克（Max Planck）发展了谱能量密度
函数。

◎全球太阳辐射的测量开始于华盛顿特区。

1903 年

◎英国肖（Shaw）首先绘制出空气运动轨迹图。

1904 年

◎挪威的 V. 皮叶克尼斯（Vilhelm Frimann Koren Bjerknes）
建立大气运动方程组，提出数值预报的方法。

1905 年

◎ 瑞典埃克曼 (Vagn Walfrid Ekman) 提出埃克曼螺线，揭示流速 (风速) 矢量随深度 (高度) 偏转现象。

1906 年

◎ 英国肖（W. N. Shaw）和伦普弗特（R. G. K. Lempfert）提出温带气旋中地面气流切变和降水分布的模式。

◎ 马古勒斯（M . Margules）提出位能转换为动能的能量转换原理，并导出锋面坡度公式。

◎ 皮叶克尼斯（V.Bjerknes）与桑德斯特伦（J. W. Sandström）首创 "巴"（mb）为气压单位，取代过去使用的毫米（mm）或英寸（inch）。

1907 年

◎ 英国迪内斯（W.H.Dines）制作飞机气象仪。

◎ 德国多尔洛（C.Dorno）开始研究高山气候。

1908 年

◎ 德国密耶（G.Mie）研究粗粒散射理论。

1909 年

◎ 美国气象局开始气球高空探测计划。

◎ 英国辛普森（G.C.Simpson）研究雨滴电和雷暴云电。

◎ 美国汉佛莱（W.J.Humphreys）解释平流层温度为辐射平衡的结果。

1910 年

◎ 费利克斯·M·冯·埃克斯纳（Felix M. Von Exner）发表了对流层模型、气旋结构和恒压图的研究成果。

1911 年

◎ 奥地利施密特（W. Schmidt）提出寒潮入侵的观点。

1912 年

◎ 国民政府在北京设立了中央观象台，开始气象观测。

1913 年

◎ 国际气象组织成立农业气象学委员会 (CAGM)。

◎ 查尔斯·法布里（Charles Fabry）和亨利·布森（Henri Buisson）发现臭氧层。

1914 年

◎ 美国科学家汉弗莱斯（W. J. Humphreys）利用风洞最早开展了系列最大阵风、垂直上升气流、晴空乱流等试验。

◎ 德国柯本发现气候现象可能有 11 年周期的观点。

1915 年

◎ 中国中央观象台开始绘制天气图。

1916 年

◎ 中国中央观象台发布北京地区天气预报。

◎ 用于测量全球辐射的日射强度计被研制成功。

◎ 中国张謇在南通军山创立气象台。

◎ 英国威尔逊（C.T.R.Wilson）研究雷暴中云中电荷与闪电关系。

1917 年

◎ V·皮叶克尼斯（V.Bjerknes）把极锋理论公式化。

◎ 贝吉隆（Tor Bergeron）证实了不同性质气团的存在。

◎ 蒋丙然在北京大学讲授气象学。

1918 年

◎ J·皮叶克尼斯（J.Bjerknes）初步提出把冷暖锋相结合的现代气旋模式。

1919 年

◎ 布鲁塞尔国际气象协会更名为国际气象学和大气物理学协会（IAMAP）。作为国际大地测量和地球物理联合会（IUGG）的组成协会。

◎ J. 皮叶克尼斯（J.Bjerknes）发现分隔冷气团和暖气

团的极锋斜坡面上低气压系统生成、发展、消亡的过程。

1920 年

◎米路丁·米兰科维奇（Milutin Milankovitch）发展了由过去太阳辐射模式产生的全球热现象理论。

1921 年

◎V. 皮叶克尼斯完善气旋的极锋理论。

◎法国、德国、英国科学家发现并测量证实臭氧层。

1922 年

◎英国理查森（Lewis Fry Richardson）出版用差分法求解大气运动方程进行数值天气预报著作。

◎J. 皮叶克尼斯提出极锋学说气旋囚固阶段，完善了气旋生命史。

1923 年

◎霍顿 (F.C.Houghten) 和亚格洛（C.P.Yaglou）引入了有效温度的概念。

1924 年

◎中国气象学会成立，选举蒋丙然为会长。

1925 年

◎美国气象局组建 20 架飞机组成了高空探测站机组。

◎《中国气象学会会刊》创刊。

1926 年

◎威廉·纳皮尔·肖爵士（Sir William Napier Shaw）绘出温熵图。

◎国民政府在东沙群岛设立气象观测站。

1927 年

◎B. 斯图尔特设计了 Tlog-p 图。

◎中国与瑞典两国科研人员组成西北科学考查团，李宪之等参加考查团负责考察气象。

1928 年

◎中国中央研究院气象研究所成立。

◎苏联气象学家莫尔查诺夫（P. A.Moltchanoff）开发了第一台无线电探空仪。

1929 年

◎竺可桢提出中国的气候区划：中国气候区域论。

◎清华大学成立地学系，开设气象学课程，并建立气象台。

◎德国开始研究气溶胶。

1930 年

◎国际云研究委员会出版国际云图与天空形态（International Atlas of Clouds and States of the Sky）。

◎中央研究院气象研究所正式发布天气预报、台风警报及对外服务业务。

◎竺可桢、蒋丙然分别当选中国气象学会会长、副会长。

1931 年

◎美国气象局局长赴挪威学习气团分析方法。

◎奥古斯特·W·维拉特（August W. Veraart）在荷兰进行人工增雨试验。

1932 年

◎第二次国际极地年，持续到第二年。

◎中国在泰山和峨眉山建立中国最早的高山测候所。

1933 年

◎贝吉隆发表了云和降水的物理机制。

◎加拿大气象局开始用锋面和气团分析方法。

◎中央研究院成立史镜清纪念基金委员会。

1934 年

◎竺可桢组建中国物候观测网。

◎英国学者布伦特（David Brunt）出版《物理和动力气象学》。

1935 年

◎英国罗伯特·亚历山大·沃森-瓦特爵士（Sir Robert Alexander Watson-Watt）成功研制出雷达。

1936 年

◎中央研究院气象研究所多次施放携带自记仪器的探空气球并回收数据。

◎竺可桢任浙江大学校长，仍兼任中央研究院气象研究所所长。

◎德国鲍尔（F.Baur）提出制作气象要素旬日预报方法。

1937 年

◎罗斯贝（Carl-Gustaf Arvid Rossby）首次提出了等熵图分析和预报高空西风波的技术。

◎美国气象局在波士顿机场首次使用无线电探空仪。

1938 年

◎重庆恢复了绘制天气图和天气预报业务。

◎云物理的 Wegener–Bergeron–Findeisen 学说形成。

◎国立西南联合大学设置气象组。

1939 年

◎国民政府行政院决定设立中央气象局。

◎罗斯贝提出"罗斯贝波"。

1940 年

◎美国气象局从隶属于农业部转为商务部。

◎使用罗斯贝长波理论进行 5 天预报模式出现。

◎苏联基别尔提出气压系统发生、发展的平流动力理论

1941 年

◎飞行员发现太平洋上空的西风急流。

◎美国日常气象预报开始使用锋面和气团分析。

◎国民政府行政院中央气象局正式成立，首任局长黄

厦干。

1942 年

◎气象雷达得到进一步改进。

◎德国汉斯·埃尔特尔（Hans Ertel）提出位势涡度守恒定律。

1943 年

◎美国雷达气象学家李格达（Myron G.H.Ligda）在巴拿马设立了世界上最早使用的 CPS—9 型气象雷达。

1944 年

◎第一张识别西风急流的定量图被制作出来。

◎赵九章担任中央研究院气象研究所代理所长。

◎ 54 个国家的航空气象学家齐聚美国芝加哥，出席国际民航组织会议。

1945 年

◎中共中央军委建立延安气象台，开启了人民气象事业建立。

◎里尔（H.Riehl）在加勒比海发现东风带的波动并总结出东风波模型。

◎美国开始雷暴研究计划。

1946 年

◎中央研究院气象研究所回迁南京北极阁。

◎冯·诺伊曼（John von Neumann）向美国提出数值预报计划并获得海军支持。

◎美国朗缪尔（Irving Langmuir）、谢弗 (Vincent Joseph Schaefer) 和冯内古特 (Bernard Vonnegut) 在美国马萨诸塞州进行了人工降水试验。

◎美国以 V-2 火箭携带无线电遥测仪发射升空，观测超高层大气、宇宙射线和电离层情况。

◎美国科学家吉尔曼（G. W.Gilman），考克思黑德

（H.B.Coxhead），威利斯（F.H.Williss）三人发展了
"Sodar" 雷达。

1947 年

◎ 首次成功地使用探空火箭获得地球的照片。

◎ 赵九章正式担任中央研究院气象研究所所长。

1948 年

◎ 美国气象学家罗伯特·米勒（Robert C. Miller）和
法布什（E. J. Fawbush）成功预报俄克拉荷马州的龙
卷风。

◎ 埃里克·帕尔门（Erik Palmén）发现飓风需要至少
要在 26 摄氏度的水面温度才能形成。

◎ 桑斯威特（C.Warren Thornthwaite）使用了潜在蒸散
量和水分收支进行气候分类。

1949 年

◎ 中华人民共和国政府批准成立中央人民政府人民革
命军事委员会气象局。

◎ 德尔玛·L·克劳森 (Delmar L. Crowson) 提出从空间
得到的云图的气象应用。

1950 年

◎ 首次用计算机 ENIAC 得出天气预报。

◎ 世界气象组织（WMO）正式成立。

◎ 新中国正式接管了原由法国人设立和把持的上海徐
家汇观象台。

◎ 中国科学院地球物理研究所与中央军委气象局合作
成立联合天气分析预报中心和联合资料中心。

1951 年

◎ J. 皮叶克尼斯发表了 1948 年火箭观测得到的数据进
行的天气分析。

◎ 世界气象组织成为联合国的一个专门机构，召开第

一次大会。

◎中国气象学会北京召开新中国成立后的第一届代表
　大会。选举竺可桢任理事长。

1952 年

◎英国伦敦发生严重大气污染，导致 12000 人死亡。

1953 年

◎美国萨顿（O.G.Sutton）的《微气象学》出版。

◎中国各级气象部门的建制从军事系统转移到政府
　系统。

1954 年

◎成立中央气象局气象技术革新及研究科学委员会。

◎瑞典皇家空军气象局开始使用实时数值天气预报。

◎美国天气雷达问世。

◎召开第一次国际云物理会议

1955 年

◎世界气象组织第二次大会在日内瓦举行。

◎美国成立联合数值预报中心开始全时数值预报。

1956 年

◎中国、苏联、蒙古、朝鲜、越南五国水文、气象局
　长和邮电部代表会议在北京召开。

◎中国发布《气象科学研究十二年远景规划》。

◎ 12 级台风"WANDA"（温黛）在浙江象山登陆，在
　全国共造成超过 5000 人遇难，经济损失难以估量。

◎美国开始国家飓风研究计划。

1957 年

◎苏联发射第一颗人造卫星，"Sputnik"卫星。

1957—1958 年

◎国际地球物理年，进行了包括气象学在内的 11 个地
　球物理学领域的研究。

1958 年

◎中国在吉林开始人工降雨试验。

◎美国詹姆斯·阿尔弗雷德·范艾伦 (James Alfred Van Allen) 发现大气高层有辐射带，即范艾伦辐射带。

1959 年

◎美国第一颗试验气象卫星先锋 2 号（Vanguard 2）发射成功。

1960 年

◎美国发射第一颗实用性气象卫星 TIROS-1。

◎世界气象组织决定每年的 3 月 23 日为"世界气象日"。

1961 年

◎中国曾庆存提出半隐式差分用于数值预报。

◎苏联发射金星 1 号行星探测器试图探测金星大气，后失去联系。

◎洛伦茨（Edward Norton Lorenz）在进行数值天气预报时偶然发现并提出了混沌理论。

1962 年

◎基思·布朗宁（Keith Browning）和弗兰克·卢德兰（Frank Ludlam）发表了第一篇关于超级单体风暴的详细研究。

◎美国帕斯基尔（F.Pasquill）出版《大气扩散》(*Atmospheric diffusion*)。

1963 年

◎第四次世界气象大会决定设立世界天气监测计划（World Weather Watch/WWW）。

◎美国洛伦茨 (E.N.Lorenz) 发表《确定性的非周期流》，用方程计算模拟出非周期现象。

1964 年

◎长江三角洲地区进行中尺度气象科学实验。

◎美国发射第二代气象研究与发展系列卫星 Nimbus1
号研究卫星，用于测试先进的气象传感器系统和收
集气象数据。

◎顾震潮和周秀骥等提出暖云降水的起伏理论，开展
了积云动力学研究。

1965 年

◎英国米德尔顿（Willian Edgar Knowles Middleon）撰
写了降水理论史。

1966 年

◎地球静止卫星 ATS-1 得到第一张全球可见光云图。

1967 年

◎第五次世界气象大会正式批准了世界天气监视网计
划 (WWW)，并发起全球大气研究计划（GARP）。

◎美国宇航局建立了大西洋飓风数据库。

◎苏联发射金星 4 号卫星 Venera 4 号分析了金星上层
大气的化学成分，第一次进入另一颗行星大气层并
将数据传回地球。

1968 年

◎世界气象组织与联合国亚太经济社会委员会共同设
立台风委员会。

◎政府间海洋学委员会（IOC）和世界气象组织
（WMO）合作设立全球海洋综合服务系统 (Integrated
Global Ocean Services System/IGOSS)。

1969 年

◎中国研制出一套普通卫星云图接收设备（APT）。

◎美国制定了萨菲尔 - 辛普森（Saffir-Simpson）飓风等级。

◎巴贝多斯海洋及气象实验（BOMEX）开始。

1970 年

◎中国发射成功第一颗东方红一号人造地球卫星。

◎美国国家海洋大气局（NOAA）成立。美国的气象局更名为国家气象局。

1971 年

◎第六次世界气象大会召开，热带气旋计划启动，提出对人工影响天气需要科学评估。

1972 年

◎世界气象组织恢复了中华人民共和国在该组织的合法席位。

◎首次建立了大气的数值气候模型。

◎竺可桢发表《中国近五千年来气候变迁的初步研究》。

1973 年

◎世界气象组织决定北京作为世界天气监视网的主干线及其支线上的区域电信枢纽。

◎美国、苏联开始发射宇宙飞船，探测行星大气。

1974 年

◎全球大气探测计划大西洋热带计划（GATE）开始。

◎日本气象厅开发收集区域气象数据和验证预报性能的 AMeDAS 网络，由约 1300 个台站和自动观测设备组成。

1975 年

◎国际水文计划启动。

◎第一颗地球同步轨道业务环境卫星（GOES）发射进入轨道。

◎首次利用大气环流模型研究二氧化碳倍增效应。

◎中国"75·8"暴雨，造成人员伤亡和财产巨大损失。

1976 年

◎联合国环境规划署（UNEP）为了保护臭氧层，采取了一系列国际行动。

1977 年

◎ UNEP 通过了第一个《关于臭氧层行动的世界计划》。

1978 年

◎ 美国发射 TIROS-N 系列气象卫星。

1978—1979 年

◎ 实施全球大气研究计划第一次全球试验 (FGGE)。

1979 年

◎ 中国进行第一次青藏高原气象科学试验。

◎ 欧洲中期天气预报中心开始向欧洲国家发布中期数
值预报。

1980 年

◎ 陶诗言出版《中国之暴雨》。

◎ 开始执行世界气候研究计划（WCRP）。

1981 年

◎ 联合国环境规划署理事会起草平流层臭氧保护的全
球框架公约。

1982 年

◎ 德国的普拉特（Erich.J.Plate）编写出版了《工程气
象学》。

◎ 叶笃正任中国气象学会理事长。

1983 年

◎ 中国加入《南极条约》。

◎ 尼日利亚的奥巴西 (G.O.P.Obasi) 担任 WMO 秘书长。

1984 年

◎ 中国国家气象局提出《气象现代化建设发展纲要》。

◎ 中国首次组建赴南极洲考察队。

◎ 国际青藏高原和山地气象学术讨论会在北京召开。

1985 年

◎ 中国南极长城站气象站建成。

◎ 发现了在南极周围臭氧层明显变薄即"南极臭氧洞"。

◎ 开始实施热带海洋和全球大气计划（TOGA）。

1986 年

◎ 国际地圈 - 生物圈计划正式确立。

◎ 欧洲气象卫星组织（EUMETSAT）成立。

1987 年

◎ 世界气象组织 (WMO) 第十次大会选举中国气象局局
长邹竞蒙为 WMO 主席，在 1991 年再次当选主席。

◎ 签署《关于消耗臭氧层物质的蒙特利尔议定书》。

1988 年

◎ 联合国政府间气候变化专门委员会（IPCC）成立。

◎ 中国风云一号气象卫星（FY-1A）发射成功，这是中
国第一代准极地太阳同步轨道气象卫星。

◎ 美国制造出 WSR-88D 天气雷达，可以使用多种模式
探测恶劣天气。

◎ 国际云物理委员会更名为国际云和降水委员会。

1989 年

◎ 世界气象组织（WMO）批准建立全球大气观测
（GAW）系统的计划。

◎ 中国政府正式加入《保护臭氧层维也纳公约》。

1990 年

◎ 在英国伦敦召开蒙特利尔公约缔约国的第二次会议，
确定了扩大管制化学物质种类。

◎ IPCC 发布《第一次评估报告》。

1991 年

◎ 中国加入《关于消耗臭氧层物质的蒙特利尔议定书》。

1992 年

◎联合国环发大会通过《联合国气候变化框架公约》。

◎成立全球气候观测系统 GCOS（Global Climate Observing System）。

1993 年

◎联合国海洋委、世界气象组织和联合国环境署正式发起成立全球海洋观测系统（The Global Ocean Observing System，GOOS）。

1994 年

◎全球第一个大陆型基准观象台青海省瓦里关山的中国大气本底基准观象台正式开始业务运行。

◎《联合国气候变化框架公约》生效。

1995 年

◎联合国大会通过决议，本年开始 9 月 16 日为"国际保护臭氧层日"。

◎保罗·克鲁岑（Paul Crutzen）获得 1995 年诺贝尔化学奖，表彰他对臭氧层破坏的研究。

1996 年

◎开始南海季风试验。

1997 年

◎通过国际性公约《京都议定书》。

◎中国第一颗地球静止轨道气象卫星风云二号 A 星发射成功。

1998 年

◎全球能量与水循环试验（GEWEX）完成计划的酝酿与准备。

◎中国启动四大气象科学试验（第二次青藏高原大气试验、南海季风试验、华南暴雨试验和淮河流域能量与水分循环试验）。

◎中国长江流域、嫩江流域发生历史罕见特大暴雨洪涝灾害。

◎中国王昂生和多吉才让获得世界防灾减灾最高奖——联合国灾害防御奖。

1999 年

◎弗洛伊德飓风在美国北卡罗来纳州登陆造成 45 亿美元损失。

◎世界气象组织 - 海委会海洋学和海洋气象学联合技术委员会（Joint WMO-IOC Technical Commission for Oceanography and Marine Meteorology/JCOMM）成立。

2000 年

◎中国风云二号 B 星发射成功。

◎诺贝尔化学奖得主保罗·克鲁岑提出了"人类世"的概念（The Anthropocene）。

◎美国天气局现代化计划完成。

◎《中华人民共和国气象法》颁布施行。

2001 年

◎ IPCC 发布《第三次评估报告 /TAR》"气候变化 2001"（Climate Change 2001），提出了减缓措施和对策建议。

2002 年

◎全球能量与水循环实验（GEWEX）完成第一阶段。

2003 年

◎第一次地球观测峰会在美国华盛顿召开。

◎北京召开气候变化国际科学讨论会，45 个国家和地区及国际组织的代表参加。

2004 年

◎叶笃正荣获第 48 届国际气象组织奖。

◎ WMO 主席雅罗（Michel Jarraud）指出数值天气预报是 20 世纪下半叶重要分支学科。

2005 年

◎ 全球对地观测系统（The Global Earth Observation System of Systems，GEOSS）计划开始。

◎ 叶笃正获得中国国家最高科学技术奖。

2006 年

◎ 美国发射 GOES-N 气象卫星。

◎ 中国第二颗业务型地球静止轨道气象卫星风云二号 D 发射成功。

◎ 美国形成气象、电离层和气候星座观测系统（Constellation Observing System for Meteorology, Ionosphere and Climate，COSMIC)。

2007 年

◎ IPCC 发布《第四次评估报告》（AR4）。

◎ IPCC 获诺贝尔和平奖。

◎ 风云二号静止气象卫星启动双星加密观测模式，每隔 15 分钟可获取一张卫星云图资料。

2008 年

◎ 中国南方地区出现了持续的大范围低温雨雪冰冻天气，造成较大社会影响。

2009 年

◎ 中国风云二号 E 星实现太空漂移，成功接替风云二号 C 星，成功实现了双星位置交换、业务接替。

2010 年

◎ 国际科学理事会审核委员会对 IPCC 进行了独立审核和评估。

◎ 中国气象局印发《天气、气候、应用气象和综合气象观测四大研究计划》。

◎世界气象日主题：世界气象组织——致力于人类安全和福祉的六十年。

2011 年

◎强暴风雪袭击美国，大约 1 亿美国人受到影响。

◎一年出现两次"拉尼娜"现象影响全球气候。

2012 年

◎北京出现"7·21"特大暴雨。

2013 年

◎连续大暴雨导致俄罗斯远东地区出现 120 年来最大洪灾。

2014 年

◎世界气象组织《温室气体公报》指出，全球温室气体浓度再创新高。

2015 年

◎中国共有七个气象卫星同时在轨运行。

◎美籍华人王斌获得罗斯贝奖。

2016 年

◎中国首颗分辨率达到 1 米的 C 频段多极化合成孔径雷达（SAR）成像卫星"高分三号"卫星发射成功。

◎ WMO 发布《2011—2015 年全球气候报告》指出有记录以来最热五年。

2017 年

◎史上最强飓风"厄玛"横扫美国等地。

2018 年

◎风云二号 H 星发射，可以为"一带一路"沿线国家开展专属服务。

2019 年

◎中国气象学家曾庆存获得国家最高科学技术奖。

2020 年

◎春季出现新冠病毒 COVID-19 造成较大社会影响，病毒与气温的关系有待查明。

◎3 月 23 日，本年世界气象日主题，气候与水。

附录 2：历年罗斯贝奖获奖名单

历年罗斯贝奖获奖名单与成就简介 [①]

年份	姓名	获奖理由	备注
1951	赫德·柯蒂斯·威利特（Hurd Curtis Willett）	对动力气象学的贡献，促进了对大气运动和热力学的更好的理解	
1953	卡尔-古斯塔夫·罗斯贝（Carl-Gustaf Rossby）	对动力气象学的贡献，促进了对大气运动和热力学更好的理解	对罗斯贝本人的奖励
1955	杰罗姆·纳米亚斯（Jerome Namias）	由于对长期天气预报技术的原理及应用的研究和促进的贡献而获奖	
1956	约翰·冯·诺伊曼（John von Neumann）	对现代高速电子计算机在气象应用发展并服务国家利益的贡献，和对组织世界上第一个数值天气预报研究组的支撑，因这些对气象科学远见卓识的贡献而获奖	

① 罗斯贝奖是美国气象学会设立的最高奖项，获此殊荣者意味着为大气科学做出了重大贡献，从而侧面可以反映当代世界气象科技史的进展。根据美国气象学会对获奖者介绍编制本表。

续表

年份	姓名	获奖理由	备注
1960	J. 皮叶克尼斯（J. Bjerknes）和埃里克·帕尔门（Erik Palmén）	在大气动力学和天气学方面做出开创性和杰出的研究贡献，使大气环流有了统一的图景	
1961	维克多·P·斯塔尔（Victor P. Starr）	因为十多年来杰出的基础研究，使得人们对大气环流有了更好的了解	
1962	伯恩哈德·霍尔维茨（Bernhard Haurwitz）	在动力气象学多方面的研究取得了重大进展，包括西风带中的长波、高层大气环流、局部和日间影响以及飓风等	
1963	哈里·韦克斯勒（Harry Wexler）	在大气热平衡和动力反气旋方面的贡献，在气象学、海洋学和冰川学方面的跨学科研究贡献，以及在大气科学国际项目方面的杰出领导	
1964	朱尔·查尼（Jule G.Charney）	在理论气象学和相关大气科学方面做出杰出贡献，包括对发展动态天气预报起到强有力的科学促进作用，涉及对大气环流、水动力不稳定性、飓风结构、洋流动力学、波浪能传播以及地球物理流体力学的许多方面的贡献。从科学的深度和广度上，查尼的工作为气象学作为一门精确科学的研究做出了重大贡献	美国气象学会后设立 Charney 奖
1965	阿恩特·埃利亚森（Arnt Eliassen）	为动力气象学做出了许多重要贡献，包括对大气环流和热驱动环流、数值天气预报、锋生作用以及剪切波和重力声波在层状介质中传播的研究等。通过这些贡献，为大气学科带来了新的优雅而清晰思路	

续表

年份	姓名	获奖理由	备注
1966	兹德内克·塞克拉（Zdenek Sekera）	对大气动力学的众多贡献，包括界面波的研究，大气急流的动力学，特别是散射大气中天空光的亮度和偏振，导致了钱德拉塞卡辐射传输一般理论在大气问题中的推广和应用	斯雷吉斯的工作促使塞克拉和他的同事计算出辐射表格。用钱德拉塞卡的话说，随着这些表格的公布，瑞利在1871年提出的问题终于找到了完全的解决办法
1967	戴夫·富尔茨（Dave Fultz）	通过20年杰出和开创性的研究，在动力气象学中产生了实验室的实验技术。通过实例和个人指导，这些技术几乎是20世纪70年代之前进行的所有大气环流模拟研究的根源	
1968	弗纳·E·索米(Verner E.Suomi)	构思和设计了各种独创和多功能的气象传感器，这些传感器促使卫星作为气象探测器的梦想变为现实。特别是他发明的自旋扫描相机，可以得到最全面的大气整体图景，据此促进对低纬度大气环流的修正意见	
1969	爱德华·N·洛伦茨（Edward N. Lorenz）	在动力气象学方面做出重要的基本创新，促进从物理系统来理解大气，这带来很大的启发性	1963年，发表了"确定性的非周期流"，揭示了大气混沌现象
1970	郭晓岚（Hsiao-Lan Kuo）	因为在大气动力学方面的基础研究而获奖，包括正压气流稳定性、大气环流、飓风形成理论、热对流、大气与地球表面的相互作用，以及许多其他非常重要的研究	美籍华人

续表

年份	姓名	获奖理由	备注
1971	诺曼 A. 菲利普斯（Norman A. Phillips）	开拓了扩大动力气象学范围的新研究方向，建立了两层模型的数值预报；他对非线性不稳定性的诊断和处理方法，促进了对大气环流进行数值模拟	
1972	约瑟夫·斯马格林斯基（Joseph Smagorinsky）	因在大气环流数值模拟方面的创造性领导而获奖	
1973	克里斯蒂安·E·容格（Christian E.Junge）	因在大气气溶胶和大气化学研究方面卓有成效的研究与国际领导而获奖，增加了对平流层硫酸盐层、背景对流层气溶胶、复杂的海洋气溶胶分布的理解，以及其他对大气化学收支很重要的领域的理解	
1974	海因茨·H·莱陶（Heinz H.Lettau）	杰出而独创的研究成果促使对大气层的第一英里有了更全面的了解。包括在边界层动力学、湍流传输、气候学和微尺度表面改性等领域的开创性贡献	
1975	查尔斯·H·B·普里斯特利（Charles H. B. Priestley）	对理解大气中的湍流过程以及小尺度和大尺度动力学之间的联系作出了重要贡献	
1976	汉斯·帕诺夫斯基（Hans A. Panofsky）	因对理解大气中的湍流过程以及小尺度和大尺度动力学之间的联系做出了许多基本贡献而获奖	
1977	荒川昭夫（Akio Arakawa）	将对流云和边界层过程纳入大尺度大气预报模型的物理实现方法，并对天气预报的数值方法作出了贡献	

续表

年份	姓名	获奖理由	备注
1978	詹姆斯·迪尔多夫（James W.Deardorff）	在对流大气边界层结构及其在预报模型和扩散中的应用方面，进行了富有成效的研究	
1979	赫伯特·里尔(Herbert Riehl)	对热带大气现象进行了深刻的研究，包括对单体云、热带低气压和飓风的研究，以及对信风逆温和哈得来环流的研究等。这些研究极大地提高了学界对当代大气科学的认识	
1980	肖恩·托梅伊（Sean A. Twomey）	为大气科学许多领域的发展作出了广泛的贡献，包括气溶胶和云物理、辐射传输和卫星遥感等领域	
1981	小罗斯科·R·布拉汉姆（Roscoe R.Braham，Jr.）	对复杂对流系统的研究和有效领导方面做出了显著贡献	
1982	小塞西尔·利思（Cecil E.Leith, Jr.）	对统计流体力学理论及其在天气和气候可预测性评估中的应用所作的基本贡献	
1983	乔安妮·辛普森（Joanne Simpson）	研究对流云和对流在热带海洋飓风和其他风力系统的形成和维持，作出了杰出贡献	
1984	伯特·博林（Bert R.Bolin）	为理解全球地球化学循环做出了重要贡献，扩大了学界对大气和海洋作为环境的理解，并在全球大气研究计划（GARP）方面发挥了国际领导作用	
1985	蒂鲁瓦兰·N·克里希那穆提 (Tiruvalam N.Krishnamurti)	在季风结构和演变研究方面做出重要贡献，有助于了解热带大气，并对全球大气研究计划（GARP）的国际领导做出重要贡献	

续表

年份	姓名	获奖理由	备注
1986	道格拉斯·K·里力（Douglas K. Lilly）	为建立包括对流、重力波和边界层湍流在内的中尺度气象学的科学基础提供了持续的贡献和有效的领导	
1987	迈克尔·麦克金太尔（Michael E. McIntyre）	对平流层的理论和概念做出了独创性和创新性的贡献	
1988	布莱恩·霍斯金斯（Brian J. Hoskins）	为数值模拟和理解大气动力学做出了许多重要贡献	
1989	理查德·里德（Richard J.Reed）	在极地低气压、热带波和热带低层平流层领域做出了重要贡献	
1990	耶鲁·明茨（Yale Mintz）	在全球气候建模方面做出卓越的领导贡献，并影响了几代科学家	
1991	都田菊郎（Kikuro Miyakoda）	为数值天气预报的时间范围延伸到周、月和季节做出了杰出贡献	
1992	真锅淑郎（Syukuro Manabe）	为理解气候动力学做出了贡献，并在气候变化数值预测方面发挥了开创性作用	
1993	约翰·M·华莱士（John M. Wallace）	在大尺度大气环流和相关领域做出的创新贡献	
1994	杰里·D·马尔曼（Jerry D.Mahlman）	在应用大气环流模型理解平流层动力学和输送方面的开创性工作	
1995	切斯特·W·牛顿（Chester W.Newton）	在急流、锋面、气旋、强风暴和中尺度对流系统的结构和动力学以及大气环流行为等领域，做出基础性的研究贡献	
1996	大卫·阿特拉斯（David Atlas）	在云物理和中尺度气象学做出重要贡献，特别是在雷达气象学领域的卓越和持续领导，影响了这些领域的新一代科学家	

续表

年份	姓名	获奖理由	备注
1998	巴里·萨尔茨曼（Barry Saltzman）	一生致力于研究全球环流和地球气候演变	
1999	松野太郎（Taroh Matsuno）	对地球物理系统中波与波均流相互作用理论做出基本贡献	
2000	苏珊·所罗门（Susan Solomon）	对理解平流层化学和解开南极臭氧空洞之谜做出基本贡献	
2001	詹姆斯·霍顿（James R. Holton）	在平流层动力学方面的杰出贡献，包括理论上的进展、模型的有效使用及对关键测量计划的贡献	
2002	V·拉马纳森（V. Ramanathan）	关于云、气溶胶和关键气体在地球气候系统中的辐射作用的基本贡献	
2003	基思 A. 布朗宁（Keith A. Browning）	促进天气尺度和中尺度系统的观测及其模型的综合发展，对短期预报做出开拓性研究及对有关国际计划领导的贡献	
2004	彼得·韦伯斯特（Peter J. Webster）	通过有见地的研究和模范的科学领导，为学界理解热带大气海洋系统的大气环流做出了持久的贡献	
2005	杰格迪什·舒克拉（Jagdish Shukla）	在理解季节到年际时间尺度上气候系统的可变性和可预测性方面做出基本贡献，并起到启发和领导作用	
2006	罗伯特·A·豪泽（Robert A.Houze）	对理解广泛的降水系统及其与大尺度环流的相互作用，以及对这个领域研究项目的领导，做出了根本和持久的贡献	
2007	克里·伊曼纽尔（Kerry Emanuel）	为湿对流科学做出了重要贡献，这使得人们对热带气旋、中纬度天气系统和气候动力学有了新的更深入理解	

续表

年份	姓名	获奖理由	备注
2008	艾萨克 M·赫尔德（Isaac M.Held）	通过研究理想化的动力学模型和全面的气候模拟，促进了对地球气候动力学的基本理解	
2009	詹姆斯·汉森（James E.Hansen）	在气候建模、理解气候变化的力量和敏感性以及在公共领域清晰地传播气候科学方面，做出了杰出贡献	
2010	蒂姆·帕尔默（Tim Palmer）	为理解非线性过程在天气和气候可预测性中的作用，做出突出贡献；并为开发评估这种可预测性的工具做出基本贡献	在 2017 年北京召开的第三届全国气象科技史学术会议上做了远程报告
2011	约瑟夫·克伦普（Joseph B.Klemp）	为解释地形波和雷暴动力学做出贡献，并为改进数值技术和其区域模型做出了贡献	
2012	约翰·C·温加德（John C. Wyngaard）	在测量、模拟和理解大气湍流方面的杰出贡献	
2013	丹尼斯·L·哈特曼（Dennis L. Hartmann）	对辐射和动力过程的理论融合做出了重要贡献，从而加深了对气候系统的理解	
2014	欧文·布赖恩·图恩（Owen Brian Toon）	为理解云和气溶胶在地球和其他行星气候中的作用，做出了根本性贡献	
2015	王斌（Bin Wang）	在热带和季风过程及其可预测性的理解方面取得了重要进展	美籍华人
2016	爱德华·吉普瑟（Edward J.Zipser）	通过对观测到的湿对流系统的深入分析，对热带气象学做出了基本贡献，并对该领域的机载项目做出领导方面的贡献	

续表

年份	姓名	获奖理由	备注
2017	李察·罗图诺（Richard Rotunno）	从根本上增加了对中尺度和天气尺度动力学的理解，特别是大气中涡度的作用	
2018	廖国男（Kuo-Nan Liou）	在改进大气辐射传输及其与云和气溶胶相互作用的理论和应用方面，做出开创性贡献	美籍华人
2019	冯英智（Inez Y.Fung）	通过模拟和数据同化方法综合地面和天基测量，为理解生物圈 - 大气相互作用做出了基础性和开创性的贡献	美籍华人
2020	朱莉娅 M·斯林戈（Julia M. Slingo）	由于热带大气物理和动力学的前沿研究，在无缝天气预报和气候模拟方面取得重大进展	

附录 3：重要名词中英文对照

中文名称	对应英文名称
阿尔戈计划	The Array for Real-time Geostrophic Oceanography，简称 ARGO
巴拉提纳气象学会	the Societas Meteorologica Palatina
《保护臭氧层维也纳公约》	The Vienna Convention for the Protection of the Ozone Layer
卑尔根气象局	Bergen Weather Service
卑尔根气象学派	The Bergen School of Meteorology
《大气科学杂志》	Journal of the Atmospheric Sciences
丹尼尔·古根海姆促进航空基金	Daniel Guggenheim Fund for Promotion of Aeronautics
地磁气象台	Magnetic Meteorological Observatory
电子数字积分计算机	Electronic Numerical Integrator and Computer，简称 ENIAC
非线性计算不稳定	Nonlinear Computational Instabillty，简称 NCI
国际地球物理年	International Geophysical Year，简称 IGY
国际地圈——生物圈计划	International Geosphere-Biosphere Programme，简称 IGBP
国际气象学和大气科学协会	International Association of Meteorology and Atmospheric Sciences，简称 IAMAS

续表

中文名称	对应英文名称
国际气象组织	International Meteorological Organization，简称 IMO
国际水文计划	The International Hydrological Programme，简称 IHP
国家酸性降水评估计划	National Acid Precipitation Assessment Program，简称 NAPAP
汉恩银奖	Silver Hann Medal
华盛顿卡耐基研究院	Carnegie Institution in Washington
京都议定书	Kyoto Protocol
《科学大纲》	The Outline of Science
卡尔·古斯塔夫·罗斯贝奖章	Carl-Gustaf Rossby Research Medal
蓝山气象台	Blue Hill Observatory
联合国环境规划署	United Nations Environment Programme，简称 UNEP
联合国教科文组织	The United Nations Educational, Scientific and Cultural Organization, 简称 UNESCO
联合国气候变化框架公约	UN Framework Convention on Climate Change，简称 UNFCCC
联合数值预报中心	The Joint Numerical Weather Prediction Unit，简称 JNWPU
马拉盖天文台	Maragheh Observatory
美国国家大气研究中心	National Center for Atmospheric Research, 简称 NCAR
美国国家海洋大气局	National Oceanic and Atmospheric Administration，简称 NOAA
美国陆军信号办公室	U.S.Army Signal Office
美国气象学会	American Meteorological Society，简称 AMS
美国信号军团	Signal Corps
《每月天气评论》	Monthly Weather Review

续表

中文名称	对应英文名称
南海季风试验	South China Sea Monsoon Experiment，简称 SCSMEX
南极条约	Antarctic Treaty
挪威气象研究所	Norwegian Meteorological Institute
欧洲地球物理学会海洋和大气部	Section on Oceans and Atmosphere of the European Geophysical Society
欧洲科学技术研究合作委员会	European Cooperation in the field of Scientific and Technical Research
欧洲中期天气预报中心	European Centre for Medium-Range Weather Forecasts，简称 ECMWF
佩斯里技术学院	Paisley Technical College
气团变化试验	The Air Mass Transformation Experiment，简称 AMTEX
全球大气观测	Global Atmosphere Watch，简称 GAW
全球大气研究计划	The Global Atmospheric Research Program，简称 GARP
全球电信系统	Global Telecommunication System，简称 GTS
全球定位系统	Global Positioning System，简称 GPS
全球观测系统	Global Observing System，简称 GOS
全球能量与水循环试验	Global Energy and Water Cycle Experiment，简称 GEWEX
全球气候观测系统	Global Climate Observing System，简称 GCOS
全球数据处理和预测系统	Global Data-Processing and Forecasting System，简称 GDPFS
确定性非周期流	deterministic nonperiodic flow
热带海洋与全球大气计划	Tropical Oceans and Global Atmosphere Programme，简称 TOGA
人工影响天气总统咨询委员会	President's Advisory Committee on Weather Control

续表

中文名称	对应英文名称
人类世	Anthropocene
史密森学会	The Smithsonian Institution
世界气候研究计划	World Climate Research Programme，简称 WCRP
世界气象大会	World Meteorological Congress
世界气象组织	World Meteorological Organization，简称 WMO
世界天气监视网	World Weather Watch，简称 WWW
斯德哥尔摩大学气象研究所	Meteorology Institute of Stockholm University，简称 MISU
斯德哥尔摩物理学会	Stockholm Physics Society
V. 皮叶克尼斯奖	Vilhelm Bjerknes Medal
威斯敏斯特培训学院	Westminster Training College
兀鲁伯天文台	Ulugh Beg Observatory
印度地质调查局	Geological Survey of India
《用数值方法预报天气》	Weather Prediction by Numerical Process
英国气象局	the Met Office
政府间气候变化专门委员会	Intergovernmental Panel on Climate Change，简称 IPCC
芝加哥气象学派	Chicago School of Meteorology
准地转模式	quasigeostrophic model

重要人名索引

后记

　　这本书稿终于要正式出版了，为学界和读者呈现出的上下两册通史有何积极效果、未来如何修改完善等等，有待时间的积淀和读者朋友的反馈。本书酝酿构思撰写已经超过 10 年，我仍然不满意，然而气象科学史的研究是无止境的，史料不断汇聚，最终需要截断在某个阶段有个成果出版，不能无限拖延。

　　本书名称也数次变动，科学史界前辈如杜石然先生撰写著作《中国科学技术史稿》，是我辈进入科学史行业的重要入门著作。作为气象科技史的工作者，书名也宜"书稿"之类为妥，然各方面似乎有所要求，在出版社不断鼓励下，忝列以"概论"为名，原先称之为"气象科技史概论"，并在 2016 年有幸入选国家"十三五"规划重点出版图书。随着撰写不断推进，材料不断汇聚，特别是国家对历史与文化工作的高度重视，拙作撰写自我要求也逐渐提高，资料—研究—撰写—史料—再研究—再撰写，书稿篇幅也不断扩增，并有幸获得国家出版基金资助，在学界前辈和院士指导鼓励下，本书忝列通史之名，定为：气象科学技术通史。

　　2009 年在时任中国气象局党组副书记、副局长许小峰研究员指导鼓励下，笔者着手系统从事气象科学技术的历史研究工作，真是初生牛犊不怕虎，现在想来当时可能过于高估自己，而不是自信或是"青年壮志不言愁"。其实中间有数次准备放弃，一方面，气象部门的垂直管理和业务特性，使得外部门对于气象有种神秘面纱不敢碰触之感，气象科学博大精深，气象发展历史纷繁复杂远超出我原先想象；另一方面，这项工作高层重视基层却难以推动，长时间看不到"功名"的可能性，使得小小团队如落水浮萍随波逐流，乃至逐渐散去。近乎独自攀岩，时常梦中惊醒，十多年中，几个月写不出一个字是常有之事。奇妙的是，每当落入低谷准备放弃之时，总有老教师、老教授、乃至院士老先生等，鼓励我、赞扬我、扶起我。著名气象学家陶诗言院士生前为我专门题词，预祝研究成功；丁一汇院士时常提供国内外一手资料，经常与我讨论让我得出新的观点和更加科学的结论；曹冀鲁老师时常称赞我为气象史做出贡献；罗见今老师常常背着我夸赞气象科技史工作；等等。上苍似乎要让我这个"智商不高、情商中等、钱商低下"的人完成这项艰巨任务。

对于本书写作，期间我有过几次较大框架调整，尝试过不同写法和编史做法。最终还是确定以时间为纵轴、以地域为横轴展现四千多年古今中外波澜壮阔的历史画卷。拙作力图覆盖面较为宽广，比如阐述了对人类有重要影响的基督教、伊斯兰教等几大宗教对气象学发展的影响；世界七大洲中，除了非洲和南极洲外，其他大洲的气象学多少都有所论述；当今世界许多国家的气象学发展也做了挖掘，包括围绕中国的东亚和南亚国家的近代气象学发展等。然而限于笔者见识和资料，并非所有方面平均用力。可以看出本书触角伸向各方的努力，比如有的章节比较细致阐述了气象科学历史的具体一幕，甚至"详细绘出这间大厦的房间，房间里的桌子、桌子上的餐布、餐布上的花纹"等等。有的阐述只给出一间大厦总体轮廓，甚至有的只指明方向而没有深入进去。

国外气象科学史研究相对广泛，国内学界前辈、有关领导和学者做了很多优秀的工作和成果。本书写作过程中收集了大量资料、史料、数据等等，由于信息技术和大数据的快速发展，使得科学史资料获取的传统方法发生一些变化。部分收集时，尚属新鲜的材料，甚至"窃喜"为第一手的资料很快可能成为社会圈中

"人人使用过的钞票"。读者可能发现其中一些已经失去新鲜感，好在学术研究追求新材料并不是唯一目的。由于编辑流程严格复杂，很多不断发掘的新线索、新材料无法及时纳入本书中，只待将来有机会再做修改调整。

本书注重对过去历史资料的发掘和整理、并且注重历史语境的还原。尝试以严谨的大气科学历史研究背景支撑，间或使用准确生动的大气科学知识介绍和丰富完满的人物与故事，来全角度地展现历史视野和对中国的特别关注。

作为一门古老而又年轻的学科，大气科学有其独特之处。有了人类社会，生活在大气中的人们，就对大气中发生的风雨雷电开始原始气象知识的积累，然而相比物理、数学等传统学科，现代意义上的大气科学诞生不过是最近几百年的事。在科学知识体系中，大气科学不完全和物理、化学等传统自然科学相同。举个例子，人类已经可以计算出几万年后某个天体重现地球附近的精确时间和坐标，但却不能确定几十个小时后某地精确的降雨量。从西方大气科学发展历程来看，期间发生很多一波三折的历史环节。许多带有转折性的经典理论和事件，构成现代大气科学的发展思路和轨迹。两千多年来西方对大气科学知识的理解和积累经历了漫长的过程，从亚里士多德的 Meteorologica（气象通典）到 20 世纪极锋理论诞生，再到二战中气象学家为胜利立下赫赫战功，直到今天气候变化领域的"达尔文式争论"，大气科学的发展经历了逻辑和演绎的历程。

相比物理、化学、数学等追求"精确性"的科学，大气科学似乎逐渐走向追求"概率性"。大气科学的准确定性是与其他自然科学、工程科学的本质区别，数值预报表现在气象史上的"舍弃"和"过滤"等与自然科学求准求精的差异，也就可以从另一个视角正确认识了。对这些承托"历史原貌"的重要关节，进行"回归史境"的研究，对于今天大气科学乃至地球科学发展可能具有积极启示作用。这也是带有气象哲学的反思。大气科学不仅本质上具有准确定性，而且世界大气科学包含全球性基本规律和区域本土性规律之集合的特性。大气无国界，未来气象发展，更加需要全球合作。

再比如，中国大气科学的发展与世界大气科学的发展差异较大。本书写作中注意把中国传统气象学体系融进世界大气科学发展进程中，并且专门有章节介绍中国古代、现代、当代气象学发展。使读者既看到中国的悠久气象研究历史，也看到与世界的差异。这样编排可以把中国传统气象学科与中国传统文化思想，如"天人合一""人地和谐"紧密联系起来，对于今天中国传统文化向世界传播、丰富地球科学思想领域、提高社会公众与自然和谐相处的素养等或许具有重要意义。本书中提到"天""气"同源，中国传统气象学是传统四大学科：天学、算学、农学、中医学之外第五大学科，提出"气象李约瑟难题"并尝试进行解答。

大气科学与其他自然科学不同之处还在于有一定的文化色彩，气象与日常生活息息相关，这使得气象除了科学知识，还承载很多人文与社会需求的知识，也就是文化。大气科学不仅是自然科学的独特基础学科，而且与社会、历史、文化等等密切相关，本身就是一种文化。本书尝试把"法自然之秩，立古今之怀"的人文思想贯穿其中，封面设计中有希腊风塔和中国古代的相风鸟。希腊风塔，表示世界气象科学技术的悠久历史，中国的相风鸟，表示中国传统的气象知识，这二者的结合，表明当代大气科学的悠远历史和科学发展广博空间及文化的包容性。也是希望把中外气象历史放在人类知识和文化发展大洪流中考虑。中国古代气象除了反映中国区域特色的气象科学技术知识，更反映了中国独特的文化传统和人文精神。

对于历史撰写一般会有一个提前截止日期，本书在撰写历史上的气象科学技术同时，也把思想投射到今天乃至当下的气象发展。在少部分领域写到今天甚至出版之前一段时间，比如对于大事年表，延展到 21 世纪，甚至一直推进到 2020 年。这也是笔者提出"历史是对当下的积分"（当下的下一秒就是历史，无限过去一秒的积分就是历史）的观点和一种尝试。2020 年新型冠状病毒突如其来，通过历史服务当下是科学史学者的责任，气象科学史学者的责任可能更加直接一点。希望本书作为一种尝试，表明科学史不仅关注过去，而且关注当下，更好服务未来。

这本书最终出版，是一个新的重要起点，但还不是可以开香槟庆祝的时刻，将来需要感谢的人有很长一个名单，这里感谢其中部分领导、学者和朋友。感谢科学史界前辈近百年来的呕心沥血、薪火相传。特别是竺可桢先生在 20 世纪倡导气象学史并亲自推动研究，为气象部门留下"从历史看气象"的优良传统；感谢内蒙古师范大学李迪先生 20 世纪 70 年代开创科学史点并做了丰富的气象学史研究，使我得以有机会进入科学的殿堂和有幸沿着前辈的道路继续探索。感谢著名科学家陶诗言院士的题词和以学术为主的鼓励，感谢丁一汇院士和许健民院士在序言中的肯定和鼓励。特别是感谢许小峰研究员，无论在担任中国气象局领导还是退居二线之后，在繁忙的行政工作和研究任务之中，总是对我的请教予以详细的解答和实际的帮助。没有许小峰先生的帮助和指导，也就没有今天气象科技史研究和业务逐渐呈现星火燎原之势；没有他的鼓励和支持，这本书稿很有可能胎死腹中。

阴雨连绵，使我再次怀念一辈子不能忘怀的领导和坚定的扶持者——高学浩先生。高学浩教授生前是中国气象局气象干部培训学院的党委书记和院长，因为他的欣赏，2009 年我才有机会下定决心进入气象部门工作的机缘。从我进入气象部门工作的时候，他就给予我几乎是全方位的关注和指导，在我们有点想法但现在看来几乎思维混乱的汇报中挑出有价值的命题和方向。无论何时去找他，他总能停下繁忙的行政工作与我仔细交流，常常有半小时甚至更长，这在一般行政请教不超过 5~10 分钟的情况下，多么难得。在我集中进行气象科技史研究之后，不仅给予我多方面的研究指导和行政扶持，而且亲自协调有关方面的支撑，乃至亲自化解一些有中国特色的阻碍。而我还不知道在我第一次去见他时,他已经有癌症在身,却从未向身边人提起,而是把终身奉献给了气象事业。

在高学浩先生的扶持下,我们建立了中国科技史学会气象科技史委员会,他亲自担任第一届理事会负责人,并且对气象学史的建制化做好了准备。在他的支持下,我这样一个毫无背景、毫无权威的青年工作者发起了数次全国气象科技史会议,使出浑身解数引起部门内外、乃至国际气象史学界对中国气象科技史工作的关注。无论我的观点多么肤浅、无论我的工作计划多么漂浮,无论我是何种喜怒哀乐的状态,他总是耐心听我诉说,给予具体指导和实际的行政扶持,却从没对我批评,甚至没有高声说话。在2019年住院之前,还谈到气象科技史文集的出版,在癌症晚期住院之中,我前去探望汇报了几句气象史工作,他给予肯定有力的应答,此时他已经忍着巨大的疼痛!

高学浩教授在2020年新冠疫情中驾鹤西游,退休未息、盛年谢世,留给我们无尽的悲痛和怀念。在我的电脑中有他大量的照片,我至今从不忍心打开,以免再次陷入长久的深切悲痛之中。我一直有个想法:将来若我有丰富资源和资金的可能,就可以设立"学浩奖学金",用于支持鼓励勤勉的老师和学生。而我这样一个布衣士子,平抒胸臆尚属不易,又何来丰富资源和资金。在高学浩先生生前一直未敢向他提出这个想法,拙作的出版或许也算向他英灵的一丝告慰。敬爱的高学浩先生,唯愿您唯一的女儿——宝贝公主,在世安康,唯愿您在天英灵,安息。

气象科技史工作还得到中国气象局系统和行业很多领导与学者的帮助。肖子牛研究员宽广的胸怀保证了气象科技史早期的自由成长,王邦中先生细致的领导促进了气象科技史踏实的前进,王志强教授推动了气象科技史的关键性的建制化、使得这项工作有了长远发展的机制保障,此外罗云峰、姚学祥、王存忠、朱定真、于玉斌、熊绍员、陈云峰、胡永云、冯立升、王雪臣、罗

勇、李洪臣、王金星、成秀虎、柳士俊、田燕、温博等等行政领
导和专家给予这项工作和我本人无数的帮助和扶持。孤独十年
中，我也收获到无数的学者指导和友谊，学者朋友包括钟琦、费
海燕、索渺清、朱玉祥、贾宁、周京平、董宛麟、钱永红、冯锦
荣、董煜宇、王涛、李晓岑等等。感谢气象出版社吴晓鹏、周
露、王元庆等专家给予本书多方面的支持和辛勤高效的编辑出版
工作。感谢夫人涵作为理科教授对我扶持和儿子阳阳给我的精神
动力。感谢与国际气象史委员会 (ICHM) 的历任主席，包括詹姆
斯·弗莱明 (James R. Fleming)、弗拉基米尔·扬科维奇 (Vladimir
Jankovic)、乔治娜·恩德菲尔德 (Georgina Endfield) 及亚历山
大·霍尔 (Alexander Hall) 等的学术交流。感谢国际科学史领域的
许多专家学者给予的帮助和启发。

　　研究过程中参考并搜集了大量的文献资料，包括中文和外文
资料，寻访参考了国家图书馆、气象专业图书馆、中科院自然科
学史研究所图书馆、中科院国家科学图书馆、有关高校图书馆、
专业书店、专业网络等，及购置的大量大气科学与历史和相关书
籍文献。书中人名、地名等涉及很多国家，一般在中文后用英文
对应，少数用该国文字对应。书中引用和参考文献经过了反复核
对，若还有不对和不妥之处，请读者朋友指教和包容。

　　对于科技史上的史实和纪年，有时不同文献给出不完全一致
的纪年，要确定哪个是完全正确的，需要大量的文献考证。本书
对气象史实和史料进行了文献考证，但终究会存在很多问题，有
待在未来的大系中进一步确证。

　　科学技术史是相对比较成熟的一级学科，其一级学科代码是
0712，与一级学科大气科学同属于理学门类。气象科学技术史处
于发展中的大气科学／科学史的二级学科，相比于物理学史、数
学史等二级学科，气象科技史处于发展中，类似于"前学科"。
本书力图把这种"前学科"的状态推进到"学科"状态，至少是
"准学科"状态。

　　超过十年的气象科技史研究，如果说幸运有所偶得，那是因为科学史界的精英力量和新生代学者没有过早介入这个领域，让我这个愚笨之人占了"便宜"。但愿这本拙作可以进一步吸引学术界特别是新生代和未来青年科学史才俊，早日杀进这个魅丽多姿的研究世界。十年后，再看拙作，必然发现千疮百孔、错误百出，彼时青年学者繁星满天。这样也算这本书在"自己推倒自己"的过程中产生了一点微薄贡献。

　　地球上独特的自然地理环境成就了人类的生存与演化历史，人类在与大自然的斗争和共存中不断加深对生存环境的认识与理解。气象科学就是伴随这一进程建立并发展起来的。回顾气象科学技术的历史对于今天的大气科学研究有重要意义。比如大气科学虽然很难在实验室做重复实验，却和每个人息息相关。从本书某些章节可以看到，业余气象学家或许还能继续为大气科学殿堂添砖加瓦，发挥独特作用。希望本书对于丰富和推进当代"大气科学理论丛林"、培养未来具有更加深邃思想和宽阔视野的气象学者、普及气象科学基本知识、传播中华文化遗产、开拓气象科技工作者眼界等，起到微薄之力。

　　本书最终完稿于 2020 年的春节，2020 年底新冠疫情尚未结束但已经出现积极变好的迹象，此书的出版但愿提醒：记住历史更好走向未来。

陈正洪

2020 年 12 月